(Conserver cette couverture)

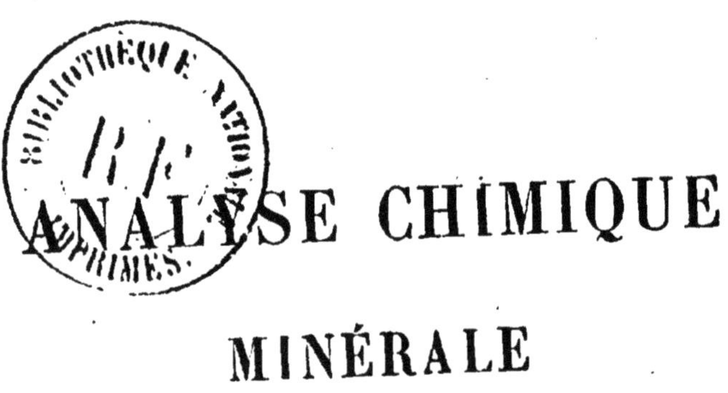


# ANALYSE CHIMIQUE

## MINÉRALE

# ANALYSE CHIMIQUE
## MINÉRALE
## QUALITATIVE ET QUANTITATIVE

---

### CHOIX DE MÉTHODES

---

PAR

**EUG. PROST**

Docteur en Sciences,
Chargé de Cours à l'Université de Liége.

---

PARIS ET LIÉGE
LIBRAIRIE POLYTECHNIQUE CH. BÉRANGER, ÉDITEUR
SUCCESSEUR DE BAUDRY ET Cie
15, RUE DES SAINTS-PÈRES, 15
MÊME MAISON A LIÉGE, 21, RUE DE LA RÉGENCE

1905

# AVANT-PROPOS

En rédigeant cet ouvrage, j'ai eu pour but de condenser dans le moins de pages possible, le *minimum* des connaissances d'analyse générale, qualitative et quantitative, que je considère comme indispensables à celui qui veut aborder l'analyse des produits minéraux : combustibles, minerais, sels, métaux, alliages, etc., *dont l'examen se présente le plus fréquemment dans la pratique.*

Comme les autres branches des sciences chimiques, l'analyse a réalisé dans ces dernières années des progrès importants. La perfection exigée aujourd'hui des produits de tout genre sortant des fabriques et usines, la nécessité toujours croissante de tirer parti des sous-produits ont obligé à modifier les méthodes de recherche et de dosage des divers éléments; de plus en plus l'analyste devient le collaborateur de l'industriel.

Comme conséquence des progrès accomplis, nombre de réactions et de procédés quantitatifs sont passés à l'arrière-plan. L'électrolyse, par exemple, appliquée à la détermination de métaux tels que le cuivre, l'antimoine, le nickel, le cobalt, l'étain, permet actuellement de doser ces éléments avec une telle précision, que la plupart des autres modes de dosage ne sont plus guère utilisés qu'en l'absence du matériel nécessaire à l'exécution du procédé électrolytique.

Fidèle au plan que je me suis tracé, j'ai fait un choix de procédés de recherche, de dosage et de séparation que j'estime être importants et je me suis efforcé de traiter le sujet ainsi limité, en ayant constamment en vue les principales applications de l'analyse minérale.

Bien qu'il s'agisse d'un ouvrage élémentaire, j'ai cru devoir faire entrer en ligne de compte l'étude de quelques métaux plutôt rares, tels que le molybdène, le tungstène, le vanadium, etc, qui présentent un certain intérêt pour la métallurgie du fer.

D'autre part, je n'ai examiné dans la partie consacrée aux métalloïdes, que les genres de sels qui se rencontrent dans les produits minéraux les plus répandus.

E. P.

Liége, le 12 mai 1905.

# ANALYSE CHIMIQUE MINÉRALE

## QUALITATIVE ET QUANTITATIVE



## CHOIX DE MÉTHODES

### POIDS ATOMIQUES. — HYDROGÈNE = 1.[1]

| | | | |
|---|---|---|---|
| Aluminium | 26,9 | Germanium | 72 |
| Antimoine | 119,3 | Glucinium | 9,03 |
| Argent | 107,11 | Helium | 4 |
| Argon | 39,6 | Hydrogène | 1 |
| Arsenic | 74,4 | Indium | 114,1 |
| Azote | 13,93 | Iode | 126,01 |
| Baryum | 136,4 | Iridium | 191,5 |
| Bismuth | 206,9 | Krypton | 81,2 |
| Bore | 10,9 | Lanthane | 137,9 |
| Brome | 79,36 | Lithium | 6,98 |
| Cadmium | 111,6 | Magnésium | 24,18 |
| Caesium | 131,9 | Manganèse | 54,6 |
| Calcium | 39,7 | Mercure | 198,5 |
| Carbone | 11,91 | Molybdène | 95,3 |
| Cérium | 139,2 | Néodyme | 142,5 |
| Chlore | 35,18 | Néon | 19,9 |
| Chrome | 51,7 | Nickel | 58,3 |
| Cobalt | 58,55 | Niobium | 93,3 |
| Cuivre | 63,1 | Or | 195,7 |
| Erbium | 164,7 | Osmium | 189,6 |
| Etain | 118,1 | Oxygène | 15,88 |
| Fer | 55,5 | Palladium | 105,7 |
| Fluor | 18,9 | Phosphore | 30,77 |
| Gadolinium | 154,8 | Platine | 193,3 |
| Gallium | 69,5 | Plomb | 205,35 |

[1] D'après la Commission internationale des poids atomiques, 1905.

| | | | |
|---|---|---|---|
| Potassium | 38,85 | Tellure | 126,6 |
| Praséodyme | 139,4 | Terbium | 158,8 |
| Radium | 223,3 | Thallium | 202,6 |
| Rhodium | 102,2 | Thorium | 230,8 |
| Rubidium | 84,9 | Thulium | 169,7 |
| Ruthenium | 100,9 | Titane | 47,7 |
| Samarium | 149,2 | Tungstène | 182,6 |
| Scandium | 43,8 | Uranium | 236,7 |
| Sélénium | 78,6 | Vanadium | 50,8 |
| Silicium | 28,2 | Xenon | 127 |
| Sodium | 22,88 | Ytterbium | 171,7 |
| Soufre | 31,82 | Yttrium | 88,3 |
| Strontium | 86,94 | Zinc | 64,9 |
| Tantale | 181,6 | Zirconium | 89,9 |

# GÉNÉRALITÉS

L'analyse chimique d'une substance peut être faite à deux points de vue.

1. Elle est *qualitative* lorsqu'on a uniquement pour but de déterminer quels sont les éléments ou groupes d'éléments qui entrent dans sa composition, et aussi quelles sont les formes de combinaisons dans lesquelles les éléments sont engagés.

Ainsi, par exemple, l'analyse qualitative d'un calcaire nous apprendra s'il existe dans ce calcaire, à côté du calcium, des métaux tels que le magnésium, le fer, l'aluminium ; s'il s'y trouve de la silice, etc. Elle nous permettra aussi de savoir si la silice est entièrement à l'état libre (quartz) ou si elle se trouve en partie à l'état de silicate et, spécialement, à l'état de silicate d'aluminium.

L'analyse qualitative d'un minerai de zinc grillé nous fera reconnaître éventuellement à côté du zinc la présence de métaux tels que arsenic, antimoine, plomb, cuivre, cadmium, aluminium, argent, calcium, magnésium, etc. ; elle nous fera aussi constater l'existence du soufre et nous dira si le soufre est en totalité à l'état de sulfure ou en partie à l'état de sulfate ; elle pourra aussi nous indiquer à quel métal ou à quels métaux, zinc, calcium, plomb, magnésium, etc., le soufre est combiné.

D'après l'intensité des réactions obtenues, l'analyse qualitative nous permet aussi d'identifier une substance sur laquelle nous n'avons aucune donnée. Si, par exemple, elle nous décèle dans une matière, *beaucoup* de fer, *beaucoup de soufre à l'état de sulfure* et des quantités très faibles seulement d'autres métaux ou métalloïdes, nous pourrons dire que nous avons affaire à une pyrite.

Si elle nous montre dans une matière la présence de *beaucoup* de carbonate de calcium, à côté de *très peu* de fer, d'aluminium et de silice, nous conclurons que la substance est un calcaire convenant pour la préparation de la chaux grasse. Trouvons-nous, au contraire, qu'il y a en même temps que *beaucoup* de carbonate de calcium, une *notable quantité* de silicate d'aluminium, nous serons amenés à voir dans la matière analysée un calcaire argileux pouvant être utilisé pour la fabrication des ciments.

2. L'analyse chimique est *quantitative* lorsqu'elle nous renseigne sur la *proportion* pour laquelle les divers éléments ou groupes d'éléments entrent dans la composition de la matière examinée.

Nous faisons de l'analyse quantitative, lorsque, sachant qu'il existe dans une substance, un alliage par exemple, du cuivre, du zinc, du plomb et du fer, nous déterminons *combien* 100 *parties* de cet alliage renferment de chacun de ces métaux. Nous faisons de l'analyse quantitative lorsque, renseignés sur la présence dans une eau, de la chaux, de la magnésie, du fer, de l'aluminium, de la silice, de chlorures, de sulfates, de nitrates, etc., nous établissons *combien* 1 litre d'eau contient de chacun de ces éléments ou groupes d'éléments.

On voit, d'après ces exemples, que l'analyse quantitative doit, en règle générale, être précédée d'une analyse qualitative.

L'analyse qualitative fait usage de réactions *par voie humide* et de réactions *par voie sèche.*

Les premières s'exécutent en ajoutant à la solution de la matière analysée des réactifs en solution qui y déterminent des précipités, des colorations ou des dégagements gazeux permettant d'identifier les divers éléments ou groupes d'éléments.

Les réactions par voie sèche se font sur la matière solide sur laquelle on fait agir à température plus ou moins élevée de l'air ou des réactifs solides qui déterminent des colorations caractéristiques, permettent d'obtenir des métaux à l'état métallique ou à l'état d'oxyde, provoquent des dégagements gazeux, etc.

*Exemples de réactions par voie humide.* — L'addition d'ammoniaque à la solution d'un sel ferrique produira un composé brun, l'hydrate ferrique, insoluble dans l'eau.

L'addition d'un sulfure alcalin à une solution d'un sel zincique déterminera la formation d'un corps solide blanc, le sulfure zincique.

L'addition d'une solution de chlorure sodique à une solution de sel argentique donnera lieu à l'apparition d'un composé blanc, caséeux, le chlorure argentique, soluble dans l'ammoniaque.

*Exemples de réactions par voie sèche.* — Si l'on fond un composé de manganèse avec un mélange de carbonate et de nitrate alcalins, on obtient une masse colorée en vert par suite de la transformation du manganèse en manganate alcalin.

En chauffant jusqu'à fusion une quantité, même très faible, d'un sel de cobalt avec du borax, on obtient une masse fortement colorée en bleu par suite du passage du cobalt à l'état de borate.

Si l'on chauffe à haute température sur un morceau de charbon à l'aide du dard du chalumeau, un oxyde de plomb, celui-ci est réduit à l'état métallique ; le plomb apparaît sous formes de globules malléables.

Aux essais par voie sèche se rattache aussi l'examen des colorations caractéristiques que les sels de divers métaux communiquent à la flamme non éclairante de la lampe de Bunsen.

## DES MÉTHODES DE DOSAGE

*Doser* un élément ou un groupe d'éléments c'est déterminer la proportion pour laquelle cet élément ou ce groupe d'éléments intervient dans la composition d'une substance donnée. Lorsqu'on a affaire à des matières solides, le résultat est généralement rapporté à 100 parties *de matière sèche*. Le nombre trouvé exprime *la teneur* de la substance en tel ou tel élément ou groupe d'éléments dosé.

*Exemples.* — Doser le fer dans un minerai de fer c'est déterminer combien 100 parties de ce minerai *sec* renferment de fer. Le nombre trouvé est la teneur en fer du minerai.

Doser l'acide, ou plus exactement, l'anhydride phosphorique dans un phosphate calcique, c'est établir combien de $P^2O^5$ 100 parties de ce phosphate contiennent. Le nombre trouvé est la teneur du phosphate en $P^2O^5$.

Parfois, et spécialement lorsqu'il s'agit de métaux précieux tels que l'or et l'argent existant en petites quantités dans des minerais, par exemple, les résultats s'expriment en grammes par tonne de 1.000 kilogrammes.

Ainsi, l'on dira : la teneur en argent de tel minerai de plomb est de 150 grammes par tonne plutôt que : la teneur de tel minerai de plomb est de 0,015 p. 100.

De même on dira : la teneur en or de ce minerai de cuivre est de 5 grammes par tonne au lieu de dire : la teneur en or de ce minerai est de 0,0005 p. 100.

La première façon d'exprimer le résultat permet d'apprécier plus rapidement la plus-value que donnent au minerai analysé les quantités d'or ou d'argent trouvées.

Dans le cas de matières liquides, dans les analyses d'eaux,

par exemple, les résultats des dosages sont d'ordinaire rapportés au litre.

On dira : cette eau contient 0,10 gr. de chaux, 0,005 gr. de chlore, etc., par litre.

Il existe un assez grand nombre de méthodes de dosage. Les principales sont : LA MÉTHODE PAR PESÉE ; LA MÉTHODE TITRIMÉTRIQUE ; LA MÉTHODE GAZOMÉTRIQUE. Nous considérerons aussi dans ce qui suit la MÉTHODE COLORIMÉTRIQUE dont on fait assez fréquemment usage.

### MÉTHODE PAR PESÉE

Ce mode de dosage comprend ce que l'on peut appeler *la méthode par pesée proprement dite* et la *méthode par perte de poids*.

a. *Méthode par pesée proprement dite.* — Dans cette façon d'opérer, on amène le constituant que l'on veut doser, sous une forme de combinaison bien définie se prêtant bien à la pesée. La pesée effectuée, on calcule la proportion pour laquelle le constituant à doser entre dans le poids de matière constaté.

Quelques exemples feront aisément comprendre la façon d'opérer.

1. Soit à doser l'argent dans un alliage d'argent et de cuivre. La substance étant dissoute dans l'acide nitrique, on ajoute de l'eau, puis de l'acide chlorhydrique qui transforme l'argent en chlorure ; celui-ci étant insoluble apparaît à l'état solide. Cette formation d'un corps insoluble par l'action d'un réactif porte le nom de *précipitation* et le corps formé est appelé « *précipité* ».

Lorsque le chlorure d'argent est bien déposé on le recueille sur un filtre en papier [1], on le lave jusqu'à ce que tous les éléments solubles qui l'imprègnent aient été éliminés, en un mot jusqu'à ce qu'il soit tout à fait pur ; ensuite on le sèche à l'étuve à la température de 100-110°. Lorsqu'il est sec, on le détache du filtre, et on le met en réserve. Le filtre est incinéré dans un creuset de porcelaine taré. Comme ce filtre a pu retenir quelques parcelles de chlorure d'argent et comme, d'autre part, celui-ci est aisément réductible par le carbone produit pendant l'incinération, il y a lieu de retransformer en chlorure les traces d'argent réduit qui ont pu se produire. Pour cela on traite les cendres par quelques gouttes d'acide nitrique dilué de

[1] Les filtres employés dans l'analyse quantitative courante sont faits au moyen de papier *lavé* ne contenant plus qu'une très faible proportion d'éléments minéraux dont le poids est connu. Pour les opérations délicates, on se sert de filtres dont le papier a été à ce point purifié qu'il peut être considéré comme pratiquement exempt de matières fixes.

façon à transformer le métal en nitrate; on évapore l'excès d'acide, puis on ajoute une ou deux gouttes d'acide chlorhydrique qui ramènent le nitrate à l'état de chlorure. Après avoir évaporé l'excès d'acide chlorhydrique, on ajoute au contenu du creuset le précipité mis en réserve et on chauffe le tout jusqu'à ce que le chlorure d'argent commence à fondre. On laisse ensuite refroidir le creuset sous un exsiccateur chargé d'acide sulfurique ou de chlorure calcique afin d'éviter que le chlorure d'argent puisse devenir humide au contact de l'air. Enfin, après refroidissement complet, on pèse le creuset et son contenu.

*Calcul du résultat :*

Soit :

| | |
|---|---|
| Le poids du creuset + AgCl . . . . . | 22,9046 gr. |
| Le poids du creuset vide. . . . . . . | 22,2168 — |
| Poids du chlorure d'argent . . . | 0,6878 gr. |

Nous dirons : le poids moléculaire 142,29 du chlorure d'argent correspondant à 107,11 d'argent, 0,6878 gr. de ce sel correspondent à $x$ d'argent :

$$142,29 : 107,11 = 0,6878 : x$$

$$x = \frac{107,11 \times 0.6878}{142,29} = 0,5177.$$

0,5177 gr. est donc le poids d'argent contenu dans la prise d'essai de l'alliage analysé. Supposons que cette prise d'essai soit de 0,7000 gr.; la *teneur* de l'alliage en argent sera donnée par la relation :

$$0,7 : 0,5177 = 100 : x.$$

$$x = \frac{100 \times 0,5177}{0,7} = 73,95 \text{ p. } 100.$$

2. Supposons qu'on ait à doser par pesée le calcium dans un calcaire. On pourra amener cet élément à l'état de chaux CaO, substance bien définie, pouvant être calcinée à haute température sans subir de modification.

Pour cela, après avoir dissous la prise d'essai du calcaire, 0,6 gr. par exemple, dans l'acide chlorhydrique, on élimine éventuellement un peu de fer et d'aluminium pouvant exister dans la matière, en les précipitant par l'ammoniaque à l'état d'hydrates insolubles $Fe^2(OH)^6$ et $Al^2(OH)^6$. Après avoir filtré, on ajoute au liquide ammoniacal de l'oxalate ammonique qui transforme tout le calcium à l'état d'oxalate insoluble.

$$CaCl^2 + Am^2C^2O^4 = CaC^2O^4 + 2AmCl.$$

Ce précipité étant bien déposé, on le recueille sur un filtre, on le lave à l'eau chaude pour le débarrasser de tous les sels solubles qui l'imprègnent, puis, après l'avoir séché, on l'introduit dans un creuset de platine taré; on incinère ensuite le filtre et on calcine le tout au rouge vif afin d'arriver à décomposer entièrement l'oxalate de façon qu'il ne reste dans le creuset que de la chaux pure.

$$CaC^2O^4 = CaO + CO + CO^2.$$

La calcination peut se faire directement, sans qu'on ait, comme dans le cas précédent, à faire subir aux cendres du filtre un traitement quelconque parce que la chaux n'est pas réductible par le charbon du filtre.

Soit

28,7465 le poids du creuset et de la chaux,
28,4692 le poids du creuset,
0,2773 le poids de chaux.

Le poids moléculaire de la chaux étant 55,58 et le poids atomique du calcium 39,7, on pourra calculer le poids de calcium correspondant au poids trouvé de chaux par la relation :

$$55,58 : 39,7 = 0,2773 : x$$
$$x = \frac{0,2773 \times 39,7}{55,58} = 0,1980$$

La prise d'essai étant de 0,6 gr., la teneur en calcium sera calculée par la relation :

$$0,6 : 0,1980 = 100 : x$$
$$x = \frac{100 \times 0,1980}{0,6} = 33,00 \text{ p. } 100.$$

3. Soit à doser le cadmium dans un minerai de zinc. On dissoudra, par exemple, 5 grammes de minerai dans l'eau régale, puis, par une série de manipulations appropriées, on éliminera successivement les divers métaux associés au cadmium. La solution de ce dernier sera finalement traitée par l'acide sulfhydrique qui permet d'obtenir la totalité du cadmium à l'état de sulfure insoluble CdS; ce sulfure peut être lavé et séché, c'est-à-dire amené sous une forme convenable pour la pesée, sans subir d'altération. Mais il ne peut être calciné à haute température, comme le chlorure d'argent dans l'exemple précédent, parce qu'il est légèrement volatil au rouge. On doit donc ici se borner à recueillir le précipité et à le peser après

l'avoir séché. En pareil cas, le filtre sur lequel on amène le précipité doit être préalablement taré. Pour cela, on le dessèche à l'étuve à 100°, puis on l'introduit entre deux verres de montre à bords rodés que l'on peut serrer l'un contre l'autre à l'aide d'une pince en cuivre ; le filtre est ainsi protégé contre l'absorption de l'humidité de l'air extérieur. La différence entre le poids des verres de montre, de la pince et du filtre d'une part, le poids des verres de montre et de la pince, d'autre part, représente le poids du filtre sec.

Après avoir filtré, lavé et séché le sulfure de cadmium, on repèse le filtre chargé du précipité en opérant comme il vient d'être dit.

Soit :

30,2628 le poids des verres de montre, de la pince, du filtre et du précipité ;
30,2137 le poids des verres de montre, de la pince et du filtre ;
0,0491 est le poids de sulfure cadmique.

Le poids moléculaire du sulfure cadmique étant 143,43 et le poids atomique du cadmium 111,6, la quantité de cadmium contenue dans 0,0491 de sulfure, est donnée par la relation :

$$143,43 : 111,6 = 0,0491 : x$$

$$x = \frac{111,6 \times 0,0491}{143,43} = 0,0382.$$

La prise d'essai du minerai étant de 5 grammes, la teneur en cadmium est calculée à l'aide de la relation :

$$5 : 0,0382 = 100 : x$$
$$x = 0,76 \text{ p. } 100.$$

*Remarque.* — On évite en général, autant que possible, de recourir à la méthode « *par pesée sur filtre taré* » à cause de la facilité avec laquelle le filtre peut reprendre de l'humidité pendant les pesées.

Au dosage par pesée proprement dit se rattache le *dosage par électrolyse* qui acquiert de jour en jour plus d'importance.

Certains métaux sont plus ou moins aisément séparés à l'état élémentaire de leurs solutions salines par l'action du courant électrique. Avec un certain nombre d'entre eux, on réussit, en opérant dans des vases en platine et dans des conditions déterminées, à obtenir le *dépôt électrolytique,* sous forme d'un enduit cohérent, adhérent en tous ses points au platine et pouvant être lavé sans se détacher. Lorsque ces conditions sont réalisables, le dosage électrolytique est supérieur à tout autre, parce qu'il permet d'obtenir d'emblée et à un grand état de pureté l'élément que l'on veut doser, sans que l'on ait à passer par des précipitations, filtrations, lavages, calcinations ou pesées sur filtre taré, autant d'opérations que la moindre négligence peut entacher d'erreurs plus ou moins graves.

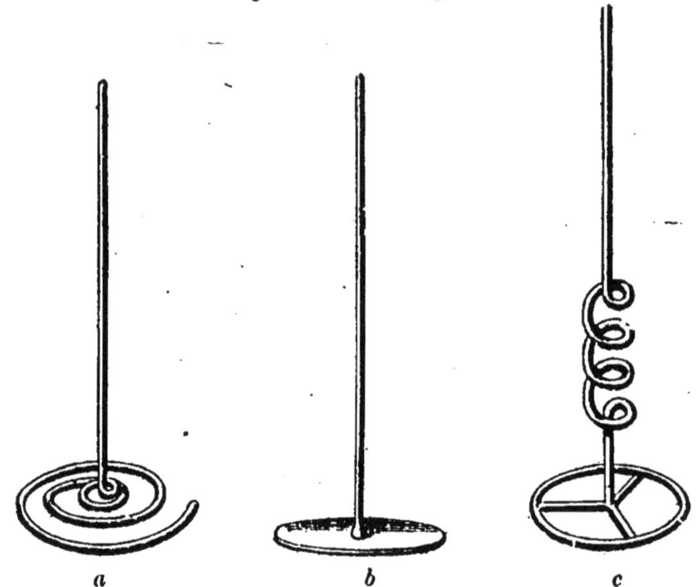


Fig. 1. — Électrodes positives ou anodes.

Aujourd'hui, le dosage électrolytique rend de grands services pour la détermination d'assez nombreux métaux, parmi lesquels le cuivre, le nickel, le cobalt, l'antimoine sont à citer en tout premier lieu.

Le courant est fourni par des piles ou des dynamos souvent combinées avec des accumulateurs.

L'emploi de plus en plus général de l'électricité pour l'éclairage et le transport de la force dans les villes, les usines, etc., permet à des laboratoires industriels et scientifiques chaque jour plus nombreux de disposer, dans des conditions très pratiques, du courant électrique et des moyens d'en faire varier l'intensité et la tension. Ce dernier point est capital, car l'étude du dosage électrolytique des divers métaux a montré que pour chacun d'eux, une force électromotrice et une intensité déterminée du courant sont nécessaires, pour que l'opération soit réellement pratique et donne des résultats satisfaisants.

Les électrodes dont on fait usage en électrolyse sont toujours en platine; leurs formes et dimensions sont assez variables. Le plus souvent, l'électrode négative ou *cathode* qui doit recevoir le dépôt métallique est formée par une capsule de 200 centimètres cubes environ de capacité, faite d'une mince feuille de platine, ou par un cône ou un cylindre en feuille ou en toile de platine. L'électrode positive qui, en général, ne sert qu'à fermer le circuit (1), est habituellement formée d'une lame ou d'un fil de platine contourné sur lui-même.

Les figures 1 et 2 donnent une idée des formes d'électrodes les plus employées.

Les figures 3 et 4 représentent des dispositifs qu'on peut adopter pour effectuer une électrolyse.

Le lavage du dépôt métallique se fait à courant interrompu ou à courant fermé suivant les cas. Si l'on a, par exemple, électrolysé du cuivre en solution nitrique, le dépôt doit être lavé à courant fermé, sinon l'acide nitrique contenu dans le liquide pourrait redissoudre, au moins en partie, le cuivre précipité. Par contre, on peut laver à courant interrompu un dépôt de nickel ou de cobalt obtenu en solution ammoniacale, l'ammoniaque n'exerçant pas d'action dissolvante sur ces métaux. En pareil cas, lorsque l'électrolyse est terminée, on interrompt le courant, on décante le liquide de la capsule et on lave le dépôt à deux ou trois reprises avec de l'eau distillée. On détermine par un ou deux lavages à l'alcool, et un lavage à l'éther, puis on sèche à l'étuve pendant quelques instants à température très modérée (environ 50°).

Si l'on s'est servi d'un cône comme électrode négative, on le détache de son support et on le plonge dans un vase contenant de l'eau distillée, puis dans des vases renfermant de l'alcool et de l'éther, cet alcool et cet éther pouvant naturellement être utilisés pour toute une série de lavages.

Lorsque le dépôt doit être lavé à courant fermé, on peut, si l'on emploie comme cathode une capsule, faire usage d'un petit siphon qu'on fixe sur le bord de la capsule et par lequel on fait écouler le liquide acide qu'on remplace par de l'eau distillée jusqu'à disparition de toute acidité.

On a proposé, dans ces derniers temps, des dispositifs spéciaux permettant de maintenir en mouvement les solutions à électrolyser, pendant le passage du courant. Cette façon d'opérer, actuellement admise dans la pratique, offre le grand

(1) Parfois cependant, comme dans le cas du dosage du plomb à l'état de peroxyde $PbO^2$ le dépôt se fait sur l'électrode positive.

avantage d'abréger très notablement la durée des électrolyses.

*Remarque générale sur l'application de la méthode par pesée proprement dite.* — La méthode par pesée proprement dite n'est applicable que pour autant que le réactif ou le courant électrique employé pour précipiter un élément déterminé

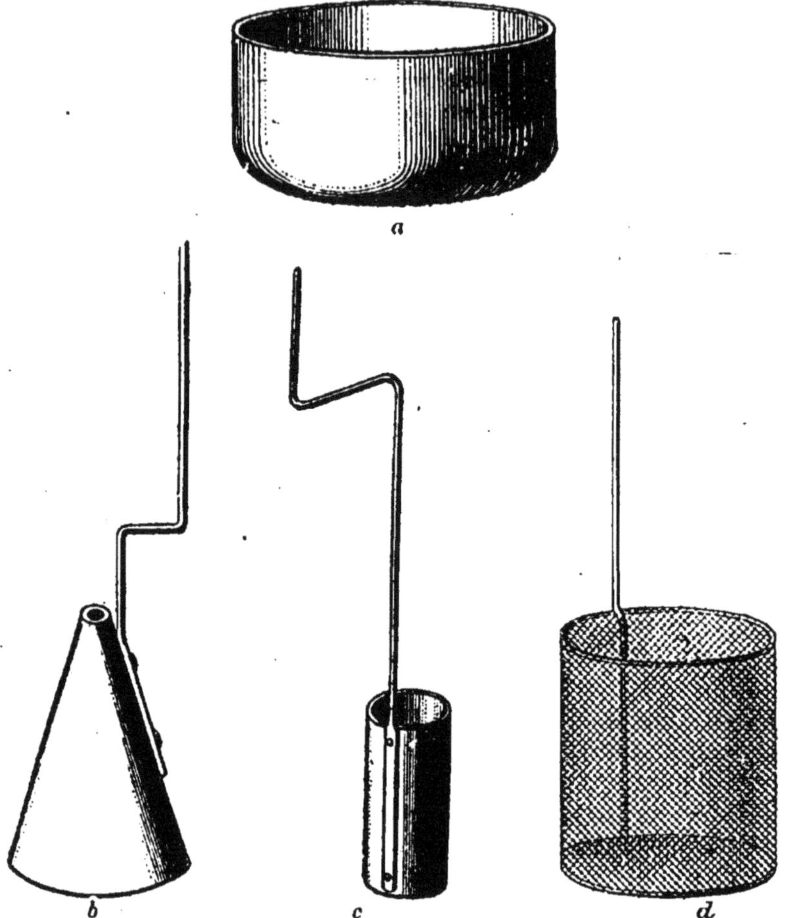


Fig. 2. — Électrodes négatives ou cathodes.

ne puisse agir sur d'autres éléments existant en même temps dans la solution analysée.

Ainsi, dans les exemples exposés précédemment, on ne pourrait séparer l'argent à l'état de chlorure en présence d'un sel mercureux, parce que le chlorure mercureux qui se formerait étant insoluble comme le chlorure d'argent se précipiterait avec lui.

On ne pourrait non plus séparer le cadmium à l'état de sulfure dans une solution qui contiendrait en même temps un métal tel que le plomb ou le bismuth, ces métaux formant avec l'acide sulfhydrique des précipités de sulfures insolubles comme le sulfure de cadmium lui-même.

Le dosage du nickel par électrolyse ne serait pas possible en

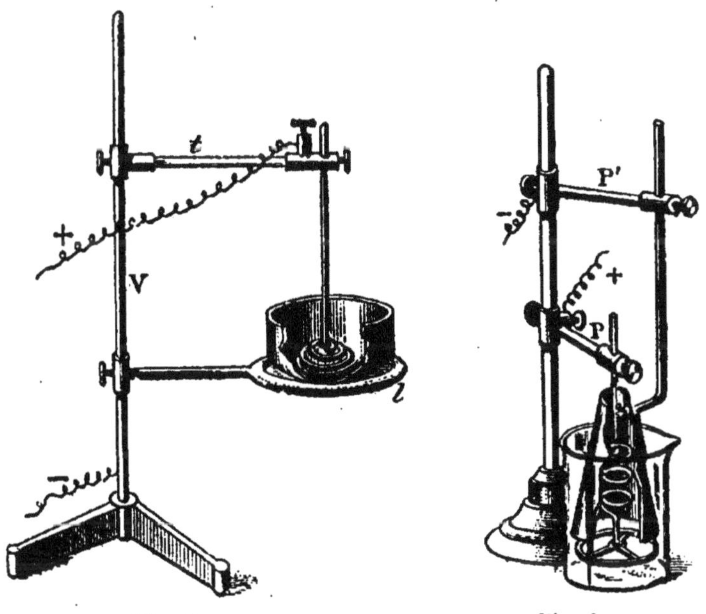


Fig. 3.

La capsule servant de cathode repose sur un anneau de laiton *l*, fixé à un support en verre V communiquant avec le pôle négatif de la source électrique ; l'anode est en communication avec le pôle positif par l'intermédiaire de la tige *t* fixée au support V.

Fig. 4.

L'anode et la cathode sont fixées à des supports P et P' respectivement en communication avec le pôle positif et avec le pôle négatif de la source électrique.

présence de cobalt, parce que ce dernier est précipité par le courant en même temps que le nickel.

L'application du dosage par pesée à un élément suppose donc que l'on a, au préalable, éliminé par des réactions appropriées, les corps qui pourraient donner lieu à la formation d'un précipité sous l'action du réactif que l'on veut employer pour le dosage.

b. *Méthode par perte de poids.* — Dans cette méthode, d'application beaucoup plus restreinte que la précédente, on prélève un poids donné de la matière analysée ; on élimine ensuite le composant que l'on veut doser et l'on repèse. La différence des deux pesées correspond au poids de ce composant.

*Exemples.* — On dose l'eau de combinaison qui entre dans la composition des argiles, en calcinant au rouge un poids déterminé d'argile et en pesant ensuite le résidu restant.

On peut doser l'anhydride carbonique dans un calcaire en décomposant par un acide un poids donné de ce calcaire dans un appareil de poids connu et disposé de telle façon que seul l'anhydride carbonique mis en liberté par l'acide puisse se dégager. L'appareil étant pesé de nouveau, on calcule aisément le poids d'anhydride carbonique éliminé.

### MÉTHODE VOLUMÉTRIQUE OU TITRIMÉTRIQUE

Dans cette méthode, très importante en pratique, au lieu de déterminer directement, comme dans la précédente, le poids d'un précipité ou une modification de poids en rapport avec l'élément à doser, on détermine, au contraire, le poids de réactif nécessaire pour produire ce précipité ou une réaction nette entre le constituant à doser et le réactif employé. Connaissant ce poids, il est facile de calculer, en se servant de l'équation chimique exprimant la réaction, le poids correspondant de l'élément à doser.

En fait, afin de pouvoir ajouter plus facilement le réactif par petites portions successives, ce qui est très important surtout lorsqu'on approche du terme de la réaction, on se sert toujours *d'une solution du réactif de concentration connue*. Il suffit alors de mesurer le volume de solution strictement nécessaire pour amener sous une forme de combinaison déterminée l'élément ou le groupe d'éléments à doser pour connaître par là même le poids de réactif employé. Ce poids s'obtient donc, en somme, en *déterminant un* volume, d'où le nom de *méthode volumétrique*. La concentration de la solution de réactif s'appelle *titre*, d'où le nom de *méthode titrimétrique* ou *par liqueurs titrées*.

On conçoit, d'après la définition qui vient d'être donnée, que le procédé n'est applicable que pour autant que la réaction soit bien nette et complète entre le réactif et l'élément à doser ; il faut, en outre, que le terme puisse en être apprécié exactement, afin que l'on ne soit pas exposé à employer un excès de réactif.

Quelques exemples faciliteront la compréhension du sujet.

1er *exemple.* — Soit à doser l'argent dans une solution de nitrate argentique provenant de la dissolution d'un alliage, d'un minerai, etc. On sait que si l'on traite une solution argentique par du chlorure sodique, l'argent est entièrement précipité à l'état de chlorure AgCl, d'après l'équation $AgNO^3 + NaCl = AgCl + NaNO^3$.

La réaction est nette et complète.

D'autre part, le chlorure d'argent peut être facilement agrégé par agitation en gros flocons, qui se déposent rapidement. Il est donc possible, si l'on fait arriver petit à petit une solution de chlorure sodique de concentration connue dans la solution argentique, et si l'on agite vigoureusement après chaque addition, il est donc possible, dis-je, d'apprécier le moment où il ne se forme plus de précipité, c'est-à-dire le moment précis où tout l'argent est précipité à l'état de chlorure. Si, à ce moment, on note le volume de chlorure sodique employé, on connaît par là même la quantité en poids de ce sel qui a été consommée, puisque la concentration de la solution est connue ; on a, par conséquent, les éléments nécessaires pour calculer la quantité d'argent que l'on veut doser.

Supposons, en effet, que la solution de NaCl renferme par centimètre cube 0,01 gr. de ce sel ; s'il en a fallu 22,5 $cm^3$ pour précipiter tout l'argent, la quantité consommée est égale à 0,225 gr.

Or, d'après l'équation :

$$AgNO^3 + NaCl = AgCl + NaNO^3.$$

1 molécule de NaCl, soit 58,06, précipite un atome d'argent, soit, 107,11.

Nous pouvons donc écrire :

$$58{,}06 : 107{,}11 = 0{,}225 : x.$$

Le poids d'argent cherché, $x$, est donc égal à

$$\frac{107{,}11 \times 0{,}225}{58{,}06} = 0{,}4151.$$

2e *exemple.* — Le permanganate potassique agit sur les sels ferreux qu'il transforme en sels ferriques. La réaction, nette et complète, se passe conformément à l'équation suivante :

$$10FeSO^4 + K^2Mn^2O^8 + 9H^2SO^4 = 5Fe^2(SO^4)^3 + 2MnSO^4 + 2KHSO^4 + 8H^2O.$$

Comme on le voit, une molécule de permanganate dont le poids = 313,95, oxyde 10 atomes de fer soit

$$10 \times 55{,}5 = 555.$$

D'autre part, le terme de la réaction peut être facilement

apprécié. En effet, en dehors du permanganate, tous les sels qui interviennent dans la réaction sont pratiquement incolores, au moins en solution ; le permanganate, au contraire, est doué d'un très grand pouvoir colorant ; les moindres traces de ce sel sont reconnaissables à la coloration violacée qu'elles communiquent à l'eau. Par conséquent, si l'on ajoute à une solution acide de sel ferreux, une solution de permanganate, tant que celui-ci se décolorera, c'est qu'il restera du sel ferreux à oxyder. Dès que le liquide prendra une légère teinte rose *persistante*, on pourra dire que tout le fer est oxydé à l'état ferrique, la coloration rose ne pouvant provenir que d'une trace de permanganate en excès.

Si la concentration de la solution de permanganate est connue et si l'on a noté le volume consommé, on peut aisément, en se basant sur l'équation donnée plus haut, calculer la quantité de fer à doser, 10 atomes de fer $= 10 \times 55,5 = 555$, correspondant à une molécule de permanganate.

3e *exemple.* — Le chlorure stanneux réduit le chlorure ferrique à l'état ferreux, d'après l'équation

$$Fe^2Cl^6 + SnCl^2 = Fe^2Cl^4 + SnCl^4.$$

La réaction est quantitative. Le chlorure ferrique, en solution chlorhydrique et chaude, est jaune brun; le chlorure ferreux et le chlorure stannique en solution sont pratiquement incolores. Par conséquent, si l'on ajoute du chlorure stanneux en solution à une solution de chlorure ferrique, on sera averti de la réduction complète de ce dernier à l'état ferreux par la disparition de toute trace de coloration jaune.

D'après l'équation ci-dessus, une molécule de chlorure stanneux $SnCl^2$ réduit 2 atomes de fer $= 55,5 \times 2 = 111,0$ à l'état ferreux.

Donc, si l'on connait la concentration du chlorure stanneux employé et le volume consommé, on pourra aisément conclure à la quantité de fer existant à l'état ferrique dans la solution de la matière analysée.

4e *exemple.* — Les acides et les bases se neutralisent réciproquement, comme l'indiquent les équations telles que :

$$H^2SO^4 + 2NaOH = Na^2SO^4 + 2H^2O.$$
$$2HCl + Na^2CO^3 = 2NaCl + H^2O + CO^2.$$
$$HNO^3 + KOH = KNO^3 + H^2O.$$

etc.

Ces réactions sont donc quantitatives, mais il n'est guère

possible d'en apprécier directement le terme, les divers sels et acides intervenant comme réactifs ou comme produits étant incolores et la réaction ne provoquant la formation d'aucun précipité. Il en est autrement si l'on ajoute quelques gouttes d'une solution de tournesol, substance qui, comme on le sait, est rougeâtre en présence d'acide libre et bleue au contact des matières alcalines.

On peut donc, si l'on a une solution d'hydrate sodique ou potassique dans laquelle on veut doser la quantité de NaOH ou de KOH, additionner cette solution de quelques gouttes de teinture de tournesol ; le liquide se colorera en bleu. Si maintenant, on verse dans le liquide une solution *de concentration connue* d'acide chlorhydrique, sulfurique, nitrique, etc., le moment précis auquel la dernière trace d'hydrate alcalin sera neutralisée, sera marqué par le virage de la teinte bleue au rouge sous l'influence de la moindre quantité d'acide en excès.

On pourra donc, connaissant la concentration et le volume de l'acide employé, calculer la quantité d'alcali existant dans la solution en se basant sur les équations qui expriment les réactions entre acides et alcalis.

Ces quelques exemples montrent que deux conditions sont indispensables pour qu'on puisse recourir à la méthode titrimétrique.

1° La réaction entre le réactif et le corps à doser doit être nette et doit pouvoir être exprimée par une équation.

2° Le terme de cette réaction doit pouvoir être *facilement* apprécié par l'un ou l'autre caractère, tel que la cessation de la formation d'un précipité, la disparition d'une coloration, l'apparition d'une coloration, un virage de teinte, etc.

Ainsi, bien que l'acide nitrique agisse nettement sur les sels ferreux pour les oxyder comme l'indique l'équation suivante

$$6FeCl^2 + 2HNO^3 + 6HCl = 3Fe^2Cl^6 + 2NO + 4H^2O$$

cette réaction ne peut servir de base à une méthode titrimétrique de dosage du fer, parce qu'on ne peut en apprécier facilement le terme. On serait donc exposé à employer *trop* ou *trop peu* de réactif.

De même, bien que le phosphate ammonique précipite quantitativement les sels magnésiques d'après l'équation

$$MgSO^4 + Na^2HPO^4 + NH^3 = NH^4MgPO^4 + Na^2SO^4$$

cette réaction est inutilisable en titrimétrie, parce qu'elle exige un temps très long pour être complète ; le terme ne peut donc en être apprécié nettement.

*Matériel nécessaire.* — La méthode de dosage par liqueurs titrées exige l'emploi d'un certain nombre d'instruments jaugés ou gradués pour la température de 15°C. Citons ici les matras jaugés (fig. 5) qui ont habituellement une capacité de 1 000, 500, 250 ou 100 centimètres cubes et qui portent un ou deux traits de jauge gravé sur le col. Dans ce dernier cas (fig. 6), le trait inférieur correspond au jaugeage par emplissage, le trait supérieur au jaugeage par écoulement.

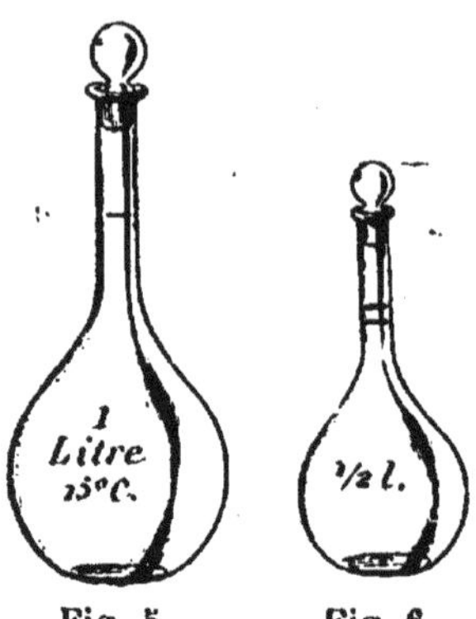

Fig. 5. Fig. 6.

Ces matras sont utilisés pour amener à un volume déterminé les solutions titrées des réactifs ou les solutions qui contiennent le corps à doser, lorsqu'on veut pouvoir faire plusieurs essais sur des parties aliquotes de la solution. Ainsi, par exemple, si l'on veut doser le fer par le chlorure stanneux dans la solution ferrique provenant de la dissolution d'un minerai de fer, on peut, au lieu d'opérer sur la totalité du liquide, diluer celui-ci à un volume déterminé, 500 centimètres cubes par exemple, et prélever ensuite plusieurs prises d'essai de 100 centimètres cubes permettant de faire plusieurs titrages.

Pour prélever des volumes déterminés d'une solution titrée ou de la solution contenant le corps à doser on se sert de *pipettes jaugées*. La figure 7 reproduit un de ces instruments. Les pipettes portent au-dessus de la partie cylindrique un trait de jauge. Les capacités des pipettes d'usage courant sont de 100, 50, 25, 10 et 5 centimètres cubes.

Il existe aussi, surtout pour le mesurage de faibles volumes (10, 5, 1 centimètres cubes) des pipettes jaugées, graduées en 1/10 de centimètre cube (fig. 8).

Enfin, les solutions titrées qu'on doit laisser couler dans la solution du corps à doser se placent dans des *burettes graduées*. Ces burettes sont de divers modèles. Le type habituel est la *burette de Mohr*, sorte de tube cylindrique de 15 millimètres environ de diamètre, ouvert à la partie supérieure et rétréci à la partie inférieure (fig. 9). On adapte à cette dernière un bout de tuyau en caoutchouc dans lequel est engagé un morceau de tube de verre effilé (fig. 10). Une pince *p*, qui s'adapte sur le caoutchouc permet de régler l'écoulement du liquide. Parfois, la fermeture de la burette se fait à l'aide d'un robinet en verre soudé à la partie inférieure (fig. 11).

La capacité ordinaire des burettes est de 60 centimètres cubes ; la graduation est faite en centimètres cubes et 1/10 de centimètre cube.

Pour procéder aux lectures, on prend comme point de repère

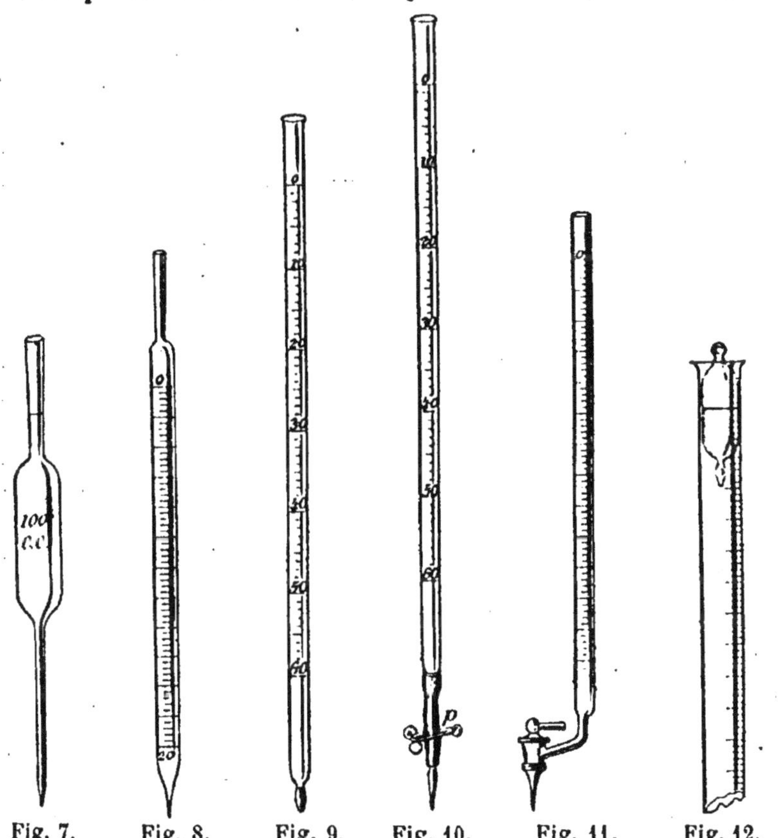

Fig. 7. Fig. 8. Fig. 9. Fig. 10. Fig. 11. Fig. 12.

le plan passant par le dessous ou par le bord supérieur du ménisque. On doit évidemment adopter la même façon de lire pour les diverses lectures se rapportant à un même dosage.

Parfois, pour éviter toute erreur de lecture, on fait usage de *flotteurs*. On désigne sous ce nom un petit cylindre de verre de 4 ou 5 centimètres de longueur, dont le diamètre est inférieur d'une fraction de millimètre à celui de la burette. Le flotteur est lesté à l'aide de mercure de telle façon qu'introduit dans une burette chargée d'une solution titrée quelconque, il ne s'enfonce qu'en partie dans le liquide (fig. 12). Il porte vers le milieu un trait circulaire qui est utilisé comme point de repère.

Avant de procéder à un titrage, on fait coïncider ce trait avec le zéro de la graduation de la burette ; on note ensuite le point de la graduation auquel il affleure lorsque le titrage est terminé.

Les burettes à graduation circulaire, dont l'usage est aujourd'hui très répandu, sont aussi à recommander au point de vue de l'exactitude des lectures.

*Préparation des solutions titrées.* — Lorsqu'on a affaire à des substances qui peuvent être obtenues aisément à l'état pur et qui ne sont ni efflorescentes, ni déliquescentes, la préparation des solutions titrées est très simple. Il suffit de peser un poids déterminé de substance, qu'on dissout ensuite dans l'eau ; la solution, introduite dans un matras jaugé est finalement amenée à un volume déterminé à l'aide d'eau distillée. On peut, par exemple, obtenir de cette façon des solutions titrées de nitrate d'argent, de chromate potassique, d'acide oxalique, de permanganate potassique.

Dans le cas de substances telles que les hydrates potassique et sodique, et autres que l'on ne peut obtenir pures dans le commerce, les choses sont plus compliquées. On pèse une quantité de substance telle qu'elle corresponde à une concentration supérieure à celle que l'on veut obtenir; on la dissout dans l'eau, puis on détermine la concentration de la solution à l'aide d'une substance pure, employée en quantité connue. Connaissant la concentration de la solution, on calcule de combien cette solution doit être diluée pour avoir la concentration qu'on désire finalement lui donner.

*Exemple.* — Soit à préparer une solution titrée d'hydrate potassique contenant 40 grammes KOH par litre. L'hydrate potassique du commerce étant plus ou moins humide et plus ou moins carbonaté, on en pèse 50 grammes, on les dissout dans l'eau et on amène la solution au volume d'un demi-litre. On prépare, d'autre part, une solution de concentration à peu près correspondante, d'une substance pure, l'acide oxalique par exemple, pouvant réagir avec l'hydrate potassique dans des conditions telles que le terme de la réaction soit facilement appréciable.

Dans le cas de l'acide oxalique, la réaction est exprimée par l'équation

$$2KOH + C^2H^2O^4, 2H^2O = K^2C^2O^4 + 4H^2O$$
$$2 \times 55{,}73 \quad 125{,}10.$$

Le rapport 111,46 KOH : 125,10 acide oxalique permet de calculer la quantité d'acide oxalique qu'il faut dissoudre dans l'eau et amener au volume d'un demi-litre pour que les deux solutions se correspondent à peu près volume à volume.

On prélève ensuite 20 ou 25 centimètres cubes de la solution d'acide oxalique, on ajoute quelques gouttes de teinture de tournesol et on laisse couler, d'une burette graduée, la solution d'hydrate potassique, jusqu'à ce que, tout l'acide oxalique étant transformé en oxalate, une goutte d'hydrate potassique en excès ramène au bleu la teinture de tournesol. On note le volume d'hydrate potassique employé. Ce volume contient évidemment la quantité d'hydrate nécessaire pour neutraliser le poids d'acide oxalique contenu dans les 20 ou 25 centimètres cubes mis en œuvre. Cette quantité peut être aisément calculée en se basant sur l'équation reproduite plus haut. Il ne reste plus alors qu'à déterminer par le calcul quel volume de la solution d'hydrate potassique on doit prélever pour avoir 40 grammes de ce produit, et diluer ce volume à 1 litre.

Lorsqu'on a à préparer des solutions titrées de substances liquides telles que acide sulfurique, acide chlorhydrique, acide nitrique, ammoniaque, etc., on procède d'une manière analogue à celle qui vient d'être résumée; seulement, au lieu de peser ces substances, on en mesure des volumes déterminés après s'être renseigné à l'aide d'un densimètre et des tables de densité sur leur concentration approximative.

Du titre des solutions. — L'expression « *titre* » appliquée aux solutions employées dans l'analyse titrimétrique peut être prise dans différentes acceptions.

Le *titre* d'une solution peut exprimer la quantité de matière existant dans 1 centimètre cube de la solution.

*Exemple.* — Une solution de nitrate d'argent au titre 1 centigramme est une solution qui renferme par centimètre cube 1 centigramme de ce sel, soit 10 grammes par litre.

Le titre étant ainsi exprimé, il faut, pour chaque dosage, avoir recours à l'équation chimique exprimant la réaction pour calculer le poids de l'élément à doser.

Le *titre* peut aussi être exprimé en fonction de la substance avec laquelle la solution titrée est destinée à réagir.

Dire d'une solution de nitrate d'argent qu'elle est au titre chlorure sodique, 1 centigramme, équivaut à dire que cette solution contient par centimètre cube une quantité de nitrate d'argent telle qu'elle peut réagir avec 1 centigramme de chlorure sodique, d'après l'équation :

$$AgNO^3 + NaCl = AgCl + NaNO^3.$$

Une solution de permanganate potassique au titre fer 5 milligrammes est une solution qui contient par centimètre cube la quantité de permanganate voulue pour faire passer de l'état ferreux à l'état ferrique 5 milligrammes de fer existant dans une combinaison ferreuse, sulfate, chlorure ou autre.

En pratique, il n'y a pas de règle absolue au sujet de la concentration ou « titre » à donner aux solutions employées dans l'analyse titrimétrique. Le titre doit être en rapport avec la quantité de matière à doser. En règle générale, on doit donner à la solution une concentration telle que l'on puisse en employer dans le dosage auquel cette solution est destinée 20 à 30 centimètres cubes. On conçoit que si, dans un titrage, on employait 0,2 ou 0,4 $cm^3$, les erreurs de lecture inévitables, rapportées à un volume aussi faible, enlèveraient toute valeur à l'essai.

D'autre part, si la concentration est trop faible par rapport à la quantité de substance à doser, on peut être amené à employer plus d'une burette de solution, ce qui n'est pas recommandable, car, entre autres inconvénients, on doit dans ce cas, faire quatre lectures au lieu de deux ce qui ne peut que contribuer à augmenter les chances d'erreur.

Les solutions préparées en se basant sur les considérations qui viennent d'être énoncées sont dites à *titre empirique*. La fixation du titre est établie uniquement d'après la quantité de matière qui doit être dosée à l'aide de la solution titrée.

On appelle *solutions normales* (par opposition aux solutions *à titre empirique*) celles qui renferment par litre un poids d'une matière donnée en rapport numérique simple avec le poids moléculaire de cette matière rapporté à l'hydrogène pris pour unité.

*Exemple.* — Le poids moléculaire de l'acide chlorhydrique est 36,18 ; une solution titrée d'acide chlorhydrique sera normale si elle renferme par litre un poids d'acide chlorhydrique égal à ce poids moléculaire, ou un multiple ou sous-multiple de ce poids.

La solution normale est dite *normale-type* lorsqu'elle renferme par litre un poids de la substance dissoute, correspondant à 1 gramme d'hydrogène *par rapport à la réaction en vue de laquelle la liqueur est préparée* (L.L. de Koninck).

D'après cette définition, une solution normale type d'acide chlorhydrique renfermera par litre, une quantité d'acide chlorhydrique égale à 36,18 gr. ; en effet, le poids moléculaire de l'acide chlorhydrique est 36,18, et la molécule de cet acide dont la formule est HCl renferme un atome d'hydrogène, qui, dans les réactions, est substitué par un métal; les 36,18 gr. correspondent évidemment à 1 gramme d'hydrogène.

De même, la solution normale type d'acide sulfurique contiendra par litre un poids de cet acide égal à la moitié du poids moléculaire de $H^2SO^4$ soit $\frac{97,35}{2}$ parce que la molécule de $H^2SO^4$ renferme 2 atomes d'hydrogène susceptibles d'être remplacés par des métaux dans les réactions dans lesquelles l'acide sulfurique intervient.

$$H^2SO^4 + 2KOH = K^2SO^4 + 2H^2O.$$

De même encore, la solution normale de chlorure barytique contiendra par litre un poids de ce sel égal à la moitié de son poids moléculaire, parce que la molécule de $BaCl^2$ équivaut à 2 atomes d'hydrogène, puisqu'elle peut réagir, par exemple, avec une molécule d'acide sulfurique, en échangeant son atome de baryum contre 2 atomes d'hydrogène.

$$BaCl^2 + H^2SO^4 = BaSO^4 + 2HCl.$$

Cela étant, on appelle « *poids normal* » d'une substance le poids de cette substance qui correspond à 1 gramme d'hydrogène.

Le poids normal de l'acide chlorhydrique est donc égal à son poids moléculaire; le poids normal du nitrate d'argent est égal à son poids moléculaire; le poids normal de l'acide sulfurique, du sulfate de sodium, du chlorure barytique, est égal à la moitié du poids moléculaire de ces corps, etc.

Les solutions normales sont dites déci-normales, centi-normales, lorsqu'elles ne renferment que le 1/10e ou le 1/100e du poids normal.

*Remarques.* — Pour certaines substances, le poids normal varie d'après l'allure des réactions dans lesquelles ces substances interviennent.

Ainsi le permanganate potassique agissant sur un sel ferreux, cède par molécule 5 atomes d'oxygène qui, passant à l'état d'eau, correspondent par conséquent à 10 atomes d'hydrogène. (Voy. pour les détails de cette réaction, les caractères des sels ferreux). Dans ce cas, le poids normal est égal au 1/10 du poids moléculaire.

Mais lorsqu'on l'utilise pour le dosage du manganèse (voy. pour les détails, dosage titrimétrique du manganèse) le permanganate ne cède par molécule que 3 atomes d'oxygène, qui correspondent à 6 atomes d'hydrogène. Le poids normal n'est donc ici que le 1/6 du poids moléculaire du permanganate.

Des diverses espèces de titrage. — Comme nous l'avons vu déjà, pour que la méthode titrimétrique soit applicable, il faut que l'on puisse apprécier nettement le moment précis auquel la réaction entre la matière à doser et le réactif est achevée, autrement dit, il faut que l'on puisse saisir le terme de la réaction.

*Titrage direct.* — Le titrage est dit *direct* lorsque, par un phénomène quelconque, apparition ou disparition d'une coloration, modification d'une teinte, cessation de formation de précipité, etc., on peut évaluer *directement, en une seule opération*, le terme de l'essai.

*Exemple.* — Lorsqu'on dose de l'acide oxalique par une solution titrée de permanganate, celui-ci se décolore tant que l'acide oxalique n'est pas entièrement oxydé, d'après l'équation :

$$5H^2C^2O^4 + K^2Mn^2O^8 + 4H^2SO^4 = 2KHSO^4 + 2MnSO^4 + 10CO^2 + 8H^2O.$$

Lorsque l'oxydation est complète, une dernière goutte de la solution de permanganate colore le liquide en rose, parce que cette goutte ne trouve plus d'acide oxalique avec lequel réagir. La coloration rose marque *directement* le terme de l'essai.

Dans le titrage des chlorures par le nitrate argentique, le terme se marque aussi *directement* lorsqu'une dernière goutte de nitrate ne forme plus dans la solution de chlorure de précipité de chlorure argentique.

Lorsqu'on dose un acide par une solution titrée alcaline, ou un alcali par un acide titré, le terme de l'essai peut aussi se marquer *directement* en introduisant dans le liquide avant le titrage quelques gouttes d'une matière telle que la teinture de tournesol, dont la teinte varie suivant que le liquide est acide ou alcalin.

Si l'on a, par exemple, à doser l'acide contenu dans une solution d'acide chlorhydrique, on ajoute quelques gouttes de tournesol qui colorent le liquide en rouge violacé; on laisse ensuite couler une solution titrée d'hydrate potassique ou sodique qui réagit avec l'acide, d'après l'équation.

$$HCl + NaOH = NaCl + H^2O.$$

Tant que tout l'acide n'a pas réagi, la teinte rouge du tournesol persiste, mais dès que la réaction est achevée, une goutte de solution d'hydrate alcalin rend le liquide alcalin, *la teinte rouge du tournesol vire au bleu*, et ce virage indique *directement* le terme de l'essai.

Les substances que l'on ajoute ainsi à une solution dans le

but d'apprécier le moment précis auquel la matière à doser contenue dans cette solution est entièrement consommée portent le nom d'*indicateur*.

L'indicateur ne peut pas toujours être ajouté au liquide. Ainsi, par exemple, on peut doser le fer existant à l'état ferreux dans une solution en laissant couler dans le liquide une solution titrée de dichromate potassique, qui réagit avec le sel ferreux, d'après l'équation :

$$K^2Cr^2O^7 + 6FeSO^4 + 8H^2SO^4 = Cr^2(SO^4)^3 + 3Fe^2(SO^4)^3 + 2KHSO^4 + 7H^2O.$$

Afin d'apprécier le moment précis où tout le sel ferreux est oxydé, on fait usage du ferricyanure potassique qui, au contact des sels ferreux produit un précipité bleu. Seulement, il n'est pas pratique de mettre dès le début du ferricyanure dans le liquide à doser, parce qu'il se produirait un précipité qui ne se modifierait pas lorsque le réactif commencerait à être en excès. En pareil cas, on verse une goutte de l'indicateur, ici, le ferricyanure potassique, dans une série de fossettes ménagées dans une plaque de porcelaine. Après chaque addition du réactif, on prélève une goutte de la solution de fer, on la met en contact avec le ferricyanure et l'on observe s'il se produit une coloration bleue. Tant que celle-ci se manifeste, la réaction n'est pas achevée puisqu'il reste du sel ferreux à oxyder. Lorsqu'elle ne se produit plus, tout le sel ferreux est devenu ferrique, et, par conséquent, l'essai est terminé.

On donne le nom d'*essai à la touche*, à cette façon d'opérer dans laquelle l'indicateur n'est pas mélangé à la solution à analyser.

*Titrage en retour*. — Dans certains cas, il peut être plus ou moins difficile d'estimer le moment auquel la réaction entre le réactif et la matière à doser est achevée. Ainsi, par exemple, le fer se trouvant à l'état de chlorure ferrique peut être dosé par une solution titrée de chlorure stanneux d'après l'équation :

$$Fe^2Cl^6 + SnCl^2 = Fe^2Cl^4 + SnCl^4.$$

Théoriquement, le terme de l'essai se marque par la disparition de la couleur jaune du chlorure ferrique. En fait, la teinte du liquide allant en s'affaiblissant graduellement, il est parfois difficile de saisir le moment auquel tout le fer est réduit ; on est exposé à dépasser le terme, c'est-à dire à ajouter un peu plus de chlorure stanneux qu'il n'est nécessaire.

Dans ce cas, on évalue l'excès de réactif à l'aide d'une seconde solution titrée contenant une substance qui peut réagir dans un sens bien déterminé avec cet excès de réactif, et dans des conditions telles que l'on puisse apprécier le moment où cet excès est consommé.

Dans l'exemple choisi, on se servira d'une solution titrée d'iode, qui réagit avec le chlorure stanneux d'après l'équation :

$$SnCl^2 + 2I + 2HCl = SnCl^4 + 2HI.$$

Si l'on ajoute quelques centimètres cubes d'empois d'amidon, dès que l'iode sera en excès par rapport au chlorure stanneux, il se produira une coloration bleue très manifeste, due à la formation d'iodure d'amidon.

Connaissant, par un essai spécial, le rapport des deux solutions d'iode et de chlorure stanneux, on pourra calculer aisément l'excès de ce dernier réactif ajouté au cours du titrage.

Le mode opératoire qui vient d'être décrit porte le nom de : *titrage en retour*.

Dans l'exemple donné, l'excès de chlorure stanneux employé dans le dosage du fer est *titré en retour* par une solution titrée d'iode.

*Titrage par reste*. — Ce mode de titrage n'est en somme qu'une variante du précédent.

Supposons qu'on ait à doser l'ammoniaque dans un sel ammonique.

On peut décomposer le sel ammonique par un hydrate alcalin, d'après l'équation

$$NH^4Cl + NaOH = NH^3 + NaCl + H^2O.$$

L'ammoniaque dégagée est reçue dans un condenseur dans lequel on a placé un volume mesuré d'acide sulfurique titré *plus que suffisant* pour neutraliser toute l'ammoniaque dégagée, suivant l'équation

$$2NH^3 + H^2SO^4 = (NH^4)^2SO^4.$$

L'opération terminée, on titre *l'excès d'acide* à l'aide d'une solution titrée d'hydrate alcalin

$$H^2SO^4 + 2KOH = K^2SO^4 + 2H^2O.$$

On connaît ainsi, par différence, la quantité d'acide qui a été consommée par l'ammonique, et par suite, l'ammoniaque elle-même. C'est en somme, en dosant *en retour*, par un alcali, *le reste* de l'acide qui n'a pas réagi avec l'ammoniaque qu'on arrive au résultat cherché ; le nom de *titrage par reste* est donc parfaitement justifié.

### MÉTHODE GAZOMÉTRIQUE

L'analyse gazométrique permet de déterminer la proportion d'un constituant d'un corps qui peut être solide, liquide ou gazeux, par le mesurage d'un volume gazeux.

Ainsi, par exemple, la proportion de carbonate de calcium existant dans un calcaire peut être établie en mesurant le volume de l'anhydride carbonique qui se dégage lorsqu'on décompose ce calcaire par l'acide chlorhydrique.

$$CaCO^3 + 2HCl = CaCl^2 + H^2O + CO^2.$$

Le volume étant connu, on peut calculer le poids correspondant et déduire de ce poids la quantité de $CaCO^3$ puisque une molécule de $CO^2$ représente une molécule de $CaCO^3$.

*Autre exemple.* — Si l'on traite un nitrate alcalin par un sel ferreux en présence d'acide chlorhydrique, le nitrate est réduit; tout l'azote se dégage à l'état d'oxyde nitrique, d'après l'équation :

$$2NaNO^3 + 6FeCl^2 + 8HCl = 3Fe^2Cl^6 + 2NaCl + 2NO + 4H^2O.$$

L'oxyde nitrique étant mesuré, on connaît par là même son poids, et, par suite, le poids d'azote et le poids de nitrate qui lui correspond et qui est contenu dans la prise d'essai analysée.

Nous verrons dans la partie spéciale la façon dont se font ces mesurages de gaz dans les différents cas.

La méthode gazométrique permet aussi d'établir la proportion pour laquelle divers gaz interviennent dans la composition d'un mélange gazeux.

On déterminera, par exemple, par gazométrie, la proportion d'hydrogène, de méthane, d'oxyde de carbone, d'éthylène, etc., qui existe dans 100 volumes de gaz d'éclairage; la proportion d'oxyde de carbone et d'azote qui se trouve dans 100 volumes de gaz à l'air, etc.

Les procédés à employer pour l'analyse des mélanges gazeux étant du ressort de l'analyse appliquée, il n'en sera pas autrement question ici.

### MÉTHODE COLORIMÉTRIQUE

Comme l'indique son nom, cette méthode permet de doser un élément en se basant sur l'intensité de la coloration, que présente l'un ou l'autre de ses composés en solution, pour autant que cette intensité soit proportionnelle à la quantité de matière dissoute.

La méthode, qui n'est applicable que dans un certain nombre de cas, n'est utilisée que pour l'évaluation de quantités de matières trop faibles pour être dosées par les autres procédés. Les teintes, dont l'estimation sert de base au dosage, sont évaluées par comparaison avec les teintes de solutions types contenant des quantités déterminées de l'élément à doser et préparées dans des conditions telles que les résultats puissent être comparables.

*Exemples.* — Soit à déterminer par colorimétrie la faible proportion de fer existant dans du carbonate sodique destiné à la fabrication du verre.

On utilise le fait que le chlorure ferrique traité par le sulfocyanate potassique donne lieu à la formation de sulfocyanate ferrique qui colore le liquide en rose ou en rouge plus ou moins marqué suivant la proportion de fer en présence.

$$Fe^2Cl^6 + 6KSCN = Fe^2(SCN)^6 + 6KCl.$$

On dissout 5 grammes de carbonate sodique dans l'acide chlorhydrique en léger excès; on chauffe, après addition de quelques grains de chlorate potassique, afin d'être certain que tout le fer est à l'état ferrique, puis on dilue à un volume déterminé, 50 ou 100 centimètres cubes, par exemple, dans un récipient en verre, tube ou autre, haut et étroit. On a, d'autre part, préparé à l'aide de fil de clavecin une solution titrée de chlorure ferrique contenant par centimètre cube 0,001 gr. de fer. On place dans des récipients identiques à ceux dans lesquels on a introduit la soude, 5 grammes de carbonate sodique chimiquement pur, en solution dans l'eau, et 1, 1,5, 2, 2,5 cm³, etc.. de la solution ferrique, afin d'arriver à former ce qu'on appelle une *échelle colorimétrique*.

On acidule par l'acide chlorhydrique en léger excès et on dilue le contenu des différents récipients au même volume que celui qu'on a adopté pour la solution du carbonate analysé. On ajoute enfin dans chaque récipient (essai et témoins) 1 ou 2 centimètres cubes de solution de sulfocyanate alcalin; on agite, puis après avoir placé les vases sur un fond blanc, on compare l'intensité de la teinte de l'essai à celle des différents témoins.

Au lieu d'apprécier la teinte par comparaison avec celles d'une série de témoins, on peut employer la méthode dite *par dilution*, d'après laquelle on établit par des additions d'eau faites avec précaution, l'égalité de teinte entre le contenu du tube ou du vase renfermant la solution de la matière analysée et le type qui s'en rapproche le plus; une simple proportion donne ensuite la teneur cherchée.

*Exemple.* — Supposons que dans le dosage du fer par le sulfocyanate potassique on ait amené les témoins et l'essai au volume de 50 centimètres cubes; on constate que la teinte de l'essai est légèrement plus forte que celle du témoin contenant 0,002 gr. de fer. On ajoutera à l'essai, en se servant d'une burette graduée, de l'eau distillée jusqu'à ce que, après agitation, on observe que la teinte du témoin et celle de l'essai sont identiques. Supposons qu'on ait été amené à ajouter 4 centimètres cubes d'eau pour atteindre ce résultat. La teneur en fer $x$ de l'essai est alors donnée par la relation :

$$50 ; 0{,}002 = 54 : x.$$

$$x = \frac{0{.}002 \times 54}{50} = 0{,}00216 \text{ gr.}$$

dans laquelle 50 est le volume de la solution témoin contenant 2 milligrammes de fer et 54 le volume auquel on a dû amener la solution de l'essai pour obtenir la même teinte que celle du témoin.

*On peut encore doser un élément par colorimétrie* en se basant sur le principe suivant : Les concentrations de deux solutions, également colorées par une même substance sont inversement proportionnelles aux épaisseurs sous lesquelles les teintes sont observées.

Cette manière d'opérer, dont nous nous bornerons à indiquer le principe, nécessite l'emploi d'appareils spéciaux appelés *colorimètres*, à l'aide desquels on peut observer à la fois deux solutions sous des épaisseurs différentes et mesurer ces épaisseurs.

---

# CLASSIFICATION DES ÉLÉMENTS

## AU POINT DE VUE ANALYTIQUE

Considérés au point de vue analytique, les corps simples sont divisés en deux grandes classes : 1° *les métaux;* 2° *les métalloïdes.*

Toutefois, la chimie analytique étant une science essentiellement pratique, cette division n'est pas tout à fait identique à la classification des éléments en *métaux* et *métalloïdes* telle qu'elle est admise en chimie générale. C'est ainsi, par exemple, que le selenium, l'arsenic et l'antimoine, que cette dernière range parmi les métalloïdes sont, en chimie analytique, à cause de quelques propriétés, assimilés aux métaux.

Les métaux sont répartis en plusieurs groupes, basés sur la façon dont leurs solutions se comportent à l'égard de certains réactifs.

Les métalloïdes ne présentent pas ces caractères permettant de les classer d'une manière spéciale. On les groupe d'après leur valence, en métalloïdes mono, bi, tri, et tétravalents. Leur étude analytique comprend, non seulement les caractères et le dosage de l'élément, mais encore et surtout, les caractères, le dosage et la séparation des genres de sels que les métalloïdes contribuent à former.

# MÉTAUX [1]

## PRINCIPES DE LA CLASSIFICATION

Si l'on fait agir l'acide sulfhydrique sur une solution des sels des différents métaux acidulée par un acide minéral, il se forme un précipité composé de tous les sulfures métalliques insolubles ou difficilement solubles dans les acides. Ces sulfures sont ceux des métaux suivants : arsenic, étain, antimoine, or, platine, molybdène, tungstène, vanadium, sélénium, cadmium, argent, cuivre, plomb, mercure, bismuth.

Parmi les sulfures de ces métaux, un certain nombre se dissolvent aisément dans les sulfures alcalins en se transformant en sulfosels.

C'est le cas pour les sulfures des éléments suivants : arsenic, étain, antimoine, or, platine, molybdène, tungstène, vanadium, selénium.

$$\text{Ex. } As^2S^3 + 3(NH^4)^2S = 2(NH^4)^3AsS^3.$$
$$Sb^2S^5 + 3Na^2S = 2Na^3SbS^4.$$

Les sulfures alcalins permettent donc de séparer les sulfures de ces métaux des autres sulfures précipités avec eux par l'acide sulfhydrique.

De là, deux groupes : 1. *Le groupe de l'arsenic* comprenant les métaux dont les sulfures se forment en solution acide et se dissolvent dans les sulfures et polysulfures alcalins.

A ce groupe appartiennent les éléments suivants : arsenic, antimoine, étain, or, platine, molybdène, tungstène, vanadium, sélénium.

2. *Le groupe du cadmium* formé par les métaux dont les sulfures prennent naissance en solution acide et ne se dissolvent pas (ou presque pas) dans les sulfures alcalins.

[1] Nous ne considérons que les métaux usuels et quelques métaux rares que l'on peut rencontrer en petites quantités dans l'analyse de certains minerais, métaux et autres produits industriels rentrant dans le cadre de la pratique courante de l'analyse.

Ce groupe comprend les métaux suivants : cadmium, argent, cuivre, plomb, mercure, bismuth.

Si, après avoir enlevé par filtration les sulfures précipités par l'acide sulfhydrique en solution acide, on neutralise le liquide par l'ammoniaque et si l'on ajoute du sulfure ammonique, on provoque la formation d'un nouveau précipité renfermant les sulfures ou les hydrates des métaux dont les sulfures ou hydrates sont insolubles en solution alcaline.

Sont précipités à l'état de sulfures dans ces conditions les éléments suivants : fer, manganèse, zinc, nickel, cobalt.

Sont précipités à l'état d'hydrates, l'aluminium, le chrome, le titane. La raison de la formation d'hydrates réside dans l'instabilité des sulfures de ces derniers métaux en présence de l'eau.

$$\text{Ex.} \left\{ \begin{array}{l} Al^2Cl^6 + 3Am^2S = Al^2S^3 + 6AmCl. \\ Al^2S^3 + 6H^2O = Al^2(OH)^6 + 3H^2S. \end{array} \right.$$

L'ensemble de tous les métaux précipités par les sulfures alcalins forme *le groupe du fer*.

Ce groupe comprend donc les éléments suivants : aluminium, chrome, titane, fer, manganèse, zinc, nickel, cobalt.

L'addition de carbonate ammonique au filtrat du précipité obtenu par le sulfure ammonique détermine la précipitation à l'état de carbonate, du calcium, du baryum et du strontium. Ces trois métaux, dont les carbonates sont précipitables par le carbonate ammonique, *même en présence de sels ammoniques*, forment *le groupe du baryum* (1).

Enfin, les métaux dont les sels n'ont été précipités ni par l'acide sulfhydrique, ni par le sulfure ammonique, ni par le carbonate ammonique *en présence de sels ammoniques* forment *le groupe du potassium*. Ce sont le potassium, le sodium, le lithium et le magnésium.

On rattache à ce groupe l'ammonium ($NH^4$) qui, par les caractères de ces sels, se rapproche beaucoup du potassium.

En résumé, si nous partons du groupe dont les métaux présentent le caractère basique le plus accentué, nous avons :

I. *Groupe du potassium.* — Potassium, sodium, ammonium, lithium, magnésium.

II. *Groupe du baryum.* — Calcium, baryum, strontium.

(1) Dans la suite des opérations qui viennent d'être décrites pour expliquer la classification admise en analyse pour les métaux, il y a eu formation de sels ammoniques lorsqu'on a neutralisé la solution acide par l'ammoniaque avant l'addition de sulfure ammonique.

III. *Groupe du fer.* — Aluminium, chrome, titane, fer, manganèse, zinc, nickel, cobalt.

IV. *Groupe du cadmium.* — Cadmium, argent, cuivre, plomb. mercure, bismuth.

V. *Groupe de l'arsenic.* — Arsenic, antimoine, étain, or, platine, molybdène, tungstène, vanadium, sélénium.

# GROUPE DU POTASSIUM

## POTASSIUM

### CARACTÈRES DES SELS

1. Les sels potassiques sont précipités en solution neutre ou acide par le chlorure platinique (ou plus exactement acide chloroplatinique) à l'état de chloroplatinate potassique jaune, cristallin (octaèdres réguliers).

$$2KCl + H^2PtCl^6 = K^2PtCl^6 + 2HCl.$$
$$K^2SO^4 + H^2PtCl^6 = K^2PtCl^6 + H^2SO^4.$$
$$2KNO^3 + H^2PtCl^6 = K^2PtCl^6 + 2HNO^3.$$

Le précipité est soluble à raison de 1 : 100 dans l'eau à 15° C., et de 5 : 100 dans l'eau bouillante. Il est insoluble dans l'alcool.

On opérera donc sur une solution potassique concentrée et, s'il ne se forme pas directement un précipité, on ajoutera de l'alcool (dans lequel un excès éventuel du réactif reste dissous).

Si la proportion de potassium est faible, le mieux est d'évaporer à siccité à la température du bain-marie, après avoir ajouté le chlorure platinique ; le résidu est repris par quelques gouttes d'alcool qui laissent non dissous le chloroplatinate formé (comp. caractères des sels sodiques).

Le chloroplatinate potassique, calciné en présence d'un réducteur tel que l'acide oxalique ou l'hydrogène est décomposé, d'après l'équation suivante :

$$\underbrace{K^2PtCl^6}_{2KCl.PtCl^4} = 2KCl + Pt + 2Cl^2.$$

Le même résultat peut être obtenu par voie humide, en faisant agir sur la solution chaude du chloroplatinate, des réducteurs tels que le formiate calcique ou le magnésium en poudre.

$$K^2PtCl^6 + Ca(CO^2H)^2 = 2KCl + Pt + CaCl^2 + 2CO^2 + 2HCl.$$
$$K^2PtCl^6 + 2Mg = 2KCl + Pt + 2MgCl^2.$$

Dans ce dernier cas, on ajoute quelques gouttes d'acide acétique pour dissoudre l'hydrate magnésique qui se forme par réaction du magnésium avec l'eau.

$$Mg + 2H^2O = Mg(OH)^2 + H^2.$$

2. *Le nitrite cobaltico-sodique* produit dans les solutions potassiques neutres ou acidulées par l'acide acétique un précipité jaune de nitrite cobaltico-sodico-potassique.

$$6(KNa)NO^2, \ Co^2(NO^2)^6.$$

Avec les solutions très diluées, le précipité n'apparaît qu'après un certain temps. La réaction est sensible ; elle peut encore être obtenue avec une solution de chlorure potassique à 1/1000.

A l'exception des sels d'ammonium, les sels des métaux alcalins autres que ceux du potassium, et les sels des métaux alcalino-terreux, ne donnent pas de précipité avec le nitrite cobaltico-sodique.

3. *L'acide fluosilicique* employé en excès, produit un précipité blanc opalescent de fluosilicate potassique, difficilement soluble dans l'eau.

$$2KCl + H^2SiFl^6 = K^2SiFl^6 + 2HCl.$$

L'addition d'alcool insolubilise complètement le précipité. Cette réaction qui ne se prête guère à la recherche de petites quantités de potassium, offre un certain intérêt au point de vue du dosage du fluor.

4. Les sels potassiques colorent les flammes non éclairantes en violet ; la flamme apparaît rouge violacé si on l'examine à travers une plaque de verre bleu au cobalt. L'emploi du verre bleu permet de rechercher à l'aide de la flamme, le potassium en présence du sodium, la coloration jaune due aux sels sodiques, étant, dans ces conditions, complètement absorbée.

## DOSAGE

Le potassium peut être dosé par pesée, à l'état de chloroplatinate ($K^2PtCl^6$), de chlorure ($KCl$) ou de sulfate ($K^2SO^4$).

La méthode titrimétrique est surtout applicable lorsque le potassium est engagé dans des combinaisons à réaction alcaline telles que : $K^2CO^3$, $KHCO^3$, $KOH$ sur lesquelles on peut faire agir un acide titré [1].

[1] Le mode opératoire à suivre en pareil cas (alcalimétrie) sera exposé à la suite de l'étude des divers métaux alcalins et alcalino-terreux au dosage desquels cette méthode titrimétrique est applicable.

1. DOSAGE AU MOYEN DU CHLORURE PLATINIQUE. — La précipitation quantitative du potassium à l'état de chloroplatinate (voy. p. 35) se fait dans les meilleures conditions lorsque le métal est à l'état de chlorure. La solution concentrée par évaporation et pouvant contenir de l'acide chlorhydrique libre, est additionnée de chlorure platinique en excès; l'évaporation est ensuite continuée à la température du bain-marie jusqu'à siccité. Le résidu formé de chloroplatinate potassique et de l'excès de chlorure platinique est, après refroidissement, trituré avec de l'alcool qui dissout le chlorure platinique et laisse non dissous le chloroplatinate. Celui-ci est recueilli après dépôt complet, sur un petit filtre taré après dessiccation à 120°; on lave à l'alcool jusqu'à élimination complète du chlorure platinique en excès, puis on sèche à 120° et on pèse.

On peut éviter l'emploi du filtre taré en opérant de la manière suivante. Le précipité recueilli sur un filtre non taré est, après lavage et dessiccation, enlevé du filtre et mis en réserve sur un verre de montre. Le filtre, replacé dans l'entonnoir, est lavé avec un minimum d'eau bouillante, jusqu'à enlèvement des dernières traces de chloroplatinate et la solution, recueillie dans une capsule tarée est évaporée à siccité; on ajoute au résidu le précipité mis en réserve. On dessèche à 120° et on pèse.

Si le sel de potassium ne peut être transformé en chlorure par évaporation avec l'acide chlorhydrique (sulfate, phosphate, etc.), on concentre le plus possible la solution sans aller jusqu'à siccité, puis on ajoute un peu d'acide chlorhydrique concentré, un excès de chlorure platinique et une forte proportion d'alcool aussi exempt d'eau que possible; tout le potassium peut, dans ces conditions, être précipité. Le dosage s'achève comme précédemment.

Comme contrôle, on peut réduire le chloroplatinate et peser le platine provenant de la réduction.

L'opération se fait commodément par voie humide, en employant un formiate ou du magnésium comme réducteur (voy. p. 35).

On dissoudra, par exemple, le chloroplatinate dans l'eau chaude et on versera la solution dans une solution chaude de formiate alcalin. La réduction se produit rapidement; le platine se précipite à l'état d'une poudre noire très divisée; on le recueille après dépôt, on le lave, puis on le calcine après dessiccation et on le pèse. De son poids, on conclut à la quantité correspondante de $K^2PtCl^6$.

2. DOSAGE A L'ÉTAT DE CHLORURE. — La méthode est applicable

lorsque le potassium est combiné à l'acide chlorhydrique ou à l'un ou l'autre acide pouvant être déplacé par l'acide chlorhydrique (acide sulfhydrique, carbonique, nitrique, etc.). On évapore à siccité dans une capsule tarée en présence d'un excès d'acide chlorhydrique la solution contenant le composé potassique. On dessèche à fond à l'étuve, puis on calcine en élevant progressivement la température jusqu'au *rouge sombre*. Il ne faut pas perdre de vue que le chlorure potassique commence à se volatiliser au rouge vif.

3. Dosage a l'état de sulfate. — Lorsque le potassium se trouve combiné à des acides volatils pouvant être éliminés par l'acide sulfurique, on additionne la solution potassique d'acide sulfurique en léger excès, puis on évapore dans une capsule tarée et on chauffe finalement jusqu'à ce que tout l'acide libre soit volatilisé. Le potassium est alors entièrement ou à peu près transformé en sulfate neutre $K^2SO^4$. Afin d'être certain de l'absence de toute trace de sulfate acide, on ajoute, après avoir laissé refroidir, une pincée de carbonate ammonique en poudre et l'on calcine de nouveau en élevant progressivement la température au rouge.

## SODIUM

### CARACTÈRES DES SELS

Les sels sodiques étant à peu près tous solubles dans l'eau, les réactions utilisables en analyse qu'ils présentent sont très peu nombreuses. Les propriétés suivantes sont seules de quelque importance.

1. Les solutions sodiques, neutres ou faiblement alcalines, donnent avec le pyroantimoniate bi-potassique un précipité blanc, cristallin, de pyroantimoniate bi-sodique.

$$2NaCl + K^2H^2Sb^2O^7, 6H^2O = Na^2H^2Sb^2O^7, 6H^2O + 2KCl.$$

Cette réaction permet de caractériser le sodium en présence de sels potassiques et ammoniques.

La solution sodique doit être concentrée et le réactif fraîchement préparé.

2. Les sels sodiques colorent la flamme en jaune intense ; la coloration disparaît lorsqu'on observe la flamme à travers un verre bleu ou une solution d'indigo.

Cette réaction est d'une extrême sensibilité.

Elle s'obtient même souvent par la seule action des poussières en suspension dans l'air.

3. *Caractère négatif.* — Les sels sodiques donnent avec le chlorure platinique, du chloroplatinate sodique $Na^2PtCl^6$, soluble dans l'eau *et dans l'alcool.* Cette dernière propriété différencie ce sel des composés correspondants du potassium et de l'ammonium, qui sont insolubles dans l'alcool.

## DOSAGE

Dosage par pesée. — Lorsque le sodium n'est associé à aucun autre composé métallique, on le dose par pesée après l'avoir amené soit à l'état de chlorure (NaCl), soit à l'état de sulfate ($Na^2SO^4$).

Tout ce qui a été dit précédemment (voy. p. 37) du dosage du potassium sous ces deux états est applicable au sodium.

Dosage par titrimétrie. — Le sodium qui se trouve sous forme de composé alcalin (hydrate, carbonate, etc.), peut être dosé par alcalimétrie (voy. note 1, p. 36).

# AMMONIUM

## CARACTÈRES DES SELS

1. Les sels ammoniques à acides volatils (chlorure, sulfate, nitrate, etc.), se volatilisent entièrement sous l'action d'une température plus ou moins élevée. Les sels à acides non volatils (le phosphate, par exemple) laissent comme résidu ces divers acides.

2. Les hydrates des métaux alcalins et alcalino-terreux, décomposent les sels ammoniques avec mise en liberté d'ammoniaque.

$$NH^4Cl + KOH = NH^3 + KCl + H^2O.$$

L'ammoniaque dégagée peut se reconnaître :

*a.* A son odeur ;

*b.* A sa réaction alcaline (virage au bleu d'un morceau de papier rouge de tournesol humecté d'eau).

*c.* Aux fumées blanches qu'elle donne au contact d'une baguette de verre humectée d'acide chlorhydrique (formation de chlorure ammonique).

*d.* A son action sur le réactif de Nessler ([1]).

[1] Solution d'iodure double de mercure et de potassium additionnée d'hy-

Le réactif de Nessler forme avec l'ammoniaque un précipité brun rougeâtre d'amidoxyiodure mercurique; si la quantité d'ammoniaque est très faible, on obtient au lieu de précipité, une coloration jaune.

$$NH^3 + 2(HgI^2, 2KI) + 3KOH = \begin{matrix} H \\ H \end{matrix}\!\!>N-Hg-O-Hg-I + 2H^2O + 7KI$$

La recherche de l'ammoniaque se fera le mieux en décomposant le sel ammonique par de l'hydrate potassique ou sodique dans un petit appareil distillatoire et recueillant l'ammoniaque dégagée dans un tube en U contenant de l'eau; le réactif de Nessler sera ensuite ajouté au contenu du tube.

3. Les sels ammoniques forment avec le chlorure platinique un précipité jaune, cristallin, de chloroplatinate ammonique.

$$2NH^4Cl + PtCl^4 = (NH^4)^2PtCl^6.$$

Le précipité est, comme le composé correspondant du potassium, difficilement soluble dans l'eau froide, plus aisément soluble dans l'eau chaude, insoluble dans l'alcool concentré.

Il se différencie du chloroplatinate potassique, en ce qu'il ne laisse comme résidu, à la calcination, que du platine (voy. p. 35).

$$(NH^4)^2PtCl^6 = 2NH^4Cl + Pt + 2Cl^2.$$

4. Le nitrite cobaltico-sodique donne un précipité jaune de nitrite cobaltico-ammonique d'aspect et de propriétés analogues au composé potassique correspondant (voy. p. 35).

## DOSAGE DE L'AMMONIAQUE

### I. — L'AMMONIAQUE EST A L'ÉTAT LIBRE EN SOLUTION

1. *Dosage par titrimétrie.* — On dose l'ammoniaque à l'aide d'une solution titrée d'un acide minéral (voy. p. 36, note [1]).

2. *Dosage par pesée.* — On neutralise l'ammoniaque à l'aide d'acide chlorhydrique, puis on évapore au bain-marie dans une capsule tarée; le résidu de l'évaporation, consistant en chlorure ammonique, est desséché à 100° et pesé.

drate potassique. — On peut le préparer, en ajoutant à une solution de chlorure mercurique, de l'iodure potassique jusqu'à redissolution à peu près complète du précipité rouge d'iodure mercurique d'abord formé. On mélange ensuite à la solution un égal volume d'une solution concentrée d'hydrate potassique.

## II. — L'AMMONIAQUE EST A L'ÉTAT DE SEL

1. *Dosage par précipitation directe à l'état de chloroplatinate ammonique.* — On n'emploie ce procédé que lorsqu'on a affaire à du chlorure ammonique ou à un composé de l'ammoniaque pouvant être transformé en chlorure par évaporation avec de

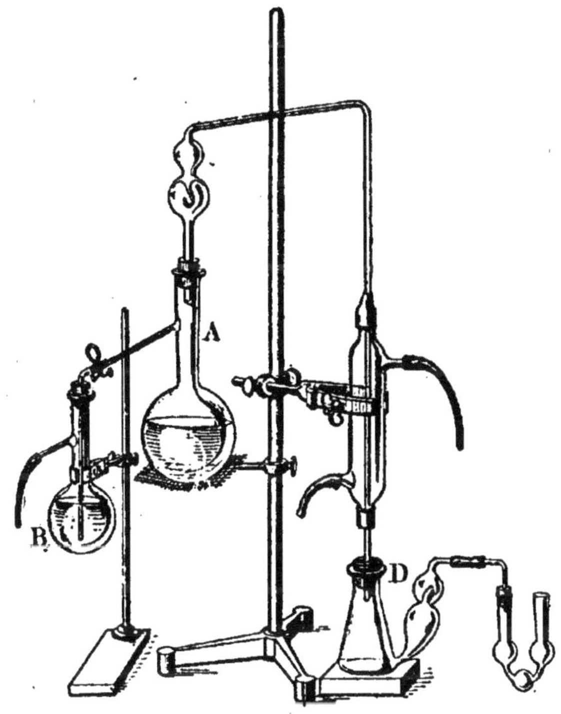


Fig. 13.

l'acide chlorhydrique. Le dosage se fait exactement comme dans le cas correspondant décrit à propos du potassium (voy. p. 37).

Au lieu de peser le chloroplatinate après dessiccation à 120°, on peut le calciner directement. Ce sel ne laisse, en effet, comme résidu que du platine, du poids duquel on peut aisément conclure à la quantité d'ammoniaque (1 Pt = 2 $NH^3$).

2° *Procédé par distillation.* — L'ammoniaque est dégagée de sa combinaison par une base et dosée à l'état de chlorure ammonique, ou de chloroplatinate ammonique, ou par alcalimétrie.

On peut faire usage d'un appareil disposé de la manière suivante (L. L. De Koninck) (fig. 13).

La matière à analyser est introduite avec de l'eau distillée dans le ballon à distillation fractionnée A, de 300 centimètres cubes environ de capacité ; un ballon plus petit B réuni à A par un tube en caoutchouc muni d'une pince, est chargé d'une solution d'hydrate potassique ou sodique. Le ballon A est surmonté d'un tube à chicane relié à un réfrigérant de Liebig C dont l'extrémité inférieure est fixée dans le col d'un condenseur D contenant de l'acide chlorhydrique dilué. L'appareil se termine par un tube en U chargé aussi d'acide chlorhydrique dilué et destiné à assurer l'absorption complète de l'ammoniaque.

L'appareil étant monté, on ouvre la pince et, en soufflant par le tube de caoutchouc *c*, adapté au tube latéral du ballon B, on fait arriver une certaine quantité de solution alcaline en A. Ensuite, on referme la pince et l'on chauffe à l'ébullition le contenu du ballon A. L'ammoniaque produite par l'action de l'alcali se dégage et vient se transformer en chlorure ammonique au contact de l'acide chlorhydrique contenu dans le condenseur.

Le tube à chicane empêche que des projections du liquide alcalin de A puissent passer dans le condenseur et fausser le résultat du dosage. On entretient l'ébullition du liquide jusqu'à dégagement complet de toute l'ammoniaque, ce dont on s'assure en enlevant le condenseur et en recevant quelques gouttes du distillat dans un tube contenant un peu de réactif de Nessler.

Lorsque l'opération est terminée, on évapore la solution de chlorure ammonique dans une capsule tarée et on pèse le résidu après dessiccation à 100° ; ou bien, on ajoute à la solution de chlorure ammonique du chlorure platinique de façon à obtenir du chloroplatinate ammonique qu'on dose par pesée directe ou par calcination.

*Variante.* — Au lieu de charger le condenseur d'une quantité quelconque d'acide chlorhydrique, on peut y introduire un volume connu d'acide chlorhydrique titré V, plus que suffisant pour absorber l'ammoniaque dégagée. On titre ensuite à l'aide d'une solution acidimétrique (solution titrée d'hydrate sodique, par exemple), l'acide en excès. En soustrayant cette dernière quantité du poids d'acide contenu dans le volume V, on connaît la quantité d'acide transformé en chlorure ammonique par la réaction

$$HCl + NH^3 = NH^4Cl$$

et, par suite, l'ammoniaque correspondante. (Voy. pour les détails, le chapitre : alcalimétrie et acidimétrie).

### III. — L'ammoniaque n'existe qu'en très faible quantité

Souvent, dans les eaux, par exemple, l'ammoniaque existe en quantité trop faible pour pouvoir être déterminée par les procédés décrits précédemment. En pareil cas, on dose l'ammoniaque *par colorimétrie* en se basant sur la coloration jaune plus ou moins intense que des traces d'ammoniaque produisent au contact du réactif de Nessler (voy. p. 40).

On prépare à l'aide de chlorure ammonique une échelle de types à teneur croissante en ammoniaque, et l'on compare la teinte produite par le réactif de Nessler dans la substance analysée à celles que ce réactif donne avec les différents types. (Voy. dosage colorimétrique p. 27).

On fera avantageusement usage d'une solution de chlorure ammonique contenant 0,1573 gr. de ce sel par litre. Le titre ammoniaque est, dans ce cas, de 0,00005 gr.

## LITHIUM

### CARACTÈRES DES SELS

1. *Le carbonate sodique* précipite des solutions *concentrées* de sels lithiques du carbonate $LiCO^3$, blanc.

$$2LiCl + Na^2CO^3 = Li^2CO^3 + 2NaCl.$$

Le précipité n'est pas complètement insoluble dans l'eau ; c'est pourquoi il y a lieu d'opérer en solution aussi concentrée que possible, d'autant plus qu'en pratique les quantités de lithium qu'on a à caractériser sont généralement très faibles.

2. Le *phosphate sodique* produit, le mieux à chaud, et dans les solutions légèrement alcalinisées par l'hydrate sodique, un précipité blanc de phosphate $Li^3PO^4$.

Le liquide doit être alcalin, parce qu'en solution neutre, l'acide qui prend naissance peut empêcher une partie du phosphate de se former.

$$3LiCl + Na^2HPO^4 = Li^3PO^4 + 2NaCl + HCl.$$
$$3LiCl + Na^2HPO^4 + NaOH = Li^3PO^4 + 3NaCl + H^2O.$$

Le précipité est moins soluble dans l'eau ammoniacale que dans l'eau pure ; par contre, les sels ammoniques augmentent sa solubilité.

3. A la différence des chlorures potassique et sodique le chlorure de lithium est soluble dans l'alcool et dans un mélange d'alcool et d'éther. Cette propriété peut être utilisée pour séparer du lithium le potassium et le sodium (qui lui sont souvent associés), avant de procéder à la recherche ou au dosage de cet élément qu'on ne rencontre qu'en très faible proportion.

4. Les sels de lithium colorent la flamme en rouge carmin. Cette coloration, qui pourrait être confondue avec celle que donnent les sels potassiques est, à la différence de celle-ci, absorbée par un verre fortement coloré en bleu. Cependant, le moyen le plus certain d'éviter toute confusion est de rechercher le lithium à l'aide du spectroscope. Le spectre du lithium est caractérisé par une raie rouge très brillante à la droite de laquelle est une fine raie orangée plus faible.

### DOSAGE

*Dosage par pesée à l'état de phosphate.* $Li^3PO^4$. — La solution additionnée de phosphate sodique et alcalinisée par l'hydrate sodique (voy. p. 43 n° 2) est évaporée à siccité ; le résidu est repris par l'eau en quantité nécessaire pour dissoudre les sels solubles. Afin d'insolubiliser le plus possible le phosphate de lithium, on ajoute de l'ammoniaque. Après avoir laissé reposer le précipité pendant quelques heures, on le recueille sur un filtre et on le lave avec de l'eau ammoniacale. Le précipité est ensuite desséché et calciné.

En règle générale, on doit évaporer à siccité le filtrat et les eaux de lavage et reprendre le résidu par l'eau ammoniacale afin de recueillir la petite quantité de phosphate de lithium qui a pu rester en solution, ce corps n'étant pas complètement insoluble dans l'eau même ammoniacale.

## MAGNÉSIUM

### CARACTÈRES DES SELS

1. *Les hydrates alcalins fixes et les hydrates alcalino-terreux* précipitent le magnésium à l'état d'hydrate blanc floconneux.

$$MgCl^2 + 2KOH = Mg(OH)^2 + 2KCl$$
$$MgCl^2 + Ba(OH)^2 = Mg(OH)^2 + BaCl^2.$$

L'hydrate magnésique est soluble dans les sels ammoniques avec formation de sel double.

$$\text{Ex. } Mg(OH)^2 + 3NH^4Cl = MgCl^2NH^4Cl + 2NH^3 + 2H^2O.$$

*Il ne se formera donc pas de précipité d'hydrate en présence de sels ammoniques.*

2. *L'ammoniaque* précipite partiellement le magnésium à

l'état d'hydrate, de ses solutions neutres et exemptes de sels ammoniques.

$$\underbrace{MgCl^2 + 2NH^3 + 2H^2O}_{2NH^4OH} = Mg(OH)^2 + 2NH^4Cl$$

La précipitation n'est que partielle parce que le sel ammonique qui prend naissance dans la réaction retient en solution une partie de l'hydrate magnésique. (Voy. 1).

Si la solution contient des sels ammoniques, ou bien, ce qui aboutit au même résultat, si l'on part d'une solution acide dans laquelle l'ammoniaque ajoutée formera des sels ammoniques, *on n'obtiendra pas de précipité d'hydrate magnésique.*

*Remarque.* — Cette solubilité de l'hydrate magnésique dans les sels ammoniques est d'une grande importance en analyse. Elle permet, en effet, de séparer au moyen de l'ammoniaque, le magnésium de métaux tels que le fer et l'aluminium dont les hydrates ne se dissolvent pas dans les sels ammoniques.

3. *Les carbonates alcalins fixes* forment des précipités de carbonates basiques dont la composition varie avec la concentration de la solution, la température, la proportion de réactif employée.

Ex. $4MgCl^2 + 4Na^2CO^3 + H^2O = 3MgCO^3\ Mg(OH)^2 + 8NaCl + CO^2.$

A froid, une partie du magnésium reste en solution à l'état d'hydrocarbonate, par suite de la présence de l'anhydride carbonique.

A chaud, l'anhydride carbonique étant éliminé, la précipitation est complète.

4. *Le carbonate ammonique* employé en grand excès produit à la longue, dans les solutions magnésiques concentrées, un précipité cristallin de carbonate ammoniaco-magnésique : $Mg.(NH^4)^2 (CO^3)^2, 4\ H^2O$.

Les sels ammoniques entravent ou empêchent complètement la précipitation suivant le degré de concentration de la solution.

5. *Les phosphates alcalins*, et spécialement le phosphate sodique, produisent dans les solutions magnésiques contenant du chlorure ammonique et additionnées d'ammoniaque, un précipité blanc cristallin de phosphate ammoniaco-magnésique, dont la formation complète demande un certain temps. Le précipité adhère très souvent au verre, surtout aux endroits touchés par l'agitateur.

$$MgCl^2 + NH^3 + Na^2HPO^4 + 6aq = MgNH^4PO^4, 6aq + 2NaCl.$$

Le précipité, très légèrement soluble dans l'eau, est pour ainsi dire insoluble dans l'eau ammoniacale. En pratique la précipitation se fait dans une solution additionnée d'ammoniaque dans la proportion d'au moins 1/4 de son volume.

Le phosphate ammoniaco-magnésique est très aisément soluble dans les acides minéraux et dans l'acide acétique.

Par calcination, il se transforme en pyrophosphate.

$$2NH^4MgPO^4 = Mg^2P^2O^7 + 2NH^3 + H^2O.$$

6. *Les oxalates alcalins* ne forment pas de précipité dans les solutions magnésiques diluées ou contenant des sels ammoniques. Il y a formation d'un oxalate double soluble.

Ce caractère négatif est très important pour la séparation quantitative du calcium et du magnésium, opération très fréquente dans la pratique.

## DOSAGE

*Dosage par précipitation à l'état de phosphate ammoniaco-magnésique et transformation de celui-ci en pyrophosphate par calcination.* — La solution magnésique est sursaturée d'ammoniaque ; s'il se produisait un précipité d'hydrate, on le ferait disparaître par addition de chlorure ammonique (voy. p. 44, n° 2). On ajoute ensuite en agitant constamment le liquide une solution de phosphate sodique, de phosphate ammonique ou de phosphate ammoniaco-sodique, puis on additionne le mélange de 1/4 au moins de son volume d'ammoniaque concentrée et on laisse déposer.

Si l'on a employé le phosphate sodique ou ammonique, on laissera le précipité en repos au moins pendant quelques heures avant de filtrer afin d'être certain que sa précipitation est complète. Celle-ci peut être fortement accélérée par l'emploi d'un agitateur mécanique que l'on fait agir pendant un quart d'heure environ.

Le phosphate ammoniaco-sodique aurait l'avantage de précipiter très rapidement la totalité du magnésium (Mohr). Toutefois, *s'il y a peu de magnésium*, le précipité se dépose très lentement (Blum). Ce réactif ne serait donc avantageux que dans le cas où le magnésium est en forte proportion.

Le précipité est recueilli sur un filtre et lavé avec un mélange de 3 volumes d'eau et 1 volume d'ammoniaque concentrée ; ensuite on le sèche, on le détache du filtre et on le met en réserve. Le filtre est incinéré, puis le précipité est introduit à son tour dans le creuset et calciné au rouge vif afin d'obtenir la transformation du phosphate ammoniaco-magnésique en pyrophosphate $Mg^2P^2O^7$. Celui-ci est, ainsi obtenu, généralement plus ou moins gris ; on arrive à le blanchir en l'humectant d'acide nitrique, évaporant l'excès de celui-ci et calcinant de nouveau.

### RECHERCHE DU POTASSIUM, DU SODIUM, DE L'AMMONIUM ET DU MAGNÉSIUM DANS UN MÉLANGE DE SELS DE CES MÉTAUX

1. *Emploi du phosphate ammonique pour l'élimination du magnésium.* — On recherche les sels ammoniques dans une prise d'essai spéciale en chauffant celle-ci en présence d'hydrate sodique ou potassique, de façon à dégager l'ammoniaque qu'on caractérise par son odeur, par le réactif de Nessler, etc. (voy. p. 39).

Une seconde partie de la solution est traitée par le phosphate ammonique pour précipiter le magnésium (voy. p. 45, n° 5). On emploiera le réactif en aussi faible excès que possible attendu que le phosphate doit être éliminé pour la recherche ultérieure du sodium et du potassium. Cette élimination sera d'autant plus compliquée qu'il y aura plus de phosphate dans le liquide. On peut l'effectuer commodément de la façon suivante. Après avoir enlevé par filtration le précipité de phosphate ammoniaco-magnésique, on chasse l'ammoniaque par ébullition puis on neutralise par l'acide acétique et on ajoute à chaud une solution neutre de chlorure ferrique tant que le précipité qui se forme, d'abord blanchâtre, devienne brun rouge.

Il se produit en premier lieu entre le chlorure ferrique et le phosphate alcalin du phosphate ferrique (blanchâtre) $FePO^4$ ; ensuite il se forme aux dépens de l'acide acétique et de l'excès de chlorure ferrique de l'acétate ferrique qui, par réaction avec l'eau, passe à l'état d'acétate basique insoluble $Fe\,OH\,(C^2H^3O^2)^2$ (voy. p. 101, n° 3).

En résumé, en une seule opération on élimine le phosphate et le fer et l'on comprend d'après ce qui vient d'être dit qu'il y a tout avantage à n'employer pour la précipitation du magnésium que le moins possible de phosphate, afin de ne pas obtenir dans la suite un volumineux précipité dont la filtration et le lavage feraient perdre du temps.

Le filtrat du précipité de phosphate et d'acétate ferrique est évaporé à siccité ; on calcine ensuite le résidu pour éliminer les sels ammoniques[1], puis, dans la matière restante, on recherche

[1] L'élimination des sels ammoniques, opération assez fréquente en analyse, se fait très commodément si l'on a soin, avant de l'effectuer, de *dessécher à fond à l'étuve* à 110 ou 120° le résidu laissé par l'évaporation au bain-marie de la solution contenant les sels ammoniques. Ceux-ci s'éli-

le potassium, par exemple, par le chlorure platinique, en opérant sur une partie seulement de la substance; dans une autre portion, on recherche le sodium par le pyroantimoniate bipotassique.

2. *Emploi de l'hydrate barytique pour l'élimination du magnésium.* — Après avoir constaté, à l'aide du phosphate ammonique, la présence du magnésium (voy. p. 45, n° 5) on peut éliminer ce métal par l'hydrate barytique.

$$MgCl^2 + Ba(OH)^2 = Mg(OH)^2 + BaCl^2.$$

L'hydrate magnésique étant soluble dans les sels ammoniques, on doit, éventuellement, éliminer ces derniers par calcination avant de procéder à la séparation du magnésium.

Le résidu de la calcination est repris par l'eau et la solution est additionnée d'hydrate barytique jusqu'à réaction alcaline, c'est-à-dire jusqu'à ce que le réactif soit en léger excès. Tout le magnésium est alors précipité à l'état d'hydrate ; on l'enlève par filtration et dans le filtrat, on précipite l'excès de baryum à chaud par le carbonate ammonique, sous forme de carbonate barytique insoluble, qu'on sépare par une nouvelle filtration.

Dans le liquide clair on recherche le potassium et le sodium (comme en 1) en tenant compte de la présence des composés ammoniques employés au cours de l'analyse.

## SÉPARATIONS

### SODIUM ET POTASSIUM

En règle générale, les métaux alcalins se retrouvent à la fin de l'analyse d'un produit naturel ou industriel quelconque, (sels de Stassfurt, sels alcalins du commerce, argiles, etc.) sous forme de chlorures ou de sulfates, souvent associés à des sels ammoniques produits ou ajoutés au cours de l'analyse.

Premier cas. — *Les métaux sont à l'état de chlorures.* — Après avoir éliminé, s'il y a lieu, les sels ammoniques par cal-

minent alors à la calcination sans qu'il se produise de projections, ce qui n'est pas le cas lorsqu'on calcine le résidu tel qu'il vient du bain-marie. Lorsqu'on n'observe plus de dégagement de vapeurs, il est prudent de rassembler au fond de la capsule (ou du creuset) dans laquelle on opère, les particules de matière adhérant aux parois, afin de pouvoir aisément donner un coup de feu destiné à assurer l'expulsion des dernières traces de sels ammoniques. — L'emploi de récipients en platine n'est pas nécessaire pour l'élimination des composés ammoniques.

cination, on peut opérer par l'une ou l'autre des méthodes suivantes.

*a.* On pèse les chlorures potassique et sodique, puis on dose le potassium à l'aide du chlorure platinique. Dans cette opération, il faut avoir soin d'employer assez de réactif pour que le sodium soit, comme le potassium, entièrement transformé en chloroplatinate. Le chloroplatinate sodique étant soluble dans l'alcool s'élimine lors du lavage du chloroplatinate potassique.

Si le chlorure platinique était en défaut, une partie du sodium demeurerait à l'état de chlorure, et celui-ci étant insoluble dans l'alcool, resterait mélangé au chloroplatinate potassique.

Connaissant le poids du potassium, on calcule le poids de chlorure correspondant; soustrayant ensuite ce poids de celui de l'ensemble des deux chlorures, on obtient le poids du chlorure sodique et, par suite, celui du sodium.

*b.* On opère par la méthode indirecte. On pèse les deux chlorures; soit P leur poids; on les redissout dans l'eau et on dose le chlore par le nitrate argentique (voy. dosage du chlore). On calcule ensuite quel serait le poids de chlorure potassique correspondant au chlore. Soit P' ce poids qui est évidemment supérieur à P, puisque dans ce dernier entre une certaine quantité de chlorure sodique, dont le poids moléculaire est inférieur à celui du chlorure potassique.

La différence entre P' et P est à la quantité x du chlorure sodique existant dans le mélange des deux sels, comme la différence entre les poids atomiques du potassium et du sodium (soit 15,97) est au poids moléculaire du chlorure sodique.

$$(P' - P) : x = 15,97 : 58,06.$$

D'où :

$$x = \frac{(P' - P)\,58.06}{15,97}.$$

En soustrayant $x$ de P on a la quantité de chlorure potassique existant dans le mélange.

Deuxième cas. — *Les métaux sont à l'état de sulfates.* — On pèse le mélange des deux sulfates, puis on applique la méthode indirecte. On redissout les sulfates dans l'eau, on acidule par quelques gouttes d'acide chlorhydrique et l'on dose l'anhydride sulfurique total par le chlorure barytique (voy. dosage des sulfates). On calcule ensuite la proportion de chacun des deux sulfates en suivant la marche indiquée au premier cas, *b.*

### AMMONIUM, MAGNÉSIUM, POTASSIUM, SODIUM

En général, le dosage de l'ammonium dans les sels ammoniques (sulfate pour engrais, chlorure, etc.) se fait dans une prise d'essai spéciale par le procédé par distillation décrit p. 41.

Dans une autre prise d'essai on dose le magnésium, le potassium et le sodium après avoir éliminé par calcination les sels ammoniques qui, le plus souvent, proviennent non seulement de la matière analysée, mais de l'ammoniaque et du chlorure ammonique ajoutés au cours de l'analyse.

### MAGNÉSIUM, POTASSIUM, SODIUM

1. On précipite le magnésium à l'état de phosphate ammoniaco-magnésique (voy. p. 46) Dans le filtrat débarrassé de l'excès de phosphate par le chlorure ferrique et l'acide acétique, on dose le potassium et le sodium après élimination des sels ammoniques par évaporation de la solution et calcination du résidu (voy. p. 37 et 39).

# GROUPE DU BARYUM

## CALCIUM

### CARACTÈRES DES SELS

1. *L'oxalate ammonique* précipite le calcium de ses solutions salines, neutres, ammoniacales ou acétiques à l'état d'oxalate calcique blanc.

$$CaCl^2 + (NH^4)^2C^2O^4 = CaC^2O^4 + 2NH^4Cl.$$

Si la précipitation est faite à froid, le précipité est très divisé et reste longtemps en suspension dans le liquide.

Si l'on opère à l'ébullition, le précipité est grenu et se dépose assez rapidement.

Lorsque la solution est très diluée, l'oxalate calcique n'apparait qu'après un certain temps.

En raison de sa grande ténuité, l'oxalate obtenu à froid est d'une filtration très difficile; il passe aisément à travers les pores du filtre. Précipité à chaud, il se laisse, au contraire, facilement filtrer et laver.

L'oxalate calcique est aisément soluble dans les acides minéraux, avec mise en liberté d'acide oxalique.

$$CaC^2O^4 + 2HCl = CaCl^2 + H^2C^2O^4.$$

Calciné au rouge sombre, il se transforme en carbonate.

$$CaC^2O^4 = CaCO^3 + CO.$$

En pratique, il est cependant difficile de rester dans les limites de température voulues pour éviter qu'une petite partie du carbonate d'abord formé se transforme en oxyde.

Calciné à très haute température (emploi du chalumeau et d'un creuset de platine) l'oxalate calcique est entièrement décomposé ; le résidu de la calcination est formé de chaux pure.

$$\left.\begin{array}{l} CaC^2O^4 = CaCO^3 + CO \\ CaCO^3 = CaO + CO^2 \end{array}\right\} CaC^2O^4 = CaO + CO^2 + CO.$$

2. *Les carbonates alcalins neutres* précipitent, le mieux à chaud, le calcium à l'état de carbonate, blanc.

En pratique, on fait généralement usage du carbonate ammonique.

$$CaCl^2 + (NH^4)^2CO^3 = CaCO^3 + 2NH^4Cl.$$

Si la solution contient des sels ammoniques, le carbonate ammonique devra être employé en excès par rapport à ces derniers, sinon, le carbonate calcique d'abord formé, peut réagir à chaud avec le sel ammonique et se dissoudre.

$$CaCO^3 + 2NH^4Cl = CaCl^2 + \underbrace{(NH^4)^2CO^3}_{2NH^3 + CO^2 + H^2O}$$

3. *Les phosphates alcalins* donnent, en solution neutre ou ammoniacale, des précipités de phosphate calcique dont la composition dépend de celle du réactif et de l'état de la solution.

$$Na^2HPO^4 + CaCl^2 = CaHPO^4 + 2NaCl.$$
$$2Na^2HPO^4 + 3CaCl^2 + 2NH^3 = Ca^3(PO^4)^2 + 4NaCl + 2NH^4Cl.$$

Le phosphate bi ou tri-calcique obtenu est aisément soluble dans les acides minéraux et l'acide acétique.

4. *Le sulfate calcique* $CaSO^4$ est soluble dans l'eau à raison de 2 grammes par litre. Il est plus soluble encore dans le sulfate ammonique. Dans l'alcool, il est insoluble.

Il résulte de là que, dans les conditions de dilution dans lesquelles on se trouve habituellement dans une analyse, on n'obtiendra pas de précipité par addition d'acide sulfurique ou de sulfate alcalin à une solution calcique, à moins qu'on ajoute de l'alcool en proportion suffisante.

5. *Le chlorure et le nitrate calciques* sont solubles dans l'alcool. (Comp. sels barytiques et sels strontiques.)

6. *Le chromate et le dichromate potassiques* ne produisent pas de précipité, les sels calciques correspondants étant solubles. (Comp. sels barytiques et sels strontiques.)

7. Les sels calciques colorent la flamme en rouge orangé.

## DOSAGE

Dosage par précipitation a l'état d'oxalate calcique. — Le précipité peut être : *A*. Calciné à haute température ; la chaux restant comme résidu de la calcination est ensuite pesée.

*B*. Décomposé par l'acide sulfurique, qui met en liberté l'acide oxalique qu'on titre par le permanganate potassique.

En pratique, deux cas peuvent se présenter.

I. — La solution calcique est exempte d'acides, tels que l'acide phosphorique pouvant donner lieu à la formation d'un précipité en solution ammoniacale. Dans ce cas, on rend la solution calcique ammoniacale, on la chauffe à l'ébullition et on y verse de l'oxalate ammonique en quantité suffisante (voy. caractères, 1).

Après dépôt complet et refroidissement, on filtre et on lave le précipité à l'eau chaude.

II. — Si la solution contient un acide tel que l'acide phosphorique pouvant produire un précipité calcique par la seule addition d'ammoniaque, on rend la solution acétique avant de traiter par l'oxalate ammonique. Pour cela, on ajoute au liquide acide (contenant, par exemple, de l'acide chlorhydrique) de l'acétate sodique.

$$HCl + NaC^2H^3O^2 = NaCl + C^2H^4O^2.$$

Dosage du calcium dans le précipité. — A. *Par pesée.* — L'oxalate calcique est, après lavage, desséché à l'étuve. On le calcine ensuite dans un creuset de platine, d'abord à la lampe, puis au chalumeau, c'est-à-dire à très haute température, afin d'obtenir la transformation complète en chaux vive (CaO).

Si le précipité est quelque peu abondant, on peut utilement, après quelques minutes de calcination, le diviser à l'aide d'une spatule en platine, afin de faciliter la décomposition par la chaleur. Celle-ci étant difficile, on devra en tout cas, après calcination et pesée, chauffer de nouveau afin de s'assurer qu'une seconde calcination ne produit plus de diminution de poids.

La chaux étant hygroscopique, on aura soin de ne pas la laisser en contact avec l'air humide avant la pesée.

B. *Par titrimétrie.* — *Principe.* — Décomposer l'oxalate calcique par l'acide sulfurique afin de mettre l'acide oxalique en liberté ; titrer ensuite l'acide oxalique, substance douée de propriétés réductrices, par le permanganate potassique.

Les équations suivantes résument le procédé.

$$CaC^2O^4 + H^2SO^4 = CaSO^4 + H^2C^2O^4.$$
$$5H^2C^2O^4 + K^2Mn^2O^8 + 4H^2SO^4 = 2KHSO^4 + 2MnSO^4 + 10CO^2 + 8H^2O.$$

Comme on le voit, d'après la seconde de ces équations, une molécule de permanganate est réduite au contact de 5 molécules d'acide oxalique, avec formation de 2MnO (qui passent à l'état de sulfate par l'action de l'acide sulfurique) et mise en liberté de 5 atomes d'oxygène dont chacun oxyde une molécule d'acide oxalique $H^2C^2O^4 = H^2O\ CO^2\ CO$, pour la transformer en $H^2O$, $2CO^2$.

On a donc : $5H^2C^2O^4 + 5O = 5H^2O + 10CO^2$.

*Solutions nécessaires.* — α. Solution titrée d'acide oxalique obtenue en dissolvant dans l'eau chaude 16 grammes d'acide oxalique cristallisé pur du commerce : $H^2C^2O^4, 2H^2O$. La solution est ensuite diluée au volume de un demi-litre.

β. Solution titrée de permanganate potassique préparée en dissolvant dans l'eau 8 grammes du produit commercial, et diluant au volume d'un demi-litre.

*Mode opératoire.* — Titrage *de la solution de permanganate.* On prélève, à l'aide d'une pipette, 25 centimètres cubes de la solution d'acide oxalique ; à cette prise d'essai, introduite dans un gobelet de verre, on ajoute environ 50 centimètres cubes d'eau distillée et 20 centimètres cubes d'acide sulfurique dilué au 1/5. On chauffe vers 70°-80°, puis on laisse couler dans le liquide, d'une burette graduée, la solution de permanganate jusqu'à ce qu'une dernière goutte ne soit plus décolorée et communique au liquide une teinte rose pâle.

Si, dans un premier essai, on a dépassé le terme, on prélève de nouveau 25 centimètres cubes d'acide oxalique et on répète l'expérience.

Le titre acide oxalique du permanganate s'obtient en divisant la quantité d'acide oxalique contenue dans les 25 centimètres cubes employés par le nombre de centimètres cubes de permanganate consommés.

En possession d'une solution titrée de permanganate, on opère comme suit : le précipité d'oxalate calcique étant lavé, on retourne l'entonnoir qui le contient, la douille vers le haut au-dessus d'un gobelet de verre, et, à l'aide du jet de la pissette, on détache le précipité. Le filtre, qui ne contient plus qu'un faible restant d'oxalate est ensuite arrosé à deux reprises avec 10 centimètres cubes d'acide sulfurique au cinquième, préalablement chauffé, qui décompose les dernières traces du précipité. On termine par un ou deux lavages à l'eau ; acide et eaux de lavage sont reçus dans le vase contenant la masse du précipité ; celui-ci est décomposé avec mise en liberté d'acide oxalique ; après avoir chauffé vers 70-80°, on titre cet acide au moyen du permanganate comme ci-dessus. Connaissant le titre du permanganate en acide oxalique, il est aisé de calculer la quantité d'acide oxalique existant dans le précipité, et, par suite, la chaux dont une molécule correspond à une molécule d'acide oxalique.

$$CaO + H^2C^2O^4 = CaC^2O^4 + H^2O.$$

*Remarque.* — Le sulfate calcique étant assez soluble dans l'eau (voy. p. 52, n° 4), on arrive aisément, par addition d'eau à le dissoudre complètement avant de titrer.

En opérant ainsi, on est certain que tout l'oxalate a été décomposé par l'acide sulfurique et de plus, on a l'avantage de pouvoir opérer le titrage dans un liquide limpide, ce qui permet de mieux apprécier le terme de l'essai.

## STRONTIUM

### CARACTÈRES DES SELS

1. *Le sulfate de strontium* étant très peu soluble dans l'eau (1 p. dans 6900 p. d'eau froide et dans près de 10 000 p. d'eau bouillante) l'acide sulfurique et les sulfates solubles précipitent des solutions strontiques, même assez diluées, du sulfate strontique, blanc.

$$SrCl^2 + Na^2SO^4 = SrSO^4 + 2NaCl.$$

La présence de sulfate ammonique ne nuit pas à la précipitation ; celle-ci est, au contraire, plus ou moins entravée par la présence d'acide chlorhydrique et des chlorures calcique ou magnésique, lorsque la proportion de ces sels est notable.

Chauffé au contact d'une solution de carbonate alcalin, le sulfate strontique est, à la différence du sulfate barytique, transformé en carbonate ; cependant, s'il y a en présence du sulfate barytique, on observe que la transformation n'est plus que partielle.

Comme le sulfate barytique, le sulfate de strontium est transformé en carbonate lorsqu'on le fond avec un carbonate alcalin.

2. *Les carbonates alcalins* précipitent du carbonate strontique blanc.

$$SrCl^2 + Am^2CO^3 = SrCO^3 + 2AmCl.$$

Le précipité est très légèrement soluble dans l'eau (1 : 18 000) moins soluble encore en présence d'ammoniaque. Il peut être calciné sans subir de décomposition si l'on a soin de ne pas opérer à une température par trop élevée.

*Remarque.* — Les réactions 1 et 2 sont utilisées pour le dosage du strontium.

3. *Les phosphates alcalins* donnent des précipités blancs de phosphates strontiques.

$$\text{Ex. } SrCl^2 + Na^2HPO^4 = SrHPO^4 + 2NaCl.$$

Ces précipités sont solubles dans les acides.

4. *L'acide fluosilicique* ne produit de précipité que dans les solutions assez concentrées, le fluosilicate strontique se dissolvant dans l'eau, dans la proportion de 3 : 100 environ.

5. *L'oxalate ammonique* précipite des solutions neutres ou ammoniacales de l'oxalate strontique, blanc, pas tout à fait insoluble dans l'eau, insoluble dans l'acide acétique.

$$SrCl^2 + Am^2C^2O^4 = SrC^2O^4 + 2AmCl.$$

6. *Le chromate potassique* ($KCr^2O^4$) ne produit pas de précipité dans les solutions strontiques, diluées, le chromate de strontium étant aisément soluble dans l'eau ; dans les solutions concentrées le précipité de chromate strontique $SrCrO^4$ apparaît à la longue; ce précipité est soluble dans l'acide acétique et dans les acides minéraux.

*Le dichromate potassique* ($K^2Cr^2O^7$) est sans action, même sur les solutions concentrées des sels strontiques; le dichromate de strontium $SrCr^2O^7$ étant soluble dans l'eau.

7. *Le chlorure de strontium* est soluble dans l'alcool absolu ; le nitrate ne s'y dissout pas.

8. Les sels de strontium communiquent à la flamme une coloration rouge vif.

## DOSAGE

Le strontium peut être dosé par pesée à l'état de sulfate et à l'état de carbonate.

1. Dosage a l'état de carbonate $SrCO^3$. — Le strontium est précipité à l'état de carbonate par le carbonate ammonique en présence d'ammoniaque.

Le précipité est, après lavage et dessiccation, calciné et pesé.

2. Dosage a l'état de sulfate $SrSO^4$. — La solution est traitée par l'acide sulfurique. Le sulfate strontique n'étant pas complètement insoluble dans l'eau, on ajoute au liquide son volume d'alcool afin d'insolubiliser complètement le précipité. Celui-ci est recueilli après quelques heures de repos; on le lave à l'alcool dilué, puis, après l'avoir séché, on le calcine à température modérée et on le pèse.

L'emploi de l'alcool n'est possible pour la précipitation et pour le lavage, que pour autant que la solution ne soit pas accompagnée de sels alcalins ou autres susceptibles d'être précipités par l'alcool ; en pareil cas, on donnera la préférence au procédé 1.

## BARYUM

### CARACTÈRES DES SELS

1. *Le sulfate barytique* étant pour ainsi dire complètement insoluble dans l'eau, le baryum est totalement précipité de ses solutions, même diluées, par l'acide sulfurique et les solutions des sulfates solubles.

$$BaCl^2 + H^2SO^4 = BaSO^4 + 2HCl.$$
$$BaCl^2 = K^2SO^4 = BaSO^4 + 2KCl.$$

Si la solution est très diluée, le précipité n'apparaît qu'après un repos plus ou moins prolongé.

Obtenu à froid, le précipité est très divisé; il traverse aisément les pores du papier à filtrer. Formé à chaud, au contraire le précipité est grenu, se dépose rapidement, et sa filtration est aisée. Cette façon de se comporter du sulfate barytique est surtout à considérer lorsque le baryum est précipité à l'état de sulfate en vue de son dosage ultérieur.

En règle générale, la précipitation se fera à l'ébullition, en solution *légèrement* acidulée d'acide chlorhydrique.

Voici d'ailleurs les caractères du précipité qu'il importe de connaître. Pratiquement insoluble dans l'eau; insoluble dans les acides dilués, surtout en présence d'acide sulfurique en excès. (Fresenius et Hintz.)

Il n'est pas transformé en carbonate lorsqu'on le traite à chaud par une solution de carbonate et de sulfate alcalin.

Fondu avec un carbonate alcalin, il se change en carbonate avec formation de sulfate alcalin.

$$Na^2CO^3 + BaSO^4 = Na^2SO^4 + BaCO^3,$$

En reprenant par l'eau, on obtient un résidu de carbonate barytique qui peut être recueilli sur un filtre, lavé puis redissous dans l'acide chlorhydrique.

La solution de chlorure peut être utilisée pour caractériser le baryum.

2. *Les carbonates alcalins* précipitent le baryum à l'état de carbonate ($BaCO^3$) blanc.

$$(NH^4)^2 CO^3 + BaCl^2 = BaCO^3 + 2NH^4Cl.$$

Le carbonate barytique est indécomposable au rouge.

Ce n'est qu'à la température du blanc qu'il perd de l'anhydride carbonique.

3. Les *phosphates alcalins* précipitent le baryum de ses solutions salines neutres à l'état de phosphate acide ($BaHPO^4$) blanc, floconneux.

$$Na^2HPO^4 + BaCl^2 = BaHPO^4 + 2NaCl.$$

En solution ammoniacale, il se forme du phosphate tri-barytique $Ba^3(PO^4)^2$.

Le phosphate barytique est soluble dans les acides chlorhydrique, nitrique et acétique; il se forme d'abord du phosphate acide primaire $BaH^4(PO^4)^2$.

$$2BaHPO^4 + 2HCl = BaCl^2 + BaH^4(PO^4)^2.$$

4. L'*acide fluosilicique* forme dans les solutions des sels barytiques un précipité blanc, cristallin, de fluosilicate barytique.

$$BaCl^2 + H^2SiFl^6 = BaSiFl^6 + 2HCl.$$

La précipitation n'est complète qu'en présence d'alcool, le précipité étant un peu soluble dans l'eau.

5. *Les chromates et dichromates alcalins* précipitent des solutions barytiques neutres du chromate barytique $BaCrO^4$, jaune clair.

$$BaCl^2 + K^2CrO^4 = BaCrO^4 + 2KCl.$$

Le précipité est à peu près insoluble dans l'eau froide; il est soluble dans les acides chlorhydrique et nitrique. (Comp. sels calciques et sels strontiques pp. 52 et 56).

6. *L'oxalate ammonique* précipite des solutions qui ne sont pas trop diluées de l'oxalate barytique blanc $BaC^2O^4$.

$$Am^2C^2O^4 + BaCl^2 = BaC^2O^4 + 2AmCl.$$

Le précipité est soluble dans environ 3000 parties d'eau; il se dissout aisément dans les acides, même dans l'acide acétique. (Comp. sels calciques p. 51).

7. *Le chlorure et le nitrate barytiques* sont insolubles dans l'alcool, et surtout dans un mélange d'alcool absolu et d'éther. (Comp. sels correspondants de calcium et de strontium.).

Le chlorure est très difficilement soluble dans l'acide chlorhydrique concentré.

8. Les sels barytiques colorent les flammes en vert jaunâtre.

## DOSAGE

1. En pratique, le baryum peut, dans presque tous les cas, être séparé quantitativement et dosé à l'état de sulfate.

Premier cas : *Le composé barytique est soluble dans l'eau ou dans l'acide chlorhydrique dilué.*

La solution, légèrement acidulée d'acide chlorhydrique, est traitée à l'ébullition par de l'acide sulfurique dilué et bouillant, ajouté petit à petit jusqu'à précipitation complète. Après l'addition du réactif, on entretient l'ébullition pendant quelques minutes encore. Dans ces conditions, le sulfate barytique est grenu ; il se dépose rapidement et sa filtration est facile.

En règle générale, on laissera le précipité en repos au moins pendant une couple d'heures avant de le recueillir sur filtre. Le sulfate barytique retient énergiquement une certaine quantité de sels en présence desquels il est précipité. Pour cette raison, on le lavera d'abord à trois ou quatre reprises par décantation, avec de l'eau bouillante ; puis, après l'avoir amené sur le filtre, on continuera à laver à l'eau bouillante, jusqu'à ce que le précipité ne renferme plus trace de chlorure. Bien lavé, le sulfate barytique reste pulvérulent, après dessiccation ; s'il a été incomplètement lavé, il forme souvent une masse cohérente.

Le précipité est, après dessiccation, calciné au rouge, le mieux, en creuset ouvert, afin d'éviter la réduction d'une petite quantité de sulfate en sulfure, par l'action du charbon du filtre.

Deuxième cas : *Le composé barytique est insoluble.*

Nombre de minerais, des cendres de houille, etc., renferment souvent du baryum à l'état de sulfate (barytine) qui reste non dissous, après attaque par les acides. En pareil cas, la substance contenant le baryum est fondue au creuset de platine (après enlèvement des éléments solubles par l'acide chlorhydrique) avec du carbonate sodico-potassique (voy. mise en solution des matières minérales) afin de transformer le baryum en carbonate. En reprenant la masse par l'eau, on isole le carbonate, qui est insoluble, on le recueille sur un filtre, on le lave jusqu'à élimination complète du sulfate alcalin, puis on le redissout dans un minimum d'acide chlorhydrique dilué, ce qui ramène au premier cas.

2. Le baryum peut être précipité quantitativement à l'état de carbonate par le carbonate ammonique en excès. Le précipité de carbonate barytique, est, après lavage et dessiccation, calciné et pesé.

PRINCIPAUX CARACTÈRES DES COMPOSÉS DU CALCIUM, DU STRONTIUM ET DU BARYUM QUI INTERVIENNENT DANS LA RECHERCHE OU LE DOSAGE DE CES MÉTAUX

| Calcium | Strontium | Baryum |
|---|---|---|
| $CaSO^4$ Soluble dans 400 p. d'eau. | $SrSO^4$ Soluble dans 7000 p. d'eau environ. | $BaSO^4$ Insoluble dans l'eau. |
| $CaC^2O^4$ Insoluble en présence d'ammoniaque; insoluble dans l'acide acétique. | $SrC^2O^4$ Légèrement soluble dans l'eau; insoluble dans l'acide acétique. | $BaC^2O^4$ Soluble dans 300 p. d'eau; soluble dans l'acide acétique. |
| $CaCO^3$ Décomposable au rouge. | $SrCO^3$ Indécomposable au rouge. | $BaCO^3$ Indécomposable au rouge. |
| $CaCrO^4$ Soluble dans l'eau. | $SrCrO^4$ Soluble dans l'eau. | $BaCrO^4$ Insoluble dans l'eau. |
| $CaCr^2O^7$ Soluble dans l'eau. | $SrCr^2O^7$ Soluble dans l'eau. | |
| $CaCl^2$ Soluble dans l'alcool. | $SrCl^2$ Soluble dans l'alcool. | $BaCl^2$ Insoluble dans l'alcool. |
| $Ca(NO^3)^2$ Soluble dans l'alcool. | $Sr(NO^3)^2$ Insoluble dans l'alcool. | $Ba(NO^3)^2$ Insoluble dans l'alcool. |

RECHERCHE DES MÉTAUX DU GROUPE DU BARYUM

Dans la pratique, le strontium se rencontre rarement. On ne trouve guère ce métal que dans quelques espèces minérales; les minerais métalliques, les composés naturels alcalins et alcalino-terreux en sont généralement exempts.

Aussi, lorsque dans une analyse, on est arrivé à la recherche des métaux alcalino-terreux, il est avantageux de s'assurer d'abord de la présence du strontium. Un essai à la flamme peut fournir d'utiles indications (voy. les colorations communiquées à la flamme par les sels calciques, strontiques et barytiques). L'examen spectroscopique est encore plus concluant; le spectre du strontium présente, notamment, une raie bleue et deux raies rouges, qui permettent de le distinguer des spectres du calcium et du baryum (voy. le tableau des spectres des divers métaux).

Si, ce qui est le plus souvent le cas, la matière est exempte de strontium, la recherche est notablement simplifiée.

Nous donnerons une ou deux méthodes permettant d'effectuer la recherche en l'absence et en présence du strontium.

RECHERCHE DU CALCIUM ET DU BARYUM [1]. — On ajoute à la solution des deux métaux, acidulée d'acide chlorhydrique, quelques gouttes de solution de sulfate ammonique. En présence de baryum, il se forme un précipité blanc de sulfate.

S'il en est ainsi, on chauffe le liquide à l'ébullition et on précipite tout le baryum par le sulfate ammonique ; après avoir filtré, on neutralise par l'ammoniaque et on recherche le calcium par l'oxalate d'ammonique.

RECHERCHE DU CALCIUM, DU STRONTIUM ET DU BARYUM. — On peut, d'après R. Fresenius, amener les trois métaux à l'état de nitrates, en les précipitant d'abord à l'état de carbonate par le carbonate ammonique, et dissolvant, après lavage, le précipité dans l'acide nitrique. La solution des nitrates est évaporée à siccité ; le résidu est desséché vers 150°, puis épuisé par un mélange d'alcool et d'éther qui dissout le nitrate calcique seul. En évaporant l'alcool, on obtient un résidu dans lequel, après redissolution dans l'eau, on recherche le calcium par l'oxalate ammonique.

Par filtration et lavage à l'alcool, on isole les nitrates de strontium et de baryum. On redissout ces derniers dans l'eau, et, après avoir acidulé la solution par l'acide acétique, on traite par un chromate alcalin, jusqu'à précipitation complète du baryum.

Après avoir filtré on recherche le strontium dans le filtrat par l'ammoniaque et le carbonate ammonique (précipité blanc de $SrCO^3$). Si l'on n'obtient pas directement de précipité, on acidule par l'acide nitrique, on réduit par évaporation le volume du liquide à 20 centimètres cubes environ, et, après avoir neutralisé par l'ammoniaque, on traite de nouveau par le carbonate ammonique. Ce contrôle est nécessaire, parce que le carbonate de strontium est légèrement soluble dans l'eau (voy. p. 55), et que, d'autre part, ce métal ne se rencontre guère qu'en petite quantité.

*On peut encore*, pour la recherche des métaux qui nous occupent, utiliser autrement les caractères de solubilité ou d'insolubilité de leurs chlorures et nitrates dans l'alcool [2].

[1] Voy. le tableau résumant les principaux caractères des sels calciques strontiques et barytiques, p. 60.

[2] Voy. le tableau, p. 60.

*a*. Ayant une solution de chlorures, on évapore à siccité ; le résidu est pulvérisé puis épuisé par l'alcool qui dissout les chlorures calcique et strontique et non le chlorure barytique. On sépare ce dernier par filtration, on le lave à l'alcool, puis on le dissout dans l'eau et, dans la solution, on recherche le baryum par une réaction quelconque.

La solution alcoolique des chlorures calcique et strontique est évaporée. Le résidu de chlorures est transformé en nitrates par évaporation répétée avec de l'acide nitrique. Les nitrates secs obtenus finalement sont traités par l'alcool éthéré qui dissout le nitrate calcique et non le nitrate strontique. Par filtration et lavage du résidu à l'alcool, on peut donc isoler les deux métaux.

*b*. Si les métaux sont à l'état de nitrates, on séparera d'abord le nitrate calcique par l'alcool éthéré qui le dissout ; les nitrates de baryum et de strontium, insolubles dans ce dissolvant, seront redissous dans l'eau ; dans cette solution, on recherchera le baryum par un chromate alcalin, puis le strontium par le carbonate ammonique.

## PRINCIPAUX CAS DE SÉPARATION DES MÉTAUX DU GROUPE DU BARYUM ENTRE EUX ET AVEC LES MÉTAUX ALCALINS

1. Séparation du calcium et du magnésium. — Cette séparation se présente très fréquemment dans la pratique, quantité de minerais, de roches, de sous-produits industriels, renfermant ces deux éléments en plus ou moins forte proportion.

La solution, additionnée de chlorure ammonique et d'ammoniaque, est traitée à l'ébullition par l'oxalate ammonique qui précipite le calcium (voy. p. 52). Si la proportion de magnésium est faible, la séparation est exacte ; dans le cas contraire, c'est-à-dire en présence d'une grande quantité de magnésium comme, par exemple, dans le cas de l'analyse de la dolomie, le précipité d'oxalate calcique entraîne avec lui une certaine quantité de magnésium. On doit alors redissoudre le précipité d'oxalate dans l'acide chlorhydrique et répéter une seconde fois la précipitation par l'ammoniaque et l'oxalate ammonique.

Dans le filtrat (ou les filtrats, si l'on a opéré par double précipitation) séparé du précipité calcique, on dose le magnésium à l'état de phosphate (voy. p. 46) après avoir, s'il y a lieu, concentré par évaporation.

Lorsqu'il s'agit d'analyses exigeant beaucoup d'exactitude, il est recommandable d'éliminer par évaporation et calcination les sels ammoniques, dans le filtrat de l'oxalate calcique avant de procéder au dosage du magnésium.

*Remarque.* — La séparation par l'oxalate en solution ammoniacale ne peut évidemment être pratiquée en présence d'acides tels que l'acide phosphorique qui formeraient des précipités de phosphates à la fois avec le calcium et avec le magnésium. En pareil cas, la précipitation du calcium par l'oxalate ammonique doit se faire en solution acétique.

Le liquide est d'abord rendu ammoniacal, ce qui détermine la formation d'un précipité de phosphate qu'on redissout dans l'acide acétique; on précipite ensuite à froid le calcium par l'oxalate ammonique, puis on fait bouillir pour rendre le précipité grenu et faciliter sa filtration.

Le procédé, dont heureusement on n'a pas souvent à faire application, n'est pas tout à fait exact; en effet, un peu de magnésium est précipité avec le calcium et, d'autre part, du calcium reste dissous dans l'acide acétique et peut s'ajouter au magnésium lors de la précipitation ultérieure de celui-ci à l'état de phosphate.

*Observation.* — La précipitation du calcium à l'état d'oxalate permet aussi de séparer cet élément des métaux alcalins.

2. Séparation du baryum et du calcium. — a. *Par le chromate ammonique.* — On précipite le baryum à l'état de chromate, $BaCrO^4$ en traitant à chaud la solution acétique diluée additionnée d'acétate ammonique par le chromate ammonique. Le précipité est, après une heure de repos, recueilli, lavé, desséché et calciné.

b. *Par l'acide sulfurique.* — On précipite le baryum à l'état de sulfate par l'acide sulfurique en solution suffisamment diluée pour que le sulfate calcique ne puisse se précipiter. — On se rappellera à ce propos que le sulfate calcique est soluble dans l'eau à raison de 2,5 gr. par litre.

3. Séparation du baryum et du strontium. — a. *Par le chromate ammonique.* — On précipite le baryum comme en 1, a. Le chromate barytique entraînant avec lui un peu de strontium, on le redissoudra après lavage à peu près complet dans un peu d'acide nitrique chaud, on ajoutera de l'acétate ammonique et on répétera la précipitation.

*b.* La solution des chlorures des deux métaux est évaporée à siccité; le résidu est ensuite traité par de l'alcool qui dissout le chlorure strontique seul.

Le chlorure barytique peut être ensuite transformé en sulfate.

4. Séparation du calcium, du strontium et du baryum [1]. — Cette

[1] Voy. le tableau, p. 60.

séparation peut se faire de différentes façons en utilisant les réactions déjà employées précédemment pour la recherche des trois métaux dans une solution.

*a.* Après avoir précipité les trois métaux à l'état de carbonates, on redissout ceux-ci dans de l'acide nitrique et on évapore à siccité. On épuise le résidu sec de nitrates par l'alcool éthéré qui dissout le nitrate calcique seul, qu'on peut doser ensuite par l'oxalate ammonique.

Les nitrates strontique et barytique séparés par filtration et lavage à l'alcool sont redissous dans l'eau ; le baryum est ensuite précipité par le chromate ammonique ; le strontium est finalement dosé dans le filtrat.

*b.* Au lieu de transformer les carbonates en nitrates, on les fait passer à l'état de chlorures en les dissolvant dans l'acide chlorhydrique. De cette solution convenablement neutralisée, on précipite le baryum à l'état de chromate (voy. p. 58, n° 5).

Le strontium et le calcium restés en solution sont précipités par le carbonate ammonique à l'état de carbonates ; en redissolvant le précipité dans l'acide nitrique, on obtient une solution de nitrates qu'on évapore à siccité. On sépare ensuite le calcium, dont le nitrate est soluble dans l'alcool, du strontium, en traitant le résidu de l'évaporation par un mélange d'alcool et d'éther.

5. Séparation du strontium et du baryum, du magnésium et autres métaux alcalins. — On précipite le strontium et le baryum à l'état de sulfate, par l'acide sulfurique et l'alcool, s'il s'agit du strontium (voy. p. 55), par l'acide sulfurique seul, s'il s'agit du baryum (voy. p. 57). Les métaux alcalins restent en solution.

## ALCALIMÉTRIE ET ACIDIMÉTRIE

Sous le nom d'*alcalimétrie* on désigne un ensemble de procédés titrimétriques permettant de déterminer la proportion d'hydrate ou de carbonate alcalin ou alcalino-terreux contenue dans une substance.

Inversement, *l'acidimétrie* comprend les méthodes à l'aide desquelles on peut doser l'acidité d'une solution d'un acide ou d'un sel acide.

En alcalimétrie on fait usage de solutions acides de concentration connue, qu'on fait agir sur la matière alcaline à doser jusqu'à neutralisation complète de celle-ci. Les solutions acides employées dans ce but sont dites : *Liqueurs alcalimétriques*.

L'acidimétrie suppose, au contraire, l'emploi de solutions titrées de substances à réaction alcaline, à l'aide desquelles on neutralise l'acide à doser. Ces solutions sont appelées : *Liqueurs acidimétriques*.

Les acides et les matières alcalines qui interviennent en alcalimétrie et en acidimétrie, notamment les acides chlorhydrique, sulfurique, nitrique, oxalique et les hydrates et carbonates alcalins et alcalino-terreux sont incolores. Les sels résultant de leur neutralisation sont aussi incolores et solubles.

Pour apprécier le moment précis auquel un acide est neutralisé par une base ou l'inverse, il faut donc faire intervenir une substance qui permette d'observer le terme de la réaction.

En pratique, on recourt à des matières organiques dont la teinte varie suivant qu'elles se trouvent en solution acide ou en solution alcaline. Ces substances, dont la teinte est modifiée par la moindre trace d'acide ou de matière alcaline, sont appelées *indicateurs* [1].

Nous citerons parmi les indicateurs dont la pratique a consacré l'emploi : le tournesol, la phénolphtaléine et le méthylorange.

*Le tournesol* (*teinture de tournesol*) est bleu en présence des hydrates alcalins et des carbonates alcalins neutres; il prend une teinte violacée en solution neutre ; les acides faibles, notamment l'acide carbonique, lui communiquent une teinte rouge vineux ; sous l'action des acides forts, il passe au rouge pelure d'oignon.

Le tournesol étant influencé par l'acide carbonique, on ne peut opérer à froid avec cette substance comme indicateur, lorsqu'un carbonate intervient dans l'opération. En effet, soit, par exemple, à déterminer la teneur en carbonate sodique d'une solution à l'aide d'acide chlorhydrique. Celui-ci agissant sur la matière alcaline, il arrive un moment où l'acide carbonique est mis en liberté; la teinte bleue de l'indicateur vire alors au rouge bien que le carbonate ne soit que partiellement décomposé par l'acide chlorhydrique.

En pareil cas, il est indispensable d'opérer à chaud, c'est-à-dire d'éliminer par ébullition l'acide carbonique, après chaque addition d'acide chlorhydrique. On ne pourra considérer la neutralisation comme réellement terminée, que si la teinte rougeâtre persiste après plusieurs minutes d'ébullition.

[1] Le nombre des indicateurs proposés jusqu'ici est assez considérable. Nous nous bornons à faire choix de quelques-uns d'entre eux reconnus d'un emploi avantageux dans les diverses opérations alcalimétriques et acidimétriques qui se présentent dans la pratique. Parmi les autres indicateurs dont l'emploi est moins général on peut citer la resazurine, l'acide rosolique, la fluorescéine, la phena[illegible]étoline, etc.

*La phénolphtaléine* $C^{20}H^{14}O^{4}$ (1) est une substance presque insoluble dans l'eau ; elle s'emploie en solution alcoolique à la concentration de 2 à 3 p. 100. Elle ne produit pas de coloration dans les liquides neutres ou acides ; en présence des hydrates alcalins et alcalino-terreux et des carbonates alcalins neutres, elle prend une coloration rouge intense.

Comme le tournesol, la phénolphtaléine est influencée par l'acide carbonique ; on ne peut donc se servir de cet indicateur pour titrer à froid des carbonates alcalins par un acide ; la teinte rouge initiale disparaîtrait avant que la neutralisation de la matière alcaline par l'acide soit complète. En pareil cas, on doit opérer à chaud, l'opération n'étant réellement achevée qu'au moment où la teinte rouge ne réapparaît plus après ébullition.

Les virages de teinte de la phénolphtaléine se marquent mal lorsque le liquide contient des composés ammoniacaux ; l'emploi de cet indicateur est donc à exclure lorsqu'on a affaire à des substances contenant de l'ammoniaque.

La phénolphtaléine est surtout recommandable pour le dosage des hydrates alcalins fixes et pour celui des acides organiques.

*Le méthylorange ou orange de méthyle* (2) que l'on emploie en solution aqueuse très diluée (1 gramme par litre) a une teinte jaune en solution neutre ou alcaline ; sous l'action des acides forts, la teinte vire au rouge.

Cet indicateur n'est pas utilisable en présence des acides organiques. Il a sur les précédentes l'avantage de ne pas être modifié par l'acide carbonique et permet donc de doser à froid les carbonates par les acides minéraux.

*Remarque sur l'emploi des indicateurs.* — En règle générale, on n'ajoutera aux solutions acides ou alcalines sur lesquelles on opère que quelques gouttes de solution d'indicateur, de façon à teinter *légèrement* le liquide.

Les virages de teinte s'observent dans ces conditions, beaucoup mieux que si la solution est trop fortement colorée au début. Avec le méthylorange, par exemple, le virage au rouge en solution acide n'est plus net, si l'on a ajouté au liquide alcalin à titrer plus d'indicateur qu'il n'en faut pour produire une teinte jaune à peine sensible.

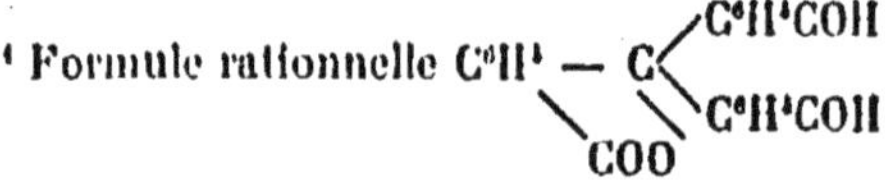


(2) Le méthylorange est le sel de sodium de l'acide diméthylamidoazobenzolsulfonique $SO^3H - C^6H^4N = N - C^6H^4N(CH^3)^2$.

## PRÉPARATION DES SOLUTIONS ALCALIMÉTRIQUES ET DES SOLUTIONS ACIDIMÉTRIQUES

I. — Solutions alcalimétriques. — Pour des raisons pratiques, on recourt généralement pour la préparation des solutions alcalimétriques aux acides sulfurique, chlorhydrique et oxalique.

On fait souvent des solutions normales de ces acides (voy. p. 22). Si les quantités de matières alcalines à doser sont faibles, il est aisé de diluer ces solutions normales dans le rapport voulu pour arriver à une concentration appropriée à la quantité de matière à doser.

*Préparation d'acide sulfurique normal.* — D'après la définition du poids normal (voy. p. 23) l'acide sulfurique normal contient par litre un poids de $H^2SO^4$ égal à 48,67 gr. (moitié du poids moléculaire de $H^2SO^4$).

On fait un mélange d'acide sulfurique concentré du commerce et d'eau tel, qu'après refroidissement, il ait une densité de 1,040 environ. Cet acide contient à peu près 62 grammes d'acide sulfurique par litre; il est donc à une concentration supérieure à celle de l'acide normal.

Cette première opération faite, on détermine la concentration *exacte* du liquide en $H^2SO^4$.

Le mieux est de faire usage d'une liqueur alcaline de titre exactement connu, et de chercher quelle est la quantité de cette liqueur nécessaire pour neutraliser exactement un volume déterminé de l'acide à titrer.

De toutes les substances proposées, celle à laquelle on donne généralement la préférence est le carbonate sodique sec, répondant à la formule $Na^2CO^3$.

Cette matière qui a, entre autres avantages, celui d'être d'un prix peu élevé, s'obtient aisément complètement pure.

Pour être approprié aux usages analytiques, le carbonate sodique doit être entièrement soluble dans l'eau; la solution acidulée par l'acide chlorhydrique, ne doit donner ni précipité, ni trouble par le chlorure barytique, ce qui dénoterait la présence de sulfate; acidulée par l'acide nitrique pur (exempt de chlore) elle ne doit pas se troubler par le nitrate argentique, ce qui serait l'indice de la présence de chlorure. Enfin, la substance doit être exempte d'eau. Pour atteindre ce résultat, on en chauffe quelques grammes pendant une dizaine de minutes dans un creuset de platine, en réglant la température de telle façon que le fond du creuset seul soit porté au rouge. Si l'on chauffait trop fortement, on serait exposé à décomposer une petite quantité de carbonate; le produit ne répondrait donc plus exactement à la formule $Na^2CO^3$ (1).

En possession de carbonate sodique pur et sec, on dissout dans 100 à 150 centimètres cubes d'eau, deux ou trois prises de 1,4 gr. à 1,5 gr. de ce sel exactement pesées et l'on détermine le volume d'acide sulfurique nécessaire pour la neutralisation parfaite, d'après l'équation :

$$\underset{97,35}{H^2SO^4} + \underset{105,33}{Na^2CO^3} = Na^2SO^4 + H^2O + CO^2.$$

On peut opérer à froid avec le méthylorange comme indicateur ou à chaud en présence de teinture de tournesol ou de phénolphtaléine.

Premier cas. — *Titrage à froid.* — On ajoute à la solution de carbonate sodique quelques gouttes de solution de méthylorange (voy. Rem., p. 66), de façon que le liquide prenne une teinte jaune très pâle; puis, on laisse couler d'une burette graduée l'acide sulfurique jusqu'à ce que la teinte jaune vire au rouge pâle, c'est-à-dire jusqu'à ce qu'il y ait une trace d'acide en excès.

On répète l'essai sur une seconde et au besoin sur une troisième prise d'essai.

Deuxième cas. — *Titrage à chaud.* — La solution alcaline est additionnée de quelques gouttes de teinture de tournesol ou de phénolphtaléine; on y laisse ensuite couler l'acide sulfurique qui transforme d'abord le carbonate neutre en carbonate acide.

Celui-ci est ensuite décomposé avec mise en liberté d'anhydride carbonique, qui agit aussitôt sur l'indicateur. Le liquide prend donc la teinte qu'il aurait si l'acide sulfurique était déjà en excès. On doit, par conséquent, avant de continuer l'addition de ce dernier, faire bouillir jusqu'à ce que l'anhydride carbonique libre soit expulsé du liquide. Celui-ci redevient alors bleu ou rouge suivant que l'indicateur employé est le tournesol ou la phénolphtaléine. On continue de la sorte jusqu'à ce que, après

(1) Au lieu de partir du carbonate neutre, on peut faire usage du carbonate acide $NaHCO^3$, généralement très pur et qui peut être aisément transformé par calcination modérée en carbonate neutre

$$2NaHCO^3 = Na^2CO^3 + H^2O + CO^2.$$

D'après Lunge, une température de 300° est suffisante pour assurer la décomposition.

addition d'une dernière goutte d'acide et une ébullition de quelques minutes, la teinte que présente l'indicateur en solution acide ne se modifie plus. La neutralisation est alors complète.

Cette façon d'opérer est, comme on le voit, beaucoup plus longue que le titrage à froid.

*Calcul du résultat de l'essai.* — Supposons qu'on ait opéré sur des prises de 1,5 gr. de $Na^2CO^3$, pur et sec, et qu'on ait employé pour le titrage 22,0 cm³ d'acide sulfurique.

D'après la réaction

$$Na^2CO^3 + H^2SO^4 = Na^2SO^4 + H^2O + CO^2,$$

105,33 parties de $Na^2CO^3$, c'est-à-dire une quantité correspondante au poids moléculaire de ce sel réag[illegible]ent avec 97,35 parties d'acide sulfurique, quantité correspon[illegible]e au poids moléculaire de cet acide. On connaîtra donc la quantité d'acide qui réagit exactement avec 1,5 gr. de $Na^2CO^3$, par la relation

$$105,33 : 97,35 = 1,5 : x.$$

$$x = \frac{97,35 \times 1,5}{105,33} = 1,3867.$$

1,3867 gr. d'acide sulfurique sont donc contenus dans 22,0 cm³ de la solution d'acide sulfurique, c'est-à-dire dans le volume employé pour décomposer 1,5 gr. de $Na^2CO^3$.

Le titre acide sulfurique de cette solution est donc égal à

$$\frac{1,3867}{22} = 0,063013.$$

Elle contient donc par litre 63,013 gr. $H^2SO^4$.

Or, nous voulons préparer 1 litre d'acide normal, c'est-à-dire contenant 48,675 gr. de $H^2SO^4$.

Nous devons donc calculer quel est le volume de notre acide qui renferme 48,675 grammes de $H^2SO^4$, prélever ce volume et le diluer avec de l'eau distillée au volume d'un litre.

Le volume à prélever est donné par la relation :

63,013 gr. étant contenus dans 1000 centimètres cubes, 48,675 gr. sont contenus dans $x$ centimètres cubes.

$$63,013 : 1000 = 48,675 : x.$$

$$x = \frac{48.675 \times 1\,000}{63,013} = 772,4 \text{ c.c.}$$

La solution normale étant ainsi préparée, on en contrôlera le titre au moyen du carbonate sodique, en opérant d'après les indications données précédemment.

*Préparation d'acide chlorhydrique normal.* — Le poids normal de l'acide chlorhydrique étant 36,18 (voy. p. 23), une solution normale d'acide chlorhydrique contiendra donc 36,18 gr. HCl par litre.

On fait un mélange d'acide chlorhydrique fumant et d'eau dans des proportions telles que ce mélange ait une densité de 1,020 environ. On obtient ainsi un acide d'une concentration un peu supérieure à celle de l'acide normal.

Pour déterminer le titre exact de cet acide, on peut opérer soit par titrage au moyen du carbonate sodique, soit en traitant un volume mesuré par le nitrate argentique et dosant le chlorure argentique formé.

1° *Emploi du carbonate sodique.* — On opère exactement d'après les indications données à propos du titrage de l'acide sulfurique (voy. p. 68).

La réaction qui sert de base au calcul du résultat de l'essai est :

$$\underset{105,33}{Na^2CO^3} + \underset{72,36}{2HCl} = 2NaCl + H^2O + CO^2.$$

2° *Emploi du nitrate argentique.* — On mesure exactement 10 centimètres cubes de la solution d'acide chlorhydrique, on y ajoute environ 150 centimètres cubes d'eau et on précipite par le nitrate argentique dans les conditions indiquées plus loin à propos du dosage des chlorures.

$$HCl + AgNO^3 = AgCl + HNO^3.$$

Le précipité de chlorure d'argent est recueilli et dosé (voy. plus loin). De son poids, on déduit la quantité correspondante d'acide chlorhydrique, par la relation :

$$AgCl : HCl = P : x.$$
$$142,30 : 36.18$$

dans laquelle P est le poids trouvé de AgCl, et $x$ la quantité cherchée d'acide chlorhydrique.

*Préparation d'acide oxalique normal.* — L'acide oxalique cristallisé $C^2H^2O^4, 2H^2O$, a pour poids normal, la moitié de son poids moléculaire (voy. p. 23), soit :

$$\frac{125,10}{2} = 62,55.$$

L'acide oxalique pouvant être obtenu aisément pur, on en préparera une solution normale, un litre par exemple, en dissolvant dans l'eau 62,55 gr. de cet acide et diluànt la solution au volume de 1 litre.

II. Solutions acidimétriques. — Les matières alcalines les plus employées pour la préparation des solutions acidimétriques sont : les hydrates potassique, sodique et barytique, l'ammoniaque et le carbonate sodique anhydre.

*Hydrate potassique et hydrate sodique.* — Ces substances qui attirent l'humidité et l'anhydride carbonique de l'air sont toujours plus ou moins humides, plus ou moins carbonatées. Elles renferment, en outre, de petites quantités de chlorures et autres sels. On ne peut donc préparer une solution titrée de ces hydrates par pesée directe.

*Préparation d'une solution normale d'hydrate potassique.* — Le poids normal de l'hydrate potassique étant 55,73 gr. une solution normale de cette substance doit contenir par litre, 55,73 gr. KOH.

On dissout dans 900 centimètres cubes d'eau 65 grammes du produit commercial et on amène la solution au volume d'un litre. On prélève ensuite 25 centimètres cubes du liquide, on ajoute comme indicateur quelques gouttes de solution de méthyl-orange, de tournesol ou de phénolphtaléine et on titre avec de l'acide sulfurique normal ou de l'acide chlorhydrique normal (voy. pour la préparation de ces acides, p. 67 et suiv.).

On peut aussi se servir d'acide oxalique titré, avec le tournesol ou la phénolphtaléine comme indicateur.

La concentration des acides employés pour le titrage étant connue, on calcule la teneur en KOH de la prise d'essai en se basant sur l'une ou l'autre des équations suivantes :

$$C^2H^2O^4, 2H^2O + 2KOH = K^2C^2O^4 + 4H^2O.$$
$$H^2SO^4 + 2KOH = K^2SO^4 + 2H^2O.$$
$$HCl + KOH = KCl + H^2O.$$

La concentration de la solution étant ainsi déterminée, on calcule aisément quel est le volume de cette solution à diluer à un litre pour obtenir une liqueur contenant le poids normal de KOH.

La solution normale étant préparée, on vérifiera le titre par un dernier titrage avec l'un ou l'autre des acides précités.

*Préparation d'une solution normale d'hydrate sodique.* — Cette solution doit contenir par litre le poids normal de l'hydrate sodique, soit 39,76 gr. NaOH.

On dissoudra dans l'eau 50 grammes du produit commercial et on diluera la solution au volume d'un litre. Le restant de l'opération se fait exactement comme dans le cas de l'hydrate potassique.

*Préparation d'une solution normale d'ammoniaque.* — Cette solution doit contenir par litre 16,93 gr. $NH^3$ (poids normal de l'ammoniaque). On prépare à l'aide de l'ammoniaque concentrée du commerce une solution ayant à peu près la densité 0,990 gr. et contenant un peu plus d'ammoniaque que la quantité correspondant au poids normal. On titre ensuite un volume mesuré de cette solution par l'acide oxalique, l'acide sulfurique ou l'acide chlorhydrique titré, en se servant du tournesol comme indicateur.

Pour le calcul du résultat, on se base sur l'une ou l'autre des réactions suivantes :

$$\underbrace{\overset{NH^4OH}{NH^3.H^2O}} + HCl = NH^4Cl + H^2O.$$

$$2NH^4OH + H^2SO^4 = (NH^4)^2SO^4 + 2H^2O.$$

$$2NH^4OH + C^2H^2O^4, 2H^2O = (NH^4)^2C^2O^4 + 4H^2O$$

Une simple proportion donne la quantité d'eau à ajouter pour amener la solution au titre normal.

*Préparation d'une solution titrée d'hydrate barytique.* ($Ba(OH)^2, 8H^2O$) — L'hydrate barytique du commerce étant toujours plus ou moins carbonaté, on ne peut préparer une solution titrée de ce corps par pesée directe.

On prépare une solution saturée à froid en mettant environ 55 grammes d'hydrate barytique dans l'eau et diluant au volume d'un litre.

Lorsque le pouvoir dissolvant de l'eau est épuisé, on filtre le liquide, rendu homogène par agitation, on en prélève 50 centimètres cubes et on titre par l'acide chlorhydrique normal, avec le tournesol ou la phénolphtaléine comme indicateur.

La réaction suivante sert de base au calcul du résultat.

$$Ba(OH)^2 + 2HCl = BaCl^2 = 2H^2O.$$

*Préparation d'une solution titrée de carbonate sodique.* — Le carbonate sodique, comme nous l'avons vu antérieurement, (p. 67) peut être aisément obtenu pur et sec. On préparera donc les solutions titrées de ce réactif par pesée directe.

### DOSAGE DES HYDRATES ALCALINS EN PRÉSENCE DE CARBONATES ALCALINS ET INVERSEMENT

Si l'on traite par du chlorure barytique une solution contenant à la fois de l'hydrate et du carbonate alcalin, le carbonate alcalin passe à l'état de carbonate barytique (insoluble).

$$BaCl^2 + Na^2CO^3 = BaCO^3 + 2NaCl.$$

L'hydrate pourra réagir, en partie au moins, avec le chlorure barytique, d'après l'équation :

$$2NaOH + BaCl^2 = Ba(OH)^2 + 2NaCl.$$

Mais cette réaction ne modifiera pas l'alcalinité du liquide, 2 molécules de NaOH ou une molécule de Ba $(OH)^2$ ayant le même pouvoir alcalin, comme l'indiquent les réactions suivantes.

$$2NaOH + 2HCl = 2NaCl + 2H^2O.$$
$$Ba(OH)^2 + 2HCl = BaCl^2 + 2H^2O.$$

Ceci posé, on pourra doser l'hydrate et le carbonate alcalin existant dans une même substance en opérant de la manière suivante.

On dissout un poids déterminé de la matière analysée, par exemple, une soude brute, dans l'eau et on dilue la solution au volume de 500 centimètres cubes dans un matras jaugé. On prélève à l'aide d'une pipette, une partie du liquide, 100 centimètres cubes, par exemple, et on dose l'alcalinité totale au moyen d'un acide titré ; on pourra employer de l'acide chlorhydrique normal et faire usage du méthylorange comme indicateur (voy. p. 70). Le nombre de centimètres cubes d'acide consommés correspond à l'alcalinité due à $Na^2CO^3$ et à NaOH contenus dans le liquide.

On prélève une seconde portion de la solution de la matière analysée, on l'introduit dans un matras jaugé de 250 ou de 500 centimètres cubes et on traite à chaud par du chlorure barytique en excès, qui précipite tout le $Na^2CO^3$ à l'état de carbonate barytique, $BaCO^3$, insoluble. Après avoir laissé refroidir, on dilue jusqu'au trait de jauge, on agite pour rendre le liquide homogène, puis, après avoir laissé déposer le précipité, on prélève à l'aide d'une pipette un volume déterminé du liquide clair surnageant et l'on y dose l'alcali libre, à l'aide d'un acide titré.

On possède alors les éléments nécessaires pour calculer la proportion de carbonate et d'hydrate existant dans la matière.

Soit P le poids de matière analysée.

Ce poids est dissous dans l'eau et la solution est amenée au volume de 500 centimètres cubes.

Dans 50 centimètres cubes on dose l'alcalinité totale, à l'aide d'acide chlorhydrique normal.

Soit N le nombre de centimètres cubes d'acide employés.

100 centimètres cubes de la solution primitive sont traités par le chlorure barytique; après avoir dilué à 200 centimètres cubes, on prélève 100 centimètres cubes du liquide clair et on titre l'alcali par de l'acide chlorhydrique normal.

Soit $n$ le nombre de centimètres cubes d'acide employés.

Ces $n$ centimètres cubes correspondent à l'alcali libre contenu dans 50 centimètres cubes de la solution primitive.

Le titre NaOH de l'acide chlorhydrique normal étant 0,03976 gr., la quantité de NaOH existant dans 50 centimètres cubes de la solution sera égale à $n \times 0{,}03976$.

En soustrayant $n$ de N (nombre de centimètres cubes d'acide normal exprimant l'alcalinité totale de 50 centimètres cubes de solution) on aura un nombre $n'$ de centimètres cubes d'acide normal correspondant au carbonate sodique contenu dans 50 centimètres cubes de solution. Le titre carbonate sodique de l'acide chlorhydrique normal étant 0,052655 gr., la quantité de carbonate existant dans 50 centimètres cubes de solution est égale à $n' \times 0{,}052655$.

### DOSAGE ALCALIMÉTRIQUE DES CARBONATES ALCALINO-TERREUX

*Principe.* — Décomposer les carbonates à analyser par de l'acide chlorhydrique titré employé en quantité connue et en excès; puis, titrer l'excès d'acide qui n'a pas participé à la décomposition.

En pratique, on introduit la prise d'essai du carbonate à analyser dans un ballon; on recouvre d'eau, puis on ajoute l'acide titré. Le ballon étant relié à un réfrigérant ascendant, on chauffe modérément jusqu'à dissolution complète du carbonate et élimination de l'anhydride carbonique résultant de sa décomposition. L'emploi du réfrigérant a pour but d'éviter toute perte d'acide pendant l'opération. Lorsque celle-ci est terminée, on titre l'excès d'acide à l'aide d'une liqueur acidimétrique.

La différence entre la quantité totale d'acide employée et la quantité trouvée en excès représente la quantité d'acide consommée par la dissolution du carbonate. On calcule la quantité de celui-ci en se basant sur l'une ou l'autre des équations suivantes :

$$MgCO^3 + 2HCl = MgCl^2 + CO^2 + H^2O.$$
$$CaCO^3 + 2HCl = CaCl^2 + CO^2 + H^2O.$$
$$BaCO^3 + 2HCl = BaCl^2 + CO^2 + H^2O.$$
$$SrCO^3 + 2HCl = SrCl^2 + CO^2 + H^2O.$$

# GROUPE DU FER

---

## ALUMINIUM

### CARACTÈRES DES SELS

1. *Le sulfure ammonique* produit dans les solutions aluminiques un précipité blanc gélatineux d'hydrate aluminique.

$$Al^2Cl^6 + 3(NH^4)^2S + 6H^2O = Al^2(OH)^6 + 6NH^4Cl + 3H^2S.$$

La raison de la formation de l'hydrate dans cette réaction a été donnée page 33.

2. *L'ammoniaque* forme, comme le réactif précédent, de l'hydrate aluminique; employé en grand excès, le réactif dissout une petite quantité du précipité.

$$Al^2Cl^6 + 6NH^4OH = Al^2(OH)^6 + 6NH^4Cl.$$

*Observation.* — Si, à une solution aluminique, on ajoute un tartrate alcalin, l'addition de sulfure ammonique ou d'ammoniaque ne produit pas de précipité d'hydrate. Il se forme un tartrate double d'aluminium et de métal alcalin que l'ammoniaque ne décompose pas [1].

Cette propriété est importante parce qu'elle permet de séparer dans certains cas l'aluminium des métaux tels que le fer, le manganèse, le zinc, etc., avec lesquels il est fréquemment associé. Ces métaux donnent avec les sulfures alcalins des précipités de sulfures sur lesquels les tartrates alcalins n'ont pas d'action. Ils peuvent donc être séparés sous cette forme de l'aluminium si l'on opère en solution tartro-alcaline.

3. *Les hydrates alcalins fixes* [2] *et l'hydrate barytique* pro-

[1] En pratique, on ajoute au liquide de l'acide tartrique qu'on neutralise ensuite par l'ammoniaque.

[2] En fait, les hydrates sodique et potassique du commerce contiennent presque toujours de petites quantités d'alumine.

duisent, comme l'ammoniaque, un précipité d'hydrate aluminique; seulement celui-ci est très aisément soluble dans un excès de réactif avec formation d'aluminate.

$$Al^2Cl^6 + 6KOH = Al^2(OH)^6 + 6KCl.$$
$$Al^2(OH)^6 + 2KOH = K^2OAl^2O(OH)^4 + 2H^2O.$$

Si l'on fait bouillir cette solution, l'hydrate aluminique n'est pas reprécipité (En pareil cas l'hydrate chromique est reprécipité; voy. plus loin).

Si l'on traite une solution d'alumine dans un alcali par l'acide sulfhydrique ou si l'on fait bouillir cette solution avec un excès de chlorure ammonique, l'aluminate est décomposé et l'hydrate aluminique réapparaît.

$$K^2OAl^2O(OH)^4 + H^2S = Al^2(OH)^6 + K^2S.$$
$$K^2OAl^2O(OH)^4 + 2NH^4Cl = Al^2(OH)^6 + 2KCl + 2NH^3.$$

Pour obtenir un précipité d'hydrate aluminique lorsqu'on a une solution alcaline d'aluminate, on doit évidemment neutraliser d'abord celle-ci par un acide tel que l'acide chlorhydrique, afin de détruire l'aluminate et l'excès d'alcali, puis traiter par l'ammoniaque.

4. *Les carbonates alcalins* précipitent un mélange d'hydrate et de carbonate basique d'aluminium gélatineux, blanc, l'aluminium ayant très peu de tendance à former des carbonates. La composition du précipité est variable suivant la concentration et la température de la solution.

5. *L'acétate sodique* ajouté à une solution aluminique neutralisée le plus possible, produit à chaud un précipité blanc d'acétate aluminique basique. La réaction se passe en deux phases. Il se forme d'abord, par double décomposition, de l'acétate aluminique neutre, soluble. Sous l'action de la chaleur, celui-ci réagit avec l'eau, pour donner un sel plus ou moins basique, insoluble.

$$Al^2Cl^6 + 6C^2H^3O^2Na = Al^2(C^2H^3O^2)^6 + 6NaCl.$$

Puis :

$$Al^2(C^2H^3O^2)^6 + 2H^2O = Al^2\begin{cases}(OH)^2 \\ (C^2H^3O^2)^4\end{cases} + 2C^2H^4O^2$$

L'acétate basique donne par calcination l'oxyde $Al^2O^3$.

Cette réaction n'a pas grande importance lorsque l'aluminium est seul en solution; il est alors beaucoup plus simple d'employer pour déceler l'aluminium, l'ammoniaque ou le sulfure ammonique. Elle acquiert, au contraire, une très grande portée pratique dans les cas, très nombreux d'ailleurs, où l'on a à séparer l'aluminium en même temps que le fer (qui donne aussi par les acétates un précipité d'acétate basique) des autres métaux de leur groupe, dont l'oxyde répond à la formule générale RO, tels que zinc, manganèse, etc., dont les sels ne forment pas d'acétates basiques (voy. caractères des sels ferriques).

6. *Le phosphate sodique* précipite des solutions aluminiques neutres, du phosphate aluminique, très soluble dans les acides minéraux et dans les solutions des alcalis fixes, très peu soluble, au contraire, dans l'acide acétique.

$$Al^2Cl^6 + 2Na^2HPO^4 = 2AlPO^4 + 4NaCl + 2HCl.$$

7. *L'hyposulfite sodique* produit dans les solutions aluminiques bouillantes un précipité d'hydrate.

$$3Na^2S^2O^3 + Al^2Cl^6 + 3H^2O = Al^2(OH)^6 + 6NaCl + 3S + 3SO^2.$$

Cette réaction a une certaine importance parce qu'elle permet de séparer l'aluminium du fer.

## DOSAGE

Dosage par pesée a l'état d'oxyde $Al^2O^3$. — On traite à chaud la solution aluminique acide par de l'ammoniaque en *léger* excès ; on laisse déposer complètement le précipité d'hydrate aluminique, qu'on lave deux ou trois fois par décantation avec de l'eau chaude. Le précipité est finalement amené sur un filtre, et, après lavage complet, séché et calciné pour être transformé en oxyde $Al^2O^3$. La transformation de l'hydrate en oxyde se fait aisément à la lampe, dans un creuset de porcelaine.

Au lieu d'ammoniaque on emploie parfois le sulfure ammonique qui donne aussi un précipité d'hydrate aluminique.

## Choix d'une méthode de séparation et de dosage lorsque l'aluminium est accompagné d'autres métaux

L'aluminium est un des métaux les plus répandus dans la nature ; on le rencontre dans de multiples espèces minérales, oxydes, silicates, etc. ; il fait aussi partie, souvent en faible proportion, de la gangue de la plupart des minerais métalliques.

Il est rare, en pratique, d'avoir à doser l'aluminium dans une solution ne contenant que ce métal. Presque toujours, on a à tenir compte de la présence de l'un ou l'autre des métaux du groupe du fer et, spécialement, du fer, du manganèse et du zinc.

Présence du fer. — Ce cas se présente très fréquemment dans l'analyse des chaux, calcaires, ciments, argiles, minerais, etc.

1. La solution mixte, contenant le fer à l'état ferrique, est traitée à chaud par l'ammoniaque qui donne un précipité d'hydrates $Al^2(OH)^6 + Fe^2(OH)^6$ [1]. Ce précipité est recueilli, lavé, séché et calciné *à la lampe dans un creuset de porcelaine* [2]. Les oxydes obtenus par la calcination, sont, après pesée, redissous dans l'acide chlorhydrique concentré (voy. dissolution des substances minérales). La solution des deux chlorures peut être analysée par l'une des méthodes suivantes :

*a*. On dose le fer par le chlorure stanneux, ou après réduction à l'état ferreux, par le permanganate potassique (voy. dosage du fer). Connaissant la teneur en fer, on calcule le poids correspondant d'oxyde $Fe^2O^3$ ; en soustrayant ce poids de celui qui représente la somme des oxydes $Fe^2O^3 + Al^2O^3$, on obtient par différence le poids de l'alumine.

*b*. On ajoute à la solution des chlorures quelques grammes d'acide tartrique, puis on additionne d'ammoniaque jusqu'à alcalinité. On traite ensuite par le sulfure sodique. Dans ces conditions, le fer seul est précipité à l'état de sulfure ; l'aluminium, grâce à la présence du tartrate alcalin formé, reste en solution.

Le sulfure de fer est recueilli, lavé et redissous dans l'acide chlorhydrique. La solution de chlorure ferreux est oxydée à l'ébullition par l'acide nitrique et le fer est finalement dosé à l'état d'oxyde $Fe^2O^3$ (voy. dosage du fer) par l'ammoniaque.

En soustrayant le poids du $Fe^2O^3$ obtenu du poids des deux oxydes $Al^2O^3 + Fe^2O^3$, on connaît, comme en *a*, le poids d'alumine.

2. Les oxydes de fer et d'aluminium obtenus comme en 1 sont, après pesée et pulvérisation, introduits dans une nacelle de porcelaine et chauffés au rouge dans un courant d'hydrogène sec, la nacelle étant placée dans un tube en verre dur. Sous l'action de l'hydrogène, l'oxyde ferrique seul est réduit, l'oxygène se dégageant à l'état d'eau.

[1] Très souvent, les matières dans lesquelles on a à faire la séparation aluminium-fer contiennent du magnésium Le cas échéant, le liquide devra contenir assez de chlorure ammonique pour éviter la précipitation du magnésium par l'ammoniaque (v. p. 44, n° 2).

[2] Si l'on calcine à trop haute température, par exemple, en faisant usage du chalumeau, ce qui, du reste, est tout à fait inutile, les oxydes de fer et d'aluminium ne se dissolvent plus ou ne se dissolvent qu'incomplètement dans l'acide chlorhydrique et l'on doit recourir pour leur désagrégation au sulfate acide de potassium (Voy. Mise en solution des matières minérales).

La différence entre le poids de la nacelle après et avant le passage du courant d'hydrogène correspond donc à l'oxygène de l'oxyde ferrique et permet de calculer le poids de celui-ci. En soustrayant ce dernier du poids total des oxydes de fer et d'aluminium, on aura par différence le poids de l'oxyde aluminique, et, par suite, celui de l'aluminium.

Les méthodes 1 et 2 qui viennent d'être décrites sont surtout en situation lorsque la proportion du fer par rapport à l'aluminium n'est pas considérable. Dans le cas contraire, on peut recourir au procédé suivant.

3. *Procédé basé sur la solubilité du chlorure ferrique dans l'éther* (*Rothe*). — Le chlorure ferrique forme, avec l'acide chlorhydrique et l'éther, une combinaison aisément soluble dans l'éther : $Fe^2Cl^6$, 2HCl (voy. caractères des sels ferriques). Le chlorure aluminique est insoluble dans l'éther. On peut donc, sur cette différence de propriétés, baser une méthode de séparation.

La solution contenant les deux chlorures est évaporée à siccité. Le résidu est repris par 20 centimètres cubes d'acide chlorhydrique, densité 1,105[1]; on transvase dans un entonnoir à robinet et l'on se sert comme liquide de rinçage d'acide chlorhydrique, densité 1,105. L'ensemble des liquides (solution et acide de lavage) ne doit pas dépasser 60 à 70 centimètres cubes. Après avoir ajouté 50 centimètres cubes d'éther, on bouche l'entonnoir et on agite avec précaution tandis qu'on fait tomber sur l'entonnoir un courant d'eau froide, afin d'éviter toute élévation de température. Par le repos, le liquide surnageant se sépare en deux couches. La couche éthérée contient presque tout le fer; la couche aqueuse renferme l'aluminium et une petite quantité de fer non enlevée par l'éther. En répétant une seconde fois l'extraction, on arrive à isoler les dernières parties de fer, et l'on se trouve ainsi ramené au cas du dosage de l'aluminium dans une solution ne contenant que ce métal.

Présence du fer et du manganèse. — Ce cas est très fréquent dans la pratique.

1. *Principe*. — On fait agir sur la solution des chlorures, (le fer étant à l'état ferrique) basifiée par du carbonate sodique, une solution d'acétate sodique qui, à chaud, précipite tout le fer et tout l'aluminium à l'état d'acétates basiques $Al^2(C^2H^3O^2)^4$

[1] La concentration de cet acide a été déterminée par expérience. Il est établi que c'est l'acide de cette densité, saturé d'éther, qui permet le mieux la séparation du chlorure ferrique des autres chlorures tels que le chlorure d'aluminium, insolubles dans l'éther.

$(OH)^2 + Fe^2 (C^2H^3O^2)^4 (OH)^2$, et ne donne pas de précipité avec les sels de manganèse (voy. pour les détails de la précipitation, les caractères des sels ferriques, p. 101, n° 3.). En pratique, il y a souvent entraînement d'une très petite quantité de manganèse. Pour opérer exactement, on redissoudra donc le précipité d'acétates dans l'acide chlorhydrique et on répétera la précipitation.

Le précipité d'acétates basiques peut, après lavage, être calciné, ce qui donne les oxydes $Fe^2O^3 + Al^2O^3$.

Cependant, le lavage à fond de ce précipité étant assez difficile, il est préférable de le redissoudre dans l'acide chlorhydrique et de précipiter ensemble le fer et l'aluminium par l'ammoniaque, ce qui ramène au cas traité p. 78).

2. Lorsque la quantité de manganèse est très faible, on peut isoler ce métal de l'aluminium et du fer en traitant la solution des trois métaux additionnée de chlorure ammonique par l'ammoniaque à l'ébullition et à l'abri de l'air. On arrive, en opérant de la sorte, à éviter la précipitation du manganèse par l'ammoniaque. (Voy. caractères des sels manganeux). Le précipité obtenu est donc formé par les hydrates de fer et d'aluminium ce qui ramène au cas traité précédemment (voy. p. 78).

Présence du fer et du zinc. — La séparation de l'aluminium, du fer et du zinc se présente assez fréquemment, par exemple, dans l'analyse des minerais de zinc et de plomb et de divers sous-produits métallurgiques.

1. Si la proportion d'aluminium et de fer est faible, on peut précipiter ces derniers, le fer étant à l'état ferrique, par l'ammoniaque ; l'hydrate zincique reste dissous dans l'excès de réactif. En pratique, il sera prudent de redissoudre le précipité des hydrates ferrique et aluminique dans l'acide chlorhydrique et de renouveler la précipitation, ces hydrates retenant facilement un peu de zinc. C'est pour cette dernière raison que la séparation par l'ammoniaque cesse d'être utilisable lorsque la proportion d'aluminium et de fer est importante. On fera usage dans ce cas du procédé suivant.

2. *Principe.* — Précipiter le fer et l'aluminium par l'acétate sodique ; le zinc reste en solution. — Tout ce qui a été dit au sujet de la séparation de l'aluminium et du fer, d'une part, du manganèse d'autre part, est applicable ici (voy. p. 79).

Présence du nickel et du cobalt. — 1. *Par le sulfure ammonique et l'acide chlorhydrique dilué.* — La solution est neutralisée par l'ammoniaque puis traitée par l'acide sulfhydrique.

On obtient ainsi un précipité formé d'hydrate aluminique et des sulfures de nickel et de cobalt. Ces derniers étant insolubles dans l'acide chlorhydrique dilué et froid, on peut, en traitant le précipité par ce réactif, enlever complètement l'hydrate aluminique ; les sulfures de nickel et de cobalt restent non dissous.

2. La solution des trois métaux est additionnée de chlorure ammonique et chauffée, puis on la traite par un excès de carbonate ammonique ; les carbonates de nickel et de cobalt d'abord formés, se redissolvent dans l'excès de réactif ; l'hydrate aluminique précipité, reste non dissous. Celui-ci retenant aisément un peu de nickel et de cobalt, sera redissous dans l'acide chlorhydrique et la précipitation par le carbonate ammonique sera faite une seconde fois.

Présence du fer et de l'acide phosphorique. (Voy. séparations du fer, 6, p. 114.)

Présence du fer, du manganèse et de l'acide phosphorique. Ce cas s'observe notamment dans l'analyse des minerais de fer.

*a*. On ajoute à la solution du chlorure ammonique, puis quelques centimètres cubes d'eau de brome et enfin, de l'ammoniaque en léger excès et on fait bouillir quelques instants. Il se forme un précipité renfermant le fer, l'aluminium et le manganèse à l'état d'hydrates et le phosphore à l'état de phosphate. Ce précipité est lavé à l'eau chaude, séché et calciné. Il est formé après calcination de : $Fe^2O^3$, $Al^2O^3$, $Mn^3O^4$ et $P^2O^5$.

Le fer, le manganèse et le phosphore ayant été dosés dans des prises d'essai spéciales, on calcule les quantités de $Fe^2O^3$, $Mn^3O^4$ et $P^2O^5$ existant dans le précipité ; en soustrayant le poids de ces trois corps du poids total du précipité obtenu précédemment, on a, par différence, la quantité d'alumine.

Ce procédé, comme tout procédé par différence, a l'inconvénient d'entacher le résultat trouvé pour l'alumine, des erreurs qui ont pu être commises dans le dosage des trois autres éléments.

On peut, dans le cas qui nous occupe, doser l'aluminium de la manière suivante.

*b*. La solution chlorhydrique renfermant le fer, l'aluminium, le manganèse et l'acide phosphorique est diluée au volume d'environ 500 centimètres cubes puis neutralisée par l'ammoniaque. On ajoute ensuite 4 centimètres cubes d'acide chlorhydrique concentré, et une solution de 2 grammes de phosphate sodique dans un peu d'eau. Après avoir redissous par agitation le précipité qui se forme, on verse dans le liquide une solution de 10 grammes d'hyposulfite sodique et 15 centimètres cubes d'acide acétique cristallisable et l'on fait bouillir pendant une dizaine de minutes. Le précipité qui se produit dans ces conditions est exclusivement composé de phosphate d'aluminium; on le lave à l'eau chaude, on le sèche et on le calcine dans un creuset de porcelaine. Après calcination, il répond à la formule $AlPO^4$.

On peut aisément conclure de son poids à la quantité correspondante d'alumine. ($2AlPO^4$ correspondent à $Al^2O^3$.)

## CHROME

Les composés du chrome auxquels on a habituellement affaire en pratique correspondent, soit à l'oxyde $Cr^2O^3$, soit à l'anhydride $CrO^3$.

Les premiers, sels chromiques proprement dits ($Cr^2Cl^6$, $Cr^2(SO^4)^3$, $K^2Cr^2(SO^4)^4 24H^2O$, etc.), donnent avec l'eau des solutions, tantôt vertes, tantôt violettes; sous l'action de la chaleur, ces dernières passent au vert. La cause de ces changements de teintes serait due à des variations dans la composition des sels dissous. Les solutions violettes contiendraient les sels normaux; les solutions vertes, des mélanges de sels basiques et de sels acides.

Les chromates normaux (ex. $K^2CrO^4 = K^2O.\ CrO^3$) sont souvent colorés en jaune; les dichromates (ex. $K^2Cr^2O^7 = K^2O.\ 2CrO^3$) sont rougeâtres.

Les chromates sont transformés en dichromates par l'action des acides.

$$\underbrace{2K^2CrO^4}_{2K^2O.\ 2CrO^3} + 2HNO^3 = K^2Cr^2O^7 + 2KNO^3 + H^2O.$$

Inversement, les dichromates sont ramenés à l'état de chromates normaux par les bases.

$$\underbrace{K^2Cr^2O^7}_{K^2O.\ 2CrO^3} + 2KOH = \underbrace{2K^2CrO^4}_{2K^2O.\ 2CrO^3} + H^2O.$$

### CARACTÈRES DES SELS CHROMIQUES

1. *Le sulfure ammonique* précipite le chrome à l'état d'hydrate, $Cr^2(OH)^6$, gris verdâtre.

$$Cr^2Cl^6 + 3(NH^4)^2S + 6H^2O = Cr^2(OH)^6 + 6NH^4Cl + 3H^2S.$$

La raison pour laquelle on n'obtient pas ici de précipité de sulfure est analogue à celle qui a été donnée à propos de la réaction correspondante des sels aluminiques. (Voy. p. 33); le sulfure de chrome en présence d'eau est instable.

De même aussi que dans le cas des sels aluminiques et pour des raisons analogues, la présence de tartrate alcalin empêche la précipitation de l'hydrate chromique. (Voy. p. 75.)

2. *L'ammoniaque* produit, comme le sulfure ammonique, un précipité d'hydrate ; la précipitation n'est complète que si l'on opère à chaud.

$$Cr^2(SO^4)^3 + 6NH^4OH = Cr^2(OH)^6 + 3(NH^4)^2SO^4.$$

3. *Les hydrates alcalins fixes* forment un précipité d'hydrate chromique aisément soluble à froid dans un excès de réactif avec formation de chromite alcalin.

$$Cr^2(OH)^6 + 2KOH = Cr^2(OH)^4(OK)^2 + 2H^2O.$$

Si l'on fait bouillir le liquide, le chromite est décomposé et le chrome est entièrement reprécipité à l'état d'hydrate.

$$Cr^2(OH)^4(OK)^2 + 2H^2O = Cr^2(OH)^6 + 2KOH.$$

Dans les mêmes conditions les aluminates alcalins ne sont pas décomposés (voy. p. 76). On peut donc, en traitant à chaud par un alcali une solution mixte d'aluminium et de chrome, séparer les deux métaux. Les solutions de chromite alcalin se comportent exactement comme les solutions d'aluminate alcalin sous l'action de l'acide sulfhydrique et du chlorure ammonique. Il y a dans les deux cas décomposition avec précipitation d'hydrate chromique. (Voy. p. 76.)

(Voy. au sujet de la précipitation du chrome par les alcalis en présence de sels de zinc, les caractères de ces derniers).

3. Les sels chromiques peuvent être transformés en chromates alcalins par voie humide ou par voie sèche.

A. *Par voie humide*. — On traite à chaud la solution chromique par un oxydant, le brome, par exemple, en présence d'une base qui fixe l'anhydride chromique produit par oxydation.

Ex. $$\begin{cases} Cr^2Cl^6 + 6KOH = Cr^2(OH)^6 + 6KCl. \\ \underbrace{Cr^2(OH)^6}_{Cr^2O^3.\,3H^2O} + 6Br + 10NaOH = \underbrace{2Na^2CrO^4}_{2Na^2O.\,\underbrace{2CrO^3}_{Cr^2O^6}} + 6NaBr + 8H^2O. \end{cases}$$

Au lieu du brome, on peut employer comme oxydant, l'eau oxygénée ou un hypochlorite.

B. *Par voie sèche.* — Le composé chromique est fondu dans un creuset de platine en mélange avec du carbonate sodique et du nitrate potassique.

L'oxygène nécessaire à la transformation de l'oxyde $Cr^2O^3$ en anhydride $Cr^2O^6 = 2CrO^3 = Cr^2O^3 + O^3$, est fourni par la décomposition du nitrate potassique par la chaleur.

$$KNO^3 = KNO^2 + O.$$

La masse qui renferme le chromate est colorée en jaune (couleur caractéristique des chromates alcalins).

### RÉACTIONS MOINS IMPORTANTES

a. *Le carbonate sodique* forme, dans la solution des sels chromiques, un précipité vert de carbonate basique de chrome.

b. *Le phosphate sodique* produit un précipité verdâtre de phosphate chromique neutre.

$$Cr^2Cl^6 + 2Na^2HPO^4 = 2CrPO^4 + 2HCl + 4NaCl.$$

Le précipité est soluble dans les acides et dans les solutions froides d'hydrate alcalin.

c. *L'acétate sodique,* qui précipite quantitativement les sels aluminiques et ferriques (voy. les caractères de ces sels) se comporte d'une façon très inégale avec les sels chromiques, suivant les circonstances. En l'absence de fer et d'aluminium, il ne se produit pas de précipité ; en présence de ces métaux, il y a précipitation, au moins partielle du chrome, tandis qu'une partie du fer et de l'aluminium ne se précipite pas.

En somme, l'acétate sodique est de nulle valeur comme réactif du chrome et nous n'en parlons que pour mettre en garde contre son emploi, au cas où l'on aurait à précipiter de l'aluminium et du fer en présence de chrome.

### CARACTÈRES DES CHROMATES

*Premier groupe.* — FORMATION DE PRÉCIPITÉS PAR DOUBLE DÉCOMPOSITION. — La plupart des chromates, autres que les alcalins, étant insolubles dans l'eau, on obtient des précipités plus ou moins caractéristiques, dus à la formation de chromates insolubles, en traitant les solutions de chromates alcalins par des sels métalliques solubles.

D'après Schulerud, les métaux monovalents seuls, donnent lieu à la formation de précipités de dichromates. Les précipités obtenus avec les sels de métaux bivalents (baryum, plomb, etc.)

et un dichromate alcalin sont des chromates normaux et non des dichromates.

Les réactions les plus caractéristiques sont les suivantes :

1. *Le chlorure barytique* forme un précipité de chromate barytique, jaune, très peu soluble dans l'eau, soluble dans les acides minéraux.

$$K^2CrO^4 + BaCl^2 = BaCrO^4 + 2KCl.$$

2. *Le nitrate argentique* produit dans les solutions de chromates, un précipité rouge foncé de chromate $Ag^2CrO^4$ ; avec les solutions de dichromate, on obtient un précipité brun de dichromate argentique $Ag^2Cr^2O^7$.

$$K^2CrO^4 + 2AgNO^3 = Ag^2CrO^4 + 2KNO^3.$$
$$K^2Cr^2O^7 + 2AgNO^3 = Ag^2Cr^2O^7 + 2KNO^3.$$

Le chromate argentique est surtout insoluble en présence d'un excès de sel argentique ; il est soluble dans l'ammoniaque et difficilement soluble dans l'acide nitrique.

3. *Le nitrate mercureux* produit un précipité rouge cristallin de chromate mercureux, soluble dans l'acide nitrique.

$$K^2CrO^4 + Hg^2(NO^3)^2 = Hg^2CrO^4 + 2KNO^3.$$

Par calcination, ce sel est décomposé avec formation d'oxyde chromique.

$$2Hg^2CrO^4 = Cr^2O^3 + 2Hg^2 + 5O.$$

4. *L'acétate plombique* donne, dans les solutions neutres ou acétiques, un précipité jaune cristallin de chromate plombique, à peu près insoluble dans l'eau et dans l'acide acétique, soluble dans les hydrates potassique et sodique avec formation de chromate alcalin.

$$\left\{\begin{array}{l} K^2CrO^4 + Pb(C^2H^3O^2)^2 = PbCrO^4 + 2KC^2H^3O^2. \\ PbCrO^4 + 2KOH = K^2CrO^4 + PbO + H^2O. \end{array}\right.$$

*Deuxième groupe.* — RÉACTIONS BASÉES SUR LE CARACTÈRE OXYDANT DES CHROMATES. — L'anhydride chromique, qui est l'élément acide des chromates et des dichromates, cède aisément de l'oxygène pour passer à l'état d'oxyde.

$$2CrO^3 = Cr^2O^3 + O^3.$$

Les chromates seront donc facilement ramenés à l'état de sels chromiques par les réducteurs, avec dégagement d'oxygène; autrement dit, *les chromates peuvent être utilisés en analyse comme oxydants.*

Les applications les plus intéressantes de cette propriété sont les suivantes :

1. *L'acide sulfhydrique et le sulfure ammonique* réduisent les chromates à l'état d'hydrate chromique.

Les équations suivantes rendent compte des deux réactions.

$$2K^2CrO^4 + 5H^2S = Cr^2(OH)^6 + 2K^2S + 3S + 2H^2O.$$
$$2K^2CrO^4 + 5(NH^4)^2S = Cr^2(OH)^6 + 2K^2S + 10NH^3 + 3S + 2H^2O.$$

2. *L'acide chlorhydrique concentré* réduit les chromates à chaud avec dégagement de chlore.

$$\underbrace{2K^2CrO^4}_{2K^2O2CrO^3} + 10HCl = Cr^2Cl^6 + 4KCl + 5H^2O + O^3$$

Puis :

$$6HCl + O^3 = 3H^2O + 3Cl^2.$$

En somme, on a :

$$2K^2CrO^4 + 16HCl = Cr^2Cl^6 + 4KCl + 8H^2O + 3Cl^2.$$

3. *L'acide sulfureux* réduit les chromates en solution acide en se transformant en acide sulfurique.

$$K^2CrO^4 + H^2SO^4 = H^2CrO^4 + K^2SO^4.$$
$$\underbrace{\underbrace{2H^2CrO^4}_{2H^2O,2CrO^3}}_{Cr^2O^3,O^3} + 3H^2SO^3 = \underbrace{Cr^2O^3 + 3H^2SO^4 + 2H^2O.}_{Cr^2(SO^4)^3 + 5H^2O}$$

4. *Les sels ferreux* réduisent les chromates en se transformant en sels ferriques.

La décomposition se produit en solution acide, l'acide transformant en sel soluble l'oxyde chromique provenant de la réduction.

$$\underbrace{\underbrace{K^2Cr^2O^7}_{K^2O\,2CrO^3}}_{Cr^2O^3O^3} + \underbrace{6FeSO^4}_{3Fe^2O^2 3SO^3} + 8H^2SO^4 = Cr^2(SO^4)^3 + \underbrace{3Fe^2(SO^4)^3}_{3Fe^2O^3 9SO^3} + 2KHSO^4 + 7H^2O$$

$$\underbrace{\underbrace{2K^2CrO^4}_{2K^2O,2CrO^3}}_{Cr^2O^3 + O^3} + \underbrace{6FeSO^4}_{3Fe^2O^2 3SO^3} + 10H^2SO^4 = Cr^2(SO^4)^3 + \underbrace{3Fe^2(SO^4)^3}_{3Fe^2O^3 9SO^3} + 4KHSO^4 + 8H^2O$$

On voit, d'après ces réactions, que les trois atomes d'oxygène dégagés par une molécule de dichromate ou par deux molécules de chromate, oxydent à l'état ferrique $Fe^2O^3$, 6 molécules d'oxyde ferreux FeO.

En somme, 3 $Fe^2O^3$ deviennent 3 $Fe^2O^3$.

*Observation.* — Cette réaction est très importante ; elle permet de doser les sels ferreux à l'aide des chromates (voy. dosage du fer).

5. *Les chromates oxydent les iodures* avec mise en liberté d'iode.

$$K^2Cr^2O^7 + 6KI + 14H^2SO^4 = Cr^2(SO^4)^3 + 6I + 8KHSO^4 + 7H^2O.$$

On peut se rendre compte de la réaction en admettant qu'il se forme d'abord de l'acide iodhydrique qui, secondairement, réduit le chromate.

$$6KI + 6H^2SO^4 = 6HI + 6KHSO^4.$$

$$\underbrace{K^2Cr^2O^7}_{\underbrace{K^2O,2CrO^3}_{Cr^2O^3 + O^3}} \quad + 6HI = 3H^2O + 6I.$$

Avec le chromate $K^2CrO^4$, on aurait :

$$2K^2CrO^4 + 6KI + 13H^2SO^4 = Cr^2(SO^4)^3 + 6I + 10KHSO^4 + 8H^2O.$$

Une molécule de dichromate $K^2Cr^2O^7$ ou deux molécules de chromate $K^2CrO^4$ dégagent donc 6 atomes d'iode.

Cette réaction est importante parce qu'elle permet d'obtenir, en partant d'un poids connu de chromate pur, une quantité déterminée d'iode.

6. *Les solutions de chromates additionnées d'un alcali* ne sont pas réduites par l'alcool.

Ce caractère négatif trouve son application dans la séparation qualitative du chrome et du manganèse, lorsque ces éléments se trouvent respectivement à l'état de chromate et de manganate ou permanganate (voy. caractères de ces derniers).

En solution chlorhydrique, au contraire, les chromates sont réduits par l'alcool en sel chromique ; l'alcool passe à l'état d'aldéhyde correspondante, sous l'action des 3 atomes d'oxygène dégagés par une molécule de dichromate ou par deux molécules de chromates.

$$\underset{\text{Alcool.}}{3C^2H^5OH} + 3O = \underset{\text{Aldéyde.}}{3C^2H^4O} + 3H^2O$$

6. En versant une solution très diluée de chromate, acidulée par l'acide chlorhydrique, dans une solution d'eau oxygénée, on obtient une coloration bleue due à la formation d'un composé chromique sur la nature duquel on n'est pas d'accord.

Ce composé étant plus soluble dans l'éther que dans l'eau,

peut être enlevé à sa solution aqueuse par agitation avec de l'éther.

### DOSAGE

En pratique, on peut avoir à doser le chrome existant à l'état de sel chromique ou à l'état de chromate. Nous avons vu dans les pages précédentes que l'on peut, par application de diverses réactions, faire passer aisément le chrome de l'un à l'autre de ces états.

#### I. — Le chrome est a l'état de sel chromique

*Dosage par pesée à l'état d'oxyde chromique* $Cr^2O^3$. — La solution chromique est traitée à chaud par l'ammoniaque *en léger excès* qui précipite le métal à l'état d'hydrate $Cr^2(OH)^6$; on continue à chauffer jusqu'à ce que le liquide soit devenu complètement incolore.

La précipitation par l'ammoniaque n'étant pas toujours absolument complète, on peut avantageusement, avant de filtrer, saturer le liquide ammoniacal par l'acide sulfhydrique.

Au lieu d'employer l'ammoniaque, on peut faire usage du sulfure ammonique qui permet d'obtenir la précipitation de l'hydrate chromique à froid.

L'hydrate chromique est recueilli sur un filtre, lavé à fond avec de l'eau chaude, séché et transformé par calcination en oxyde $Cr^2O^3$ qu'on pèse.

La calcination doit être faite au début en creuset fermé, afin d'éviter toute perte par projections ; pour la même raison, on chauffera doucement d'abord et on élèvera ensuite progressivement la température au rouge.

#### II. — Le chrome est a l'état de chromate

*A*. Procédés par pesée. — a. *Par précipitation à l'état de chromate mercureux* $Hg^2CrO^4$.

On ajoute à la solution neutre ou faiblement acidulée par l'acide nitrique, du nitrate mercureux en quantité suffisante pour transformer le chrome en chromate mercureux ; le précipité, d'abord floconneux, se modifie par le repos et devient grenu. Lorsque cette transformation s'est produite, on le recueille sur un filtre et on le lave avec une solution diluée de nitrate mercureux ; on évite ainsi le passage du précipité à l'état colloïdal qui se produirait si on lavait simplement à l'eau. Après lavage, le précipité est séché et transformé par calcination en oxyde chromique.

$$2Hg^2CrO^4 = Cr^2O^3 + 2Hg^2 + 5O.$$

*Remarque.* — On aura soin d'opérer la calcination dans une cage d'évaporation afin de ne pas s'exposer à respirer les vapeurs mercurielles qui se dégagent pendant l'opération.

b. *Par précipitation à l'état de chromate barytique* $BaCrO^4$.

A cause des caractères de solubilité du chromate barytique, on opérera, suivant les cas, de l'une ou l'autre manière suivante.

α. *La solution est neutre.* Dans ce cas, la solution est traitée directement par le chlorure barytique en léger excès.

β. *La solution est acide.* On neutralise à peu près complètement l'acide libre par le carbonate sodique, puis on rend la solution acétique en y ajoutant de l'acétate sodique ; on traite ensuite par le chlorure barytique.

Le précipité de chromate barytique est recueilli après quelques heures de repos et lavé à l'eau ; ensuite on le sèche, on l'enlève du filtre et on incinère ce dernier ; la masse du précipité est réunie aux cendres du filtre et le tout est calciné.

Si, malgré les précautions prises, une partie du précipité est réduite à l'état d'oxyde (vert) par le charbon du filtre, il suffit de continuer à calciner pendant quelque temps au contact de l'air ; l'oxyde formé se retransforme en chromate $BaCrO^4$ (jaune).

*B.* PROCÉDÉ PAR TITRIMÉTRIE. — *Dosage par le sulfate ferreux.*

*Principe.* — Les chromates et dichromates traités par le sulfate ferreux en présence d'acide sulfurique, sont réduits à l'état de sel chromique ; la réaction est telle que 2 molécules de $CrO^3$, sont réduites par 6 molécules de $FeSO^4$ (voy. pour les détails, p. 86, n° 4).

Par conséquent, si on traite la solution acide d'un chromate par un volume mesuré d'une solution titrée de sulfate ferreux, on peut, en déterminant ensuite l'excès de sel ferreux qui n'a pas participé à la réaction, connaître la quantité de sulfate ferreux qui a agi sur le chromate, et, par suite, la quantité d'anhydride chromique ou de chrome.

*Solutions nécessaires.* — α. Solution de dichromate potassique préparée en dissolvant dans l'eau 8,767 gr. de ce sel pur et sec et diluant le liquide au volume de 1 litre.

1 centimètre cube de cette solution correspond à 0,01 gr. de fer.

β. Solution de sulfate ferroso-ammonique, $2FeSO^4, 2(NH^4)^2SO^4 12H^2O$ (sel de Mohr) contenant par litre 70 grammes de ce sel, soit 10 grammes de fer.

γ. Solution de ferricyanure potassique à 1 p. 100 servant d'indicateur.

*Détermination du rapport existant entre la solution de dichromate et la solution ferreuse.* — On prélève 25 centimètres cubes de la solution ferreuse, on les dilue au volume de 150 centimètres cubes environ, puis, après avoir acidulé d'acide sulfurique, on laisse couler dans le liquide, en se servant d'une burette graduée, la solution de dichromate, jusqu'à ce qu'un essai à la touche à l'aide du ferricyanure ne produise plus de coloration bleue ; tout le sel ferreux est alors oxydé (voy. plus loin, caractères des sels ferreux et dosage du fer par le dichromate potassique).

*Dosage.* — La solution de chromate à analyser est acidulée par de l'acide sulfurique dilué ; on y ajoute ensuite un volume mesuré de la solution ferreuse plus que suffisant pour réduire le chromate ; ensuite on titre en retour à l'aide de la solution titrée de dichromate, l'excès de sel ferreux.

On connaît ainsi la quantité de sel ferreux consommée et, par suite, la quantité de chrome, en se basant sur le rapport $6Fe = 2Cr$.

DOSAGE PAR CHLOROMÉTRIE. — *Principe.* — Si l'on traite un chromate par de l'acide chlorhydrique à chaud, le chromate est réduit à l'état de chlorure chromique ; en même temps il y a dégagement de chlore dans le rapport de 6 atomes pour 2 atomes de chrome.

$$2K^2CrO^4 + 16HCl = Cr^2Cl^6 + 4KCl + 8H^2O + 3Cl^2.$$

Le chlore dégagé est reçu dans une solution d'iodure potassique et met en liberté une quantité correspondante d'iode.

$$6Cl + 6KI = 6KCl + 6I.$$

L'iode est ensuite dosé par une solution titrée d'hyposulfite sodique, qui agit d'après l'équation suivante :

$$2I + 2Na^2S^2O^3 = Na^2S^4O^6 + 2NaI.$$

(Voy. pour les détails du mode opératoire, le dosage de l'oxygène disponible par chlorométrie, dans le peroxyde de manganèse).

## SÉPARATIONS

Le nombre des produits naturels ou fabriqués dans lesquels on peut avoir à doser le chrome est assez limité.

Le chrome ne se rencontre guère que dans la chromite ou fer chromé, qui est le véritable minerai de chrome et, beaucoup plus rarement, à l'état de chromate de plomb. A part quelques minerais de fer, la plupart des minerais métalliques en sont exempts. L'on ne trouve donc, en général, pas de chrome dans les métaux et alliages, exception faite des fontes au chrome et des aciers préparés à l'aide de ces fontes.

Les séparations les plus importantes sont celles du chrome et de l'aluminium, en l'absence et en présence de fer.

On peut séparer le chrome des autres métaux du groupe du fer, l'aluminium excepté, en fondant la substance avec un mélange oxydant de carbonate et de nitrate potassique. Dans cette opération, le chrome passe à l'état de chromate alcalin (voy. p. 84) et le manganèse à l'état de manganate alcalin (voy. p. 119, n° 8). Ces deux composés sont solubles dans l'eau. Le fer, le zinc, le nickel et le cobalt passent à l'état d'oxyde, et restent à l'état insoluble lors de la reprise par l'eau de la masse fondue.

A la solution alcaline contenant le chromate et le manganate, on ajoute quelques gouttes d'alcool qui réduisent ce dernier sel à l'état de peroxyde de manganèse. Une dernière filtration permet d'isoler le chromate. Le chrome peut être précipité de cette solution à l'état de chromate mercureux (voy. p. 88) ou ramené par l'acide chlorhydrique à l'état de chlorure (voy. p. 86, n° 2) et dosé à l'état d'oxyde.

On peut aussi isoler le chrome des autres métaux du groupe du fer, à l'exception de l'aluminium, en ajoutant à la solution générale de l'acide tartrique, neutralisant par l'ammoniaque pour former du tartrate alcalin et traitant ensuite par le sulfure sodique. Dans ces conditions, le fer, le zinc, le nickel et le cobalt sont précipités à l'état de sulfures; le chrome reste dissous grâce à la présence du tartrate alcalin (voy. p. 83).

Les méthodes qui précèdent ne permettent pas d'isoler le chrome de l'aluminium ; ce dernier, en effet, passe, en partie au moins, à l'état d'aluminate alcalin soluble, lorsqu'on fond un de ses composés avec du carbonate alcalin ; comme le chrome, il reste en solution, lorsqu'on traite sa solution tartro-alcaline par un sulfure alcalin (voy. p. 75).

### SÉPARATION DU CHROME, DE L'ALUMINIUM ET DU FER.

*Par oxydation du chrome par voie sèche.* — La substance est fondue avec un mélange oxydant de carbonate sodico-potassique et de nitrate potassique. Dans cette opération, le chrome passe en totalité à l'état de chromate alcalin ; l'aluminium est en partie transformé en aluminate alcalin ; le fer est amené à l'état d'oxyde. En reprenant par l'eau, on isole l'oxyde de fer et une partie de l'aluminium (voy. séparation du fer et de l'aluminium). La solution contenant le chromate et le restant de l'aluminium est additionnée d'acide chlorhydrique et évaporée. Afin d'éviter que le nitrite alcalin qui s'est formé pendant la fusion réduise une partie du chromate, on ajoute à plusieurs reprises du chlorate potassique pour décomposer le nitrite. Un excès de chlorate est nécessaire afin d'assurer la décomposition de l'excès d'acide chlorhydrique qui pourrait, à son tour, réduire le chromate à l'état de sel chromique (voy. 86, n° 2).

La solution exempte de nitrite et d'acide chlorhydrique est traitée par le carbonate ammonique qui précipite l'aluminium (voy. p. 76, n° 4). Le chromate reste dissous.

*Observation.* — S'il s'agit d'un produit naturel difficilement attaquable, et spécialement de la *chromite*, il est préférable d'employer comme fondant du peroxyde sodique ou un mélange de carbonate sodico-potassique et de borax anhydre; ces réactifs agissent plus énergiquement que le carbonate et le nitrate alcalins.

## TITANE

Le titane appartient à la catégorie des éléments peu répandus. A l'état d'anhydride $TiO^2$ (plus connu sous le nom d'acide titanique), il forme diverses espèces minérales; Rutile, Brookite, Anatase. On le trouve associé au fer sous forme de titanate ferreux $FeTiO^3$, seul ou mélangé à de l'oxyde ferrique $Fe^2O^3$; le minerai de fer magnétique en renferme fréquemment. La présence du titane dans les minerais de fer explique l'existence assez fréquente de cet élément dans les fontes et dans les laitiers de hauts fourneaux. Le titane existe aussi dans certaines espèces minérales assez répandues, telles que la bauxite dont on extrait l'aluminium. Signalons encore que les argiles en renferment souvent en petite quantité.

### CARACTÈRES DES COMPOSÉS TITANIQUES

1. L'acide titanique, forme de combinaison sous laquelle on rencontre habituellement le titane, est très difficile à dissoudre.

On peut employer pour le mettre en solution les acides ou fondants suivants :

a. *L'acide sulfurique concentré.*

b. *L'acide fluorhydrique.* Employé seul, cet acide volatilise le titane, probablement à l'état de fluorure titanique. En présence d'acide sulfurique, le titane n'est pas volatilisé.

c. *Le sulfate acide de potassium.* — Par fusion avec ce réactif, le titane passe à l'état de sulfate soluble ; on a isolé du produit de la fusion un sel répondant à la formule $K^2SO^4,Ti(SO^4)^2$, $3H^2O$.

d. *Les carbonates alcalins.* — Par fusion avec du carbonate sodique ou potassique, il y a d'abord formation de titanate $R^2TiO^3$. En reprenant par l'eau, on provoque la formation d'un titanate acide, insoluble dans l'eau, mais soluble dans l'acide chlorhydrique dilué.

2. A l'anhydride (acide) titanique $TiO^2$ correspondent des hydrates dont la teneur en eau dépend des conditions de formation. Il existe deux modifications de ces hydrates. L'une, l'acide titanique normal ou α-titanique, s'obtient sous forme d'un précipité blanc, volumineux, par l'action du sulfure ammonique, de l'ammoniaque, d'un hydrate ou d'un carbonate alcalin sur une solution titanique acide. Cet hydrate est insoluble dans l'eau, soluble dans les acides, notamment dans l'acide chlorhydrique ou sulfurique dilué. Lavé à l'eau *chaude*, il passe, au moins partiellement à la seconde modification (acide métatitanique) qui est insoluble dans les acides. La présence de tartrate alcalin empêche la précipitation de l'acide titanique (voy. caractères des sels aluminiques p. 75, n° 2).

Si l'on chauffe à l'ébullition une solution titanique légèrement acide, il se précipite un acide titanique blanc, pulvérulent, auquel on a donné le nom d'acide métatitanique, ou β-titanique. A la différence de l'acide normal, cet acide est *insoluble dans les acides*, à l'exception de l'acide sulfurique concentré.

Il peut être encore obtenu en faisant bouillir une solution titanique avec de l'hyposulfite sodique ou avec de l'acétate sodique. Dans ce dernier cas, la solution doit être préalablement basifiée par le carbonate sodique (voy. la réaction correspondante des sels aluminiques p. 77, n° 2).

3. *Le phosphate sodique* précipite des solutions chlorhydriques d'acide titanique, du phosphate basique, répondant à la formule $Ti(OH)PO^4,H^2O$.

4. *L'eau oxygénée* ajoutée à une solution titanique acide produit, suivant la concentration, une coloration jaune ou orangée due à la formation de trioxyde de titane $TiO^3$. Par agitation avec l'éther, le produit coloré n'est pas enlevé à la solution.

5. *Les réducteurs tels que le zinc et l'étain*, produisent dans les solutions acides une coloration bleue ou violette, due à la formation d'oxyde $Ti^2O^3$. Au contact de l'air, la coloration disparaît par suite de la transformation de l'oxyde en acide titanique.

6. *L'acide hydrosulfureux* (solution acide d'hydrosulfite de zinc) produit dans les solutions titaniques, même diluées, une coloration orangée passant au rouge. Par agitation avec l'éther, la solution n'est pas décolorée.

## DOSAGE

1. Pesée a l'état d'anhydride titanique $TiO^2$. — Lorsque le titane est seul en solution, ce qui, à la vérité, est assez rare en pratique, on traite par l'ammoniaque en léger excès qui précipite le métal à l'état d'acide titanique. Le précipité est lavé, d'abord par décantation, puis sur le filtre. Après dessiccation, on le calcine pour le transformer en anhydride $TiO^2$ qu'on pèse (voy. aussi les séparations).

2. Dosage par colorimétrie. — Le procédé, proposé par Weller, est basé sur l'évaluation de l'intensité de la teinte jaune produite dans les solutions titaniques diluées par l'eau oxygénée, par suite de l'oxydation de l'acide titanique à l'état de trioxyde $TiO^3$.

On prépare à l'aide de fluotitanate potassique $K^2TiFl^6$, une série de solutions contenant par centimètre cube 2, 1, 0,5... 0,05 mgr. d'anhydride titanique ($TiO^2$).

On pèse pour cela plusieurs prises d'essai de fluotitanate pur, on les décompose dans une capsule en platine par l'acide sulfurique, on ajoute quelques centimètres cubes d'eau oxygénée et de l'eau en quantité nécessaire pour obtenir les diverses concentrations. On traite, d'autre part, la solution titanique analysée par l'eau oxygénée, et, après l'avoir amenée à un volume déterminé, on compare la teinte produite avec celle des divers témoins.

Les résultats ne sont exacts que si les solutions contiennent au moins 1 1/2 p. 100 d'acide sulfurique libre. La proportion d'eau oxygénée est sans grande influence sur l'intensité de la coloration, pour autant que ce réactif soit exempt de composés fluorés.

### RECHERCHE ET SÉPARATION DU TITANE

Dans certains cas (minerais de fer, produits sidérurgiques), le titane que peut contenir une substance passe, au moins en partie, en solution lorsqu'on traite cette substance par les acides.

Dans d'autres cas, le titane reste en entier dans le résidu de l'attaque.

On peut rechercher ce métal, en fondant la matière brute ou

le résidu du traitement par les acides [1] avec 15 ou 20 fois son poids de sulfate acide de potassium (voy. pour les détails : Mise en solution des matières minérales.)

Si la matière renferme une forte proportion de silicate, il est avantageux, avant de fondre avec le bisulfate, de désagréger le silicate en le chauffant dans une capsule en platine avec de l'acide fluorhydrique et de l'acide sulfurique concentré. On évapore finalement ce dernier à peu près complètement ; le résidu qui ne contient plus ou ne contient que peu de silice, celle-ci ayant été éliminée, du moins en grande partie, à l'état de fluorure de silicium, est alors fondu avec le sulfate acide de potassium.

Quelle que soit la méthode suivie, on arrive à transformer ainsi le titane en sulfate qui passe en solution lorsqu'on épuise la masse fondue par l'eau.

On peut encore, dans le cas des silicates (par exemple, dans la recherche du titane dans les argiles), désagréger la matière par du carbonate sodico-potassique (voy. mise en solution des matières minérales) reprendre la masse fondue par l'eau et l'acide chlorhydrique et évaporer pour transformer l'acide silicique en anhydride $SiO^2$ insoluble. En traitant ensuite par l'acide chlorhydrique et l'eau, on fait passer, au moins en partie, le titane en solution. Le précipité de silice, qui peut contenir un restant de titane, est humecté d'acide sulfurique et soumis à l'action de l'acide fluorhydrique (voy. mise en solution des matières minérales) afin d'éliminer la silice à l'état de fluorure de silicium. S'il reste un résidu à la suite de ce traitement, on le fond avec du sulfate acide de potassium. Le titane qu'il peut contenir est ainsi rendu soluble. On traite par l'eau et on réunit la solution obtenue à la solution principale.

Ayant une solution contenant du titane, on peut appliquer à la séparation de ce métal et des éléments qui l'accompagnent les procédés suivants.

Séparation du titane et des métaux précipitables par l'acide sulfhydrique. — On traite la solution par l'acide sulfhydrique ; le titane n'est pas précipité.

Séparation du titane des autres métaux du groupe du fer.

a. *Titane, cobalt, manganèse, zinc.* — On ajoute à la solution de l'acide tartrique, puis on traite par l'ammoniaque en excès et l'on précipite le cobalt, le manganèse et le zinc par le sulfure

[1] Dans ce cas, le titane sera évidemment recherché aussi dans la solution provenant de ce traitement.

ammonique à l'état de sulfures. Le titane reste en solution ; on sépare les sulfures par filtration, puis on évapore le filtrat ; le résidu de l'évaporation est ensuite calciné au contact de l'air ; il reste finalement de l'anhydride titanique pur.

b. *Titane, aluminium et chrome.* — La solution sulfurique diluée est amenée progressivement à l'ébullition et maintenue pendant une heure environ à cette température, l'eau étant remplacée à mesure qu'elle s'évapore. On finit par obtenir ainsi la précipitation de tout le titane à l'état d'acide métatitanique. Le précipité est recueilli sur un filtre, lavé, séché et calciné à haute température ; l'anhydride titanique $TiO^2$ obtenu est pesé.

c. *Titane et fer.* — *α. Le fer est en petite quantité.* — On peut opérer d'après *b* ; seulement, le fer devant être à l'état ferreux, on ajoutera à la solution de l'acide sulfureux. Pendant la durée de l'ébullition, on versera à plusieurs reprises de l'acide sulfureux dans le liquide, afin de maintenir le fer au minimum d'oxydation pendant toute l'opération.

*β. Le fer est en grande quantité par rapport au titane.* — Ce cas se présente dans l'analyse des minerais de fer et produits sidérurgiques titanifères. La solution chlorhydrique contenant les deux métaux est, d'après Ledebur, évaporée à siccité ; le résidu est repris par de l'acide chlorhydrique, densité 1,105 ; on traite ensuite la solution obtenue par l'éther qui enlève la presque totalité du chlorure ferrique, et ne dissout pas le composé titanique (voy. pour les détails : p. 79, n° 3).

d. *Titane et nickel.* — On basifie à l'aide de carbonate sodique la solution des deux métaux, c'est-à-dire qu'on ajoute petit à petit du carbonate, jusqu'à ce que le précipité de carbonate de nickel qui se forme ne se redissolve plus que difficilement par agitation. On traite ensuite par de l'acétate sodique et on chauffe à l'ébullition pendant quelques instants ; on obtient ainsi la précipitation complète du titane à l'état d'acide métatitanique ; le nickel reste en solution.

## FER

Les composés du fer qu'on rencontre le plus fréquemment en analyse sont les sels ferreux, correspondant à l'oxyde $FeO$, et les sels ferriques dérivant de l'oxyde $Fe^2O^3$.

Les solutions des premiers sont généralement vert pâle ; les solutions ferriques ont souvent une teinte jaune plus ou moins accentuée.

## CARACTÈRES DES SELS FERREUX

1. *L'acide sulfhydrique* précipite *partiellement* le fer à l'état de sulfure (FeS) en solution acétique.

Cette réaction n'a aucune valeur au point de vue de la recherche du fer; elle est cependant intéressante à connaître parce que certains métaux du groupe du fer, le zinc, par exemple, sont entièrement précipitables par l'acide sulfhydrique en solution acétique. En présence du fer, cette propriété ne peut donc être utilisée pour leur séparation.

2. *Les sulfures alcalins* forment dans les solutions neutres un précipité noir de sulfure ferreux.

$$FeCl^2 + (NH^4)^2S = FeS + 2NH^4Cl.$$

Lorsqu'il n'y a dans le liquide que des traces de fer, la présence du sulfure ne se révèle que par une coloration verte; ce n'est qu'après un temps très long, parfois vingt-quatre heures, que le sulfure se dépose. Cette coloration verte permet donc de déceler des traces, même très faibles, de fer.

Le sulfure ferreux est très aisément soluble dans les acides minéraux, difficilement soluble dans l'acide acétique (voy. 1).

Il s'oxyde rapidement à l'air humide, donnant un mélange de sulfate ferreux, d'oxyde ferrique et de soufre.

3. Action des alcalis. — a. *Hydrates potassique et sodique.* — Ces réactifs précipitent le fer à l'état d'hydrate ferreux blanchâtre.

$$FeCl^2 + 2NaOH = Fe(OH)^2 + 2NaCl.$$

Le précipité humide s'oxyde rapidement à l'air; il devient vert, puis brun (hydrate ferrique).

$$2Fe(OH)^2 + O + H^2O = Fe^2(OH)^6.$$

b. *Ammoniaque.* — L'ammoniaque ne précipite que partiellement les solutions ferreuses. En présence de sels ammoniques, il ne se forme même pas de précipité; il y a production de sels doubles solubles, tels que $FeCl^2, 2NH^4Cl$, que l'ammoniaque ne décompose pas. Cependant, le contact prolongé d'une pareille solution avec l'air, finit par y déterminer une précipitation d'hydrate ferrique.

$$2(FeCl^2\ 2NH^4Cl) + 4NH^3 + O + 5H^2O = Fe^2(OH)^6 + 8NH^4Cl.$$

4. *Les carbonates alcalins* forment un précipité de carbonate ferreux blanchâtre.

$$FeCl^2 + Na^2CO^3 = FeCO^3 + 2N$$

Au contact de l'air, ce précipité s'oxyde, perd de l'anhydride carbonique et se transforme petit à petit en hydrate ferrique.

$$2FeCO^3 + 3H^2O + O = Fe^2(OH)^6 + 2CO^2.$$

5. *Le ferricyanure potassique* donne avec les solutions ferreuses un précipité bleu (bleu de Turnbull).

$$\underbrace{6KCN.Fe^2(CN)^6}_{K^6Fe^2(CN)^{12}} + 3FeSO^4 = Fe^5(CN)^{12} + 3K^2SO^4.$$

Le bleu de Turnbull n'est pas le sel ferreux de l'acide ferricyanhydrique, mais bien un sel ferroso-ferrique de l'acide ferrocyanhydrique $H^4Fe\,(CN)^6$, répondant à la formule $Fe^3Fe^2\,(CN)^{12}$. Ceci conduit à admettre que pendant la précipitation, le ferricyanure potassique est réduit à l'état de ferrocyanure par une partie du sel ferreux qui passe à l'état de sel ferrique.

6. *Le ferrocyanure potassique* donne dans les solutions ferreuses exemptes de sel ferrique, un précipité blanc de ferrocyanure ferroso-potassique [1].

$$\underbrace{\underbrace{8[4KCN\ Fe(CN)^2]}_{8[K^4Fe(CN)^6]}}_{4[K^8Fe^2(CN)^{12}]} + 10FeSO^4 = Fe^{10}[K^3Fe^2(CN)^{12}]^4 + 10K^2SO^4$$

Le précipité bleuit rapidement par oxydation au contact de l'air.

### RÉACTIONS PERMETTANT DE TRANSFORMER LES SELS FERREUX EN SELS FERRIQUES

Parmi ces réactions, il en est qui sont utilisables en analyse qualitative ; d'autres permettent de doser le fer.

I. Réactions qualitatives. — Sans parler de l'oxygène de l'air dont l'action est trop lente pour être pratique, les sels ferreux peuvent être oxydés à l'état ferrique par le chlore (en pratique un mélange de chlorate potassique et d'acide chlorhydrique) le brome et l'acide nitrique.

a. *Oxydation par le chlore.* — On ajoute à une solution ferreuse *concentrée* de l'acide chlorhydrique, puis du chlorate potassique solide. Les équations suivantes rendent compte de la transformation.

$$\left\{\begin{array}{l} KClO^3 + 6HCl = KCl + 3Cl^2 + 3H^2O. \\ 6FeCl^2 + 6Cl = 3Fe^2Cl^6. \end{array}\right.$$

[1] Comparer cette réaction avec celle que les sels ferriques donnent avec le même réactif.

b. *Oxydation par le brome.* — Elle se fait par addition directe d'eau de brome à la solution ferreuse.

c. *Oxydation par l'acide nitrique.* — L'acide nitrique concentré, ajouté à une solution très chaude, même diluée de sel ferreux contenant de l'acide libre transforme instantanément le sel ferreux en sel ferrique avec dégagement d'oxyde nitrique (NO).

Sous l'action réductrice du sel ferreux, le chlorure $FeCl^2$, par exemple, l'acide nitrique se décompose

$$\underbrace{2HNO^3}_{H^2ON^2O^5} = H^2O + 2NO + O^3.$$

Les atomes d'oxygène libérés oxydent l'acide (chlorhydrique) libre qui se trouve dans la solution, et dégagent le chlore qui se porte à son tour sur le sel ferreux.

$$6HCl + O^3 = 3H^2O + 3Cl^2.$$
$$6FeCl^2 + 3Cl^2 = 3Fe^2Cl^6.$$

En somme, on a :

$$6FeCl^2 + 2HNO^3 + 6HCl = 3Fe^2Cl^6 + 2NO + 4H^2O.$$

*Remarque.* — Si l'on ajoute de l'acide nitrique à une solution ferreuse *froide*, l'oxydation ne se faisant que graduellement, l'oxyde nitrique formé reste dissous dans la partie du sel ferreux non encore transformé et colore la solution en brun. Si l'on chauffe, l'oxyde nitrique se dégage et la coloration jaune du sel ferrique apparaît.

L'oxydation des sels ferreux par l'acide nitrique est celle à laquelle on recourt le plus fréquemment.

II. Réactions permettant de doser le fer. — En solution acide, le permanganate potassique et le chromate (ou le dichromate) potassique transforment entièrement les sels ferreux en sels ferriques; le terme de la réaction peut être aisément apprécié; par conséquent, ces réactifs peuvent être utilisés pour le dosage du fer lorsque le métal se trouve à l'état ferreux. (voy. dosage du fer).

Nous avons eu déjà l'occasion d'exposer en détail l'action des chromates sur les sels ferreux (voy. p. 86, n° 4).

Il nous reste à exposer ici l'action du permanganate potassique.

En solution acide, le permanganate sous l'action d'un réducteur est décomposé avec formation de sel manganeux et de sel potassique et dégagement d'oxygène.

La réduction allant jusqu'à l'oxyde manganeux, il doit se dégager par molécule de permanganate, 5 atomes d'oxygène.

En effet :

$$K^2Mn^2O^8 = K^2OMn^2O^7.$$

Si nous soustrayons de $Mn^2O^7$ deux molécules de MnO, il reste :

$$Mn^2O^7 - 2MnO \text{ ou } Mn^2O^2 = O^5.$$

Si ces 5 atomes d'oxygène se dégagent en présence d'un sel ferreux, ils pourront transformer à l'état ferrique 10 molécules d'oxyde ferreux FeO.

En effet :

$$10FeO \text{ ou } 5Fe^2O^2 + 5O = 5Fe^2O^3.$$

En résumé, une molécule de permanganate peut oxyder 10 atomes de fer.

$$\underbrace{5Fe^2(SO^4)^2}_{5Fe^2O^2(SO^3)^2} + \underbrace{K^2Mn^2O^8}_{K^2O2(MnO)O^5} + 9H^2SO^4 = \underbrace{5Fe^2(SO^4)^3}_{5Fe^2O^3(SO^3)^3} + \underbrace{2MnSO^4}_{2MnOSO^3} + 2KHSO^4 + 8H^2O.$$

La réaction est donc très nette ; le terme en est marqué par la coloration rose que le permanganate communique au liquide lorsqu'il n'est plus décomposé, c'est-à-dire lorsque tout le fer est oxydé. Aussi le permanganate est-il le réactif le plus employé pour le dosage du fer à l'état ferreux.

## CARACTÈRES DES SELS FERRIQUES

*Caractère de solubilité spécial au chlorure ferrique.* — Le chlorure ferrique forme avec l'éther et l'acide chlorhydrique une combinaison aisément soluble dans l'éther, renfermant pour une molécule de $Fe^2Cl^6$, deux molécules de HCl. Ce composé est plus ou moins soluble dans l'acide chlorhydrique concentré ou dans une solution d'éther dans l'acide chlorhydrique, *mais il peut être enlevé à ses solutions par l'éther en excès*. Il se dissout le moins dans l'acide chlorhydrique de densité 1,105 saturé d'éther (Rothe).

Cette propriété est très importante. En effet, la plupart des chlorures métalliques, et, notamment, les chlorures des métaux du groupe du fer avec lesquels ce métal est le plus fréquemment associé étant insolubles dans l'éther, on a un moyen facile d'isoler de grandes quantités de fer de petites quantités d'autres métaux, ce qui est souvent très avantageux dans l'analyse des minerais de fer, de zinc et autres, et dans l'analyse des fontes et aciers. Le fer étant enlevé, la recherche et le dosage des autres métaux qui étaient en quelque sorte noyés dans la masse du fer, deviennent beaucoup plus commodes et aussi plus exactes.

1. *Les sulfures alcalins* produisent dans les solutions ferriques neutres un précipité noir de sulfure *ferreux*; il y a en même temps mise en liberté de soufre.

$$Fe^2Cl^6 + 3(NH^4)^2S = 2FeS + 6NH^4Cl + S.$$

(Voy. aussi ce qui a été dit de la précipitation des sels ferreux par les sulfures alcalins, p. 97, n° 2).

2. *Les hydrates alcalins fixes et l'ammoniaque* produisent dans les solutions ferriques un précipité brun, floconneux, d'hydrate ferrique, insoluble dans un excès de réactif.

$$Fe^2Cl^6 + 6NaOH = Fe^2(OH)^6 + 6NaCl.$$
$$Fe^2Cl^6 + 6NH^4OH = Fe^2(OH)^6 + 6NH^4Cl.$$

La précipitation, qui se fait surtout bien à chaud, est quantitative, même à froid. Elle n'a pas lieu en présence de tartrate alcalin, à cause de la formation d'un tartrate double que les alcalis ne décomposent pas.

L'hydrate ferrique donne aisément par calcination l'oxyde $Fe^2O^3$.

3. *L'acétate sodique* produit à chaud, dans les solutions de chlorure ferrique parfaitement basiques, une précipitation complète du fer à l'état d'acétate basique (précipité rouge brun).

En pratique, on doit, pour réussir cette réaction, pousser d'abord la neutralisation de la solution ferrique jusqu'aux dernières limites. Si, ce qui est habituellement le cas, la solution dont on part est nettement acide, on commence à neutraliser avec une solution concentrée de carbonate sodique. Lorsque, le liquide n'étant plus que légèrement acide, le précipité ferrique qui se forme au moment de l'addition du réactif ne se redissout plus que difficilement par agitation, on achève la neutralisation avec une solution diluée de carbonate sodique jusqu'à ce que la teinte du liquide *se fonce notablement, la solution restant cependant limpide;* à ce moment, on ajoute de l'acétate sodique solide ou en solution concentrée, en assez grand excès par rapport au fer (4 à 5 grammes suffisent dans la plupart des cas).

Sous l'action de l'acétate, le liquide devient rouge, mais ne se trouble pas ; il se forme de l'acétate ferrique neutre, soluble.

$$Fe^2Cl^6 + 6NaC^2H^3O^2 = Fe^2(C^2H^3O^2)^6 + 6NaCl.$$

Si maintenant, on chauffe à l'ébullition pendant quelques

instants, l'eau réagit avec l'acétate neutre, et l'acétate basique insoluble se produit ; il se forme en même temps de l'acide acétique.

$$Fe^2(C^2H^3O^2)^6 + \underbrace{2OHH}_{2H^2O} = Fe^2(OH)^2(C^2H^3O^2)^4 + 2C^2H^4O^2.$$

Si l'on se conforme aux indications qui précèdent, le précipité que l'on obtient est très floconneux et se dépose entièrement dans l'espace de quelques minutes. Une ébullition prolongée rend le précipité gélatineux et difficile à filtrer.

Cette réaction, comme il a été dit déjà à propos de l'étude des sels aluminiques (voy. p. 76, n° 5) permet de séparer le fer et l'aluminium des autres métaux de leur groupe dont les oxydes répondent à la formule RO (oxydes de zinc, de manganèse, de nickel, de cobalt)[1]. Elle est d'un emploi très fréquent.

L'acétate basique de fer peut être transformé par calcination en oxyde $Fe^2O^3$.

4. *L'oxyde zincique* précipite, même à froid, des solutions ferriques neutres, le fer à l'état d'hydrate

$$Fe^2Cl^6 + 3ZnO + 3H^2O = Fe^2(OH)^6 + 3ZnCl^2.$$

Cette réaction est importante pour l'élimination du fer en vue du dosage du manganèse dans les matières qui contiennent à la fois fer et manganèse (voy. pour les détails, dosage du manganèse).

5. *Le sulfocyanate potassique* CNSK, produit dans les solutions ferriques acides (le mieux dans les solutions chlorhydriques) une coloration *rouge sang,* si le fer est en proportion notable, *rouge pâle ou même rose* si le fer n'existe qu'en traces. Cette coloration est due à la formation d'un sulfocyanate double de fer et de potassium, soluble $Fe^2(CNS)^6$, 6 CNSK.

Lorsque le réactif est en excès, le sulfocyanate ferrique peut être enlevé à la solution par agitation avec de l'éther, dans lequel passe, par conséquent, la coloration rouge.

La présence d'acide chlorhydrique est nécessaire, surtout si la solution contient des acides organiques.

La réaction est extrêmement sensible ; elle permet de déceler les moindres traces de sel ferrique. Elle est, en outre, utilisée

[1] La présence du chrome enlève, comme nous l'avons vu (p. 84, B, c.), toute valeur à cette réaction. Mais, en fait, la chose est peu grave ; car si l'on excepte le cas des sels de chrome, du minerai de chrome (chromite) et des fontes et aciers chromés, pour l'analyse desquels il existe des méthodes spéciales, la présence du chrome dans les minerais, métaux et autres produits industriels minéraux, est rare.

pour le dosage colorimétrique du fer dans des matières telles que le sable pour cristal, le plomb raffiné, certains sels alcalins dits purs du commerce dans lesquels on ne tolère que des traces de fer.

*Remarque.* — Les sulfocyanates produisent aussi une coloration rouge dans les solutions contenant à la fois de l'acide nitrique et de l'acide nitreux. Toutefois, en pareil cas, elle disparait par addition d'alcool, ce qui n'est pas le cas lorsqu'elle est due à la présence du fer.

6. *Le ferrocyanure potassique* forme, le mieux dans les solutions chlorhydriques acides même très diluées, un précipité bleu de ferrocyanure ferrique (bleu de Prusse).

$$\underbrace{3[4KCN,Fe(CN)^2]}_{3K^4Fe(CN)^6} + 2Fe^2Cl^6 = (Fe^2)^2[Fe(CN)^6]^3 + 12KCl.$$

Le précipité, chauffé avec un hydrate alcalin est décomposé avec formation de ferrocyanure potassique et d'hydrate ferrique.

$$\overset{VI}{(Fe^2)^2}[Fe(CN)^6]^3 + 12KOH = 3K^4Fe(CN)^6 + \overset{VI}{2Fe^2}(OH)^6.$$

*Remarque.* — Si la solution ne contient que des traces de fer, on n'obtient qu'une coloration verdâtre.

7. *Le phosphate sodique* forme un précipité blanchâtre de phosphate ferrique soluble dans les acides minéraux, insoluble dans l'acide acétique.

$$2Na^2HPO^4 + Fe^2Cl^6 = 2FePO^4 + 4NaCl + 2HCl.$$

(Voy. p. 47, l'utilisation de cette réaction dans la recherche des métaux alcalins en présence du magnésium.)

### RÉACTIONS PERMETTANT DE RAMENER LES SELS FERRIQUES A L'ÉTAT FERREUX

Les sels ferriques peuvent être réduits à l'état ferreux par un certain nombre de réducteurs, notamment par l'acide sulfhydrique, l'anhydride sulfureux, le zinc, le chlorure stanneux, etc. Parmi ces réactions de réduction, il en est qui ne sont guère applicables qu'en analyse qualitative; d'autres, au contraire, sont utilisées pour le dosage du fer.

I. Réactions utilisées en analyse qualitative.

1. *L'acide sulfhydrique* réduit les sels ferriques avec dépôt de soufre.

$$Fe^2Cl^6 + H^2S = Fe^2Cl^4 + 2HCl + S.$$

2. *L'anhydride sulfureux* réduit les sels ferriques en se transformant en acide sulfurique

$$Fe^2Cl^6 + H^2SO^3 + H^2O = Fe^2Cl^4 + H^2SO^4 + 2HCl.$$

Cette réaction est utilisée, par exemple, lorsqu'on a beaucoup de sel ferrique en présence de métaux tels que l'arsenic, l'antimoine, l'étain, le plomb, le cuivre, le bismuth, etc., précipitables par l'acide sulfhydrique. Si l'on opère la précipitation de ces derniers par l'acide sulfhydrique sans réduire préalablement le fer, on est exposé à avoir un abondant précipité de soufre (voy. 1) mélangé au précipité de sulfures et pouvant souvent compliquer très inutilement les opérations ultérieures. Au contraire, le fer étant ramené à l'état ferreux par l'acide sulfureux, et l'excès de celui-ci ayant été éliminé par ébullition, il ne se formera pas de précipité de soufre aux dépens de l'acide sulfhydrique.

3. *L'hypophosphite sodique* ramène aussi les sels ferriques à l'état ferreux et permet, par conséquent aussi, d'éviter la formation d'un précipité de soufre, si la solution doit être traitée par l'acide sulfhydrique.

II. Réactions utilisées en analyse quantitative.

1. Le zinc réduit les sels ferriques à l'état ferreux.

$$Fe^2Cl^6 + Zn + 2HCl = Fe^2Cl^4 + ZnCl^2 + 2HCl.$$
$$Fe^2(SO^4)^3 + Zn + H^2SO^4 = Fe^2(SO^4)^2 + ZnSO^4 + H^2SO^4.$$

Cette réaction est utilisée lorsqu'on désire ramener à l'état ferreux une solution ferrique dans le but de doser le fer par le permanganate potassique (voy. p. 105).

2. Le chlorure stanneux, ajouté à une solution chaude de chlorure ferrique acide, réduit le chlorure ferrique à l'état ferreux.

$$Fe^2Cl^6 + SnCl^2 = Fe^2Cl^4 + SnCl^4.$$

Cette réaction est directement applicable au dosage du fer dans les sels ferriques. En effet, à chaud, le chlorure ferrique surtout en présence d'acide chlorhydrique libre, est de couleur jaune brun; le chlorure ferreux en solution est pratiquement incolore. Le terme de l'action du chlorure stanneux sur le chlorure ferrique se marque donc par la décoloration du liquide (voy. dosage du fer par titrimétrie p. 110). On fera évidemment usage d'une solution titrée de chlorure stanneux.

## DOSAGE

### I. — Procédés directement applicables lorsque le fer est a l'état ferreux.

En pratique, on fait exclusivement usage de procédés titrimétriques basés sur l'emploi du permanganate potassique ou du chromate (ou du dichromate) potassique.

1. Dosage par le permanganate potassique. — Ce procédé, un des plus employés, consiste à oxyder, à l'aide d'une solution titrée de permanganate, une solution dans laquelle le fer a été préalablement entièrement ramené à l'état ferreux. Comme nous l'avons vu antérieurement (p. 99 II), une molécule de permanganate $K^2Mn^2O^8$ peut oxyder 10 atomes de fer, soit $10 \times 55,5 = 555$.

*Préparation de la solution titrée de permanganate.* — Le plus fréquemment, on fait usage d'une solution dont le titre fer est de 8 à 10 milligrammes[1]. On dissout dans l'eau 5 grammes de permanganate pur; on dilue la solution au volume d'un litre et on la titre à l'aide d'une solution ferreuse de titre connu, ou à l'aide d'acide oxalique pur[2].

a. *Solution ferreuse préparée à l'aide de fil de fer.* — Le fil de fer dit « *fil de clavecin* » renferme 0,4 p. 100 d'impuretés diverses. La teneur en fer est donc de 99,60.

On en dissout 0,25 gr. (soit 0,249 gr. de fer pur) dans de l'acide sulfurique dilué et on soumet la solution exactement aux mêmes manipulations que celles qu'on fait subir à la solution ferreuse à analyser (voy. plus loin). En divisant le poids de fer employé par le nombre de centimètres cubes de permanganate consommés on obtiendra le titre fer du permanganate.

b. *Solution ferreuse préparée à l'aide de sulfate ferroso-ammonique.* (*Sel de Mohr.*) — Le sel de Mohr doit répondre à la formule $FeSO^4 (NH^4)^2SO^4 6H^2O$. Il renferme à peu près exacte-

[1] Il est évident qu'on ne peut fixer de règle pour la concentration des solutions titrées. On doit, dans leur préparation, se laisser guider par la quantité de matière à doser et faire en sorte que leur concentration soit telle qu'on puisse employer au moins 20 à 25 cc. de liqueur pour le dosage. En règle générale, nous indiquons pour les solutions titrées les concentrations habituellement admises pour le dosage des métaux dans leurs minerais.

[2] Plusieurs autres méthodes ont été proposées pour titrer le permanganate; mais elles ne paraissent pas réaliser de grands progrès sur celles que nous décrivons et qui donnent d'excellents résultats lorsqu'on dispose de produits purs.

ment le 1/7 de son poids de fer[1] et a l'avantage d'être stable. Pour fixer, à l'aide de ce produit, le titre d'une solution de permanganate, on en dissout 1,5 gr. dans l'eau, on dilue au volume de 200 à 250 centimètres cubes environ et, après avoir ajouté 25 centimètres cubes d'acide sulfurique dilué au 1/5, on laisse couler le permanganate jusqu'à coloration rose persistante, c'est-à-dire jusqu'à ce que tout le sel ferreux soit oxydé.

Le titre cherché s'obtient en divisant le poids du fer contenu dans la prise d'essai de sel de Mohr (soit donc très sensiblement le 1/7 du poids de cette prise) par le nombre de centimètres cubes de permanganate consommés.

c. *Emploi d'une solution titrée d'acide oxalique* ($C^2H^2O^4$, $2H^2O$). — L'acide oxalique est, en solution acide, décomposé par le permanganate et transformé en eau et anhydride carbonique. Pour effectuer cette décomposition, un atome d'oyxgène par molécule d'acide oxalique est nécessaire.

En effet :

$$\underbrace{C^2H^2O^4}_{H^2OCO^2CO} + O = H^2O + 2CO^2.$$

D'autre part, 1 molécule de permanganate $K^2Mn^2O^8$ se décompose en solution acide sous l'action d'un réducteur avec formation de sel manganeux (correspondant à l'oxyde $MnO$) et, par conséquent, mise en liberté de 5 atomes d'oxygène.

$$K^2Mn^2O^8 = K^2O\,Mn^2O^7 = K^2O2(Mn\,O)O^5.$$

(Voy. aussi p. 100).

D'après ce qui précède, 1 molécule de permanganate peut donc oxyder 5 molécules d'acide oxalique et l'équation qui exprime l'action des deux substances l'une sur l'autre est la suivante :

$$\underbrace{5(H^2C^2O^4,2H^2O)}_{5(H^2O\,CO^2CO)2H^2O} + \underbrace{K^2Mn^2O^8}_{K^2O2MnO\,O^5} + 4H^2SO^4 = 2KHSO^4 + \underbrace{2MnSO^4}_{2MnOSO^3} + 10CO^2 + 18H^2O.$$

En pratique, on pèse 5 grammes d'acide oxalique *pur*, on les dissout dans l'eau et on dilue au volume de 500 centimètres cubes dans un matras jaugé. On prélève 25 centimètres cubes de la solution, on y ajoute 20 centimètres cubes d'acide sulfurique au 1/5, on chauffe vers 70° et on laisse couler d'une burette graduée la solution à titrer jusqu'à ce qu'une goutte de permanganate en excès colore le liquide en rose.

[1] Il y a lieu de s'assurer de la pureté de ce sel dont l'emploi est extrêmement commode mais qui renferme parfois des sels étrangers (de zinc de manganèse, etc.).

L'opération doit se faire à chaud parce qu'à froid, la réaction entre les deux corps est très lente.

Pour calculer le titre du permanganate en acide oxalique, il suffit de diviser le poids d'acide oxalique contenu dans les 25 centimètres cubes analysés (soit 0,25 gr.) par le nombre de centimètres cubes de permanganate employés.

Pour convertir le titre acide oxalique en titre fer, on se base sur ce que 1 molécule de permanganate réagit avec 5 molécules d'acide oxalique $= 5 \times 125,10 = 625,50$ d'une part, et oxyde, d'autre part 10 atomes de fer $= 10 \times 55,5 = 555$. (Voy. les équations détaillées p. 100 et p. 106.)

Une molécule d'acide oxalique (125,10) équivaut donc à 2 atomes de fer (111). Par conséquent, le titre fer est donné par la relation :

$$\text{Titre fer} : \text{titre acide oxalique} = 111 : 125,10.$$

$$\text{D'où :} \qquad \text{titre fer} = \frac{\text{titre acide oxalique} \times 111}{125,10}$$

Lorsqu'on est en possession d'une solution titrée de permanganate, le dosage du fer dans une solution ferreuse est très simple. Il consiste à laisser couler dans la solution froide, fortement acidulée d'acide sulfurique, du permanganate jusqu'à oxydation complète du sel ferreux, c'est-à-dire jusqu'à ce qu'une goutte de permanganate en excès colore le liquide en rose.

La quantité de fer cherchée s'obtient en multipliant le nombre de centimètres cubes de permanganate employés par le titre fer de ce réactif.

*Préparation de la solution ferreuse.* — En pratique, un grand nombre des matières dans lesquelles on a à doser le fer, (minerais, etc.) contiennent ce métal à l'état ferrique et nécessitent, pour leur mise en solution, l'emploi de l'acide chlorhydrique ou de l'eau régale. Le point de départ est donc souvent une solution chlorhydrique de chlorure ferrique.

On procédera de la manière suivante : on élimine par évaporation la très grande partie de l'acide libre [1], puis, après avoir dilué fortement avec de l'eau froide, on ajoute une lame de zinc de 10 grammes environ (exempt de fer ou de teneur en fer

[1] Cette élimination est nécessaire, l'acide chlorhydrique pouvant, à partir d'une certaine concentration, décomposer le permanganate avec mise en liberté de chlore qui agirait à son tour comme oxydant.

$$K^2Mn^2O^8 + 16HCl = 2MnCl^2 + 2KCl + 5Cl^2 + 8H^2O.$$

connue) afin de ramener le sel ferrique à l'état ferreux (voy. p. 104, II, 1). On aide à la dissolution du zinc par des additions répétées d'acide sulfurique dilué de son volume d'eau, puis, le liquide étant parfaitement incolore, on titre par le permanganate.

*Remarque.* — On ajoute parfois avant de titrer, une certaine quantité de sulfate manganeux (par exemple 20 centimètres cubes d'une solution à 20 p. 100) afin d'éviter éventuellement toute réduction du permanganate par l'acide chlorhydrique, le sulfate manganeux pouvant, à un moment donné, se transformer passagèrement en sel manganique en fixant le chlore qui pourrait se produire.

*Réduction du sel ferrique par le chlorure stanneux.* — Au lieu d'employer le zinc, on peut commodément faire usage du chlorure stanneux pour réduire les sels ferriques préalablement au titrage par le permanganate.

Le procédé repose sur les deux réactions :

$$Fe^2Cl^6 + SnCl^2 = Fe^2Cl^4 + SnCl^4.$$
$$SnCl^2 + HgCl^2 = SnCl^4 + Hg.$$

On réduit donc le sel ferrique à l'état ferreux par le chlorure stanneux dont on élimine l'excès par le chlorure mercurique.

On ajoute à la solution chlorhydrique chaude, du chlorure stanneux jusqu'à décoloration (passage de tout le sel ferrique à l'état ferreux) puis on détruit l'excès de chlorure stanneux en traitant par le chlorure mercurique [1]. On ajoute 60 centimètres cubes d'une solution manganeuse [2] puis, après avoir refroidi *aussi rapidement que possible* pour éviter la réoxydation du fer au contact de l'air, on dilue de 700 centimètres cubes d'eau environ et on titre par le permanganate.

L'emploi de la solution manganeuse et la forte dilution du liquide permettent de titrer aussi exactement que si la solution était sulfurique et non chlorhydrique.

*Observation.* — Le dosage par le permanganate rend de très grands services; il est, en effet, applicable en présence du

[1] Le chlorure stanneux doit être employé *en léger excès*. Si l'addition de chlorure mercurique ne produisait pas au moins un louche assez marqué, c'est que la quantité de chlorure stanneux serait insuffisante.

[2] Cette solution doit, d'après Reinhardt, contenir par litre : 66,6 gr. de sulfate manganeux, 333,3 c.c. d'acide phosphorique (densité 1,3) et 133 c.c. d'acide sulfurique concentré.

L'acide phosphorique a pour but de transformer en phosphate ferrique incolore la petite quantité de chlorure ferrique qui se forme à la fin de l'essai, et qui, par sa teinte jaune, pourrait empêcher l'appréciation exacte du moment où le permanganate commence à être en excès.

manganèse, de l'aluminium, du zinc, du calcium, du magnésium, etc., c'est-à-dire en présence des métaux avec lesquels, en pratique, le fer est le plus généralement associé.

2. Dosage par le chromate (*ou le dichromate potassique*). — Ce procédé repose sur l'oxydation des sels ferreux par les chromates suivant les équations détaillées p. 86, n° 4, desquelles il résulte qu'une molécule de dichromate ou 2 molécules de chromate potassique oxydent 6 atomes de fer.

Dans l'application, le procédé consiste à laisser couler dans une solution ferreuse acide, chlorhydrique ou sulfurique, une solution titrée de chromate ou de dichromate jusqu'à ce que tout le sel ferreux soit oxydé. Le terme de l'essai ne peut être observé directement à cause de la couleur que les sels de chrome communiquent au liquide. On doit donc procéder par essais à la touche en se servant comme indicateur du ferricyanure potassique, qui donne avec les sels ferreux un précipité bleu (voy. p. 98, n° 5). On continuera donc l'addition de la solution de chromate jusqu'à ce qu'une goutte du liquide ne produise plus de coloration bleue au contact d'une goutte de solution de ferricyanure placée sur une plaque de porcelaine.

La solution titrée de chromate ou de dichromate se prépare par pesée directe de l'un ou l'autre de ces sels *purs* [1].

On fera, par exemple, une solution de 8,766 gr. de dichromate par litre. Cette solution est au titre fer 0,01 gr.

La solution à titrer, dans laquelle tout le fer doit être à l'état ferreux, sera, le cas échéant, réduite, soit par le zinc, soit par le chlorure stanneux, dans les conditions indiquées à propos du dosage du fer par le permanganate (voy. p. 105).

II. — Dosages directement applicables aux sels ferriques

A. Dosage par pesée. — 1. *Le fer est précipité à l'état d'hydrate* $Fe^2(OH)^6$ *et dosé à l'état d'oxyde.* La solution ferrique est additionnée d'ammoniaque en léger excès et chauffée ; le fer est entièrement précipité à l'état d'hydrate, brun, floconneux :

$$Fe^2Cl^6 + 6NH^4OH = Fe^2(OH)^6 + 6NH^4Cl.$$

Le précipité est lavé à l'eau chaude, d'abord par décantation,

[1] Le chromate et le dichromate potassiques sont des substances cristallisant bien et pouvant être obtenues très pures. Tels que le commerce les fournit, ces sels renferment parfois du sulfate potassique. Ils peuvent être aisément purifiés par cristallisation et se conservent indéfiniment sans altération.

s'il est abondant. Le lavage doit être continué jusqu'à élimination complète de tout le chlorure ammonique, celui-ci pouvant, lors de la calcination ultérieure, donner lieu à la formation de chlorure ferrique volatil.

$$Fe^2O^3 + 6NH^4Cl = Fe^2Cl^6 + 6NH^3 + 3H^2O.$$

Le précipité d'hydrate ferrique est, après dessiccation, transformé en oxyde ferrique $Fe^2O^3$, par calcination à la lampe, dans un creuset de porcelaine.

2. *Le fer est précipité à l'état d'acétate basique.* — La théorie du procédé et le mode opératoire à suivre ont été détaillés page 101, n° 3.

On n'emploiera cette méthode, d'exécution plus compliquée que la précédente, que lorsque l'on a à séparer le fer d'autres métaux tels que le manganèse, le zinc, etc., qui ne donnent pas de précipités par l'acétate.

Lorsque le fer est seul en solution, le dosage par l'ammoniaque est le plus avantageux.

*B.* DOSAGE PAR TITRIMÉTRIE. — *Méthode basée sur l'emploi du chlorure stanneux.*

*Principe.* — On réduit à chaud, par le chlorure stanneux le fer, qui doit se trouver à l'état de chlorure ferrique (jaune brun), à l'état de chlorure ferreux (solution incolore ou à peu près).

$$Fe^2Cl^6 + SnCl^2 = Fe^2Cl^4 + SnCl^4.$$

La disparition de la coloration jaune marque la fin de l'essai.

En fait, il arrive fréquemment qu'on dépasse le terme, c'est-à-dire qu'on ajoute un peu trop de chlorure stanneux. Pour évaluer cet excès, on utilise la propriété que possède l'iode de réagir à froid avec le chlorure stanneux pour le transformer en chlorure stannique d'après l'équation :

$$SnCl^2 + 2I + 2HCl = SnCl^4 + 2HI.$$

En pratique, on refroidit rapidement la solution ferreuse contenant l'excès de chlorure stanneux, en y ajoutant de l'eau froide; on y verse ensuite 2 centimètres cubes d'empois d'amidon, puis on laisse couler d'une burette graduée la solution d'iode (V. plus bas), jusqu'à ce que, tout le chlorure stanneux en excès étant détruit, la coloration bleue de l'iodure d'amidon apparaisse.

Après avoir noté le volume de solution d'iode employé, on en ajoute autant qu'il en a fallu pour colorer le liquide en bleu;

sous l'action de cet excès d'iode la coloration passe au vert sombre; on laisse ensuite couler de la solution stanneuse jusqu'à décoloration; le volume de chlorure stanneux employé pour atteindre ce résultat est évidemment égal à celui qu'on a ajouté en excès dans le titrage.

Exemple :

| | | |
|---|---|---|
| $SnCl^2$ employé dans le titrage. . . . . . | 26,3 | cm³ |
| Volume de la solution d'iode nécessaire pour colorer le liquide en bleu. . . . . | 0,3 | — |
| $SnCl^2$ correspondant à 0,3 cc. d'I . . . . | 0,12 | — |
| $SnCl^2$ en excès . . . . . . . . . . . . . . | 0,12 | — |
| $SnCl^2$ réellement consommé par le titrage. | 26,18 | — |

On peut aussi, lorsque la couleur bleue de l'iodure d'amidon apparaît, ajouter au liquide 2 centimètres cubes de chlorure stanneux, puis, de nouveau, de l'iode jusqu'à réapparition de la coloration bleue. Une simple proportion permet de calculer l'excès de chlorure stanneux employé.

Exemple :

| | | |
|---|---|---|
| $SnCl^2$ employé . . . . . . . . . . . . . . | 28,5 | cm³ |
| I en retour. . . . . . . . . . . . . . . . . | 0,2 | — |
| 2 cc. de $SnCl^2$ correspondent à . . . . . | 3,9 I | — |
| $SnCl^2$ en excès $= \frac{0,2 \times 2}{3,9} =$. . . . . . . | 0,10 | — |
| $SnCl^2$ réel $=$. . . . . . . . . . . . . . | 28,4 | — |

*Solutions nécessaires.* — 1. *Solution de* chlorure stanneux obtenue en dissolvant 10 grammes d'étain en feuilles dans l'acide chlorhydrique employé en léger excès et diluant au volume d'un litre la solution filtrée.

Le titre fer de cette solution se détermine à l'aide d'une solution titrée de chlorure ferrique qu'on prépare de la manière suivante.

On dissout dans l'acide chlorhydrique 1,255 gr. de fil de clavecin (correspondant à 1,25 gr. de fer pur); le chlorure ferreux formé est transformé en $Fe^2Cl^6$ par des additions de permanganate ou de chlorate potassique solide; on peut s'assurer que la transformation est complète à l'aide du ferricyanure potassique. On évapore à siccité à une douce température, puis on reprend le résidu par 10 centimètres cubes d'acide chlorhydrique concentré et de l'eau et on dilue au volume de 250 centimètres cubes. On prélève, à l'aide d'une pipette, une ou plusieurs prises d'essai de 50 centimètres cubes (renfermant 0,25 gr. de fer) qu'on traite par le chlorure stanneux dans les mêmes conditions que précédemment; afin de renforcer la teinte du chlorure ferrique, on ajoute au liquide, avant de titrer, 5 centimètres cubes d'acide chlorhydrique concentré.

2. *Solution d'iode.* — Elle est obtenue en dissolvant 5 grammes d'iode dans une solution aqueuse concentrée de 12 grammes d'iodure potassique, et diluant ensuite au volume d'un demi-litre.

3. *Empois d'amidon.* — On délaye 1 gramme d'amidon en poudre dans 10 centimètres cubes d'eau froide, puis on verse la bouillie dans 200 centimètres cubes d'eau bouillante; on entretient l'ébullition pendant quelques instants, puis on laisse déposer, le mieux dans un vase haut et étroit; on décante au bout de quelques heures le liquide clair, surnageant. L'empois d'amidon doit donner au contact d'une goutte d'eau d'iode, une coloration d'un bleu franc.

*Observation.* — La solution de chlorure stanneux s'oxyde rapidement, même en flacon bouché à l'émeri ; dans une atmosphère d'anhydride carbonique elle peut être conservée assez longtemps sans altération sensible. Néanmoins, on en déterminera le titre chaque fois qu'on devra en faire usage.

*C.* Dosage par colorimétrie. — On utilise parfois, pour la détermination de très faibles quantités de fer, la coloration rouge que produit le sulfocyanate potassique dans les solutions ferriques (v. p. 102, n° 5).

En pratique, on prépare une série de solutions témoins à teneurs en fer croissantes, en se servant d'une solution de chlorure ferrique faite à l'acide de fil de clavecin et contenant 1 milligramme de fer par centimètre cube.

Les solutions sont placées dans des vases de verre de même hauteur et diamètre ; elles sont, en outre, amenées au même degré de dilution.

La solution ferrique est à son tour introduite dans un vase de mêmes dimensions que les précédents et diluée au même volume que les solutions témoins.

Les choses étant ainsi disposées, on compare les teintes que produit un même volume de solution de sulfocyanate (1 ou 2 centimètres cubes) dans la solution analysée et dans les différents termes de l'échelle.

*Remarque.* — Ici, comme dans les procédés colorimétriques en général, la teinte produite par une quantité déterminée de fer est souvent sensiblement modifiée par la nature des sels que la solution peut contenir. On devra donc, autant que possible, faire en sorte que le liquide analysé et les témoins soient à cet égard dans des conditions comparables.

CHOIX D'UNE MÉTHODE DE DOSAGE ET DE SÉPARATION

Le fer est un des éléments les plus répandus dans la nature ; on le rencontre associé aux métaux les plus divers.

Il est toujours aisé de le séparer des éléments des groupes de l'arsenic et du cuivre, ceux-ci étant précipitables en solution acide par l'acide sulfhydrique.

Nous considérerons spécialement le cas où le fer est associé à l'un ou plusieurs des métaux suivants : aluminium, manganèse, zinc, nickel, cobalt, chrome, calcium et magnésium.

1. *Le fer est associé en petite quantité à plus ou moins d'aluminium, de chaux et de magnésie.*

Ce cas se présente dans l'analyse des argiles, des chaux, calcaires et ciments.

Tout ce qui a été dit au chapitre de l'aluminium p. 78, n^os 1, 2, etc. est applicable ici.

2. *Le fer existe en grande quantité associé à des métaux dont les sels ne donnent pas de solutions colorées.*

Nombre de minerais de fer, de pyrites et résidus de pyrites ne renferment en proportion notable, à côté du fer, que des composés de manganèse, d'aluminium de calcium et de magnésium.

Le fer peut, dans ces cas, être dosé directement par l'un ou l'autre des procédés titrimétriques décrits page 105 et suiv. La matière étant dissoute dans l'acide chlorhydrique ou l'eau régale, et le fer se trouvant à l'état ferrique, on le dosera directement par le chlorure stanneux [1], ou bien on le réduira d'abord à l'état ferreux pour le doser ensuite par le permanganate [2] ou le chromate potassique.

Il est évident que cette façon d'opérer, dont il est d'ailleurs fait très grand usage dans la pratique, cesse d'être applicable si l'on veut doser dans la même prise d'essai le fer et les métaux qui l'accompagnent. On introduit, en effet, dans la solution, en employant l'un ou l'autre des procédés titrimétriques, soit de l'étain, soit du manganèse, soit du chrome, c'est-à-dire des métaux dont certains peuvent exister déjà dans la matière analysée et dont, en tout cas, la séparation occasionnerait de grandes complications.

3. *Le fer existe en grande quantité à côté d'autres métaux*

[1] La solution devra, dans ce cas, être débarrassée éventuellement de tout excès d'eau régale.

[2] Si l'on veut employer le permanganate et que l'on ait affaire à des matières contenant des substances organiques (c'est le cas pour d'assez nombreux minerais de fer) celles-ci doivent, avant la mise en solution, être éliminées par calcination.

*de son groupe dont la proportion est très faible et que l'on désire doser.* — Ce cas se rencontre, notamment, dans l'analyse des fontes et aciers, de certaines pyrites, etc., où l'on peut avoir, à côté de 60 à 98 ou 99 p. 100 de fer, des dixièmes ou centièmes p. 100 d'aluminium, de chrome, de nickel, etc., à doser.

On peut avantageusement utiliser ici la propriété que possède le chlorure ferrique de se dissoudre dans l'éther (p. 100). On amène les métaux à l'état de chlorures; on enlève le chlorure ferrique par agitation avec de l'éther (v. p. 79, n° 3) et, dans la couche aqueuse, restent les chlorures des autres métaux; la masse du fer ayant disparu, la recherche et le dosage de ces métaux est considérablement facilitée.

4. *Séparation et dosage du fer en présence d'aluminium et de zinc.* — Ce cas a été examiné page 80.

5. *Séparation et dosage du fer en présence de manganèse ou de manganèse et d'aluminium.* — Le cas a été traité page 79.

6. *Dosage du fer et de l'aluminium en présence d'acide phosphorique.* — Cette séparation se présente notamment dans l'analyse des phosphates de chaux employés comme engrais.

On traite à l'ébullition une partie de la solution par de l'hydrate sodique; le phosphate d'aluminium, d'abord formé, se redissout dans l'excès d'alcali. Après avoir filtré, pour séparer le précipité ferrique, on neutralise la soude par l'acide chlorhydrique, puis, par addition d'ammoniaque, on reprécipite l'aluminium à l'état de phosphate $AlPO^4$.

Dans une seconde partie de la solution on réduit le fer à l'état ferreux par le zinc, par exemple, et on titre par le permanganate potassique (voy. p. 105).

7. *Présence simultanée de fer, aluminium, manganèse et acide phosphorique*, voy. p. 81. — Le fer est dosé dans une prise d'essai spéciale par le chlorure stanneux où le permanganate potassique (voy. pp. 110 et 105).

8. *Séparation et dosage du fer en présence de nickel (et de cobalt).* a. *Le fer est en proportion modérée.* — α. Le chlorure ferrique donne avec l'acétate sodique un précipité d'acétate ferrique basique (voy. p. 101, n° 3); dans les mêmes conditions, le nickel et le cobalt ne sont pas précipités. On peut donc, par l'emploi de l'acétate sodique, effectuer la séparation.

De même que dans le cas de la séparation du manganèse et du fer (voy. p. 79) il y a lieu de redissoudre l'acétate ferrique et de répéter la précipitation, une petite quantité de nickel et de cobalt pouvant être entraînée par le premier précipité.

Dans le filtrat de l'acétate ferrique basique, on précipite le nickel et le cobalt par le sulfure ammonique et l'ammoniaque (voy. pour le dosage de ces métaux les paragraphes : dosage du nickel et dosage du cobalt).

*On peut aussi séparer le fer du nickel et du cobalt* en se basant sur la solubilité des hydrates des deux derniers métaux, dans l'ammoniaque en présence de chlorure ammonique, et sur l'insolubilité de l'hydrate ferrique dans les mêmes conditions. La séparation se fait à chaud.

L'hydrate ferrique retenant aisément une certaine quantité de nickel et de cobalt; on devra, suivant que la proportion de fer sera plus ou moins importante, répéter la précipitation par l'ammoniaque une seconde, une troisième, ou même une quatrième fois, après avoir redissous l'hydrate ferrique dans l'acide chlorhydrique.

L'ensemble des filtrats contenant le nickel et le cobalt est évaporé et le produit de l'évaporation est calciné à basse température dans un creuset ou une capsule de porcelaine pour éliminer le chlorure ammonique. Dans le résidu, on dose le nickel et le cobalt.

b. *Le fer est en forte proportion par rapport au nickel* (acier au nickel).

On utilise la propriété que possède le chlorure ferrique de se dissoudre dans l'éther.

Les métaux étant amenés à l'état de chlorures, on extrait le chlorure ferrique par l'éther d'après les indications données page 79, n° 3.

Le nickel et le cobalt restent dans le liquide aqueux chargé d'acide chlorhydrique.

9. *Séparation du fer et du chrome* (voy. p. 91).

10. *Dosage du fer dans les substances qui ne contiennent que des quantités de ce métal trop faibles pour être dosées par pesée ou par titrimétrie.* — Ce cas se présente assez fréquemment dans l'analyse des sels alcalins et alcalino-terreux, naturels ou raffinés, des argiles fines, des sables pour verrerie, de certains métaux, etc. On fera usage ici du dosage colorimétrique (voy. p. 112, C), soit directement dans la solution chlorhydrique de la matière, soit après avoir isolé le fer (avec éventuellement de l'aluminium, etc.) par l'ammoniaque et redissous le précipité dans l'acide chlorhydrique.

11. *Dosage du fer existant à l'état ferreux et à l'état ferrique dans une même substance.* — On opère sur deux prises d'essai. Dans l'une, on amène tout le fer à l'état ferrique, et on le dose ensuite par le chlorure stanneux, si la présence d'aucun métal donnant des solutions colorées ne s'y oppose (voy. 2) ou bien on opère par pesée.

On dissout une seconde prise d'essai dans un matras dans lequel on fait passer sans interruption un courant d'anhydride carbonique afin d'éviter le passage du sel ferreux à l'état ferrique par oxydation à l'air. On dose ensuite, soit le sel ferreux par le permanganate ou le chromate potassique (voy. p. 105 et 109), soit le sel ferrique par le chlorure stanneux (voy. p. 110).

Connaissant la quantité du fer total et celle existant sous l'un des deux états d'oxydation, on calcule aisément la quantité existant sous l'autre état.

*Dans le cas de certains silicates inattaquables par les acides,* la mise en solution de la matière doit se faire en tube scellé à la température de 200° environ par l'acide chlorhydrique ou l'acide sulfurique légèrement dilué.

Avant de sceller le tube on doit expulser l'air par un courant d'anhydride carbonique.

## MANGANÈSE

### CARACTÈRES DES SELS

Bien que le manganèse se présente sous plusieurs états d'oxydation, les seuls sels *stables* que l'on obtienne par voie humide, sont les sels manganeux, correspondant à l'oxyde MnO.

Les principaux caractères des solutions manganeuses utilisables pour la recherche ou le dosage du métal sont les suivants :

1. *Le sulfure ammonique* produit un précipité rose saumon d'hydrosulfure de manganèse $Mn\begin{cases}OH \\ SH\end{cases}$.

En présence de peu de sels ammoniques et d'un grand excès d'ammoniaque et de sulfure ammonique le précipité devient vert ; c'est alors du sulfure anhydre (MnS). D'après Classen, on peut obtenir d'emblée le sulfure vert si, avant l'addition du sulfure ammonique, on fait bouillir le liquide après avoir ajouté de l'oxalate potassique pour transformer le manganèse en oxalate manganeux.

Le sulfure manganeux est très aisément soluble dans les acides minéraux et dans l'acide acétique.

Le précipité humide, exposé à l'air, s'oxyde et brunit par suite de la formation de composés oxygénés mélangés de sulfate.

2. *L'ammoniaque* produit dans les solutions manganeuses neutres et exemptes de sels ammoniques, un précipité blanc, floconneux d'hydrate manganeux.

$$MnCl^2 + 2NH^4OH = Mn(OH)^2 + 2NH^4Cl.$$

Ce précipité brunit rapidement à l'air en se transformant en composé manganique.

S'il y a dans le liquide des sels ammoniques, on n'obtient pas de précipité, parce qu'il se forme des sels doubles d'ammonium et de manganèse que l'ammoniaque ne décompose pas. Ce caractère négatif peut être utilisé en analyse quantitative pour séparer le fer et le manganèse, lorsque *celui-ci existe en petite quantité*. On doit opérer à l'abri de l'air, sinon, une partie du manganèse dissous s'oxyde à l'état d'hydrate mangano-manganique et se précipite (flocons bruns).

Si, avant l'addition de l'ammoniaque à une solution manganeuse, on traite celle-ci par du chlore, du brome, ou de l'eau oxygénée, l'ammoniaque détermine la précipitation du manganèse à l'état d'hydrate permanganique brun noir.

Cette propriété est utilisée, notamment dans l'analyse des minerais de zinc, pour séparer le manganèse du zinc, dont l'hydrate est très aisément soluble dans l'ammoniaque (voy. dosage du zinc). Elle trouve aussi des applications dans l'analyse des produits sidérurgiques (voy. p. 81 a).

3. *Les hydrates sodique et potassique* produisent un précipité d'hydrate manganeux blanchâtre, très oxydable à l'air, insoluble dans un excès de réactif.

$$MnCl^2 + 2NaOH = Mn(OH)^2 + 2NaCl.$$

A mesure qu'il s'oxyde, le précipité devient de plus en plus brun.

Cette réaction est utilisée pour la recherche du manganèse.

4. *Les carbonates alcalins* précipitent du carbonate manganeux $MnCO^3$, insoluble dans un excès de réactif.

$$MnCl^2 + (NH^4)^2CO^3 = MnCO^3 + 2NH^4Cl.$$

Le carbonate manganeux donne, par calcination, de l'oxyde mangano-manganique brun [1].

$$3MnCO^3 + O = Mn^3O^4 + 3CO^2.$$

5. *L'addition de brome* à une solution manganeuse contenant de l'acétate sodique produit, surtout à l'ébullition, la précipitation complète du manganèse à l'état d'hydrate permanganique (brun noir).

$$2MnCl^2 + 8NaC^2H^3O^2 + 2Br^2 + 4H^2O = 2MnO(OH)^2 + 4NaCl + 4NaBr + 8C^2H^4O^2.$$

[1] Les divers oxydes, le nitrate et les sels organiques de manganèse se transforment aussi à la calcination en oxyde $Mn^3O^4$.

Ex: $3MnO^2 = Mn^3O^4 + O^2$.

$3Mn^2O^3 = 2Mn^3O^4 + O$.

*Remarque générale sur la précipitation du manganèse à l'état d'hydrate ou de carbonate.* — Comme on vient de le voir par les réactions précédentes, on peut obtenir aisément la précipitation totale du manganèse, soit à l'état d'hydrate, soit à l'état de carbonate, par d'assez nombreux réactifs : hydrates alcalins fixes, ammoniaque en présence de chlore, de brome ou d'eau oxygénée, carbonates alcalins, acétate sodique. Mais, en fait, ces précipités entraînent avec eux, soit une partie du réactif, soit une partie des sels pouvant exister à côté du manganèse dans la solution analysée, et souvent, il est très difficile, parfois même impossible, de purifier le précipité par lavage. La calcination d'un pareil précipité donne du $Mn^3O^4$ impur et, par conséquent, s'il s'agit d'un dosage, on obtient un résultat trop fort.

En règle générale, si l'on a précipité le manganèse en vue de son dosage, par les hydrates alcalins, les carbonates alcalins fixes, l'ammoniaque ou l'acétate sodique en présence d'un oxydant, dans des solutions chargées de sels étrangers, on redissoudra, après lavage, l'hydrate ou le carbonate formé, et, dans la solution obtenue, on précipitera le manganèse par le carbonate ammonique. On aura de la sorte, un précipité manganeux pur que la calcination transformera en oxyde $Mn^3O^4$ pur.

6. *Le phosphate sodique* produit dans les solutions manganeuses additionnées de chlorure ammonique et d'ammoniaque un précipité cristallin de phosphate ammoniaco-manganeux.

$$MnCl^2 + NH^4Cl + Na^2HPO^4 = Mn(NH^4)PO^4 + 2NaCl + HCl.$$

Par calcination, ce précipité est transformé en pyrophosphate.

$$2Mn(NH^4)PO^4 = Mn^2P^2O^7 + 2NH^3 + H^2O.$$

(Réaction appliquée au dosage du manganèse.)

7. *Les solutions diluées, nitriques ou sulfuriques de sels manganeux*, chauffées avec du peroxyde de plomb et de l'acide nitrique, se colorent en violet par suite de la formation d'acide permanganique ([1]).

$$2MnSO^4 + 5PbO^2 + 6HNO^3 = H^2Mn^2O^8 + 2PbSO^4 + 3Pb(NO^3)^2 + 2H^2O.$$

Cette réaction n'a de valeur que s'il y a peu de manganèse et s'il n'y a pas de chlorures en présence. Si le manganèse est prédominant, l'acide permanganique formé est détruit par l'excès de sel manganeux avec formation de peroxyde $MnO^2$. Dans le second cas, l'acide chlorhydrique provenant de la dé-

[1] Il est prudent de s'assurer que le peroxyde de plomb du commerce ne donne pas déjà la réaction sans addition de sel manganeux.

composition des chlorures détruit l'acide permanganique et supprime, par conséquent, la cause de la coloration violette.

$$H^2Mn^2O^8 + 14HCl = 2MnCl^2 + 5Cl^2 + 8H^2O.$$

8. Si l'on fond dans un creuset de platine un mélange d'un composé manganeux avec un fondant alcalin oxydant (mélange de carbonate sodico-potassique et de nitrate potassique), l'oxyde manganeux est oxydé à l'état de $MnO^3$ (anhydride manganique) que les bases alcalines en présence fixent à l'état de manganate $R^2MnO^4$ vert.

La réaction peut être représentée par l'équation.

$$2MnO + 2K^2O + 4O = 2K^2MnO^4.$$

Cette réaction est très sensible et caractéristique. Avec des traces de manganèse, la coloration verte de la masse après refroidissement est encore nettement appréciable.

Si on traite ensuite par un acide, la couleur verte vire au rouge violacé par suite de la formation de permanganate.

$$3K^2MnO^4 + 2H^2SO^4 = K^2Mn^2O^8 + MnO^2 + 2K^2SO^4 + 2H^2O.$$

Si l'on ajoute à la solution *alcaline* de manganate, de l'alcool, le manganate est réduit avec formation de peroxyde de manganèse ; l'oxygène produit oxyde l'alcool et le transforme en aldéhyde.

En somme on a :

$$\left\{\begin{array}{l} MnO^3 - O = MnO^2 + O \\ \underbrace{C^2H^5OH}_{\text{Alcool}} + O = \underbrace{C^2H^4O}_{\text{Aldéhyde}} + H^2O. \end{array}\right.$$

9. *Le permanganate potassique* produit dans les solutions manganeuses neutres ou à peu près neutres, un précipité brun de peroxyde $MnO^2$.

Cette réaction, très importante au point de vue du dosage du manganèse par titrimétrie, sera étudiée en détail à l'occasion de ce dosage (voy. p. 123, B).

## CARACTÈRES DES OXYDES DE MANGANÈSE PLUS OXYGÉNÉS QUE L'OXYDE MANGANEUX MnO.

Sans parler des composés $MnO^3$ (anhydride manganique) et $Mn^2O^7$ (anhydride permanganique) qui n'existent guère qu'à l'état de sels (manganates et permanganates), on connaît les oxydes $Mn^2O^3$, $Mn^3O^4$ et $MnO^2$. De ces divers oxydes, le seul véritablement important au point de vue pratique est le peroxyde $MnO^2$ (pyrolusite) qui existe en grande quantité dans la nature et qui sert à la fabrication des fontes manganésées (spiegel et ferro-manganèses) et à la préparation du chlore.

1. *Si l'on traite* $MnO^2$ (ou tout autre des oxydes précités) par de l'acide chlorhydrique à chaud, il se forme du chlorure manganeux, et il se dégage du chlore, à raison de 2 atomes par atome d'oxygène en plus que la quantité nécessaire pour former l'oxyde manganeux MnO.

L'on peut écrire :

$$MnO^2 + 2HCl = MnCl^2 + H^2O + O.$$
$$\overbrace{MnO}O$$
$$2HCl + O = H^2O + Cl^2.$$

En résumé :

$$MnO^2 + 4HCl = MnCl^2 + 2H^2O + Cl^2 \text{ (}^1\text{)}.$$

Avec les oxydes $Mn^2O^3$ et $Mn^3O^4$, on aura aussi dégagement de 2 atomes de chlore par molécule.

En effet :

$$Mn^2O^3 = 2MnO + O.$$
$$Mn^3O^4 = 3MnO + O.$$

L'on aura donc :

$$Mn^2O^3 + 6HCl = 2MnCl^2 + 3H^2O + Cl^2.$$
$$2Mn^3O^4 + 16HCl = 6MnCl^2 + 8H^2O + 2Cl^2.$$

Avec l'oxyde manganeux, il ne se formera évidemment pas de chlore.

$$MnO + 2HCl = MnCl^2 + H^2O$$

On a donné le nom d'*oxygène disponible* à l'oxygène existant dans les oxydes de manganèse en excédant sur l'oxygène nécessaire pour former l'oxyde manganeux MnO.

Les oxydes $MnO^2$, $Mn^2O^3$, $Mn^3O^4$, contiennent, par conséquent, chacun 1 atome d'oxygène disponible par molécule.

La détermination de l'oxygène disponible présente une grande importance au point de vue pratique. Elle permet de déterminer la quantité réelle de $MnO^2$ qui existe dans un peroxyde de manganèse naturel (pyrolusite) et, par conséquent, elle sert à établir le rendement d'un peroxyde employé à la fabrication du chlore.

[1] On peut admettre aussi qu'il se forme d'abord du chlorure manganique $MnCl^4$ qui se décompose ensuite en $MnCl^2 + Cl^2$.

$$\begin{cases} MnO^2 + 4HCl = MnCl^4 + 2H^2O. \\ MnCl^4 = MnCl^2 + Cl^2. \end{cases}$$

Nous verrons, à propos du dosage du manganèse l'utilisation pratique de cette détermination.

2. Les oxydes manganiques, en présence d'acide sulfurique, oxydent l'acide oxalique en le transformant en eau et en anhydride carbonique. La réaction peut être interprétée par les deux équations suivantes :

$$\left\{\begin{array}{l} MnO^2 + H^2SO^4 = MnSO^4 + H^2O + O. \\ \underbrace{H^2C^2O^4}_{H^2OCO^2CO} + O = H^2O + 2CO^2. \end{array}\right.$$

En résumé, l'on a :

$$\underbrace{MnO^2}_{MnOO} + H^2SO^4 + H^2C^2O^4 = MnSO^4 + 2H^2O + 2CO^2.$$

Cette réaction est, comme la précédente, applicable au dosage de l'oxygène disponible des oxydes manganiques.

On remarque, en effet, qu'une molécule d'oxyde manganique oxyde une molécule d'acide oxalique avec formation de deux molécules d'anhydride carbonique qui se dégagent. On peut donc, en évaluant la perte de poids résultant de l'action de l'acide oxalique sur une quantité pesée d'un oxyde manganique, conclure à la quantité d'oxygène contenue dans cet oxyde ; 1 atome d'oxygène disponible correspond à $2CO^2$.

3. Les oxydes manganiques décomposent l'eau oxygénée en présence d'acide sulfurique ; l'eau oxygénée est réduite en même temps que l'oxyde manganique est ramené à l'état manganeux. Il y a donc dégagement de 2 atomes d'oxygène par molécule d'oxyde manganique.

$$MnO^2 + H^2O^2 + H^2SO^4 = MnSO^4 + 2H^2O + O^2.$$

Le volume de l'oxygène dégagé par l'action de l'eau oxygénée sur une quantité pesée d'un oxyde manganique peut donc permettre de déterminer l'oxygène disponible de cet oxyde.

## DOSAGE

Le manganèse peut être dosé par pesée et par titrimétrie.

### A. Dosage par pesée.

1. *Le manganèse est pesé à l'état d'oxyde mangano-manganique* $Mn^3O^4$.

On peut aisément obtenir le manganèse à l'état de $Mn^3O^4$ par la calcination, au contact de l'air, des hydrates manganeux et manganiques et du carbonate manganeux. Mais, comme nous l'avons expliqué antérieurement (voy. p. 118, Remarque) la précipitation par les alcalis, par le brome ou le chlore et l'ammoniaque, par le carbonate sodique produit toujours un précipité impur qui, par calcination, donne un poids trop élevé d'oxyde $Mn^3O^4$. Si donc, dans une analyse, on est amené à faire usage de ces réactifs pour séparer le manganèse des métaux auxquels il est asssocié (voy. plus loin les séparations du manganèse), on devra, pour doser le manganèse, purifier le précipité d'hydrate ou de carbonate obtenu. Pour cela, le précipité est, après lavage, redissous dans un minimum d'acide chlorhydrique. On évapore pour éliminer l'acide en excès, puis, après avoir ajouté de l'eau de façon à porter la solution au volume d'environ 100 centimètres cubes, on ajoute du carbonate ammonique en léger excès, pour précipiter le manganèse à l'état de carbonate $MnCO^3$.

Le carbonate manganeux est laissé en repos pendant plusieurs heures jusqu'à ce qu'il soit complètement déposé. On décante ensuite le liquide clair sur un filtre, puis, étant donné que les premières portions du précipité passent fréquemment à travers le filtre, on substitue au vase contenant le liquide décanté, un second vase avant d'amener le précipité sur le filtre. De cette façon, la quantité de liquide qu'on peut avoir à filtrer de nouveau est réduite au minimum. On lave jusqu'à élimination de tout le chlorure ammonique, puis on dessèche le précipité et on le transforme par calcination dans un creuset de platine en $Mn^3O^4$ qu'on pèse.

*Le manganèse* peut encore être obtenu à l'état de $Mn^3O^4$ par la calcination du sulfure manganeux MnS au contact de l'air, à haute température.

La solution manganeuse, neutralisée au besoin par l'ammoniaque et additionnée de chlorure ammonique (dont la présence favorise la précipitation du sulfure) est traitée à l'ébullition par du sulfure ammonique.

Le précipité de sulfure manganeux formé (voy. p. 116, n° 1) est, après dépôt, lavé d'abord par décantation, puis sur le filtre. On emploie pour les premiers lavages de l'eau chaude additionnée d'un peu de chlorure ammonique et de sulfure ammonique ; les derniers lavages se font avec de l'eau à laquelle on ajoute seulement quelques gouttes de sulfure ammonique. Le précipité est, après dessiccation, transformé en $Mn^3O^4$ par calcination à haute température au contact de l'air.

*Observation.* — Il arrive que des particules du précipité de sulfure adhèrent fortement au verre. Dans ce cas, on les dissout dans quelques gouttes d'acide chlorhydrique, puis on précipite le manganèse à l'état d'hydrate par l'eau de brome et l'ammonique; le faible précipité obtenu est réuni au précipité principal pour la calcination.

2. *Le manganèse est précipité à l'état de phosphate ammoniaco-manganeux qu'on transforme par calcination en pyrophosphate.*

D'après Gooch et Austin, on ajoute à la solution manganeuse légèrement acide, 20 grammes de chlorure ammonique et 10 centimètres cubes d'une solution de phosphate ammonico-sodique saturée à froid; on additionne ensuite d'ammoniaque jusqu'à alcalinité, puis on chauffe jusqu'à ce que le phosphate ammonico-manganeux formé devienne cristallin. Après avoir laissé refroidir, on filtre, et on lave le précipité avec de l'eau froide légèrement ammoniacale. Le précipité est ensuite séché et transformé par calcination en pyrophosphate $Mn^2P^2O^7$ qu'on pèse.

*B*. Dosage par titrimétrie a l'aide du permanganate potassique. — *Principe*. — Si l'on traite la solution neutre d'un sel manganeux par du permanganate potassique, le manganèse est précipité à l'état de peroxyde.

$$3MnSO^4 + K^2Mn^2O^8 + 2H^2O = 5MnO^2 + K^2SO^4 + 2H^2SO^4.$$

On voit que l'anhydride permanganique et l'oxyde manganeux réagissent d'après l'équation :

$$3MnO + Mn^2O^7 = 5MnO^2.$$

3 atomes de manganèse sont donc précipités par 1 molécule de permanganate.

Seulement, si le liquide ne contient pas d'autre métal que le manganèse, le précipité n'est pas formé par du $MnO^2$ pur. Une partie du manganèse intervient dans ce précipité à l'état de MnO. En fait, on n'a donc pas affaire à $MnO^2$, mais bien à un composé $xMnO^2$, $y$MnO, et, par conséquent, la réaction n'est pas conforme à l'équation qui vient d'être indiquée.

Il en est autrement si, à côté du manganèse, existe un ou des sels étrangers, tels que des sels de zinc, pour citer ceux auxquels, pour des raisons pratiques, on donne la préférence. Dans ce cas, la totalité du manganèse passe à l'état de $MnO^2$[1]; une certaine quantité de zinc est englobée dans le précipité sous forme de ZnO, mais la chose est sans importance, et la réaction entre

[1] L'oxyde de zinc destiné à cet usage doit avoir été calciné au rouge, afin d'éliminer toute trace de matière organique pouvant agir sur le permanganate.

le manganèse du sel manganeux et le permanganate se produit exactement et complètement d'après l'équation :

$$3MnO + Mn^2O^7 = 5MnO^2.$$

En pratique, on part d'une solution manganeuse acide qu'on neutralise par de l'oxyde de zinc en suspension dans l'eau, jusqu'à ce que celui-ci soit en léger excès ; on produit ainsi des sels zinciques en quantité suffisante pour éviter l'entraînement dans le précipité de manganèse à l'état de MnO, et l'oxyde de zinc en excès assurera, d'autre part, la neutralisation de l'acide qui se forme pendant le dosage, et dont la présence pourrait influer sur le résultat de celui-ci (voy. l'équation, p. 123). Afin de suivre aisément la marche de la neutralisation, on peut avec avantage ajouter à la solution manganeuse quelques centigrammes de fer à l'état de chlorure ferrique ([1]). Dès que la neutralisation est atteinte, le fer est précipité par l'oxyde de zinc à l'état d'hydrate (brun) se déposant assez rapidement en même temps que l'oxyde de zinc en excès. Le liquide étant ainsi préparé, on le chauffe à l'ébullition, puis on laisse couler d'une burette graduée, une solution titrée de permanganate potassique, jusqu'à ce que, le manganèse étant entièrement précipité, le liquide se colore en rose ([2]).

La concentration à donner à la solution de permanganate varie suivant la richesse en manganèse de la matière analysée.

Le titre manganèse, d'une solution à 4 grammes $K^2Mn^2O^8$ par litre est à peu près de 2 milligrammes (voy. p. 105 les détails relatifs à la préparation d'une solution titrée de permanganate potassique).

Si l'on dispose, ce qui est souvent le cas, d'une solution dont le titre fer est connu, il suffit de multiplier ce titre par 0,2951, pour obtenir le titre manganèse de la solution. En effet, 10 atomes de fer équivalent à 3 atomes de manganèse par rapport à 1 molécule de permanganate. On a donc

$$10 \times 55,5 : 3 \times 54,6 = \text{titre fer} : \text{titre manganèse},$$

$$\text{Titre manganèse} = \frac{\text{titre fer} \times 163,8}{555} = \text{titre fer} \times 0,2951.$$

[1] Presque toujours, dans la pratique, le manganèse est associé au fer. Les conditions préconisées ci-dessus se trouvent donc réalisées dans la plupart des cas. La présence du précipité ferrique dans le liquide a aussi pour avantage de faciliter le dépôt du précipité manganique et, par suite, de permettre d'apprécier plus aisément le moment auquel le permanganate est en excès (coloration rose du liquide).

[2] Voy. au paragraphe, séparation du manganèse et du fer la façon d'opérer pour apprécier le terme de l'essai.

Il est clair que la solution de permanganate peut être titrée directement à l'aide d'un sel manganeux pur, si l'on a à sa disposition un tel produit.

Dosage de l'oxygène disponible dans les oxydes manganiques et particulièrement dans le peroxyde de manganèse $MnO^2$ (*Pyrolusite*).

Comme nous l'avons dit déjà lors de l'étude des caractères des oxydes manganiques (voy. p. 120), le dosage de l'oxygène disponible est très important parce qu'il permet d'établir la valeur des pyrolusites plus ou moins chargées de gangue comme matières premières de la fabrication du chlore.

Plusieurs procédés permettent d'atteindre ce but.

Nous décrirons ici les méthodes dites par chlorométrie, par gazométrie et par pesée.

*A*. Dosage par chlorométrie. — *Principe*. — Si l'on traite du peroxyde de manganèse par l'acide chlorhydrique, chaque atome d'oxygène disponible donne lieu au dégagement de 2 atomes de chlore, d'après l'équation :

$$MnO^2 + 4HCl = MnCl^2 + 2H^2O + Cl^2.$$

Le chlore étant amené dans une solution d'iodure potassique, met en liberté une quantité correspondante d'iode, qu'on titre à l'aide d'une solution d'hyposulfite sodique.

$$KI + Cl = KCl + I.$$
$$2I + 2Na^2S^2O^3 = 2NaI + Na^2S^4O^6$$

*Solutions nécessaires*. — Solution d'hyposulfite obtenue en dissolvant 25 grammes de ce sel dans un litre d'eau. On détermine le titre par rapport à l'iode pur.

Pour cela, on pèse, entre deux verres de montre, environ 0,2 gr. d'iode sublimé ; puis on introduit le tout dans un vase contenant 10 centimètres cubes d'une solution d'iodure potassique pur à 10 p. 100 ; on laisse l'iode se dissoudre dans l'iodure, puis on dilue et on laisse couler dans le liquide, d'une burette graduée, la solution d'hyposulfite jusqu'à ce que presque tout l'iode soit consommé ; le liquide n'est plus alors que faiblement jaune ; à ce moment on ajoute 2 centimètres cubes d'empois d'amidon qui réagissent avec les dernières traces d'iode et colorent le liquide en bleu ; on continue ensuite l'addition d'hyposulfite jusqu'à décoloration. La quantité d'iode pur employée, divisée par le nombre de centimètres cubes d'hyposulfite consommés, donne le titre iode de cette dernière solution :

*Remarque*. — On peut, évidemment, peser au lieu de 0,2 gr. d'iode une quantité plus forte, 1 gramme par exemple, diluer, après dissolution, à un volume déterminé et prélever des parties aliquotes pour faire plusieurs essais de titrage.

*Mode opératoire*. — On peut faire usage de l'appareil reproduit figure 14, consistant en une petite cornue munie d'un chapi-

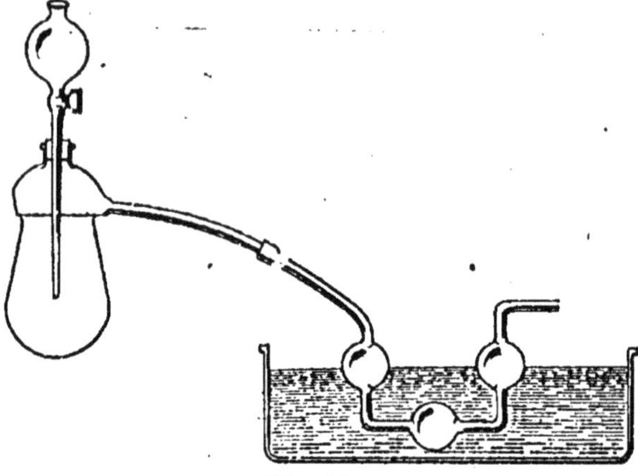

Fig. 14.

teau rodé et tubulé portant un entonnoir à robinet et un tube de dégagement latéral sur lequel est rodé un condenseur. Ce dispositif évite le contact du chlore avec des joints en caoutchouc et des bouchons. On introduit la prise d'essai (0,2 à 0,3 gr. suivant la richesse présumée en $MnO^2$), dans la cornue, on raccorde celle-ci avec le condenseur dans lequel on a versé 50 centimètres cubes de solution d'iodure potassique à 10 p. 100, puis on amène en contact avec la matière, par l'entonnoir à robinet 10 à 15 centimètres cubes d'acide chlorhydrique concentré et on chauffe. Lorsque l'attaque est terminée, on fait arriver dans la cornue, goutte à goutte, quelques centimètres cubes d'une solution de bicarbonate sodique qui, au contact de l'acide, dégagent de l'anhydride carbonique qui entraîne dans le condenseur les dernières traces de chlore. Le contenu du condenseur est transvasé dans un gobelet de verre ; on ajoute environ 200 centimètres cubes d'eau et on titre au moyen de la solution d'hyposulfite dans les mêmes conditions que pour la fixation du titre de cette dernière.

Les équations :

$$MnO^2 + 4HCl = MnCl^2 + 2H^2O + Cl^2$$
$$KI + Cl = KCl + I$$
$$2I + 2Na^2S^2O^3 = Na^2S^4O^6 + 2NaI.$$

permettent de calculer la quantité d'oxygène disponible de la prise d'essai. 2 atomes d'iode correspondent à une molécule de $MnO^2$.

*Remarque.* — Bien que le contenu du condenseur soit acide (HCl) on n'a pas à craindre, en pratique, que de l'hyposulfite soit décomposé. Néanmoins, on peut, avant de titrer l'iode, neutraliser l'acide libre à peu près complètement au moyen de bicarbonate sodique.

*B.* Dosage par gazométrie. — *Principe.* — Si l'on traite un oxyde supérieur du manganèse par l'acide sulfurique et l'eau oxygénée, il se forme du sulfate manganeux en même temps qu'il se dégage de l'oxygène d'après l'équation :

$$MnO^2 + H^2SO^4 + H^2O^2 = MnSO^4 + O^2 + 2H^2O.$$

La moitié de l'oxygène dégagé représente donc l'oxygène disponible de l'oxyde analysé

*Mode opératoire.* — On fait usage du nitromètre (fig. 15), appareil consistant en une burette graduée raccordée à un tube de niveau N, la burette pouvant être mise en communication par le jeu d'un robinet à trois voies R, avec un petit flacon F, muni d'un godet *g*. Le nitromètre étant chargé de mercure, on fait arriver le niveau de celui-ci jusqu'au robinet en élevant le tube N ; le robinet, qui, pendant cette manipulation, communiquait avec l'atmosphère, est ensuite fermé.

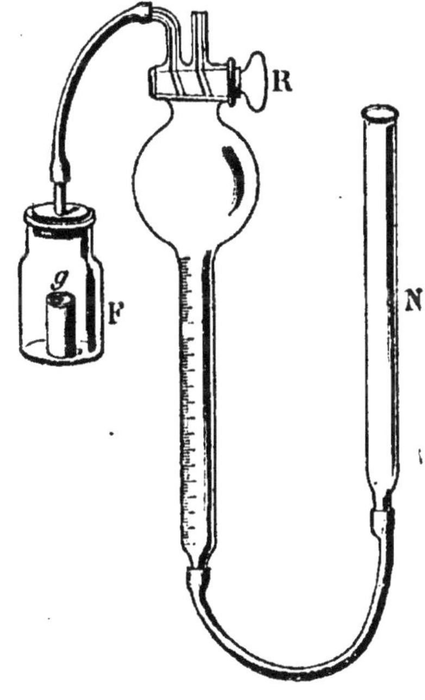

Fig. 15.

D'autre part, on a introduit dans le flacon F la prise d'essai et dans le godet *g*, le mélange d'acide sulfurique et d'eau oxygénée; on raccorde F à l'ajutage du robinet, qu'on tourne de façon à établir la communication entre F et le nitromètre.

On incline ensuite le flacon de manière à faire arriver le contenu du godet en contact avec la matière à décomposer. L'oxygène se dégage et vient s'accumuler dans la burette. Afin d'éviter dans celle-ci un excès de pression, on descend le tube de niveau à mesure que l'oxygène se dégage. Lorsque la réaction est terminée, on laisse l'appareil se mettre en équilibre de température avec le milieu ambiant, puis on égalise le niveau du mercure dans les deux branches, on ferme le robinet, et on lit le volume occupé par le gaz.

Le *poids* de l'oxygène est donné par la relation :

$$P = 1/2 \frac{V(B-F)\ 0,00143\ gr.}{(1+0,003665\ t)\ 760}$$

dans laquelle V est le volume observé ; *t* la température ; B la pression barométrique ; *f* la tension de la vapeur d'eau à *t*°, 0,00143, le poids de 1 centimètre cube d'oxygène à 0° et 760 millimètres de pression ([1]).

*Remarque.* — Pour ce dosage, il faut avoir soin d'opérer sur une prise d'essai suffisamment faible pour que le volume de l'oxygène dégagé ne dépasse pas celui de la partie graduée de l'appareil.

*C.* Dosage par pesée. — *Principe.* — Si l'on traite par l'acide sulfurique, de la pyrolusite ($MnO^2$) ou tout autre oxyde de manganèse plus oxygéné que l'oxyde manganeux (MnO), il se forme du sulfate manganeux, et l'oxygène dégagé peut oxyder de l'acide oxalique qu'il transforme en eau et anhydride carbonique. Pour chaque atome d'oxygène, il y a formation de $2CO^2$ qui se dégagent. On peut donc, en déterminant la perte de poids résultant du départ de l'anhydride carbonique, conclure à la quantité d'oxygène disponible, c'est-à-dire à la quantité d'oxygène en excès pour former l'oxyde manganeux (voy. p. 121, n° 2).

Le dosage peut être effectué au moyen de l'appareil de Will et Fresenius (fig. 16). Cet appareil se compose de deux petits matras à fond plat, A et B, de 100 centimètres cubes environ de capacité. Chacun des matras est muni d'un bouchon à deux trous. Le bouchon de A donne passage à un tube *t* ouvert aux deux bouts et plongeant jusqu'au fond de A. Il porte, en outre, un tube à double courbure *t'* dont une extrémité descend jusqu'au fond de B. Le bouchon de B porte, outre le tube *t'*, un tube t'' dont l'extrémité inférieure se trouve à une couple de centimètres en dessous du bouchon.

La prise d'essai, 1 gramme, pulvérisée et séchée, est introduite en A et additionnée de 5 à 6 grammes d'oxalate potassique et d'un peu d'eau. On verse en B, jusqu'à la moitié de la hauteur,

[1] On peut, au lieu du nitromètre, employer le gaz-volumètre de Lunge. Cet appareil permet d'éviter pour le mesurage des gaz, l'observation de la température et de la pression ainsi que tous les calculs qui en dépendent. (V. Dosage des nitrates).

de l'acide sulfurique concentré. Les bouchons étant mis en place, on ferme l'extrémité supérieure du tube $t$, au moyen d'un petit capuchon de caoutchouc portant un bout de verre plein, puis on porte l'appareil dans la cage de la balance et, après un quart d'heure, lorsque l'équilibre de température s'est établi, on le pèse [1].

On aspire ensuite légèrement par l'extrémité libre du tube $t''$

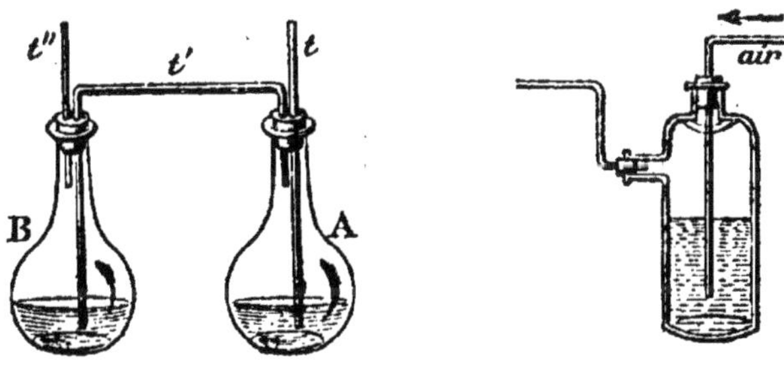


Fig. 16.

en s'aidant d'un tuyau de caoutchouc; on produit ainsi une dépression en A, et, lorsqu'on cesse d'aspirer, de l'acide sulfurique s'élève par $t'$, passe en A, et la réaction indiquée plus haut se produit. L'anhydride carbonique dégagé doit, pour sortir de l'appareil, traverser le tube $t'$ et la colonne d'acide sulfurique de B à laquelle il cède son humidité : on répète la même manipulation jusqu'à ce qu'on ne remarque plus de dégagement de gaz. Finalement on chauffe légèrement le matras A, afin d'être certain que la décomposition est complète. Il ne reste plus alors qu'à déplacer l'anhydride carbonique qui se trouve dans l'appareil et à le remplacer par de l'air. Pour cela, on enlève le capuchon du tube $t$, et l'on raccorde ce dernier à un flacon laveur disposé comme l'indique la figure et contenant de l'acide sulfurique concentré. Aspirant ensuite par le tube $t''$, on fait passer pendant quelques minutes un courant lent d'air desséché par son passage dans l'acide sulfurique du laveur.

Le capuchon est alors replacé sur le tube $t$ et l'appareil est reporté dans la cage de la balance et pesé avec les mêmes précautions qu'au début de l'opération. — La perte de poids correspond à l'anhydride carbonique dégagé.

Il est aisé, en se basant sur les équations données p. 121,

[1] On veillera à ce que l'appareil tout monté ne pèse pas plus de 150 à 175 grammes, la charge maximum des balances d'analyse ordinaires ne dépassant pas 200 grammes.

de déduire du poids d'anhydride carbonique la quantité d'oxygène disponible dans la matière analysée.

### CHOIX D'UNE MÉTHODE DE DOSAGE ET DE SÉPARATION

Le manganèse est un des métaux les plus répandus dans la nature. Sans parler de ses oxydes et, particulièrement, de la pyrolusite ($MnO^2$) on le rencontre souvent en assez forte proportion dans un grand nombre de minerais de fer ; on le trouve aussi dans les pyrites, les minerais de zinc et autres minerais métalliques. Le manganèse existe dans les fontes, fers et aciers ; certaines fontes spéciales dites *fontes spiegel* en contiennent souvent plus de 20 p. 100 ; dans les ferro-manganèses, la teneur s'élève parfois à 80 p. 100 ; citons aussi certains alliages dans lesquels le manganèse existe en plus ou moins grande quantité. Enfin, ce métal se rencontre encore, mais généralement en très faible proportion, dans de nombreux calcaires et argiles.

1. *Le manganèse existe en plus ou moins grande quantité à côté de fer en proportion plus ou moins forte, la matière ne contenant pas ou ne contenant que des quantités insignifiantes de métaux donnant des solutions colorées.*

Ce cas est très fréquent ; il se rencontre dans l'analyse de la plupart des minerais de fer et des produits sidérurgiques, et aussi dans l'analyse des minerais de manganèse (pyrolusite), lorsqu'on n'a en vue que la détermination du manganèse total sans avoir égard à son état d'oxydation.

La solution acide contenant notamment le fer et le manganèse est additionnée d'oxyde de zinc en suspension dans l'eau, qui neutralise l'acide libre et précipite le fer à l'état d'hydrate ; l'oxyde de zinc ne doit pas être employé en grand excès, ce qui rendrait difficile l'observation du terme de l'essai ; un léger excès d'oxyde est cependant nécessaire pour neutraliser l'acide libre qui se forme pendant la réaction et qui pourrait empêcher la précipitation complète du manganèse. Ce point est surtout à considérer si le métal est à l'état de chlorure.

Les équations suivantes rendent compte de ce qui se passe en l'absence et en présence d'oxyde de zinc en excès.

$$3MnCl^2 + K^2Mn^2O^8 + 2H^2O = 5MnO^2 + 2KCl + 4HCl$$
$$3MnCl^2 + K^2Mn^2O^8 + 2ZnO = 5MnO^2 + 2KCl + 2ZnCl^2.$$

Après avoir ajouté l'oxyde de zinc, on dilue fortement avec de l'eau bouillante et on laisse couler dans le liquide maintenu aussi chaud que possible une solution titrée de permanganate potassique qui précipite le manganèse à l'état de $MnO^2$ (voy.

pour les détails, p. 123). Le terme de la réaction est marqué par la coloration rose que le permanganate communique au liquide lorsque tout le manganèse est précipité.

On utilise avantageusement pour cette opération des matras d'Erlenmeyer très évasés (fig. 17).

Pour apprécier le terme de l'essai, on incline en se servant d'un support spécial, le matras dans la position indiquée par

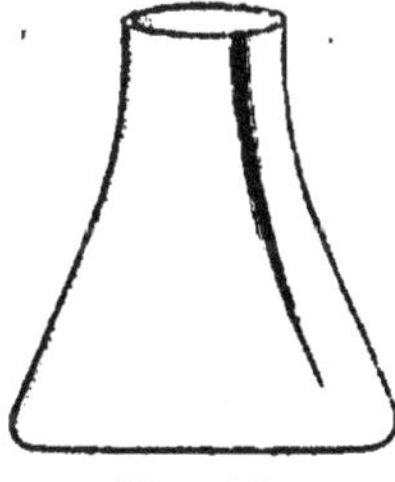

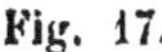

Fig. 17.

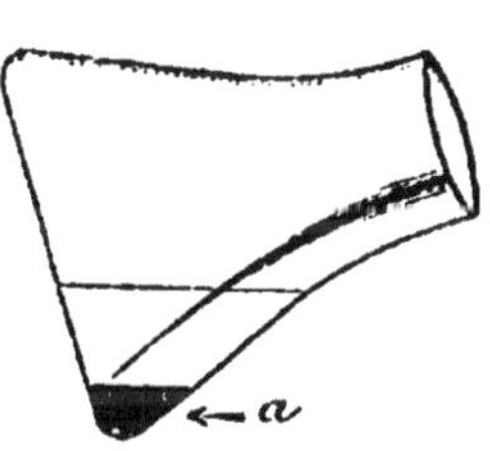


Fig. 18.

la figure 18 ; le précipité se rassemble en *a* et l'on observe la tranche du liquide éclairci.

2. *Séparation du manganèse, de l'aluminium et du fer.* Cette séparation est très fréquente dans la pratique.

a. *Si le manganèse est en assez forte proportion,* on précipite le fer et l'aluminium par l'acétate sodique (au besoin en opérant par double précipitation), d'après les indications données p. 101, n° 3. Dans le filtrat séparé des acétates basiques de fer et d'aluminium, on précipite le manganèse par le brome à l'état de $MnO(OH)^2$ (voy. p. 117, n° 5). Le précipité manganique impur est redissous dans l'acide chlorhydrique et le manganèse est précipité ensuite par le carbonate ammonique à l'état de carbonate manganeux (voy. p. 121 A. 1) ou dosé par le permanganate potassique (voy. p. 123).

b. *Si le manganèse est en très faible proportion* (*calcaires, argiles*), on précipite le fer et l'aluminium par l'ammoniaque à l'état d'hydrates, en se plaçant dans les conditions détaillées, p. 80. Dans le filtrat, on peut précipiter le manganèse à l'état de sulfure.

3. *Le manganèse est associé à du fer, de l'aluminium et de l'acide phosphorique* (voy. p. 81).

Le manganèse est dosé dans une prise d'essai spéciale par le permanganate potassique.

4. *Séparation du manganèse et du chrome* (voy. p. 91).

5. *Le manganèse est en présence du fer, de l'aluminium et du zinc.* — Ce cas se rencontre notamment dans l'analyse des minerais de zinc manganésifères.

La solution des chlorures contenant le fer à l'état ferrique est additionnée de 10 centimètres cubes d'eau de brome, puis traitée par l'ammoniaque en excès ; on obtient ainsi un précipité formé de $Fe^2(OH)^6$, $Al^2(OH)^6$ et $MnO(OH)^2$. Ce précipité pouvant retenir du zinc, on le redissout dans l'acide chlorhydrique après l'avoir lavé et on répète la précipitation dans les mêmes conditions. Le nouveau précipité (exempt de zinc) est calciné après lavage et dessiccation. Les oxydes $Fe^2O^3$, $Al^2O^3$, $Mn^3O^4$, formés par la calcination, sont redissous dans l'acide chlorhydrique ; on sépare ensuite le fer et l'aluminium à l'état d'acétates basiques et on dose le manganèse dans le filtrat (voy. pour les détails 2 *a*).

6. *Séparation du manganèse, du nickel et du cobalt.*

*a*. On prépare une solution acétique des trois métaux en traitant par l'hydrate sodique ou potassique jusqu'à formation d'un précipité d'hydrates qu'on redissout dans l'acide acétique ; on ajoute ensuite de l'acétate sodique, on chauffe vers 70° et on traite par l'acide sulfhydrique qui précipite les sulfures de nickel et de cobalt (voy. caractères des sels du nickel et du cobalt). Comme il se peut qu'une petite partie de nickel reste en solution, on concentre le filtrat du précipité de sulfures et on le traite par l'ammoniaque et le sulfure ammonique qui précipitent le nickel restant et, en même temps, le sulfure de manganèse.

On dissout ce dernier par addition d'acide acétique, puis on recueille le sulfure de nickel.

Dans le filtrat on précipite le manganèse à l'état de sulfure après neutralisation.

*b*. On précipite les métaux à l'état de sulfures, puis on dissout le sulfure manganeux seul par l'acide acétique dilué ou par l'acide chlorhydrique dilué chargé d'acide sulfhydrique. Dans la solution séparée du résidu de sulfures de nickel et de cobalt, on dose le manganèse.

## ZINC

### CARACTÈRES DES SELS

1. Le sulfure de zinc est, de tous les sulfures métalliques, le seul qui soit *blanc* ; il est donc caractéristique.

Il est aisément soluble dans les acides minéraux, insoluble dans les acides acétique et formique et dans les alcalis.

On peut donc l'obtenir dans les conditions suivantes ([1]).

[1] Le sulfure obtenu par voie humide est du sulfure hydraté.

a. *Par l'action des sulfures alcalins* sur les solutions zinciques neutres ou alcalines.

$$ZnCl^2 + Na^2S = ZnS + 2NaCl.$$

Si la solution est alcaline et si cette alcalinité est due à l'ammoniaque, le sulfure zincique sera *floconneux* et se déposera rapidement pour autant que la proportion d'ammoniaque ne dépasse pas certaines limites; s'il en est autrement, le précipité reste en suspension dans le liquide à un état plus ou moins colloïdal. (Cette action de l'ammoniaque doit être prise en considération lorsqu'on dose le zinc par titrimétrie à l'aide du sulfure sodique voy. dosage.)

b. *Par l'action de l'acide sulfhydrique sur les solutions acétiques* obtenues en ajoutant de l'acétate sodique à une solution zincique neutre ou *très légèrement* acide.

$$ZnCl^2 + 2NaC^2H^3O^2 + H^2S = ZnS + 2NaCl + 2C^2H^4O^2.$$

Cette propriété permet de séparer le zinc de métaux tels que le chrome, le manganèse, etc., dont les solutions acétiques ne donnent pas de précipité par l'acide sulfhydrique.

c. *Par l'action de l'acide sulfhydrique sur les solutions formiques*, obtenues en neutralisant une solution zincique acide par de l'ammoniaque et sursaturant ensuite par de l'acide formique. Le sulfure zincique précipité à chaud dans une pareille solution est *grenu et se laisse aisément filtrer et laver* ([1]).

Cette précipitation en solution formique est utilisée pour la séparation quantitative du nickel et du zinc (Hampe).

*Remarque.* — Les solutions zinciques *neutres*, contenant des sels dérivant d'acides minéraux, donnent lieu, sous l'action de l'acide sulfhydrique, à la formation d'un précipité *partiel* de sulfure zincique.

$$ZnCl^2 + H^2S = ZnS + 2HCl.$$

L'acide minéral produit par la réaction suffit pour maintenir en solution une partie du zinc.

2. *L'ammoniaque* précipite de l'hydrate zincique blanc.

$$ZnCl^2 + 2NH^4OH = Zn(OH)^2 + 2NH^4Cl.$$

Le précipité est très aisément soluble dans un excès de réactif avec formation de chlorure de zinc ammoniacal.

En présence de chlorure ammonique, l'hydrate zincique étant

[1] En général, le sulfure zincique obtenu en solution alcaline ou acétique est difficile à filtrer et à laver; il bouche rapidement les pores du filtre et passe facilement à l'état colloïdal pendant le lavage.

soluble dans ce réactif ne se produit pas ; il y a formation d'un sel double soluble tel que :

$$ZnCl^2\ 2NH^4Cl\ H^2O$$

La facilité avec laquelle l'hydrate zincique se dissout dans l'ammoniaque est fréquemment utilisée pour la séparation quantitative du zinc d'avec le fer et l'aluminium, par exemple, dans l'analyse des minerais de zinc.

3. *Les hydrates alcalins fixes*, produisent, comme l'ammoniaque, de l'hydrate zincique soluble dans un excès de réactif avec formation de zincate de potassium ou de sodium.

$$\begin{cases} ZnCl^2 + 2KOH = Zn(OH)^2 + 2KCl \\ Zn(OH)^2 + 2KOH = K^2ZnO^2 + 2H^2O \end{cases}$$

4. *Action des carbonates alcalins.* — *a.* Les carbonates potassique et sodique produisent des précipités de carbonates basiques, c'est-à-dire des combinaisons de carbonate et d'hydrate zincique, dont la composition varie suivant la concentration de la solution, la température, l'excès plus ou moins grand de réactif employé. L'on peut avoir, par exemple, des précipités tels que $2ZnCO^3, 3Zn(OH)^2\ 4H^2O$. — $ZnCO^3, Zn(OH)^2, ZnO$. — $4ZnCO^3, 7Zn(OH)^2, 7H^2O$, etc.

Pour être complète, la précipitation doit être faite à l'ébullition ; le précipité, dans ces conditions, se dépose très rapidement et se laisse très aisément filtrer et laver.

Chauffés au rouge, les carbonates de zinc sont aisément transformés en oxyde ZnO.

La précipitation du zinc à l'état de carbonate est assez fréquemment utilisée pour le dosage de ce métal.

Pour qu'elle soit complète, la solution doit être exempte de sels ammoniques.

b. *Le carbonate ammonique* produit aussi un précipité de carbonate basique de zinc, au moins dans les solutions exemptes de sels ammoniques.

Le précipité est très aisément soluble dans un excès de réactif, avec formation d'un carbonate zincique ammoniacal tel que $ZnCO^3, NH^3$.

5. *Le ferrocyanure potassique* produit dans les solutions zinciques légèrement acidulées d'acide chlorhydrique, un précipité blanc, gélatineux, de ferrocyanure double de zinc et de potassium.

$$\underbrace{2K^4Fe(CN)^6}_{2[4KCN\,Fe(CN)^2]} + 3ZnCl^2 = \underbrace{Zn^3K^2Fe^2(CN)^{12}}_{3Zn(CN)^2\ 2KCN\ 2Fe(CN)^2} + 6KCl.$$

Cette réaction sert de base à un procédé titrimétrique de dosage du zinc.

*Caractères de l'oxyde zincique.* — L'oxyde zincique (ZnO) qui est blanc à froid, se colore en jaune sous l'action de la chaleur. Par refroidissement, la couleur jaune disparaît.

Si l'on ajoute à de l'oxyde de zinc une goutte d'une solution de nitrate cobalteux, et si l'on chauffe le mélange à haute température, l'oxyde de cobalt provenant de la décomposition du nitrate s'unit à l'oxyde de zinc pour former un oxyde double *de couleur verte* (vert de Rinmann.)

Pour réussir l'essai, il faut éviter d'ajouter trop de sel de cobalt, sinon, la couleur verte n'est plus perceptible à cause de la couleur noire de l'oxyde de cobalt en excès.

Cette réaction, qui rend certains services, surtout lorsque le zinc est en petite quantité, s'obtient évidemment aussi avec les composés du zinc pouvant donner de l'oxyde par calcination ou par grillage ; tels sont : le nitrate, les carbonates, le sulfure, etc.

## DOSAGE

On peut doser le zinc par pesée et par titrimétrie.

I. — Dosage par pesée. — 1. *Le zinc est précipité à chaud à l'état de carbonate basique qu'on transforme en oxyde par calcination.*

On ajoute à la solution zincique presque bouillante du carbonate zincique *en léger excès,* puis on chauffe à l'ébullition et on entretient celle-ci pendant une minute environ. Le zinc est ainsi entièrement précipité à l'état de carbonate basique (voy. p. 134, n° 4, a) se déposant rapidement. On lave le précipité plusieurs fois par décantation en se servant d'eau bouillante. Le précipité est finalement amené sur un filtre ; après avoir achevé le lavage, on dessèche le carbonate, puis on le détache aussi complètement que possible du filtre. Celui-ci est imprégné de quelques gouttes de solution de nitrate ammonique et inciné après dessiccation. Cette manipulation est nécessaire afin d'éviter que les parcelles d'oxyde de zinc adhérentes au papier soient réduites (avec volatilisation de zinc) par le charbon du filtre.

Après avoir réuni le précipité aux cendres du filtre, on calcine au rouge pour transformer le carbonate en oxyde. Après pesée, on calcine de nouveau afin d'être certain que tout le carbonate a été décomposé.

*Observation.* — En pratique, il se peut que le carbonate zincique retienne une petite quantité du carbonate alcalin employé à la précipitation ; il se peut aussi que le précipité contienne un peu de silice provenant du verre du gobelet utilisé pour le dosage. Si l'on veut opérer tout à fait minutieusement, on cherchera si l'oxyde, après calcination, communique à l'eau bouillante une réaction alcaline ; s'il en est ainsi, on le lavera et ensuite on le calcinera de nouveau.

Pour rechercher la silice, on dissoudra dans l'acide chlorhydrique le précipité calciné et pesé ; s'il reste un résidu insoluble de silice, on le recueillera et, après l'avoir pesé, on soustraira son poids de celui de l'oxyde de zinc.

Dans la plupart des cas, ces manipulations supplémentaires qui compliquent beaucoup le dosage, pourront être négligées, surtout si l'on a eu soin de n'employer pour la précipitation du zinc qu'un faible excès de carbonate sodique.

2. *Par électrolyse* (voy. pour les appareils, p. 9). Jusqu'ici le dosage électrolytique du zinc, n'est guère admis dans la pratique industrielle.

Ce dosage exige l'emploi d'une cathode en platine cuivré.

Les solutions à électrolyser peuvent être diversement préparées. On peut, d'après V. Miller et Kiliani, opérer de la manière suivante.

On dissout dans la capsule en platine cuivré servant de cathode, 4 grammes d'oxalate potassique et 3 grammes de sulfate potassique dans l'eau, puis on ajoute la solution zincique ; celle-ci doit être neutre et renfermer le zinc à l'état de sulfate ou de nitrate, mais non à l'état de chlorure. En outre, la quantité de zinc ne doit pas dépasser 0,3 gr. L'électrolyse se fait à froid avec un courant de 0,3 ampère par décimètre carré d'électrode.

On peut avantageusement, pendant l'électrolyse, maintenir le liquide en mouvement à l'aide d'un agitateur ; dans ce cas, l'intensité du courant peut être portée à 0,5 ampère. L'électrolyse exige environ trois heures.

Le dépôt de zinc est cohérent ; on le lave à courant interrompu et on le sèche sous un exsiccateur chargé d'acide sulfurique.

La solution à électrolyser doit être exempte de sels ammoniques et de chlorures. Ces derniers, notamment, provoquent la formation de zinc spongieux.

II. — Dosage par titrimétrie. — 1. *Procédé basé sur la précipitation du zinc de sa solution ammoniacale à l'état de sulfure par le sulfure sodique* (méthode Schaffner modifiée).

En pratique, ce procédé qui est d'un usage très répandu pour l'analyse des minerais de zinc, est appliqué de la manière suivante. On introduit dans un vase de verre à parois épaisses[1] la solution zincique ammoniacale, dans laquelle la proportion d'ammoniaque doit être telle qu'elle n'empêche pas l'agglomération ultérieure du sulfure de zinc (voy. p. 133 a); on y laisse ensuite couler, d'une burette graduée, une solution titrée de sulfure sodique dont 1 centimètre cube correspond à 7 à 8 milligrammes de zinc. L'addition du sulfure est continuée jusqu'à ce qu'une goutte du liquide, déposée sur une bande de papier glacé aux sels de plomb, produise sur celui-ci une tache légèrement brunâtre, due à la formation de sulfure de plomb[2]; le sulfure sodique est alors en faible excès.

Soit N le nombre de centimètres cubes de sulfure sodique employés.

On fait, d'autre part, un essai identique sur une solution ammoniacale de chlorure de zinc préparée à l'aide de zinc chimiquement pur[3], contenant approximativement autant de zinc qu'il y en a dans la solution analysée[4]. En pratique cette solution de zinc pur est appelée « *titre* ».

Soit N' le nombre de centimètres cubes de sulfure employés.

Si nous appelons *a*, la quantité de zinc contenu dans le titre, la quantité $x$ de zinc existant dans la solution analysée sera donnée par la relation

$$N' : a = N : x.$$

D'où :

$$x = \frac{N \times a}{N'}$$

Solutions nécessaires. — a. *Solution de sulfure sodique* préparée en dissolvant dans l'eau 34 grammes de sulfure cristallisé $Na^2S,9H^2O$. La solution, après dilution au volume de 1 litre, peut précipiter environ 8 milligrammes de zinc par centimètre cube.

b. *Solution ammoniacale de zinc pur* (titre) obtenue en dissolvant dans l'acide chlorhydrique à peu près autant de zinc qu'il y en a dans la solution analysée. La solution est ensuite rendue ammoniacale.

[1] L'emploi de ces vases est justifié par la nécessité d'agiter vigoureusement le liquide pendant l'essai.

[2] On s'assurera que l'eau distillée ne produit pas de traînées colorées sur le papier aux sels de plomb, ce qui dénoterait un papier de mauvaise qualité.

[3] Le commerce fournit, pour le dosage du zinc, du zinc chimiquement pur.

[4] Dans la pratique industrielle, on sait le plus souvent quelle est, à quelques pour cent près, la teneur en zinc des solutions à titrer; et, en tout cas, on peut aisément se renseigner à ce sujet par un essai approximatif fait sur une partie de la solution.

On fera en sorte que les quantités de chlorure ammonique et d'ammoniaque existant dans le « titre » et dans la solution à analyser soient les mêmes.

*Mode opératoire.* — En pratique, la solution à analyser et le « *titre* » sont amenés à un volume déterminé, généralement 500 centimètres cubes. On mesure des prises d'essai de 100 centimètres cubes, on y ajoute 200 centimètres cubes d'eau et on titre simultanément les deux solutions à l'aide de sulfure sodique, en se servant de deux burettes. Après chaque addition de sulfure, on prélève dans les solutions, à l'aide d'agitateurs terminés par un petit renflement, une goutte de liquide qu'on *dépose* sur une bande de papier aux sels de plomb. Après avoir laissé en contact pendant 10 à 15 secondes, on lave le papier à l'aide du jet de la pissette. Ces essais sont répétés jusqu'à ce que l'on obtienne une tache jaunâtre, due à la formation d'une trace de sulfure de plomb aux dépens du sulfure sodique en excès.

En général, le premier essai est considéré comme un essai d'orientation. On prélève pour l'essai définitif de nouvelles quantités des liquides et on ajoute d'emblée à quelques 1/10 de centimètres cubes près les quantités de sulfure sodique reconnues nécessaires dans la première opération.

2. *Procédé basé sur la précipitation du zinc à l'état de ferrocyanure zincico-potassique* (voy. p. 134, n° 5). *Modification L. De Koninck et E. Prost.*

*Principe.* — Précipiter le zinc en solution chlorhydrique légèrement acide à l'état de ferrocyanure double de zinc et de potassium $Zn^3K^2Fe^2Cy^{12}$ et titrer en retour l'excès de ferrocyanure potassique employé, au moyen d'une solution titrée de chlorure zincique.

*Solutions nécessaires.* — 1° Solution de chlorure de zinc contenant 10 grammes de zinc par litre et aussi peu acide que possible.

2° Solution de ferrocyanure potassique contenant par litre 27,05 gr. de ce sel. Le titre de cette solution est de 0,00625 gr. de zinc si le ferrocyanure est pur.

3° Acide chlorhydrique, densité 1,075. (Contient environ 182 grammes HCl par litre.)

4° Solution aqueuse de nitrate d'urane à 1 p. 100.

5° Solution de sulfite sodique cristallisé à 10 p. 100.

*Détermination du rapport des solutions de ferrocyanure potassique et de chlorure de zinc.* — On prélève 20 centimètres cubes de la solution zincique et on y ajoute successivement 100 centimètres cubes d'eau, 15 centimètres cubes de solution de chlorure ammonique à 20 p. 100, et 10 centimètres cubes d'acide chlorhydrique densité, 1,075. On verse dans le liquide 40 centimètres cubes de la solution de ferrocyanure, on agite vivement, puis on laisse en repos pendant environ dix minutes de façon à permettre au précipité, d'abord gélatineux et pouvant réagir sous cet état avec le nitrate d'urane, de s'agréger.

La quantité de ferrocyanure employée est de 25 p. 100 environ supérieure à la quantité nécessaire pour la précipitation du zinc. On titre l'excès à l'aide de la solution zincique qu'on ajoute jusqu'à ce qu'une goutte du liquide prélevée avec un tube de verre servant d'agitateur, ne donne plus, même au bout de deux minutes, la moindre trace de coloration brune au contact d'une goutte de solution de nitrate d'urane à 1 p. 100. Cette dernière solution est répartie sur une plaque de porcelaine à fossettes. Le terme de l'essai se marque très nettement.

En opérant comme il vient d'être dit, on a fixé, une fois pour toutes, le titre zinc de la solution de ferrocyanure. La solution zincique et la solution de ferrocyanure (mise à l'abri de la lumière) se conservent, en effet, sans altération.

*Dosage.* — La solution analysée, qui peut contenir de l'ammoniaque et des sels ammoniques[1], est neutralisée par l'acide chlorhydrique. Afin d'atteindre exactement le point de neutralisation, on peut se servir d'un petit morceau de papier de tournesol qu'on introduit dans le liquide.

On acidule ensuite en employant 10 centimètres cubes d'acide chlorhydrique (densité 1,075) par 100 centimètres cubes de liquide, puis on ajoute quelques gouttes de la solution de sulfite sodique qui entravent la formation de toute trace de ferricyanure, ce qui communiquerait au liquide une teinte jaune. On laisse ensuite couler dans le liquide un volume connu de solution de ferrocyanure tel qu'il soit en excès d'environ 20 p. 100 sur la quantité supposée nécessaire pour la précipitation du zinc contenu dans les 100 centimètres cubes soumis à l'essai. Après avoir mélangé, on laisse reposer pendant dix minutes, puis on titre en retour l'excès de ferrocyanure au moyen de la solution zincique (Voy. plus haut).

On fait un essai comparatif sur 100 centimètres cubes d'un « titre » préparé en dissolvant dans 20 centimètres cubes d'acide

[1] Les solutions zinciques provenant de l'attaque de minerais ou autres produits du ressort de la métallurgie renferment généralement de l'ammoniaque et des sels ammoniques au moment où le zinc doit y être dosé par titrimétrie. La présence de ces composés est due aux manipulations qui ont été nécessaires pour l'élimination de divers métaux accompagnant le zinc.

chlorhydrique concentré à peu près 5 fois autant de zinc qu'il y en a dans la solution. La solution est additionnée de 100 centimètres cubes d'ammoniaque et de 10 centimètres cubes de solution de carbonate ammonique et diluée au volume de 500 centimètres cubes.

Pour les essais courants, ce dernier contrôle peut être négligé; il suffit de se baser sur le titre zinc de la solution de ferrocyanure déterminé expérimentalement.

3. *Méthode Von Schulz et Low basée, comme la précédente, sur la précipitation du zinc par le ferrocyanure potassique.* Cette méthode, très employée en Amérique, consiste essentiellement dans les points suivants.

*Préparation de la solution titrée de ferrocyanure.*

On dissout dans l'eau 22 grammes de ferrocyanure potassique pur et on dilue la solution obtenue au volume d'un litre.

On pèse d'autre part 0 gr. 1 de zinc pur, qu'on dissout dans 7 centimètres d'acide chlorhydrique densité 1,20; on dilue légèrement et on rend la solution légèrement alcaline par l'ammoniaque; on neutralise ensuite par l'acide chlorhydrique et on ajoute, lorsque le point de neutralisation est atteint, 3 centimètres cubes de ce même acide; on dilue à 250 centimètres cubes environ, on chauffe à peu près à l'ébullition et on titre par le ferrocyanure, en s'aidant, pour apprécier le terme du titrage, d'essais à la touche faits à l'aide d'une solution de nitrate d'urane à 5 p. 100 (voy. 2).

Lorsque la coloration brune du ferrocyanure d'urane se produit, on note le volume de solution de ferrocyanure employé et on attend deux minutes afin de voir s'il ne se forme pas de teinte brune dans l'un ou plusieurs des essais à la touche qui ont précédé l'essai final. Il y aurait lieu, dans ce cas, de corriger en conséquence le volume observé.

Les auteurs recommandent de déterminer dans un essai spécial, la quantité de solution de ferrocyanure nécessaire pour obtenir, par un essai à la touche, la coloration brune du ferrocyanure d'urane, en opérant sur une solution exempte de zinc, mais contenant les mêmes volumes d'eau, d'ammoniaque et d'acide chlorhydrique que celle qui sert pour l'essai proprement dit.

*Préparation de la solution à analyser.* — La matière, un minerai par exemple, est traitée par 5 centimètres cubes d'acide nitrique concentré (pour une prise d'essai de 0,5 gr.); après avoir évaporé la moitié de cet acide, on ajoute 5 grammes de chlorate potassique et, de nouveau, 10 centimètres cubes d'acide nitrique concentré. Si la substance contient du manganèse, celui-ci se précipite. On évapore à siccité; le grand excès de chlorate potassique employé ne sert qu'à diviser la masse et à favoriser la redissolution ultérieure du zinc. Le résidu de l'évaporation est repris par 25 centimètres cubes d'une solution ammoniacale préparée en dissolvant 200 grammes de chlorure ammonique dans un mélange de 500 centimètres cubes d'ammoniaque (densité 0,90) et de 350 centimètres cubes d'eau. On fait bouillir pendant quelque temps, puis on filtre.

Si la substance analysée est ferrugineuse, l'hydrate ferrique qui s'est formé se présente sous forme d'un précipité en grains fins[1]. On lave une couple de fois à l'eau chaude, puis, substituant au vase dans lequel on a reçu le filtrat, un second vase, on continue le lavage avec une solution chaude contenant par litre 100 grammes de chlorure ammonique et 50 centimètres cubes d'ammoniaque concentrée.

Le filtrat principal est neutralisé par l'acide chlorhydrique concentré; on ajoute ensuite 10 centimètres cubes de ce même acide et on fait bouillir pendant quelques minutes; on décompose ainsi la majeure partie des chlorates, le liquide n'étant pas assez dilué pour empêcher l'action de l'acide chlorhydrique sur ces derniers. On réunit alors les eaux de lavage au filtrat principal, on neutralise par l'ammoniaque et on ajoute 3 centimètres cubes d'acide chlorhydrique concentré. Après avoir dilué au volume d'environ 200 centimètres cubes, on traite à chaud par l'acide sulfhydrique pour précipiter éventuellement les métaux des groupes de l'arsenic et du cadmium. On peut, en général, se dispenser de séparer le précipité par filtration, sa présence n'entravant pas l'observation du terme du titrage pour zinc.

Le titrage se fait de la manière suivante. Un tiers environ du liquide chaud est mis en réserve. Le reste est titré rapidement par la solution de ferrocyanure jusqu'à ce que l'on obtienne une réaction nette avec le nitrate d'urane; on ajoute ensuite la majeure partie du liquide tenu en réserve et on continue à titrer rapidement jusqu'à réaction finale nette; on ajoute enfin, le restant du liquide et on achève le titrage, en laissant couler, cette fois, le réactif avec précaution.

On fait subir au volume de solution de ferrocyanure consommé des corrections analogues à celles dont il a été parlé à propos de la préparation de la solution de ferrocyanure (voy. p. 140)[2].

[1] Si l'évaporation a été faite à trop haute température, jusqu'à fusion partielle du résidu, ou bien si elle n'a pas été suffisamment complète, l'hydrate ferrique est plus ou moins gélatineux et retient du zinc.

[2] La méthode Von Schulz et Low, telle qu'elle est décrite, est applicable dans tous les cas, excepté lorsque la matière analysée est riche en arsenic,

### CHOIX D'UNE MÉTHODE DE DOSAGE ET DE SÉPARATION

On a surtout à doser le zinc dans les minerais de zinc et dans certains alliages tels que le laiton, l'argent neuf, etc. Ce métal se rencontre souvent aussi *en petite quantité* dans divers minerais métalliques, ceux de plomb, notamment, dans des pyrites, dans les résidus plombeux de la fabrication du zinc, dans divers alliages, certains bronzes, par exemple ; dans l'aluminium, etc.

Dans ces diverses matières, le zinc peut être associé à un plus ou moins grand nombre de métaux des groupes de l'arsenic, du cadmium, du fer et du baryum.

1. *Le zinc existe en grande quantité à côté de métaux des groupes de l'arsenic et du cuivre, ainsi que de fer, aluminium, calcium et magnésium.*

La solution chlorhydrique acide est débarrassée des métaux des groupes de l'arsenic et du cadmium par l'acide sulfhydrique. Dans le filtrat du précipité de sulfures, privé par ébullition de l'excès d'acide sulfhydrique, on réoxyde le fer (que l'acide sulfhydrique avait fait passer à l'état ferreux) par l'acide nitrique concentré à chaud, puis on précipite le fer et l'aluminium par l'ammoniaque en excès, à l'état d'hydrates. Dans le filtrat, on dose le zinc par titrimétrie, soit au moyen du sulfure sodique, soit par le ferrocyanure potassique; on opère paral-

ou, ce qui est très fréquent, lorsqu'il s'agit de minerais de zinc, contenant du cadmium.

Dans le premier cas, on traite la prise d'essai (0,5 gr.) par 10 centimètres cubes d'acide chlorhydrique et 1 centimètre cube de brome; on chauffe modérément pendant quelques minutes et, finalement, on évapore à siccité. L'arsenic est, dans ces conditions, suffisamment éliminé. Après avoir repris le résidu de l'évaporation par 5 centimètres cubes d'acide nitrique concentré, on continue l'analyse comme il est dit ci-dessus.

Les auteurs ont observé que le cadmium n'est pas entièrement précipité par l'acide sulfhydrique, d'une solution légèrement acide, mais chargée de chlorures alcalins.

Pour éliminer le cadmium, ils opèrent de la manière suivante. La prise d'essai est attaquée comme à l'ordinaire; après avoir évaporé à siccité, on reprend le résidu par 5 centimètres cubes de la solution ammoniacale et 10 centimètres cubes d'eau; on chauffe pendant quelque temps pour dissoudre tout ce qui est soluble, puis on ajoute 12 centimètres cubes d'une solution d'hydrate sodique à 40 p. 100. On fait bouillir jusqu'à décomposition complète des sels ammoniques (c'est-à-dire jusqu'à ce qu'on ne perçoive plus l'odeur de l'ammoniaque), puis on ajoute 25 centimètres cubes d'eau; on filtre et on lave le précipité d'abord avec un peu d'eau chaude, puis avec une solution d'hydrate sodique à 4 p. 100. Le cadmium est ainsi retenu dans le précipité. L'analyse est continuée d'après les indications données plus haut.

lèlement sur un « *titre* » préparé à l'aide de zinc pur en quantité connue (voy. p. 136 et suiv.).

*Remarque.* — Lorsque la proportion de fer et d'aluminium est importante, une partie plus ou moins notable du zinc peut être retenue dans le précipité d'hydrates de ces métaux. En pareil cas, on peut :

*a.* Opérer par double précipitation, c'est-à-dire redissoudre le précipité des hydrates de fer et d'aluminium dans l'acide chlorhydrique et traiter de nouveau par l'ammoniaque en excès.

*b.* Ajouter à la solution de zinc pur servant de terme de comparaison, une solution de chlorure ferrique correspondant à un poids de fer à peu près égal à celui qui se trouve dans la solution analysée.

2. *Même cas que* 1 *avec, en plus, présence de manganèse en petite quantité.* — On opère comme il vient d'être dit, sauf, qu'on ajoute à la solution, à la température de 60° environ, avant de précipiter par l'ammoniaque, quelques centimètres cubes d'eau oxygénée afin d'assurer la précipitation du manganèse par l'ammoniaque, à l'état d'hydrate manganique.

3. *Le zinc existe à côté de manganèse en forte proportion.* — La solution préalablement rendue acétique est traitée par l'acide sulfhydrique qui précipite le zinc seul à l'état de sulfure (voy. p. 133, b.).

Dans le filtrat, rendu ammoniacal, on peut précipiter le manganèse par le sulfure ammonique.

4. *Le zinc existe en petite quantité à côté de fer en très forte proportion* (*Pyrites zincifères, minerais de zinc très ferrugineux, cendres plombeuses des fours à zinc*). — Les métaux étant amenés à l'état de chlorures, on évapore la solution à siccité, et on enlève ensuite le chlorure ferrique par l'éther (voy. pour les détails, p. 79, n° 3.)

5. *Le zinc existe en plus ou moins grande quantité à côté de peu de fer.* (*Laiton, certains bronzes*). — On précipite les deux métaux à l'état de carbonate, par le carbonate sodique à chaud.

Le précipité est, après lavage, calciné afin de transformer les carbonates en oxydes $Fe^2O^3$, ZnO, qu'on pèse. Ces oxydes sont ensuite redissous dans l'acide chlorhydrique et, dans la solution, on précipite le fer à l'état d'hydrate par l'ammoniaque en excès ; le zinc reste en solution.

6. *Le zinc existe à côté de grandes quantités d'aluminium* (*Aluminium et alliages à base d'aluminium*). — La solution est additionnée d'acide tartrique, puis sursaturée d'ammoniaque et traitée par un sulfure alcalin. Le zinc est seul précipité à l'état

de sulfure. La présence du tartrate alcalin empêche l'hydrate aluminique de se précipiter (voy. p. 74, n° 2).

7. *Séparation du zinc et du nickel.* (Argent neuf et autres alliages). — On peut séparer ces métaux en se basant sur le fait que le sulfure de zinc est précipité en solution formique par l'acide sulfhydrique tandis que, dans ces conditions, le sulfure de nickel n'est pas précipité.

La solution est d'abord neutralisée par de l'hydrate ou du carbonate sodique ; après avoir dilué avec de l'eau au volume de 300 à 400 centimètres cubes, on ajoute environ un 1/2 gramme de formiate sodique et quelques centimètres cubes d'acide formique (densité 1,2). On chauffe vers 60° et on traite par l'acide sulfhydrique. Le zinc seul est précipité à l'état de sulfure. Ce sulfure, ainsi obtenu, se dépose bien ; contrairement à ce qu'on observe pour le sulfure précipité en solution alcaline ou acétique, il est facile à filtrer et à laver ; on le lave avec de l'eau contenant 1 p. 100 d'acide formique (densité 1,2) et un peu d'acide sulfhydrique.

*Remarque.* — Si le zinc et le nickel sont accompagnés d'une petite quantité de fer (ce qui est fréquemment le cas dans les alliages à base de nickel), ce fer passe avec le nickel dans le filtrat du sulfure zincique.

## NICKEL

### CARACTÈRES DES SELS NICKELEUX [1]

1. Les sels anhydres sont jaunes ; les solutions aqueuses sont vertes.

2. *Le sulfure ammonique exempt de polysulfure* [2] précipite entièrement le nickel à l'état de sulfure noir (A. Lecrenier).

$$NiCl^2 + (NH^4)^2S = NiS + 2NH^4Cl.$$

Cependant, si la solution nickeleuse est très diluée et ne renferme pas de sels étrangers, l'addition de sulfure peut avoir sim-

[1] Bien que le nickel existe sous divers états d'oxydation, les seuls sels stables sont ceux qui correspondent à l'oxyde NiO (nickeleux).

[2] On peut débarrasser de polysulfure le sulfure ammonique dont on dispose généralement dans les laboratoires, en le chauffant avec un sulfite alcalin ; on produit ainsi de l'hyposulfite aux dépens du soufre du polysulfure.

plement pour effet de colorer le liquide en brun (sulfure de nickel colloïdal). Par addition d'une substance saline, telle que le chlorure ammonique, on provoque la formation d'un précipité noir (NiS).

Si l'on emploie pour la précipitation du nickel du *sulfure ammonique polysulfuré* (sulfure jaune), une partie du sulfure de nickel d'abord formé se dissout dans l'excès de réactif et colore celui-ci en brun noir. Si l'on chauffe la solution, qui contient probablement le nickel à l'état de sulfosel, avec de l'acide acétique dilué, le sulfure de nickel réapparait.

Le sulfure de nickel est insoluble dans l'acide chlorhydrique dilué et chargé d'acide sulfhydrique. Ce caractère, qui est commun aux sulfures de nickel et de cobalt, est souvent utilisé pour séparer ces métaux des autres éléments du groupe du fer dont les sulfures ou hydrates sont tous aisément solubles dans l'acide chlorhydrique, même dilué.

Le sulfure de nickel se dissout aisément dans l'eau régale. Il est insoluble dans l'acide acétique dilué; le nickel peut donc être précipité à l'état de sulfure de ses solutions acétiques faiblement acides, par l'acide sulfhydrique.

3. *Action des hydrates alcalins.* — *Les hydrates alcalins fixes* précipitent de l'hydrate nickeleux $Ni(OH)^2$ vert, insoluble dans un excès de réactif :

$$NiCl^2 + 2NaOH = Ni(OH)^2 + 2NaCl.$$

Cette propriété est utilisée pour le dosage du nickel.

*L'ammoniaque* produit aussi un précipité d'hydrate vert, mais un excès de réactif dissout le précipité : ce caractère sert à la séparation du nickel et de métaux tels que le fer, dont les hydrates sont insolubles dans l'ammoniaque.

4. *Action des carbonates alcalins.* — Les carbonates alcalins produisent des précipités de carbonates basiques de composition variable suivant la température et la concentration des solutions; l'on aura par exemple : $2NiCO^3, 3Ni(OH)^2, 2H^2O$.

Ces précipités sont insolubles dans un excès de carbonate de sodium ou de potassium; ils se dissolvent, au contraire, dans le carbonate ammonique avec formation d'un composé ammoniacal de nickel.

5. *Le cyanure potassique* produit un précipité vert clair de cyanure nickeleux soluble dans un excès de réactif avec formation de cyanure double.

$$2NiCl^2 + 4KCN = 2Ni(CN)^2 + 4KCl.$$
$$2Ni(CN)^2 + 4KCN = 4KCN\,Ni^2(CN)^4$$

L'addition d'un acide a pour effet de détruire le cyanure double et de reprécipiter le cyanure nickeleux.

$$4KCN\,Ni^2(CN)^4 + 4HCl = Ni^2(CN)^4 + 4KCl + 4HCN.$$

Si, à la solution de cyanure double de nickel et de potassium, on ajoute du brome et de l'hydrate potassique ou sodique, le nickel passe de l'état nickeleux à l'état nickelique et se précipite à l'état d'hydrate $Ni^2(OH)^6$ noir.

$$4KCN\,2Ni(CN)^2 + 9Br^2 + 6KOH = Ni^2(OH)^6 + 10KBr + 8BrCN.$$

Cette propriété est utilisée pour la séparation du nickel et du cobalt.

## DOSAGE

1. *Par électrolyse.* — Cette méthode est très employée aujourd'hui. L'électrolyse du nickel peut se faire en solution ammoniacale, oxalique ou citrique. (Voy. pour les appareils à employer p. 3.)

Nous considérerons spécialement le premier cas.

Le nickel peut être à l'état de sulfate ou de chlorure, mais, en tout cas, la solution ne doit pas contenir de nitrates.

*a.* On prépare une solution de sulfate ammonique ammoniacal en dissolvant 5 grammes de sulfate ammonique dans un peu d'eau et ajoutant de 40 à 60 centimètres cubes d'ammoniaque (densité, 0,96) suivant que la quantité de nickel à doser est inférieure ou supérieure à 0,5 gr.

On verse dans le liquide ainsi préparé la solution nickeleuse concentrée, puis on électrolyse avec un courant de 0,7 ampère par décimètre carré d'électrode.

Le nickel se dépose à la cathode sous forme d'un dépôt gris bien adhérent. Lorsque l'électrolyse est achevée, ce dont on s'assure par un essai qualitatif, on interrompt le courant, on lave le dépôt jusqu'à élimination de tout sel métallique, on déplace l'eau par l'alcool et l'alcool par l'éther, et on pèse, après dessiccation à basse température.

*b.* La solution chlorhydrique de nickel, éventuellement neutralisée par l'ammoniaque, est additionnée de 60 centimètres cubes d'ammoniaque pour un volume d'environ 250 centimètres cubes et électrolysée avec un courant de 1 ampère.

Le dosage s'achève comme en *a.*

2. *Le nickel est pesé à l'état d'oxyde* NiO. — On précipite le nickel à chaud, soit à l'état d'hydrate $Ni(OH)^2$, par l'hydrate potassique ou sodique, soit à l'état de carbonate basique par le carbonate sodique.

Le précipité est lavé à l'eau bouillante, puis desséché et calciné; on obtient ainsi l'oxyde NiO.

Cet oxyde peut avoir retenu un peu d'alcali; il peut aussi renfermer un peu de silice si l'on s'est servi, pour la précipitation, d'un vase en verre.

Souvent, pour éviter les erreurs résultant de ces causes, on traite le précipité calciné, par l'eau bouillante, pour dissoudre les matières alcalines, puis on calcine de nouveau. On s'assurera de l'absence de silice en dissolvant le précipité après pesée, dans de l'acide chlorhydrique; le cas échéant, la silice restera non dissoute et, pourra être dosée.

On peut encore réduire l'oxyde à l'état métallique en le chauffant au rouge, au creuset de Rose dans un courant d'hydrogène, et peser le métal obtenu (voy. pour les appareils à employer dosage du cuivre à l'état de sulfure cuivreux).

*Séparations du nickel.* — (Voy. séparations du cobalt.)

## COBALT

### CARACTÈRES DES SELS COBALTEUX [1]

1. Les sels cobalteux donnent des solutions aqueuses généralement roses ou rouges ; sous l'action d'un excès d'acide chlorhydrique concentré, la teinte vire au bleu.

2. *Le sulfure ammonique* produit un précipité noir de sulfure cobalteux CoS, insoluble dans un excès de réactif. A cette différence près, les caractères de solubilité du sulfure de cobalt sont les mêmes que ceux du sulfure de nickel (voy. p. 144, n° 2). On peut donc obtenir le sulfure de cobalt par l'action de l'acide sulfhydrique sur une solution cobalteuse acétique.

3. *Action des hydrates alcalins.* — Les hydrates potassique et sodique produisent un précipité bleu, considéré comme formé par un sel basique; ce précipité passe au violet, puis au rose; c'est alors de l'hydrate cobalteux $Co(OH)^2$. Au contact de l'air ce dernier s'oxyde et se colore en brun.

L'hydrate cobalteux est insoluble dans un excès du réactif; il peut être utilisé pour le dosage du cobalt.

*L'ammoniaque* donne d'abord un précipité bleu verdâtre qui se dissout aisément dans un excès de réactif en communiquant

[1] Le cobalt comme le nickel peut exister sous divers états d'oxydation; les seuls sels stables correspondent à l'oxyde CoO (cobalteux).

au liquide une coloration rouge passant au brun par oxydation.

4. *Action des carbonates alcalins.* — Les carbonates alcalins produisent des précipités rouges ou violets de carbonates basiques dont la composition dépend de la température et de la concentration de la solution ; si l'on emploie le carbonate ammonique le précipité se redissout dans un excès de réactif [1].

5. Les sels de cobalt communiquent à la perle de borax *une coloration bleue très intense,* due à la formation d'un borate de cobalt.

Cette réaction est d'une très grande sensibilité ; elle permet de reconnaître la présence de très faibles quantités de cobalt, même en mélange avec des matières étrangères.

Si la proportion de cobalt est quelque peu importante, la perle paraît noire par réflexion.

### RÉACTIONS PERMETTANT DE SÉPARER LE COBALT DU NICKEL

6. Si l'on ajoute à une solution cobalteuse du cyanure potassique, il se produit d'abord un précipité brun rougeâtre de cyanure cobalteux $Co(CN)^2$; qu'un excès de réactif dissout avec formation de cyanure double de cobalt et de potassium, $4KCN.Co^2(CN)^4$. Par l'action de l'acide chlorhydrique sur la solution froide, le cyanure double est décomposé et le cyanure de cobalt est reprécipité.

$$4KCNCo^2(CN)^4 + 4HCl = Co^2(CN)^4 + 4KCl + 4HCN.$$

Si l'on traite par le brome la solution de cyanure double, il se produit du cobalticyanure de potassium.

$$4KCN\,Co^2(CN)^4 + 4KCN + Br^2 = 6KCN\,Co^2(CN)^6 + 2KBr.$$

Le cobalticyanure de potassium *n'est pas décomposé par les hydrates alcalins ;* il n'y a donc pas formation de précipité d'hydrate de cobalt. Dans les mêmes conditions, au contraire, les sels de nickel donnent un précipité d'hydrate nickelique (voy. p. 145, n° 5).

7. *Le nitrite potassique* produit dans les solutions acétiques concentrées, la précipitation complète du cobalt à l'état de nitrite cobaltico-potassique $6KNO^2\,Co^2(NO^2)^6$.

Ce précipité, de couleur jaune, n'est complètement formé qu'au

[1] Les hydrates et les carbonates alcalins agissent donc d'une manière tout à fait analogue sur les solutions nickeleuses et sur les solutions cobalteuses.

bout de plusieurs heures. En pratique, on concentre la solution cobalteuse, on ajoute de l'hydrate sodique ou potassique jusqu'à formation d'un précipité permanent d'hydrate cobalteux, qu'on redissout en versant dans le liquide, goutte à goutte, de l'acide acétique. On ajoute ensuite une solution concentrée de nitrite potassique, acidulée par l'acide acétique.

L'équation suivante rend compte de la formation du précipité.

$$2CoCl^2 + 10KNO^2 + 4HNO^2 = 6KNO^2Co^2(NO^2)^6 + 4KCl + 2NO + 2H^2O.$$

L'acide nitreux formé aux dépens du nitrite par l'action de l'acide acétique, cède donc un atome d'oxygène qui se porte sur l'oxyde cobalteux et le transforme en oxyde cobaltique.

$$\underbrace{H^2N^2O^4}_{2HNO^2} = H^2O + 2NO + O.$$

$$Co^2O^2 + O = Co^2O^3.$$

Le nitrite cobaltico-potassique est très légèrement soluble dans l'eau, aisément soluble dans l'acide chlorhydrique, insoluble dans une solution d'acétate potassique à 10 p. 100.

8. Les solutions cobalteuses, neutres ou acidulées d'acide chlorhydrique, donnent avec une solution alcoolique ou acétique de nitroso-β-naphtol $C^{10}H^6(NO)OH$, un volumineux précipité rouge pourpre de cobalti-nitroso-β-naphtol $Co[C^{10}H^6(NO)O]^3$ *très stable en présence des alcalis et des acides.*

Cette réaction permet de séparer le cobalt du nickel, les sels de nickel donnant, dans les conditions précitées, un précipité jaune brunâtre de nitroso-β-naphtol-nickel $Ni[C^{10}H^6(NO)O]^2$ décomposable par l'acide chlorhydrique avec régénération de nitroso-β-naphtol et formation de chlorure de nickel.

## DOSAGE

1. *Par électrolyse.* — L'électrolyse des solutions des sels de cobalt se fait dans les mêmes conditions que celles qui ont été décrites à propos de l'électrolyse des composés du nickel (voy. p. 146, n° 1).

2. *Le cobalt est précipité à l'état d'hydrate cobalteux par l'hydrate potassique ou sodique.* — Ce qui a été dit du dosage correspondant du nickel est applicable ici (voy. p. 146, n° 2). Il y a lieu d'ajouter que l'hydrate de cobalt ne donnant pas, par calcination, un oxyde de composition définie, *on doit* réduire l'oxyde dans un courant d'hydrogène afin d'obtenir le cobalt métallique qu'on pèse.

3. *Par le nitrite potassique.*

4. *Par le nitroso-β-naphtol.*

Les procédés 3 et 4 dont les principes ont été exposés précédemment (voy. caractères des sels cobalteux n^os^ 7 et 8), ne sont utilisés que pour la séparation du cobalt. Nous indiquerons dans le paragraphe suivant les cas dans lesquels ils interviennent et la manière de les appliquer.

## SÉPARATIONS

SÉPARATIONS DU NICKEL ET DU COBALT. — *Séparation de ces deux métaux des autres métaux de leur groupe auxquels ils sont le plus fréquemment associés.*

En pratique, le nickel et le cobalt se rencontrent associés dans quelques minerais dont le plus important est la Garniérite; dans les mattes et speiss obtenus comme sous-produits de la métallurgie du plomb, dans l'oxyde de cobalt du commerce, dans le nickel métallique.

Le nickel se rencontre aussi dans quelques alliages, tels que l'alliage monétaire, l'argent neuf, l'acier au nickel, etc.

*Séparation du nickel et du cobalt.* En général, la marche à adopter consiste à doser ensemble les deux métaux par électrolyse en suivant l'un ou l'autre des procédés décrits p. 146. Les métaux sont ensuite redissous dans l'acide nitrique, et dans la solution on dose, soit le nickel, soit le cobalt.

*Cas où le cobalt est en petite quantité par rapport au nickel.* (Minerais de nickel, mattes, speiss, nickel métallique).

*a.* La solution nitrique des deux métaux est neutralisée par l'hydrate potassique, puis additionnée d'acide acétique; le cobalt est ensuite précipité à l'état de nitrite cobaltico-potassique par le nitrite potassique (voy. pour les détails, p. 148, n° 7). Le précipité est recueilli après plusieurs heures de repos, et lavé avec une solution d'acétate potassique à 10 p. 100 à laquelle on ajoute un peu de nitrite potassique. Il est ensuite redissous dans l'acide chlorhydrique; puis, dans la solution rendue ammoniacale après expulsion complète de l'acide nitreux par ébullition, on dose le cobalt par électrolyse (voy. p. 149). Le poids des deux métaux étant connu par la première électrolyse, on obtient celui du nickel par différence.

b. *Le cobalt est précipité à l'état de cobalti-nitroso-β-naphtol* $Co[C^{10}H^{6}(NO)O]^{3}$ (voy. p. 149, n° 8).

La solution des chlorures ou des sulfates, additionnée de quelques centimètres cubes d'acide chlorhydrique, est traitée à chaud par une solution de nitroso-naphtol dans l'acide acétique à 50 p. 100. On filtre après plusieurs heures de repos; on lave avec de l'acide chlorhydrique à 12 p. 100, d'abord à froid, puis à chaud, jusqu'à ce que tout le nickel soit passé dans le filtrat, puis on achève le lavage à l'eau chaude. Le précipité cobaltique est desséché, mélangé à de l'acide oxalique solide, puis calciné progressivement au rouge vif dans un creuset de Rose taré. On calcine ensuite dans un courant d'hydrogène, afin de réduire l'oxyde de cobalt à l'état de cobalt métallique qu'on pèse.

*Cas où le cobalt prédomine* (*oxyde de cobalt du commerce*).
*Principe*. — On précipite le nickel à l'état d'hydrate nickelique (voy. p. 145, n° 5).

La solution mixte, neutre ou rendue à peu près neutre par l'hydrate potassique (dans le cas où l'on a affaire à un liquide acide), est additionnée de cyanure potassique en excès, alcalinisée par la potasse et traitée par du brome ajouté petit à petit, le liquide étant maintenu aussi froid que possible et agité vigoureusement. A un moment donné, tout le nickel se précipite à l'état d'hydrate nickelique $Ni^2(OH)^6$. On dilue fortement avec de l'eau bouillante et l'on maintient le liquide chaud jusqu'à dépôt complet du précipité. Celui-ci est ensuite recueilli, lavé et redissous dans l'acide chlorhydrique. Dans la solution obtenue, rendue ammoniacale, on dose le nickel par électrolyse (voy. p. 146, n° 1).

*Séparation du nickel* (*et du cobalt*) *et de l'aluminium* (voy. p. 80).

*Séparation du nickel* (*et du cobalt*) *et du fer*.

a. *Le fer est en proportion modérée* (voy. p. 114, n° 8).

b. *Le fer est en très forte proportion par rapport au nickel* (acier au nickel).

Les métaux étant amenés à l'état de chlorures, on enlève le chlorure ferrique par l'éther; le nickel reste dissous dans le liquide aqueux (voy. pour les détails, p. 79, n° 3).

*Séparation du nickel* (*et du cobalt*) *et du manganèse* (voy. p. 132, n° 6).

*Séparation du nickel et du zinc* (voy. p. 144, n° 7).

EXEMPLE DE MARCHE A SUIVRE POUR LA RECHERCHE DES MÉTAUX DU GROUPE DU FER DANS UNE SOLUTION DE SELS DE CES MÉTAUX (LE TITANE NON COMPRIS).

La solution est neutralisée par l'ammoniaque; le réactif doit être ajouté avec précaution jusqu'à ce qu'il se forme un *léger* précipité d'hydrates ne se redissolvant que difficilement par agitation. On verse ensuite petit à petit du sulfure ammonique qui précipite le fer, le zinc, le manganèse, le nickel et le cobalt à l'état de sulfures, et l'aluminium et le chrome à l'état d'hydrates (voy. les caractères des sels de ces divers métaux). On chauffe à la température du bain-marie pour agréger le précipité.

En l'absence de nickel, le liquide surnageant le précipité sera coloré en jaune par l'excès de sulfure ammonique. En présence de nickel, en quantité notable, il peut être coloré en brun par suite de la dissolution de sulfure de nickel dans le sulfure ammonique. Lorsque le dépôt du précipité est complet [1], on filtre. Il est important de choisir un entonnoir et un filtre tels que la filtration puisse s'effectuer rapidement, certains sulfures, et spécialement le sulfure de fer, se sulfatisant rapidement au contact de l'air, ce qui provoque le passage à travers le filtre, d'une partie du précipité et ralentit la filtration. Le précipité est lavé à l'eau chaude à laquelle on peut ajouter quelques gouttes de sulfure ammonique, ce qui contribue à éviter la sulfatisation [2].

Lorsque le lavage est terminé, on retourne l'entonnoir la douille vers le haut, et, en s'aidant du jet de la pissette, on fait passer le précipité dans un gobelet de verre; on laisse déposer, puis, on décante l'eau qui surnage le précipité et on verse sur celui-ci de l'acide chlorhydrique *très dilué* et saturé d'acide sulfhydrique ; ce réactif, qu'on laisse agir *à froid* pendant un certain temps, dissout les sulfures de fer, de zinc et de manganèse et les hydrates de chrome et d'aluminium; il est sans action sur les sulfures de nickel et de cobalt.

On isole ces derniers par filtration et lavage.

RECHERCHE DU NICKEL ET DU COBALT. — On soumet une petite partie du précipité à l'essai à la perle de borax (voy. réactions par voie sèche). Si la perle se colore en brun violacé, on peut conclure à la présence du nickel et à l'absence du cobalt. Si la perle se colore en bleu, on conclura à la présence du cobalt; mais, la coloration bleue due au cobalt, masquant la coloration due au nickel, on ne pourra conclure à l'absence du nickel [3]. Dans ce cas, on dissout le précipité de sulfures dans l'eau régale et on évapore à siccité la solution des chlorures formés. Le résidu est redissous dans l'eau ; à la solution, on ajoute du cyanure potassique, jusqu'à redissolution du précipité

[1] On laissera le dépôt se faire *en vase couvert*, afin d'éviter autant que possible l'accès de l'air.

[2] Il est clair que si le liquide filtré est exempt de métaux du groupe du baryum, on peut se contenter d'un lavage sommaire.

[3] Rappelons que le nickel est souvent décelé par la coloration brune due à la dissolution du sulfure de nickel dans le sulfure ammonique. (Voy. p. 145).

de cyanures d'abord formés, puis du brome en solution dans le bromure potassique, et enfin de l'hydrate sodique ou potassique.

Le nickel se précipite dans ces conditions à l'état d'hydrate nickelique $Ni^2(OH)^6$, noir (voy. p. 145, n° 5).

Recherche du fer, du zinc, du manganèse, de l'aluminium et du chrome, dans la solution chlorhydrique provenant de la redissolution des sulfures. — La solution est chauffée à l'ébullition pour éliminer l'acide sulfhydrique dont elle est chargée; on ajoute ensuite quelques gouttes d'acide nitrique concentré (densité 1,4) pour oxyder à l'état ferrique le fer qui se trouve à l'état de chlorure ferreux; on chauffe encore quelques instants pour assurer l'oxydation complète du fer. On neutralise ensuite la majeure partie de l'acide libre par du carbonate sodique solide, puis on verse le liquide dans une solution chaude d'hydrate potassique ou sodique placée dans une capsule de porcelaine[1]. On obtient ainsi un précipité d'hydrates ferrique, chromique et manganeux; l'aluminium et le zinc restent dissous à l'état d'aluminate et de zincate alcalins (voy. l'action des alcalis sur les solutions des sels des divers métaux en présence).

Après avoir laissé déposer complètement le précipité, on le recueille sur un filtre et on le lave complètement avec de l'eau bouillante.

*Traitement du précipité :*

a. *Recherche du fer.* — On dissout une petite partie du précipité dans l'acide chlorhydrique; la solution est ensuite traitée par du sulfocyanate alcalin. Une coloration rouge plus ou moins intense, due à la formation de sulfocyanate ferrique (voy. p. 102) indique la présence du fer.

b. *Recherche du manganèse.* — Une autre partie du précipité est dissoute dans quelques gouttes d'acide nitrique; on ajoute un peu d'eau et du peroxyde de plomb et l'on chauffe un instant à l'ébullition. En présence de manganèse, il se produit une coloration violette due à la formation d'acide permanganique[2] (voy. p. 118, n° 7). *Voyez aussi c. recherche du chrome.*

[1] On évitera, pour diverses raisons, d'employer plus d'hydrate alcalin qu'il n'est nécessaire. En effet, les hydrates alcalins du commerce contiennent souvent un peu d'alumine et la présence de cette alumine peut occasionner des erreurs dans la recherche de l'aluminium; en outre, la filtration d'un liquide trop chargé d'hydrate alcalin est difficile, le papier du filtre étant attaqué par l'alcali. C'est pour contribuer à éviter l'emploi d'un trop grand excès d'hydrate alcalin qu'on neutralise d'abord, avant d'effectuer la précipitation, la majeure partie de l'acide chlorhydrique libre par du carbonate sodique.

[2] Il est prudent de s'assurer que le peroxyde de plomb, qui contient par-

c. *Recherche du chrome.* — Le restant du précipité est desséché, puis fondu avec un réactif alcalin oxydant. On peut employer un mélange de carbonate sodico-potassique et de nitrate potassique et opérer la fusion dans un creuset de platine; on peut aussi se servir du peroxyde sodique, ce qui permet de faire usage d'un simple creuset de fer. Par la fusion oxydante, le chrome est transformé en chromate alcalin (voy. p. 84, B) et le manganèse en manganate alcalin (voy. p. 119, n° 8). La couleur verte de ce dernier masque complètement la coloration jaune du chromate [1].

La masse fondue est reprise par l'eau chaude qui dissout le chromate et le manganate, qu'on sépare par filtration des oxydes de fer et autres, produits pendant la fusion.

A la solution, on ajoute quelques gouttes d'alcool pour réduire le manganate à l'état de bioxyde de manganèse (voy. p. 119, n° 8) et faire ainsi disparaître la coloration verte. La couleur jaune du chromate devient alors visible. On peut, après avoir filtré pour enlever le bioxyde de manganèse, détruire l'excès de carbonate alcalin par l'acide acétique et précipiter le chromate par le nitrate de plomb à l'état de chromate plombique $PbCrO^4$ (jaune).

Recherche de l'aluminium et du zinc dans la solution alcaline. — La solution alcaline de zincate et d'aluminate alcalins est divisée en deux parties.

Dans l'une, on ajoute du sulfure sodique qui détermine la formation d'un précipité blanc de sulfure zincique [2].

fois du manganèse ne donne pas lieu à la formation d'acide permanganique, en présence d'acide nitrique.

[1] La production de la coloration verte due au manganate alcalin est un excellent caractère pour la recherche du manganèse.

[2] Lorsque la proportion de chrome est importante, le zinc peut être retenu en totalité dans le précipité d'hydrates obtenus par l'action de l'hydrate sodique ou potassique. Si donc, en pareil cas, on ne trouve pas de zinc dans la solution alcaline, il ne s'ensuit pas nécessairement que la matière soit exempte de ce métal. Le cas échéant, le précipité d'hydrates sera redissout dans l'acide chlorhydrique. A la solution, pouvant contenir fer, manganèse, chrome et zinc, on ajoutera de l'acide tartrique puis de l'ammoniaque en excès, et on traitera ensuite par du sulfure ammonique. Il se formera un précipité des sulfures de fer, de manganèse et de zinc; la présence du tartrate empêchera la précipitation du chrome (voy. p. 82, n° 1). Le précipité des sulfures sera redissous dans l'acide chlorhydrique, puis le fer et le manganèse seront, comme ci-dessus, précipités à l'état d'hydrates par de l'hydrate potassique ou sodique dans lequel l'hydrate de zinc, d'abord formé restera dissous. Après filtration, le zinc pourra être caractérisé dans la solution alcaline par le sulfure sodique.

L'autre partie est neutralisée par l'acide chlorhydrique afin de détruire l'hydrate alcalin dont la présence s'opposerait à la précipitation ultérieure de l'aluminium.

Par addition d'ammoniaque, on précipite ensuite ce dernier métal à l'état d'hydrate $Al^2(OH)^6$, blanc [1].

*Présence du titane.* — Le titane est précipité à l'état d'acide titanique en même temps que les métaux du groupe du fer par le sulfure ammonique.

Le cas échéant, on dessèche et calcine une partie du précipité; on fond ensuite le produit de la calcination dans un creuset de platine avec quinze à vingt fois son poids de sulfate acide de potassium, afin d'amener le titane sous une forme de combinaison soluble dans l'eau (voy. p. 93, c.).

La solution obtenue en reprenant la masse fondue par l'eau est chauffée à l'ébullition afin de précipiter le titane à l'état d'acide métatitanique (voy. p. 193). S'il y a du fer en présence, on devra ramener ce métal à l'état ferreux, à l'aide d'additions répétées d'acide sulfureux (voy. p 96.).

[1] Comme il a été dit déjà (p. 153, note 1) les hydrates alcalins du commerce renferment souvent un peu d'alumine. Dans certains cas, surtout lorsque le précipité d'alumine obtenu au cours de l'analyse est peu abondant, il est prudent de s'assurer que l'alumine ne provient pas du réactif. Pour cela, on dissout dans l'eau approximativement autant d'hydrate alcalin qu'on en a employé dans l'analyse lors de la recherche de l'aluminium; on neutralise par l'acide chlorhydrique, puis on précipite l'aluminium à l'état d'hydrate par l'ammoniaque et l'on compare le précipité qui se forme à celui qu'on a obtenu lors de la recherche de l'aluminium.

# GROUPE DU CADMIUM

## CADMIUM

### CARACTÈRES DES SELS

1. *L'acide sulfhydrique* précipite des solutions cadmiques, neutres ou faiblement acides, du sulfure CdS, jaune.

$$CdCl^2 + H^2S = CdS + 2HCl.$$

Le même précipité est obtenu par les sulfures alcalins dans les solutions neutres ou alcalines.

$$CdCl^2 + (NH^4)^2S = CdS + 2NH^4Cl.$$

Le sulfure cadmique est assez aisément soluble dans l'acide chlorhydrique même à un certain état de dilution. Il est très important de tenir compte de ce fait dans la recherche et le dosage du cadmium (voy. séparations).

Le sulfure est soluble à chaud dans l'acide sulfurique au 1/5; il est insoluble dans le cyanure potassique. Ces deux derniers caractères sont importants pour la séparation du cadmium et du cuivre, métal souvent associé au cadmium. Le sulfure de cuivre est, en effet, insoluble dans l'acide sulfurique dilué et soluble dans le cyanure potassique.

2. *Action des hydrates alcalins.* — Les hydrates alcalins précipitent de l'hydrate cadmique blanc.

$$CdCl^2 + 2KOH = Cd(OH)^2 + 2KCl.$$

Le précipité est insoluble dans les hydrates alcalins fixes; il se dissout, au contraire, très aisément dans l'ammoniaque avec formation de sel cadmique ammoniacal. L'addition d'ammoniaque en excès à une solution cadmique ne donnera donc pas lieu à la formation d'un précipité. L'hydrate cadmique se transforme par calcination en oxyde CdO, brun.

3. *Action des carbonates alcalins.* — Les divers carbonates alcalins précipitent le cadmium à l'état de carbonate, blanc.

$$CdCl^2 + Na^2CO^3 = CdCO^3 + 2NaCl.$$
$$CdCl^2 + (NH^4)^2CO^3 = CdCO^3 + 2NH^4Cl.$$

Le carbonate cadmique est tout à fait insoluble dans les carbonates alcalins fixes ; il n'est pas complètement insoluble dans le carbonate ammonique. Le cyanure potassique le dissout, surtout à chaud.

4. *Le cyanure potassique* produit un précipité blanc de cyanure cadmique Cd $(CN)^2$, soluble dans un excès de réactif avec formation de cyanure double Cd $(CN)^2$, 2 KCN.

Ce cyanure double est décomposé par l'acide sulfhydrique avec précipitation de sulfure cadmique jaune.

$$Cd(CN)^2 2KCN + H^2S = CdS + 2KCN + 2HCN.$$

Cette réaction est importante au point de vue de la séparation du cadmium et du cuivre, parce que, dans les mêmes conditions, le cyanure double de cuivre et de potassium, n'est pas décomposé.

## DOSAGE

1. *Par précipitation à l'état de carbonate qu'on transforme en oxyde par calcination.* — La solution cadmique est traitée à l'ébullition par le *carbonate potassique* [1] en excès ; le précipité de carbonate cadmique formé est lavé à l'eau chaude et séché. On le détache ensuite du filtre et on le met en réserve. Le filtre, avant d'être incinéré, est imprégné de nitrate ammonique afin d'éviter la réduction du cadmium à l'état métallique. On réunit finalement le précipité aux cendres du filtre et on calcine pour obtenir l'oxyde CdO qu'on pèse.

2. *A l'état de sulfure.* — La solution *modérément acide* (voy. caractères, n° 1) est traitée par l'acide sulfhydrique.

Le précipité de sulfure CdS est recueilli sur un filtre taré, lavé, puis séché vers 100-110° et pesé [2].

*Remarque.* — Afin d'éviter l'emploi du filtre taré, on peut redissoudre le sulfure cadmique lavé, dans de l'acide chlorhydrique dilué de son volume d'eau et chauffé. La solution de

[1] Le carbonate potassique est préférable au carbonate sodique parce que ce dernier est plus difficile à éliminer par lavage.

[2] La calcination au creuset de Rose, en mélange avec du soufre dans un courant d'hydrogène n'est pas applicable ici, le sulfure cadmique étant légèrement volatil au rouge (H. Rose).

chlorure obtenue est évaporée dans une capsule de platine tarée, en présence de quelques gouttes d'acide sulfurique. Le résidu de l'évaporation est calciné *modérément* pour éliminer l'excès d'acide et transformer le chlorure cadmique en sulfate $CdSO^4$ qu'on pèse.

## SÉPARATIONS

Le cadmium se rencontre, généralement en petite quantité dans la plupart des minerais de zinc, dans des minerais de plomb, dans les *poussières de zinc* obtenues pendant les premières phases de la réduction des minerais de zinc, dans le zinc du commerce. Dans l'analyse de ces matières on a fréquemment à séparer le cadmium d'autres métaux de son groupe, spécialement du plomb et du cuivre, et, parfois aussi, d'une quantité variable de zinc qu'on a dû laisser se précipiter à l'état de sulfure avec le cadmium en opérant en solution très peu acide afin d'assurer la précipitation complète du cadmium.

Le cadmium se trouve aussi associé dans quelques alliages au plomb, au bismuth et à l'étain.

Nous considérerons particulièrement ces deux cas.

1. *Séparation du cadmium, du cuivre, du plomb et du zinc.* — La solution contenant ces métaux est évaporée à siccité en présence d'acide sulfurique. En reprenant par l'eau, on obtient tout le plomb à l'état de sulfate *insoluble* qu'on peut séparer par filtration (voy. caractères des sels de plomb); les sulfates des autres métaux passent en solution. On précipite par l'acide sulfhydrique le cadmium et le cuivre, le liquide étant très modérément acide (voy. p. 156, n° 1); le zinc reste en solution.

Les sulfures de cuivre et de cadmium sont redissous dans l'acide nitrique dilué; la solution, additionnée d'ammoniaque en excès, est traitée ensuite par le cyanure potassique en excès. En faisant passer un courant d'acide sulfhydrique, on obtient tout le cadmium à l'état de sulfure (voy. p. 157, n° 4.); la présence du cyanure empêche la précipitation du cuivre. Ce dernier peut être dosé dans le filtrat du sulfure cadmique, après destruction du cyanure potassique par l'acide chlorhydrique et l'acide nitrique (voy. dosage du cuivre).

On peut encore séparer le cuivre du cadmium en traitant la solution des sulfates de ces métaux par l'acide hypophosphoreux en dessous de 60° (Mawrow et Muthmann).

Il se forme dans ces conditions un précipité jaune rougeâtre d'hydrure de cuivre qui, à chaud, se décompose en cuivre métallique et hydrogène.

En somme on a :

$$2H^3PO^2 + CuSO^4 + 4H^2O = 2H^3PO^4 + H^2SO^4 + Cu + 3H^2.$$

Le précipité de cuivre étant séparé, on recherche et dose le cadmium dans le filtrat.

*Observation.* — La présence de chlorures est nuisible parce que ces sels donnent lieu à la formation de chlorure cuivreux que l'acide hypophosphoreux ne réduit pas à l'état métallique.

2. *Séparation du cadmium, du plomb et du bismuth.* — La solution nitrique des trois métaux est évaporée à peu près à sec ; on ajoute ensuite *un peu* d'acide chlorhydrique pour éviter la formation de sel basique de bismuth insoluble, puis de l'acide sulfurique dilué qui transforme le plomb en sulfate insoluble qu'on sépare par filtration.

Dans le filtrat on précipite par l'eau le bismuth à l'état d'oxychlorure BiOCl insoluble (voy. caractères des sels bismuthiques). On précipite finalement le cadmium à l'état de sulfure dans le nouveau filtrat.

## PLOMB

### CARACTÈRES DES SELS

1. *Solubilité du chlorure plombique.* — Le chlorure plombique est peu soluble dans l'eau à la température ordinaire (1 : 135); il est soluble dans 30 parties d'eau bouillante. Par conséquent, si l'on ajoute à une solution froide et concentrée d'un sel de plomb, un chlorure ou de l'acide chlorhydrique, on aura un précipité plus ou moins abondant de chlorure plombique (aiguilles cristallines).

$$Pb(NO^3)^2 + 2HCl = PbCl^2 + 2HNO^3.$$

On peut, par addition d'alcool, arriver à précipiter la presque totalité du plomb qui se trouve en solution.

Cette précipitation du plomb à l'état de chlorure est parfois employée dans l'analyse d'alliages à haute teneur en plomb.

2. *L'acide sulfurique et les sulfates* produisent un précipité de sulfate plombique, blanc cristallin.

$$Pb(NO^3)^2 + H^2SO^4 = PbSO^4 + 2HNO^3.$$

Le sulfate plombique exige pour se dissoudre 36 000 à 37 000 parties d'eau. Il peut donc être considéré comme à près insoluble.

Il est insoluble dans l'acide sulfurique *dilué* et dans l'alcool.

Il est légèrement soluble dans l'acide nitrique et dans l'acide chlorhydrique.

Par conséquent, pour obtenir la précipitation complète du plomb, en partant du chlorure ou du nitrate de ce métal, on devra, après addition d'acide sulfurique en excès, évaporer à sec et chauffer le résidu jusqu'à ce qu'il se produise des vapeurs d'acide sulfurique, sans aller cependant jusqu'à élimination de tout l'excès de cet acide. Dans ces conditions, les acides chlorhydrique ou nitrique sont complètement expulsés. En reprenant par l'eau après refroidissement, on reforme avec l'acide sulfurique libre une solution diluée d'acide sulfurique et tout le sulfate de plomb reste à l'état insoluble.

Le sulfate de plomb est soluble dans divers sels, notamment dans l'acétate ammonique et dans le tartrate ammonique ammoniacal [1]. Si l'on ajoute à cette dernière solution de l'acide sulfurique en excès, le sulfate de plomb se reprécipite, le tartrate étant détruit.

Si la proportion d'acide sulfurique est insuffisante, il peut se produire du tartrate mono-ammonique $C^4H^5(NH^4)O^6$, peu soluble dans l'eau.

Si, à la solution de sulfate de plomb dans le tartrate, on ajoute un sulfure alcalin, tout le plomb se précipite à l'état de sulfure (PbS.)

De toutes les réactions du plomb, celle qui nous occupe est la plus importante, tant pour le dosage que pour la recherche de cet élément.

La propriété que possède le sulfate de se dissoudre dans le tartrate ammonique est souvent utilisée pour rechercher le plomb dans les résidus siliceux que laissent les minerais sulfurés après attaque par l'eau régale; une partie du plomb existant dans le minerai à l'état de galène, par exemple, peut, en effet, dans ces conditions passer à l'état de sulfate qui reste précipité avec la silice.

3. *L'acide sulfhydrique* produit dans les solutions plombiques neutres ou modérément acides, un précipité noir de sulfure plombique, aisément soluble dans l'acide nitrique dilué.

$$PbCl^2 + H^2S = PbS + 2HCl.$$
$$PbS + 2HNO^3 = Pb(NO^3)^2 + H^2S.$$

Si la solution contient trop d'acide chlorhydrique libre, on

[1] Ce réactif se prépare en sursaturant par l'ammoniaque une solution d'acide tartrique à 10 p. 100.

peut obtenir d'abord un précipité *rouge* de chloro-sulfure de plomb $Pb^4S^3Cl^2$, qu'un excès d'acide sulfhydrique transforme en sulfure PbS (noir).

*Les sulfures alcalins* produisent, comme l'acide sulfhydrique, du sulfure PbS.

$$Pb(NO^3)^2 + (NH^4)^2S = PbS + 2NH^4NO^3.$$

*Réactions moins importantes.*

4. *Action des alcalis.* — Les hydrates alcalins fixes et l'ammoniaque précipitent de l'hydrate plombique blanc, insoluble dans un excès d'ammoniaque, soluble dans un excès d'hydrate sodique ou potassique avec formation de plombite alcalin.

$$\begin{cases} PbCl^2 + 2KOH = Pb(OH)^2 + 2KCl \\ Pb(OH)^2 + 2KOH = K^2PbO^2 + 2H^2O. \end{cases}$$

5. *Les carbonates alcalins* précipitent du carbonate plombique $PbCO^3$, blanc. Le précipité est insoluble dans le *cyanure* potassique.

6. *Les chromates et dichromates alcalins* précipitent du chromate plombique jaune, cristallin, à peu près insoluble dans l'eau et dans l'acide acétique, difficilement soluble dans l'acide nitrique.

$$Pb(NO^3)^2 + K^2CrO^4 = PbCrO^4 + 2KNO^3.$$

Cette réaction est plus importante pour la recherche des chromates que pour la recherche ou le dosage du plomb (voy. dosage du chrome, p. 85, n° 4).

7. L'iodure plombique $PbI^2$ étant peu soluble dans l'eau froide (1 : 1 200) peut être obtenu sous forme d'un précipité jaune, par addition d'un iodure alcalin à une solution plombique suffisamment concentrée.

### CARACTÈRES DES OXYDES DE PLOMB PLUS OXYGÉNÉS QUE L'OXYDE PLOMBIQUE PbO.

Le plomb, comme le manganèse, se présente sous des états d'oxydation supérieurs à celui qui est représenté par l'oxyde plombique PbO. On connaît notamment les oxydes $PbO^2$ (peroxyde plombique) et $Pb^3O^4$ (minium.)

Comme dans le cas des oxydes manganiques, on donne le nom *d'oxygène disponible* à l'oxygène en excès sur la quantité nécessaire pour former l'oxyde PbO. D'après ceci, une molécule de $PbO^2$ et une molécule de $Pb^3O^4$ contiennent donc, l'une et l'autre, 1 atome d'oxygène disponible.

Les oxydes supérieurs du plomb présentent, comme les oxydes correspondant du manganèse, quelques réactions utilisées parfois pour l'analyse de ces produits tels que le commerce les fournit.

Nous nous bornerons à indiquer ces réactions, renvoyant pour les détails à ce qui a été dit au paragraphe consacré aux oxydes manganiques.

1. *L'acide chlorhydrique* dissout les oxydes supérieurs du plomb avec dégagement de 2 atomes de chlore par atome d'oxygène disponible.

$$PbO^2 + 4HCl = PbCl^2 + 2H^2O + Cl^2.$$
$$Pb^3O^4 + 8HCl = 3PbCl^2 + 4H^2O + Cl^2.$$

2. Les oxydes supérieurs du plomb oxydent l'acide oxalique en présence d'acide sulfurique.

Il y a dégagement de 2 molécules d'anhydride carbonique par atome d'oxygène disponible.

$$PbO^2 + H^2C^2O^4 + H^2SO^4 = PbSO^4 + 2CO^2 + 2H^2O.$$
$$Pb^3O^4 + H^2C^2O^4 + 3H^2SO^4 = 3PbSO^4 + 2CO^2 + 4H^2O.$$

3. *L'acide nitrique* ne dissout pas le peroxyde de plomb ; il décompose le minium avec formation de nitrate plombique et de peroxyde plombique.

$$\underbrace{Pb^3O^4}_{2PbO\ PbO^2} + 4HNO^3 = 2Pb(NO^3)^2 + PbO^2 + 2H^2O.$$

## DOSAGE

1. Dosage par pesée a l'état de sulfate. — Ce procédé est très important ; non seulement il permet de doser le plomb convenablement, mais, en outre, le plomb étant, à part le baryum, le seul métal dont le sulfate est pour ainsi dire insoluble, on peut, en le précipitant sous cette forme, le séparer des métaux auxquels il est généralement associé, cuivre, zinc, fer, nickel, cobalt, bismuth, cadmium, etc.

Le sulfate de plomb étant plus ou moins soluble dans les acides chlorhydrique et nitrique (voy. p. 160), ces derniers devront, le cas échéant, être au préalable, complètement éliminés [1]. On

[1] En pratique, les solutions dans lesquelles on a à doser le plomb contiennent presque toujours l'un ou l'autre de ces acides employés, soit pour la mise en solution des substances analysées, soit pour redissoudre les précipités de sulfures qu'on produit souvent au début d'une analyse pour séparer les métaux des groupes de l'arsenic et du cadmium de ceux des autres groupes.

atteint aisément ce résultat en additionnant la solution plombique de quelques centimètres cubes d'acide sulfurique et en évaporant ensuite au bain de sable, jusqu'à ce qu'on observe nettement un dégagement de vapeurs blanches dû à la volatilisation d'acide sulfurique. Dans ces conditions, non seulement les acides libres sont éliminés, mais, les chlorures ou nitrates sont transformés en sulfates. Après avoir laissé refroidir, on ajoute 50 à 100 centimètres cubes d'eau qui forment avec l'acide sulfurique un acide dilué dans lequel le sulfate de plomb est moins soluble que dans l'eau pure. On laisse en repos pendant quelques heures, puis on filtre sur un filtre de petites dimensions ; le précipité est lavé avec de l'acide sulfurique dilué au 1/10 ; lorsque le lavage est terminé, on déplace l'acide qui imprègne le papier, au moyen de deux ou trois lavages à l'alcool ; cette dernière opération est nécessaire afin d'éviter que le filtre charbonne pendant la dessiccation à l'étuve.

Après avoir desséché le précipité à l'étuve, on le détache du filtre aussi complètement que possible, puis on incinère ce dernier dans un creuset de porcelaine. Le charbon réduisant aisément le sulfate de plomb, on traite les cendres du filtre par quelques gouttes d'acide nitrique dilué afin de retransformer en nitrate, le plomb qui aurait pu être réduit pendant l'incinération ; après avoir évaporé l'excès d'acide nitrique, on ajoute deux ou trois gouttes d'acide sulfurique dilué pour faire passer le nitrate à l'état de sulfate ; on évapore et on calcine, jusqu'à élimination de l'acide sulfurique en excès. Finalement, on réunit la masse du précipité aux cendres du filtre traitées comme il vient d'être dit, et l'on calcine de nouveau pendant quelques minutes.

*Remarque.* — Si la solution dans laquelle on a à doser le plomb est exempte de sels précipitables par l'alcool, on peut ajouter au liquide, afin d'insolubiliser le plus complètement possible le sulfate de plomb, un certain volume d'alcool. En pratique, il est assez rare que ces conditions soient réalisées, et, du reste, le procédé qui vient d'être décrit permet, lorsqu'il est appliqué avec soin, d'arriver à des résultats très satisfaisants.

2. Dosage par électrolyse (voy. pour les appareils p. 9). Parmi les procédés électrolytiques proposés pour le dosage du plomb, le meilleur est celui qui consiste à précipiter le plomb à l'état de peroxyde $PbO^2$, à l'anode. D'après Classen, la solution contenant le plomb à l'état de nitrate, et exempte de chlorures, est introduite dans une capsule de platine servant d'anode.

La capsule doit être dépolie sinon le dépôt de peroxyde n'est pas cohérent. On ajoute 20 centimètres cubes d'acide nitrique (densité 1,35 à 1,38), on dilue au volume de 100 centimètres cubes environ, et on électrolyse à la température de 60 à 65° avec un courant de 1,5 à 1,7 ampère par décimètre carré d'électrode. La précipitation du plomb est achevée en 1 heure et demie. Pour s'assurer qu'elle est complète, on verse dans la capsule, 20 à 25 centimètres cubes d'eau et l'on observe s'il ne se forme plus de dépôt de peroxyde sur la surface du platine mouillée par suite du relèvement du niveau du liquide.

Le dépôt du peroxyde est lavé à courant interrompu, d'abord à l'eau, puis à l'alcool. Avant de peser, on dessèche vers 180°, afin d'obtenir du peroxyde anhydre.

Les recherches de B. Neumann ont montré que le dosage électrolytique du plomb, tel qu'il vient d'être décrit, est directement applicable au dosage de cet élément en présence des métaux auxquels il est habituellement associé, à l'exception de l'arsenic.

3. Dosage par voie sèche. — Ce procédé dans lequel le plomb est pesé à l'état métallique, est appliqué dans une très large mesure au dosage du plomb dans les minerais de zinc, de plomb, etc., et dans une quantité de sous-produits métallurgiques.

Il n'est évidemment utilisable que lorsque les matières analysées sont exemptes ou à peu près de métaux tels que le cuivre et l'antimoine, pouvant s'allier plus ou moins facilement au plomb.

La présence du zinc, même en forte proportion, n'est pas nuisible, ce métal pouvant être entièrement volatilisé pendant l'opération.

Dans des mains exercées, le procédé, qui a l'avantage de permettre d'opérer sur de fortes prises d'essai, donne des résultats très satisfaisants.

*Principe.* — On fond la substance plombeuse, finement pulvérisée, avec un fondant alcalin réducteur formé de carbonate sodique sec, de borax anhydre et de tartre. L'opération se fait le mieux dans un creuset de fer dont la matière intervient aussi comme réducteur. Les réactions qui se passent pendant la fusion aboutissent à la réduction complète du plomb à l'état métallique, tandis que la plupart des oxydes fixes qui peuvent exister dans la matière et la silice forment avec le fondant une scorie fluide qui surnage le plomb accumulé au fond du creuset.

Si la matière contient du cuivre ou de l'antimoine, ces métaux passent, au moins en grande partie, dans le plomb.

*Mode opératoire.* — Le mélange à fondre est souvent formé

de 20 grammes de la matière analysée, 50 à 60 grammes de carbonate sodique sec, 25 à 30 grammes de borax anhydre, 3 à 4 grammes de tartre.

La proportion des éléments du fondant peut évidemment varier quelque peu suivant que les substances qui accompagnent le plomb sont plus ou moins acides (silice) ou basiques. On doit, en tout cas, viser à obtenir une scorie bien fluide qui ne retienne pas de globules de plomb.

Le mélange est introduit dans un creuset de fer forgé de 250 centimètres cubes environ de capacité ; on ajoute environ 10 grammes de carbonate sodique puis on place le creuset dans un four à vent chauffé au coke, ou dans un four à gaz. La fusion doit s'opérer progressivement afin d'éviter les bouillonnements et les projections qui en résultent.

On peut aussi, et souvent avec avantage, mélanger la prise d'essai avec le tiers environ de la quantité de fondant à employer, fondre ce mélange, puis ajouter le restant du fondant. Avec certaines substances, cette manière d'opérer permet d'obtenir une séparation plus parfaite du plomb et de la scorie.

Lorsque la masse est en fusion à peu près tranquille, on nettoie, à l'aide d'une tige en fer effilée, les parois du creuset afin d'en détacher les globules de plomb qui peuvent y adhérer ; on laisse ensuite l'opération s'achever complètement en diminuant autant que possible le tirage ; on peut, pendant cette dernière phase, recouvrir le creuset d'un couvercle en terre réfractaire afin de réduire l'accès de l'air au minimum.

La température doit être suffisante pour volatiliser éventuellement le zinc ; cette volatilisation doit, toutefois, être lente, afin d'éviter autant que possible les pertes de plomb par entraînement. Lorsque la masse est en fusion tranquille et qu'on ne remarque plus de dégagement de gaz, la fusion peut être considérée comme terminée. On retire le creuset du fourneau, on le saisit en son milieu à l'aide d'une pince à branches courbes et on décante le plus possible la scorie qui surnage le plomb. On coule ensuite celui-ci dans une lingotière. Si l'on a bien opéré, le culot de plomb doit être tout à fait exempt de scorie et il ne doit pas rester de globules de métal adhérents aux parois du creuset.

*Remarque.* — Si l'on a affaire à une matière contenant notablement de cuivre ou d'antimoine, il y a lieu de tenir compte de la quantité de ces métaux passés dans le plomb. Il faut donc analyser le culot, ou tout au moins y doser le plomb. En fait, si la nature de la substance expose à une pareille complication, il est préférable d'y doser directement le plomb par voie humide.

## SÉPARATIONS

Le plomb est un métal très répandu ; on le rencontre non seulement dans ses minerais et dans les minerais de zinc dans lesquels il existe en plus ou moins forte proportion, mais il se trouve aussi, en quantité souvent très minime, dans les pyrites, les minerais de cuivre, d'étain, d'antimoine, etc., et, par suite, dans les métaux et alliages que fournit le commerce. On rencontre donc le plomb associé aux métaux les plus divers.

En fait, il est toujours possible d'isoler le plomb des métaux du groupe du fer en le précipitant à l'état de sulfure en solution acide par l'acide sulfhydrique.

On peut aussi séparer le plomb des métaux du groupe de l'arsenic en faisant agir sur les sulfures un sulfure alcalin qui dissout à l'état de sulfosels les sulfures des métaux du groupe de l'arsenic et laisse le sulfure de plomb non dissous.

La précipitation à l'état de sulfate en présence d'acide sulfurique en excès permet de séparer commodément le plomb des divers métaux de son groupe et des métaux du groupe du fer.

Le plomb et le mercure peuvent être séparés aussi en utilisant la solubilité du sulfure de plomb dans l'acide nitrique dilué et l'insolubilité du sulfure de mercure dans ce même réactif.

Le procédé électrolytique qui a été décrit précédemment est applicable au dosage du plomb en présence du zinc, du fer, du cobalt, du nickel, de l'aluminium, du cuivre, de l'antimoine, de l'or, du mercure et du cadmium.

D'après Neumann, il est utilisable aussi en présence d'argent et de bismuth (métaux qui pourraient se précipiter en partie avec le plomb) à condition que la proportion de ces métaux ne soit pas trop élevée et que la proportion d'acide nitrique libre dans le liquide soit de 20 p. 100 environ.

En opérant à la température de 70°, avec un courant de 1,6 à 1,8 ampère et 2,5 à 2,7 volts, le même auteur a réussi à séparer aussi le plomb du manganèse dans des produits ne contenant que peu de ce dernier métal.

### PROCÉDÉS SPÉCIAUX DE SÉPARATION DU PLOMB ET DE L'ARGENT DANS LES ALLIAGES

*A*. Par voie sèche. — On fait usage du procédé dit : « par coupellation », qu'on trouvera décrit au chapitre consacré à l'argent. En réalité, ce procédé n'est applicable que lorsque le dosage de l'argent est en cause.

*B*. Par voie humide. — a. *Procédé Benedikt et Gans basé sur l'insolubilité de l'iodure d'argent dans l'acide nitrique et sur la solubilité de l'iodure de plomb dans le même réactif.*

La solution nitrique des deux métaux, contenant environ 10 centimètres cubes d'acide nitrique libre est diluée au volume d'environ 250 centimètres cubes, additionnée d'un excès d'iodure potassique qui transforme les métaux en iodures, puis chauffée. Tandis que l'iodure d'argent résiste à l'action de l'acide nitrique, l'iodure de plomb se décompose; l'iode dégagé se volatilise avec les vapeurs d'eau. On entretient la chauffe, en renouvelant l'eau à mesure qu'elle s'évapore, jusqu'à élimination de tout l'iode; le liquide est alors devenu incolore ou à peu près. L'iodure d'argent est ensuite recueilli et dosé; dans le filtrat, le plomb peut être précipité à l'état de sulfate par l'acide sulfurique.

b. *Les métaux se trouvant en solution nitrique*, on précipite l'argent à l'état de cyanure par le cyanure potassique. Dans le filtrat du précipité argentique, on peut doser le plomb à l'état de sulfate.

## ARGENT

### CARACTÈRES DES SELS

1. *Les chlorures et l'acide chlorhydrique* précipitent l'argent de ses solutions neutres ou acidulées d'acide nitrique sous forme de chlorure AgCl, blanc, caillebotté.

$$AgNO^3 + HCl = AgCl + HNO^3.$$

Lorsqu'on opère à chaud et qu'on agite vivement le liquide après addition du réactif, le précipité s'agrège en gros grumeaux qui se déposent rapidement.

La réaction est très sensible; les moindres traces d'argent donnent lieu à la formation d'un trouble blanchâtre formé de chlorure d'argent extrêmement divisé qui ne se dépose qu'après un temps très long [1].

*Caractères de solubilité du chlorure argentique.* — Le chlorure argentique peut être considéré comme pratiquement insoluble dans l'eau et dans l'acide nitrique dilué.

Il est légèrement soluble dans l'acide chlorhydrique concen-

[1] Voir aussi l'action des bromures et des iodures sur les solutions argentiques (caractères des bromures et des iodures).

tré et très soluble dans l'ammoniaque, le cyanure potassique et l'hyposulfite sodique.

Avec le cyanure potassique, il se forme du cyanure double KCN,AgCN, en même temps que du chlorure potassique; avec l'hyposulfite sodique, un hyposulfite double de sodium et d'argent et du chlorure sodique.

Si l'on neutralise la solution argentique ammoniacale par l'acide nitrique, le chlorure d'argent est reprécipité.

*Remarque.* — Sous l'action de la lumière, le chlorure prend une teinte violette due à la réduction d'une partie du sel à l'état de chlorure argenteux ou d'argent métallique; il y a donc dégagement de chlore.

*La précipitation de l'argent à l'état de chlorure* est une réaction extrêmement importante au point de vue de la recherche et du dosage de ce métal; elle permet, en effet, de le séparer de tous les autres métaux, le chlorure d'argent étant le seul chlorure insoluble que l'on rencontre dans la pratique [1].

2. *L'acide sulfhydrique et le sulfure ammonique* produisent, le premier dans les solutions neutres ou acides, le second dans les solutions neutres ou alcalines, un précipité noir de sulfure argentique $Ag^2S$.

$$2AgNO^3 + H^2S = Ag^2S + 2HNO^3$$
$$2AgNO^3 + (NH^4)^2S = Ag^2S + 2NH^4NO^3.$$

Le précipité est soluble dans l'acide nitrique dilué et chaud avec formation de nitrate argentique.

Calciné, il se décompose en laissant un résidu d'argent métallique.

3. *Action des hydrates alcalins.* — Les hydrates alcalins précipitent de l'oxyde d'argent $Ag^2O$, sous forme d'un précipité brunâtre qui n'est pas tout à fait insoluble dans l'eau.

$$2AgNO^3 + 2KOH = Ag^2O + 2KNO^3 + H^2O.$$

L'oxyde d'argent est insoluble dans un excès d'hydrate alcalin fixe; il se dissout, au contraire, avec la plus grande facilité dans un excès d'ammoniaque. L'évaporation d'une solution d'oxyde d'argent dans l'ammoniaque fournit une substance répondant à la formule $Ag^2O, 2NH^3$, qui, *à l'état sec,* fait explosion par le choc.

[1] En effet, le chlorure plombique est relativement assez soluble (voy. p. 153, n° 1) et les chlorures cuivreux et mercureux, insolubles l'un et l'autre, ne sont produits que dans des cas spéciaux et ne peuvent guère donner lieu à confusion.

4. *Les sulfocyanates alcalins* précipitent l'argent à l'état de sulfocyanate blanc, AgCNS.

$$AgNO^3 + KCNS = AgCNS + KNO^3.$$

Le précipité est insoluble dans les acides dilués.

Cette réaction sert de base à un dosage de l'argent par titrimétrie.

5. *Les chromates alcalins* précipitent l'argent à l'état de chromate argentique, rouge.

$$2AgNO^3 + K^2CrO^4 = Ag^2CrO^4 + 2KNO^3.$$

Cette réaction est utilisée dans le dosage des chlorures par titrimétrie à l'aide du nitrate argentique (voy. dosage des chlorures).

6. *Le zinc et le cadmium* précipitent l'argent de ses solutions salines et de son chlorure ; dans ce dernier cas, la présence d'acide chlorhydrique ou sulfurique est nécessaire.

7. Si l'on fond un composé argentique quelconque avec des matières plombeuses (litharge, minerai de plomb, etc.) et un fondant alcalin réducteur pouvant réduire le plomb à l'état métallique, *tout* l'argent passe dans le plomb, duquel il peut être extrait ensuite par coupellation (voy. dosage par voie sèche).

Cette propriété est extrêmement importante au point de vue du dosage de l'argent dans les minerais, les produits et sous-produits métallurgiques, etc.

## DOSAGE

Les matières dans lesquelles on peut avoir à doser l'argent sont très nombreuses. Sans parler de quelques minerais d'argent proprement dits plus ou moins riches, on rencontre le métal en petites quantités (souvent de moins de 0,01 à 0,05 p. 100) dans de très nombreux minerais de plomb, de zinc, de cuivre, d'arsenic et dans les produits et sous-produits du traitement de ces minerais.

On a souvent aussi à doser l'argent dans des substances riches, des alliages pour monnaies, orfèvrerie, etc., dans lesquelles la proportion du métal peut atteindre et dépasser 80 p. 100.

Dans le premier cas, on recourt exclusivement à des procédés par voie sèche qui permettent d'opérer sur d'assez fortes prises d'essai, ce qui est indispensable lorsque la proportion d'argent n'atteint que quelques millièmes ou centièmes pour cent.

Aux procédés par voie sèche, se rattache la méthode mixte, combinaison de la voie sèche et de la voie humide.

Dans le cas de substances riches, alliages et autres, on fait plutôt usage de méthodes par voie humide, en opérant soit par pesée, soit par titrimétrie.

## I. — Méthodes par voie sèche

1. *Procédé par fonte plombeuse et coupellation.* — Cette méthode consiste à fondre la matière argentifère avec un fondant alcalin réducteur formé de carbonate sodique, de borax anhydre et de tartre et avec addition de litharge [1], si la matière est exempte de plomb ou n'en contient qu'un faible pourcentage.

Dans cette opération, qui se pratique le mieux dans un creuset de fer, tout le plomb de la substance et, éventuellement, celui de la litharge ajoutée, est ramené à l'état métallique et englobe tout l'argent (et l'or). Ce plomb est séparé de la scorie qui s'est formée pendant la fusion (voy. dosage du plomb par voie sèche, p. 164, n° 3), puis il est soumis à la coupellation, opération qui consiste à chauffer le plomb argentifère au contact de l'air, de façon à le transformer en oxyde, et à faire absorber cet oxyde à mesure qu'il se forme, par une matière poreuse consistant en un mélange de cendres d'os et de kaolin façonné en petites cuvettes circulaires à fond très épais appelées coupelles (fig. 10).

Fig. 10.

Lorsque tout le plomb oxydé a été absorbé, l'argent reste finalement sur la coupelle sous forme d'un bouton solide.

*Mode opératoire.* — On chauffe progressivement [2] *au rouge vif* la coupelle introduite dans un fourneau à moufle, chauffé au coke ou au gaz. On place alors le culot de plomb sur la coupelle à l'aide d'une pince spéciale. Si la coupelle est suffisamment chaude, non seulement le plomb fond rapidement, mais il en est de même de la pellicule d'oxyde qui s'est formée à sa surface ; la masse apparaît alors brillante et l'oxydation se produit régulièrement. La porte du moufle doit être maintenue fermée jusqu'à ce que la pellicule d'oxyde ait disparu.

Le réglage de la température du four pendant l'opération est important et ne s'acquiert que par la pratique. Si la température

[1] La litharge du commerce contient souvent quelques grammes d'argent par tonne, dont on aura éventuellement à tenir compte.

[2] Les coupelles, telles qu'on se les procure dans le commerce, doivent, avant d'être introduites dans le fourneau, être séchées à température modérée, sinon elles se fendillent, ce qui peut être très préjudiciable à la réussite de l'essai.

est trop basse, la couche d'oxyde qui se forme constamment à la surface du culot se solidifie et la coupellation s'arrête. L'essai est alors dit « gelé ». On peut parfois, lorsque cet accident se produit, obtenir la fusion de la couche d'oxyde en plaçant au-devant de la coupelle, un morceau de coke incandescent et en fermant la porte du moufle. Mais, en général, il est préférable de considérer l'essai comme perdu.

Si la température est trop élevée, les pertes d'argent, notamment par absorption par la coupelle, augmentent[1]. En général, on considère que l'on travaille dans de bonnes conditions, lorsqu'il se forme sur le pourtour de la coupelle une cristallisation de litharge en aiguilles.

L'absence de cristaux et l'aspect incandescent de la coupelle dénotent une température trop élevée.

Par contre, si les bords de la coupelle deviennent sombres, c'est que le four est trop froid ; on doit alors reculer la coupelle vers le fond (plus chaud) du moufle et fermer la porte afin de permettre à la température de remonter, sinon on s'expose à voir l'essai « geler ».

A la fin de l'opération, l'aréole lumineuse due à la combustion du plomb disparaît, et le bouton d'argent apparaît nettement; le phénomène porte le nom d' « éclair ». Lorsqu'il s'est produit, on retire graduellement la coupelle vers l'ouverture du moufle, afin de refroidir lentement le bouton d'argent et d'éviter le rochage, c'est-à-dire le dégagement violent de l'oxygène absorbé par l'argent. On enlève finalement la coupelle du four, on la laisse refroidir partiellement, puis, à l'aide d'une petite

[1] Le dosage de l'argent, exécuté même dans les meilleures conditions, donne toujours lieu à une certaine perte. Il reste un peu d'argent dans la scorie lors de la fonte plombeuse. Une autre partie passe dans la coupelle lors de la coupellation. Il faudrait donc, pour opérer exactement, retravailler la scorie et la coupelle comme de véritables minerais. En pratique, on s'en tient, en général, à l'opération telle que nous la décrivons. Du reste, tant que la teneur ne dépasse pas quelques centaines de grammes par tonne (ce qui est le cas pour la grande majorité des minerais argentifères) les pertes résultant des causes qui viennent d'être indiquées sont peu importantes. Par contre, elles peuvent s'élever à 100 grammes par tonne et davantage, lorsqu'on a affaire à des minerais, tels que les galènes riches, contenant plusieurs milliers de grammes d'argent par tonne. (V. E. Prost; Bull. de l'Assoc. belge des chimistes, 1900).

On peut annuler les causes de pertes à la coupellation en coupellant, en même temps que le culot obtenu au cours de l'analyse, un culot de plomb pur de même poids auquel on ajoute autant d'argent fin qu'il y en a dans l'essai ; on doit évidemment se renseigner sur la teneur en argent par un essai spécial.

On peut faire entrer alors en ligne de compte pour le calcul du résultat la perte en argent constatée dans l'essai témoin.

pince spéciale dont les mâchoires portent de fines rainures, on détache le bouton d'argent; on nettoie à l'aide d'une brosse raide la face du bouton qui adhérait à la coupelle, puis on aplatit le bouton sur une petite enclume en acier poli, et on pèse la lamelle obtenue, sur une balance permettant une approximation d'au moins 1/30 de milligramme. On déduit l'argent contenu dans la litharge employée et on rapporte le résultat trouvé à la tonne de 1 000 kilogrammes de matière sèche.

S'il y a lieu, on dosera l'or dans l'argent par la méthode indiquée plus loin (voy. dosage de l'or.)

*Remarques.* — 1° En fait, une partie en poids de coupelle peut absorber l'oxyde provenant de 2 parties de plomb. Cependant, en pratique, on fera usage de coupelles de poids sensiblement égal à celui du culot de plomb à coupeller.

2° Les métaux étrangers associés au plomb, dans le cas de matières antimonieuses, cuprifères, etc., peuvent exercer une influence défavorable sur la coupellation.

Le cuivre, lorsqu'il se trouve en présence d'un excès suffisant de plomb, s'oxyde, et l'oxyde formé se dissout dans la litharge et passe dans la coupelle. Le cuivre n'a donc pas ici d'action nuisible, au moins tant qu'il n'existe qu'en petite quantité. La même observation s'applique aux petites quantités de bismuth qui peuvent accompagner l'argent provenant de minerais ou autres matières bismuthifères.

Le procédé par fonte plombeuse et coupellation est applicable à tous les minerais et sous-produits métallurgiques qui ne contiennent que de très petites quantités de métaux, tels que le cuivre, l'antimoine, l'arsenic, etc., pouvant s'allier au plomb. Lorsque la proportion de ces métaux est quelque peu importante, le plomb rassemblé au fond du creuset à la fin de la fonte plombeuse est, en réalité, un véritable alliage dont la coulée est parfois très difficile. De plus, la coupellation d'un plomb aussi impur est pratiquement impossible. Dans ces conditions, on doit opérer d'après la méthode par scorification (voy. 2.)

En pratique, le procédé par fonte plombeuse et coupellation est applicable à peu près sans exception aux blendes et calamines, galènes, cendres plombeuses des fours à zinc.

2. *Méthode par scorification.* — Elle consiste à fondre la substance avec du plomb métallique au rouge vif et au contact de l'air, dans un scorificatoire, sorte de têt en terre réfractaire à fond très épais (fig. 20). Pendant l'opération, qui se fait dans un four à moufle, une partie du plomb s'oxyde et la litharge produite s'unit aux oxydes de fer, de cuivre et autres, qui peuvent accompagner l'argent. Le restant du plomb non oxydé, dissout

l'argent (et l'or) et se rassemble au fond du scorificatoire; on le sépare de la scorie et on le coupelle.

Le procédé par scorification s'impose, lorsqu'on a affaire à des substances dans lesquelles l'argent est associé à de fortes quantités de métaux tels que le cuivre, l'antimoine, le nickel, etc., qui s'opposent à ce que l'on puisse appliquer le procédé par fonte plombeuse.

3. *Procédé mixte.* — (Combinaison de la voie humide et de la voie sèche.) Ce procédé, dont nous n'indiquerons ici que le principe, peut être employé lorsqu'on a affaire à des substances dans lesquelles l'argent coexiste avec de grandes quantités de composés de cuivre, zinc, nickel, cobalt, etc., solubles dans les acides sulfurique ou nitrique. On peut alors dissoudre ces substances étrangères et transformer l'argent en chlorure. Le précipité argentique, mélangé à d'autres matières (silice, composés divers non dissous) est recueilli et soumis à la fonte plombeuse (voy. 1.)

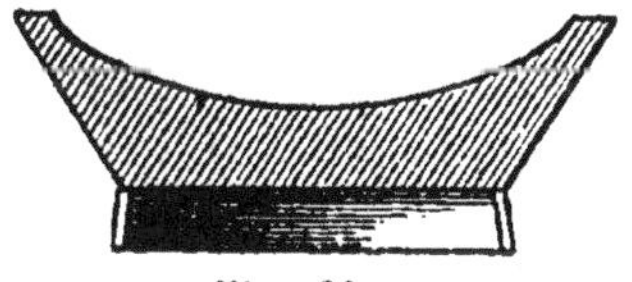

Fig. 20.

## II. — Méthodes par voie humide

*A*. Par pesée. — *Principe.* — L'argent est précipité à l'état de chlorure et pesé sous cette forme (voy. p. 167, n° 1).

La solution argentique, neutre ou aciduléc d'acide nitrique est traitée par l'acide chlorhydrique dilué ou le chlorure sodique. En agitant vivement le liquide et en chauffant, on obtient rapiment le dépôt du précipité. On le recueille sur un filtre, on le lave à l'eau chaude et on le dessèche à l'étuve. Le précipité est ensuite détaché du filtre, celui-ci est incinéré dans un creuset de porcelaine. Pendant cette opération, les parcelles de chlorure qui adhéraient au papier peuvent être réduites à l'état métallique. On retransforme cet argent en chlorure, en traitant les cendres du filtre par quelques gouttes d'acide nitrique dilué et chaud, afin de reformer du nitrate; on ajoute ensuite 2 ou 3 gouttes d'acide chlorhydrique afin d'obtenir le chlorure.

Après avoir évaporé l'acide en excès, on réunit aux cendres du filtre le précipité mis en réserve et on chauffe jusqu'à fusion. Le chlorure d'argent est ensuite pesé ([1]).

[1] Pour nettoyer un creuset de porcelaine dans lequel on a fondu du chlorure d'argent on y place un morceau de zinc et de l'acide sulfurique dilué; au bout d'un certain temps, le chlorure est réduit à l'état de métal (voy. p. 169, n° 6) qui se laisse aisément enlever.

*B*. Par titrimétrie. — Les deux procédés les plus en usage, notamment pour l'analyse des alliages d'argent sont, celui de Gay-Lussac, basé sur la précipitation de l'argent à l'état de chlorure [1], et celui de Charpentier [2], dans lequel on précipite l'argent à l'état de sulfocyanate.

a. *Méthode de Gay-Lussac* [3]. *Principe*. — Précipiter l'argent à l'état de chlorure AgCl au moyen d'une solution titrée de chlorure sodique.

La précipitation de l'argent par le chlorure sodique ne se fait pas d'une façon rigoureusement exacte. En effet, le chlorure d'argent n'étant pas absolument insoluble dans le nitrate sodique produit par la réaction, il s'ensuit que de très faibles quantités de nitrate d'argent et de chlorure sodique peuvent coexister dans la solution (Mulder) dans un certain état d'équilibre qui sera rompu avec formation d'un léger précipité par l'addition de chlorure sodique ou de nitrate d'argent Il résulte de là que si, dans le titrage, on ajoute du chlorure sodique jusqu'au moment où il ne se produit plus trace de précipité, on aura employé un très léger excès de chlorure sodique. En fait, cette faible erreur est pratiquement sans influence sur le résultat du dosage, puisqu'elle se produit aussi bien lors de la fixation du titre de la solution de chlorure sodique au moyen d'argent pur que lors du dosage de l'argent dans l'alliage analysé.

Solutions nécessaires. — 1. *Solution normale* [4] *de chlorure sodique*. — On la prépare en dissolvant dans de l'eau distillée à 16°, 5,4202 gr. de chlorure sodique chimiquement pur et sec et

[1] Le procédé de Gay-Lussac n'est pas rigoureusement exact, à cause du fait que le chlorure d'argent est très légèrement soluble. J.-S. Stas a proposé de substituer au chlorure sodique l'acide bromhydrique, qui donne lieu à la formation d'un précipité de bromure d'argent complètement insoluble dans l'eau et dans l'acide nitrique dilué. Le procédé Stas est tout à fait rigoureux et convient tout particulièrement pour les analyses que l'on a à faire dans les hôtels des Monnaies. Son exécution, des plus délicates, exige, notamment, que l'on dispose d'un laboratoire spécialement aménagé, permettant de se mettre à un moment donné à l'abri de l'action de la lumière solaire. On trouvera une description détaillée du procédé de Stas dans le traité de chimie analytique minérale de L.-L. De Koninck (1894).

[2] Ce procédé est souvent désigné aussi sous le nom de procédé Volhard, bien qu'il soit établi que l'idée première de la méthode revient à P. Charpentier.

[3] Nous décrivons cette méthode telle qu'elle est appliquée au dosage de l'argent dans les alliages.

[4] L'expression « solution normale » a ici un sens différent de celui qu'on lui attribue habituellement dans l'analyse titrimétrique.

diluant ensuite au volume de 1 litre. Le chlorure sodique contenu dans 100 centimètres cubes de cette solution correspond à 1 gramme d'argent.

2. *Solution déci-normale de chlorure sodique.* — On prélève 100 centimètres cubes de la solution 1 et on les dilue au volume de 1 litre.

3. *Solution décime d'argent.* — On dissout 1 gramme d'argent pur dans 6 centimètres cubes d'acide nitrique pur, densité 1.2; on dilue ensuite au volume de 1 litre avec de l'eau à la température de 16°.

Les diverses solutions titrées sont conservées dans des flacons bouchés à l'émeri.

*Détermination du titre de la solution normale de chlorure sodique.* — On pèse 1,003 gr. d'argent chimiquement pur; on introduit cette prise d'essai dans un flacon de 200 centimètres cubes[1] et on la dissout dans 5 centimètres cubes d'acide nitrique pur, densité 1,2, à la température du bain-marie; après avoir éliminé les vapeurs nitreuses à l'aide d'un petit soufflet muni d'un tube recourbé qu'on engage dans le col du flacon, on refroidit à la température de 16°, puis on place le flacon dans une gaine noircie. On y laisse ensuite couler, au moyen d'une pipette exactement jaugée, 100 centimètres cubes de la solution normale de chlorure sodique; on bouche le flacon et on agite vigoureusement jusqu'à ce que tout le chlorure d'argent soit rassemblé et que le liquide surnageant soit tout à fait limpide. On enlève alors le bouchon avec les précautions voulues pour qu'il ne se produise pas de pertes, puis on laisse couler dans le liquide éclairci, au moyen d'une pipette divisée en 1/10 de centimètre cube, 1 centimètre cube de la solution déci-normale de chlorure sodique; on place l'extrémité de la pipette contre le col du flacon, de façon que le liquide s'écoule le long des parois. Le léger précipité de chlorure d'argent qui se forme est agrégé par agitation. Au liquide éclairci, on ajoute de nouveau un peu de solution déci-normale de chlorure sodique et on continue de la sorte en employant de moins en moins de chlorure sodique; vers la fin, on n'ajoute le chlorure que par deux gouttes à la fois. Lorsque deux dernières gouttes ne produisent plus le moindre louche, on arrête l'essai et on note, pour servir de base au calcul, le volume de chlorure sodique donné par l'avant-dernière lecture.

[1] On fera usage de flacons bouchés à l'émeri, avec bouchon se terminant en pointe dans l'intérieur du flacon. Les flacons seront recouverts pendant les essais d'une gaine noircie afin d'être soustraits à l'action de la lumière.

Si A représente la quantité d'argent pur pesée et B le volume de chlorure sodique consommé dans l'essai, le volume V de chlorure sodique (solution normale) correspondant à 1 gramme d'argent est donné par la relation :

$$A : B = 1 : V.$$

$$V = \frac{B}{A}.$$

*Exemple.* — On a pesé 1,003 gr. d'argent pur; on a consommé pour le titrage 100 centimètres cubes de la solution normale de chlorure sodique, et 3,8 cm³ de la solution déci-normale (soit 0,38 cm³ de la solution normale). Le volume V de solution normale de chlorure sodique correspondant à 1 gramme d'argent est donné par la relation :

$$1,003 : 100,38 = 1 : V.$$

$$V = \frac{100,38}{1,003} = 100,0797.$$

soit, chiffres ronds, 100,08 cm³.

*Dosage de l'argent dans l'alliage.* — On détermine la teneur approximative de l'alliage en argent, soit par un essai par voie sèche (voy. p. 170), soit par le chlorure sodique. On en pèse ensuite une quantité telle qu'elle renferme 1 gramme et 2 ou 3 milligrammes d'argent; on dissout cette prise d'essai dans 5 à 10 centimètres cubes d'acide nitrique pur, densité 1,2, et on titre à l'aide du chlorure sodique en suivant exactement les indications données à propos de la fixation du titre de la solution de chlorure sodique.

*Exemple.* — Supposons que l'essai préliminaire ait montré que l'alliage est approximativement au titre de $\frac{810}{1000}$.

On posera la proportion :

$$810 : 1000 = 1003 : x.$$

$$x = \frac{1003 \times 1000}{810} = 1238,2 \text{ mgr.}$$

La quantité d'alliage qui renferme 1,003 gr. d'argent est donc environ 1,2382 gr.

Si, pour le titrage, on consomme 100 centimètres cubes de la solution normale de chlorure sodique et 4 centimètres cubes de la solution déci-normale (= 0,4 cm³ de la solution normale), la teneur $x$ argent de la prise d'essai est donnée par la relation :

$$100,08 \text{ cm}^3 \text{ sol. NaCl} : 1 \text{ gr. Ag} = 100,4 : x.$$

$$x = \frac{100,4}{100,08} = 1,00319 \text{ g. Ag.}$$

La prise d'essai étant de 1,2382 gr., le titre de l'alliage (millièmes d'argent fin) est donné par la proportion

$$1,2382 : 1,00319 = 1000 : x.$$

$$x = \frac{1,00319 \times 1000}{1,2382} = 810,3$$

*Observation.* — En présence de mercure, le dosage de l'argent par la méthode de Gay-Lussac est inexact, le chlorure d'argent entraînant avec lui du chlorure mercurique. En pareil cas, on peut, d'après Debray, éliminer préalablement le mercure en chauffant l'alliage jusqu'à fusion dans un creuset de graphite.

Si l'alliage contient du plomb ou de l'étain, on emploiera, d'après Kerl, pour sa dissolution, l'acide sulfurique au lieu de l'acide nitrique.

*Modification du dosage par le chlorure sodique (d'après Mohr).* — Dans le procédé de Gay-Lussac, le terme de l'essai est marqué par la cessation de formation de précipité de chlorure argentique sous l'action du chlorure sodique.

Dans la façon d'opérer proposée par Mohr et qui est surtout applicable lorsque la solution analysée ne contient pas, outre l'argent, de métaux précipitables par le chromate potassique, on peut se servir de ce dernier sel comme indicateur.

La solution argentique analysée est neutralisée à peu près complètement par le carbonate sodique; on achève ensuite la neutralisation à l'aide de carbonate calcique précipité, qu'on ajoute jusqu'à ce qu'un trouble persistant après agitation montre que le réactif est en léger excès. On verse ensuite dans le liquide quelques gouttes de chromate potassique qui teintent le liquide en rose par suite de la formation de chromate argentique.

$$K^2CrO^4 + 2AgNO^3 = Ag^2CrO^4 + 2KNO^3.$$

On laisse ensuite couler la solution de chlorure sodique, jusqu'à ce que le précipité, d'abord rougeâtre, ait perdu cette coloration. Lorsque ce point est atteint, non seulement tout le sel argentique en solution est précipité à l'état de chlorure, mais la petite quantité de chromate argentique d'abord formée est aussi transformée en chlorure argentique.

$$Ag^2CrO^4 + 2NaCl = Na^2CrO^4 + 2AgCl.$$

Tout l'argent est donc à ce moment à l'état de chlorure et l'essai est, par conséquent, au terme.

b. *Procédé basé sur la précipitation de l'argent à l'état de sulfocyanate d'argent.* — Ce procédé repose sur la réaction :

$$AgNO^3 + NH^4CNS = AgCNS + NH^4NO^3.$$

La précipitation se fait en présence d'un sel ferrique. Lorsque tout l'argent est précipité, il se produit, sous l'action d'un excès de sulfocyanate alcalin, une coloration rose due à la formation de sulfocyanate de fer (voy. p. 102, n° 5) ; l'apparition de cette coloration marque le terme de l'essai.

*Solutions nécessaires.* — 1. Solution de sulfocyanate ammonique préparée en dissolvant environ 8 grammes de ce sel dans l'eau et diluant à 1 litre.

2. Solution titrée de nitrate d'argent, contenant 0,01 gr. d'argent par centimètre cube. On dissout 10 grammes d'argent chimiquement pur dans 160 centimètres cubes d'acide nitrique de densité 1,2. Après dissolution, on chauffe jusqu'à élimination de toute trace de composés nitreux ; après refroidissement, on dilue au volume de 1 litre.

3. Solution saturée à froid d'alun de fer, destinée à servir d'indicateur.

*Détermination du titre de la solution de sulfocyanate.* — On prélève un volume déterminé de la solution argentique (25 ou 50 centimètres cubes), on dilue approximativement au volume de 200 centimètres cubes, on ajoute 5 centimètres cubes de la solution de l'indicateur, puis on laisse couler d'une burette graduée, en agitant après chaque addition, la solution de sulfocyanate. Tant que l'argent est en excès, le précipité reste complètement blanc ; la traînée rougeâtre qui se forme au moment où le réactif tombe dans la solution argentique et qui est due à la formation passagère de sulfocyanate de fer, disparaît par agitation. Lorsqu'on approche du terme, le précipité caséeux de sulfocyanate d'argent se dépose assez rapidement et le liquide s'éclaircit suffisamment pour permettre d'apprécier, avec netteté, le moment où une dernière goutte du réactif détermine dans le liquide la formation d'une faible teinte rose sale persistante.

Ce premier essai sera suivi d'un second, et au besoin d'un troisième, afin de déterminer le titre avec précision. Le titre argent de la solution de sulfocyanate s'obtient en divisant la quantité d'argent sur laquelle on opère par le nombre de centimètres cubes du réactif employés.

*Analyse proprement dite.* — On dissoudra une prise d'essai

convenable de la matière dans l'acide nitrique, densité 1,2. Après avoir éliminé les composés nitreux, on diluera au volume de 200 centimètres cubes comme précédemment, et, après refroidissement, on titrera par le sulfocyanate dans les mêmes conditions que ci-dessus.

*Remarques.* — α. Dans le cas où la matière contiendrait du mercure, ce métal étant précipité par le sulfocyanate, devra être préalablement éliminé, par exemple, par volatilisation (s'il s'agit d'un alliage).

β. Le cuivre en forte proportion (plus de 70 p. 100) empêche d'opérer exactement, la coloration du liquide ne permettant pas d'apprécier nettement le terme de l'essai. En pareil cas, on ajoute, avant de titrer, une quantité connue de la solution de nitrate d'argent, afin d'abaisser la proportion du cuivre dans le liquide.

γ. Le nickel et le cobalt nuisent, comme le cuivre, à cause de la couleur de leurs sels, à l'appréciation du terme de l'essai.

## SÉPARATIONS

Par voie sèche, l'argent peut être isolé des métaux qui l'accompagnent habituellement (l'or excepté) par les procédés par fonte plombeuse et coupellation et par scorification décrits p. 170, n° 1 et p. 172, n° 2. Nous avons, à l'occasion de la description de ces procédés, indiqué d'une manière générale les cas où l'on donnera la préférence à l'un ou à l'autre.

Par voie humide, l'argent peut être séparé dans presque tous les cas des autres métaux en le précipitant à l'état de chlorure en solution nitrique (voy. p. 167, n° 1). Il peut, du reste, être isolé des métaux des groupes du fer, du calcium, et du potassium par précipitation à l'état de sulfure en solution acide. On le séparera des métaux du groupe de l'arsenic, en traitant d'abord par l'acide sulfhydrique et en faisant agir sur les sulfures un sulfure alcalin qui dissout à l'état de sulfosels les sulfures des métaux du groupe de l'arsenic (voy. plus loin les caractères de ces sulfures).

*Séparation de l'argent et du plomb.* (Voy. séparations du plomb p. 166.)

*Séparation de l'argent et de l'or.* — Cette séparation, très fréquente, sera détaillée à propos de l'étude de l'or (voy. plus loin).

## BISMUTH

### CARACTÈRES DES SELS

1. Les sels bismuthiques sont aisément décomposés par l'eau avec formation de sels basiques (blancs) insolubles.

L'oxychlorure peut aussi être obtenu en traitant une solution de nitrate ou de sulfate bismuthique par une solution de chlorure ammonique.

$$Bi\begin{cases}NO^3\\NO^3\\NO^3\end{cases} + \begin{matrix}HOH\\HOH\end{matrix} = Bi(OH)^2NO^3 + 2HNO^3.$$

$$Bi\begin{cases}Cl\\Cl\\Cl\end{cases} + HOH = BiOCl + 2HCl.$$

Les sels bismuthiques ne sont solubles qu'en présence d'acide libre.

Ces réactions sont importantes, non seulement pour la recherche du bismuth, mais aussi pour le dosage de cet élément.

2. *L'acide sulfhydrique et les sulfures alcalins* précipitent du sulfure bismuthique $Bi^2S^3$, brun noir.

$$2BiCl^3 + 3H^2S = Bi^2S^3 + 6HCl.$$

Ce sulfure est soluble dans l'acide nitrique dilué.

3. *Action des hydrates alcalins.* — Les hydrates potassique et sodique et l'ammoniaque précipitent de l'hydrate bismuthique blanc, insoluble dans un excès de réactif, excepté dans l'hydrate potassique à chaud.

$$BiCl^3 + 3KOH = Bi(OH)^3 + 3KCl.$$

Si l'on traite l'hydrate bismuthique par une solution alcaline de chlorure stanneux ([1]) le précipité, de blanc devient noir, par suite de la réduction de l'oxyde bismuthique à l'état d'oxyde bismutheux $Bi^2O^2$. Ce dernier peut évidemment être obtenu directement par l'action d'une solution stanneuse alcaline sur la solution d'un sel bismuthique.

$$2BiCl^3 + Na^2SnO^2 + 3Na^2O = Bi^2O^2 + Na^2SnO^3 + 6NaCl.$$

[1] Ce réactif se prépare en traitant une solution de chlorure stanneux par de l'hydrate sodique en excès. L'hydrate stanneux d'abord formé est redissous par l'excès de réactif avec production d'un composé $Na^2O.SnO = Na^2SnO^2$.

4. *Action des carbonates alcalins.* — Les divers carbonates alcalins précipitent du carbonate basique de bismuth insoluble dans un excès de réactif et *dans le cyanure potassique*. Cette dernière propriété peut être utilisée pour séparer le bismuth du cuivre et du cadmium.

$$2Bi(NO^3)^3 + 3Na^2CO^3 = Bi^2O^2CO^3 + 6NaNO^3 + 2CO^2.$$

## DOSAGE

1. *Par pesée à l'état d'oxyde bismuthique* $Bi^2O^3$. — La solution *nitrique* est traitée par le carbonate ammonique en léger excès, puis chauffée. On obtient ainsi un précipité de carbonate basique de bismuth (voy. caractères, n° 4) mélangé de plus ou moins de nitrate basique.

Le précipité est recueilli après dépôt, lavé et séché. Il est ensuite détaché du filtre ; celui-ci est incinéré dans un creuset de porcelaine et les cendres sont traitées par quelques gouttes d'acide nitrique pour retransformer en oxyde les particules de bismuth qui auraient pu se produire pendant l'incinération du filtre. On évapore l'excès d'acide, puis on réunit le précipité aux cendres et on calcine pour transformer le carbonate (et le nitrate) basique en oxyde $Bi^2O^3$ qu'on pèse.

*Remarque.* — La solution doit être exempte de chlorure et de sulfates afin d'éviter, lors de la précipitation, la formation d'oxychlorure ou de sulfate de bismuth.

2. *Par précipitation à l'état d'oxychlorure* BiOCl. — La solution bismuthique contenant le bismuth à l'état de chlorure et aussi peu acide que possible, est traitée par l'eau en grande quantité, et, en tout cas, jusqu'à ce que l'eau ne produise plus le moindre trouble.

Si la solution est nitrique, on ajoute d'abord du chlorure ammonique.

Le précipité qui est formé d'oxychlorure BiOCl est recueilli sur un filtre taré, lavé avec de l'eau contenant quelques gouttes d'acide chlorhydrique et pesé après dessiccation à 100°

## SÉPARATIONS

Les métaux du groupe du cuivre auxquels le bismuth est le plus souvent associé dans ses minerais et dans ses alliages sont respectivement le plomb et le cuivre, le plomb et le cadmium. Nous considérerons spécialement ces deux cas.

*Séparation du bismuth, du plomb et du cuivre.* — La solution nitrique est traitée par le carbonate sodique en léger excès ; on ajoute ensuite du cyanure potassique et l'on chauffe pendant quelque temps au bain-marie. Dans ces conditions, le bismuth et le plomb restent précipités à l'état de carbonates ; le cuivre passe en solution.

Les carbonates de plomb et de bismuth sont redissous dans l'acide nitrique. On peut ensuite opérer de l'une ou l'autre manière suivante.

*a*. On précipite le plomb à l'état de sulfate par l'acide sulfurique. Pour précipiter entièrement le plomb, on doit évaporer en présence d'acide sulfurique libre pour éliminer tout l'acide nitrique (voy. p. 163). Après évaporation, il doit rester assez d'acide sulfurique pour que, lors de la reprise par l'eau, le bismuth soit entièrement maintenu en solution.

Dans la solution aqueuse, on précipite le bismuth à l'état d'hydrate par l'ammoniaque en léger excès. On opérera par double précipitation, le premier précipité pouvant contenir un peu de bismuth à l'état de sulfate basique.

L'hydrate bismuthique est redissous dans l'acide nitrique ; la solution obtenue est évaporée et le résidu de l'évaporation est calciné pour transformer le nitrate en oxyde $Bi^2O^3$ qu'on pèse.

*b*. La solution nitrique de plomb et de bismuth est évaporée à la température du bain-marie ; le résidu est repris par l'eau ; on évapore de nouveau et on répète la même manipulation trois ou quatre fois jusqu'à ce qu'on ne perçoive plus la moindre odeur d'acide nitrique. Tout le bismuth est alors transformé en nitrate basique insoluble. On reprend une dernière fois par une solution de nitrate ammonique à 20 p. 100 qui dissout le nitrate de plomb. Le nitrate basique de bismuth est transformé par calcination en $Bi^2O^3$ qu'on pèse.

*Séparation du bismuth, du plomb et du cadmium.* — La solution nitrique est évaporée à peu près à siccité ; on ajoute ensuite un peu d'acide chlorhydrique pour maintenir le bismuth en solution. Le chlorure de plomb (très peu soluble) qui se forme en même temps se précipite en partie. On ajoute ensuite de l'acide sulfurique dilué qui transforme le chlorure de plomb en sulfate, puis quelques centimètres cubes d'alcool pour insolubiliser complètement le sulfate de plomb qu'on sépare par filtration.

Pour séparer le bismuth du cadmium, on précipite le premier à l'état d'oxychlorure BiOCl par le chlorure ammonique et l'eau.

Dans le filtrat séparé de l'oxychlorure on précipite le cadmium à l'état de sulfure.

# CUIVRE

## CARACTÈRES DES SELS

Il existe deux séries de sels de cuivre ; les sels cuivreux correspondant à l'oxyde $Cu^2O$, et les sels cuivriques dérivant de l'oxyde CuO. En fait, c'est presque exclusivement à ces derniers que l'on a affaire pour la recherche et le dosage du cuivre.

### SELS CUIVRIQUES

1. *L'acide sulfhydrique* agissant sur une solution cuivrique neutre ou acide, produit un précipité noir de sulfure cuivrique, CuS.

$$CuCl^2 + H^2S = CuS + 2HCl.$$

La précipitation se fait le mieux à chaud, en présence d'acide chlorhydrique libre ; le sulfure dans ces conditions s'agrège et se dépose rapidement.

Le sulfure de cuivre se dissout aisément dans l'acide nitrique avec formation de nitrate $Cu(NO^3)^2$. Il est aussi facilement soluble dans le cyanure potassique avec formation de cyanure cuproso-potassique.

Le cuivre ne peut donc être précipité à l'état de sulfure en présence de cyanure alcalin. Cette propriété est utilisée pour la recherche du cadmium en présence du cuivre.

Calciné en mélange avec du soufre dans un courant d'hydrogène, le sulfure cuivrique se transforme entièrement en sulfure cuivreux ($Cu^2S$). Cette propriété est utilisée pour le dosage du cuivre.

*Les sulfures alcalins* agissant sur les solutions cuivriques neutres, précipitent aussi du sulfure de cuivre.

$$CuSO^4 + Na^2S = CuS + Na^2SO^4$$

Le précipité est légèrement soluble dans le sulfure ammonique. Les sulfures alcalins fixes, à la concentration à laquelle on les emploie d'ordinaire en analyse, n'en dissolvent pas. On emploiera donc de préférence ces derniers lorsqu'aucune raison spéciale n'obligera à se servir du sulfure ammonique.

Lorsqu'on fond un composé de cuivre avec du carbonate sodique et du soufre, le cuivre passe à l'état de sulfure. En reprenant la masse fondue par l'eau, on obtient à côté d'un résidu de sulfure de cuivre une solution de polysulfure sodique *dans laquelle des quantités très appréciables de sulfure de cuivre restent dissoutes.* On peut, d'après V. Hassreidter, précipiter le sulfure ainsi retenu en solution en traitant à chaud par le sulfite sodique qui détruit le polysulfure alcalin. Ce fait peut être mis à profit pour la séparation du cuivre dans les substances dont la désagrégation doit se faire à l'aide du carbonate sodique et du soufre.

2. *L'hyposulfite sodique* ajouté à une solution cuivrique neutre ou légèrement acidulée par l'acide chlorhydrique, donne lieu à la formation d'un hyposulfite cuproso-sodique $3Cu^2S^2O^3$, $2Na^2S^2O^3$, $8H^2O$. A chaud, ce dernier se décompose avec formation de sulfure cuivreux qui se précipite.

$$Cu^2S^2O^3 + H^2O = Cu^2S + H^2SO^4.$$

Cette réaction est employée pour la précipitation du cuivre dans certains cas de séparation.

3. *Action des alcalis. Les hydrates potassique et sodique* précipitent de l'hydrate cuivrique $Cu(OH)^2$, bleu, en gros flocons.

$$CuCl^2 + 2NaOH = Cu(OH)^2 + 2NaCl.$$

Si l'on opère à chaud et en présence d'un excès de réactif, l'hydrate cuivrique se déshydrate et passe à l'état d'oxyde CuO, noir, qui se dépose rapidement. Cette réaction peut être utilisée pour le dosage du cuivre.

*Observations.* — Pour que la précipitation soit complète, la solution doit être exempte de matières organiques ; s'il en est autrement, une partie plus ou moins considérable du cuivre reste dissoute et colore le liquide en bleu.

*L'ammoniaque* agit comme les hydrates alcalins fixes ; seulement le précipité cuivrique se redissout avec une extrême facilité dans un excès de réactif, avec formation d'un composé cuivrique ammoniacal, tel que $CuSO^4$, $4NH^3$, $H^2O$. En même temps, le liquide prend une coloration bleue intense.

Cette réaction est très sensible et, par conséquent, très utilisée pour la recherche du cuivre. Elle sert aussi pour le dosage colorimétrique de cet élément.

4. *Action des carbonates alcalins.* — Les divers carbonates alcalins précipitent du carbonate basique, vert clair.

$$2CuCl^2 + 2Na^2CO^3 + H^2O = CuCO^3\ Cu(OH)^2 + 4NaCl + CO^2.$$

Le précipité est soluble dans un excès de carbonate ammonique.

5. *Le ferrocyanure potassique* produit un précipité brun rouge de ferrocyanure cuivrique.

$$4CuCl^2 + K^8Fe^2(CN)^{12} = Cu^4Fe^2(CN)^{12} + 8KCl.$$

Si la solution est très diluée, il ne se produit qu'une coloration violette.

La réaction est très sensible et permet de rechercher de très faibles quantités de cuivre.

6. *L'acide hypophosphoreux* ajouté à une solution de sulfate de cuivre (exempte de chlorure) à une température inférieure à 60°, produit un précipité jaune rougeâtre d'hydrure de cuivre, qui, à une température plus élevée, se décompose en laissant un résidu de cuivre métallique. (Mawrow et Muthmann). Cette réaction est applicable à la séparation quantitative du cuivre, du cadmium et du zinc, (comp. p. 158).

7. *L'iodure potassique* précipite de l'iodure cuivreux, blanc; il se forme en même temps de l'iode.

$$2CuSO^4 + 4KI = Cu^2I^2 + I^2 + 2K^2SO^4.$$

Si la réaction est produite en présence d'un réducteur, tel que l'acide sulfureux, l'iode est transformé en acide iodhydrique et la couleur blanche de l'iodure cuivreux devient visible.

$$I^2 + SO^2 + 2H^2O = 2HI + H^2SO^4.$$

γ. Le fer précipite le cuivre de ses solutions salines sous forme d'un enduit rouge, très adhérent.

$$CuSO^4 + Fe = FeSO^4 + Cu.$$

## DOSAGE

De tous les procédés proposés jusqu'ici pour le dosage du cuivre, le plus important, à la fois par sa facilité d'exécution et son exactitude, est le procédé électrolytique. A défaut d'installation convenable pour cette opération, on peut doser le cuivre à l'état de sulfure cuivreux ou à l'état d'oxyde.

Parmi les procédés titrimétriques, le plus employé consiste à déterminer l'iode mis en liberté par l'addition d'iodure potassique à une solution cuivrique (voy. caractères, n° 7).

La méthode colorimétrique est parfois employée pour le dosage de très petites quantités de cuivre.

*A*. Procédés par pesée. — 1. *Par électrolyse* [1]. — On peut

[1] Voy. p. 9 la description des appareils à employer.

électrolyser le cuivre en solution nitrique, sulfurique ou oxalique acide, ou bien en solution ammoniacale. Le plus souvent, on recourt à la première de ces méthodes, qui permet d'obtenir aisément le cuivre sous forme d'un dépôt parfaitement cohérent; elle a, en outre, l'avantage de pouvoir s'appliquer en présence de certains métaux souvent associés au cuivre, tels que le fer, le zinc, le manganèse, etc. En opérant en solution sulfurique, on est exposé, si l'on prolonge inutilement l'action du courant, à obtenir un dépôt noirâtre dû à la formation de sulfure de cuivre.

a. *En solution nitrique.* — La solution, renfermant environ 3 p. 100 de son volume d'acide nitrique libre, est électrolysée avec un courant de 0,5 à 1 ampère par décimètre carré d'électrode.

L'électrolyse peut se faire à froid ou à une température de 40 à 50°. Dans ce dernier cas, on laissera refroidir vers la fin de l'opération, afin d'assurer la précipitation des dernières traces de cuivre.

En maintenant le liquide en mouvement, on peut abréger de beaucoup la durée de l'électrolyse.

Lorsque le liquide semble être incolore, on en prélève, à l'aide d'une pipette, 5 centimètres cubes, on les évapore dans une capsule de porcelaine, et on ajoute au résidu une goutte d'ammoniaque ; s'il ne se produit pas trace de coloration bleue, on peut conclure à l'absence de cuivre (1).

Le dépôt doit être lavé à courant fermé afin d'éviter la redissolution d'une partie du métal par l'acide nitrique. Si l'on emploie comme cathode une capsule, on se servira avantageusement pour le lavage, d'un petit siphon fait d'un tube de verre de faible diamètre. Le liquide est remplacé à mesure qu'il s'écoule du siphon, par de l'eau pure ajoutée avec précaution (afin de ne pas entraîner de cuivre) jusqu'à ce que l'on ne constate plus d'acidité au tournesol. On interrompt alors le courant, on détache la cathode, on déplace l'eau qui y adhère par un ou deux lavages à l'alcool, et on termine par un lavage à l'éther.

Si la cathode est un cône ou un cylindre, le plus simple est de la plonger dans des vases contenant respectivement de l'alcool et de l'éther. Finalement, on sèche vers 40 à 50° et on pèse.

b. *En solution sulfurique.* — La solution contenant le cuivre à l'état de sulfate est additionnée d'acide nitrique dans la pro-

(1) Cette recherche ne doit jamais être négligée. Le liquide peut, en effet, paraître incolore et contenir encore des quantités très appréciables de cuivre.

portion de 3 p. 100 environ de son volume et traitée comme en *a*.

D'après Engels (*Classen: Quant. anal. durch Electrolyse*, 1897) l'addition d'hydroxylamine ou d'urée permet d'obtenir un dépôt de cuivre très pur, rouge clair et cristallin.

c. *En solution oxalique acide.* — On ajoute à la solution cuivrique, une solution d'oxalate ammonique saturée à froid, jusqu'à ce que le précipité d'abord formé se redissolve à chaud ; on chauffe à 80° et on électrolyse avec un courant d'environ 0,5 ampère. Le liquide est maintenu acide pendant l'électrolyse,

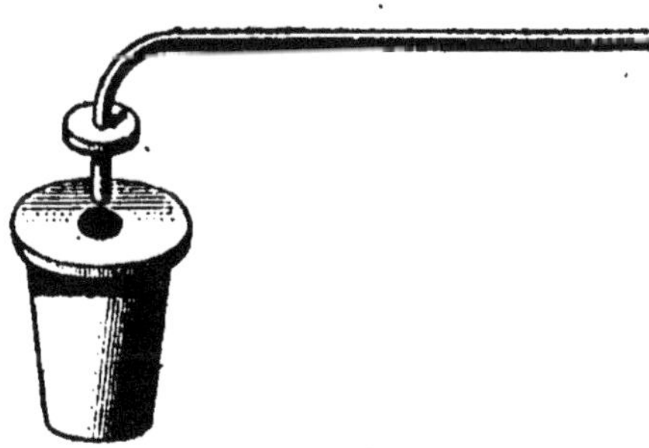

Fig. 21.

par des additions répétées d'acide oxalique en solution concentrée.

Le dépôt de cuivre est lavé à courant ouvert.

d. *En solution ammoniacale.* — Pour obtenir un dépôt cohérent, l'électrolyse doit se faire en présence de nitrate ammonique. En pratique, on traite la solution cuivrique par de l'ammoniaque jusqu'à redissolution du précipité d'hydrate d'abord formé; on ajoute ensuite 25 ou 35 centimètres cubes d'ammoniaque (densité 0,96) suivant que la quantité de cuivre est inférieure à 0,5 gr. ou comprise entre 0,5 et 1 gramme, puis 3 à 4 grammes de nitrate ammonique. On électrolyse avec un courant de 2 ampères par décimètre carré d'électrode. Le dépôt de cuivre est lavé à courant fermé.

2. *Dosage à l'état de sulfure cuivreux* ($Cu^2S$). — La solution cuivrique, acidulée d'acide chlorhydrique, est chauffée vers 70° et traitée par l'acide sulfhydrique jusqu'à ce que le sulfure formé soit complètement déposé. Le précipité est recueilli sur un filtre, lavé à l'eau chaude et séché. On le calcine ensuite au creuset de Rose. On désigne sous ce nom un creuset de 3 à 4 centimètres environ de hauteur et de 2,5 cm. environ de diamètre, muni d'un couvercle (consistant le mieux en une feuille de platine à bords repliés) perforé par lequel on peut amener un gaz à l'intérieur

du creuset (fig. 21). Dans le cas qui nous occupe, le sulfure de cuivre sera calciné en mélange avec 1 gramme environ de soufre en fleur pur (exempt de cendres) dans un courant d'hydrogène desséché. Dans ces conditions, le cuivre est entièrement transformé en sulfure cuivreux $Cu^2S$.

*Précautions à observer pour cette calcination.* — *a.* Le filtre doit être complètement incinéré avant le passage du courant d'hydrogène et avant l'introduction du précipité dans le creuset.

*b.* Le courant doit être modéré et régulier; s'il est trop rapide, il peut y avoir réduction de cuivre à l'état métallique (taches rouges).

*c.* On doit, avant de chauffer le creuset, laisser passer le courant d'hydrogène assez longtemps pour être certain qu'il ne reste pas d'air dans le creuset; s'il en est autrement, il se produit, au moment où l'on commence à chauffer, une petite explosion qui peut occasionner des pertes.

*d.* La température ne doit pas dépasser certaines limites, sinon il peut y avoir réduction d'une partie du sulfure à l'état métallique avec formation d'acide sulfhydrique. D'après R. Wegscheider, cette réduction commencerait à se produire vers 800°.

*Observation.* — On peut, au lieu de se servir de l'acide sulfhydrique, précipiter le cuivre à l'état de sulfure par l'hyposulfite sodique (voy. p. 184, n° 2); toutefois, ce réactif est surtout employé dans certains cas de séparation.

3. *Dosage à l'état d'oxyde cuivrique* CuO. — La solution cuivrique est traitée à une température voisine de l'ébullition par de l'hydrate sodique ou potassique *en léger excès;* on fait ensuite bouillir quelques instants.

Dans ces conditions, et, pour autant que la solution et le réactif soient bien exempts de matières organiques, on obtient la précipitation complète du cuivre à l'état d'oxyde CuO, se déposant rapidement (voy. p. 184, n° 3).

Le précipité est lavé à plusieurs reprises par décantation à l'aide d'eau bouillante; on l'amène finalement sur un filtre et on achève le lavage. Ensuite, on dessèche, on détache le précipité du filtre, on incinère ce dernier, puis on réunit le précipité aux cendres du filtre et on calcine le tout au rouge. Finalement on pèse l'oxyde CuO obtenu.

*Remarque.* — La précipitation du cuivre par les hydrates alcalins doit se faire dans un vase en platine, ou tout au moins dans une capsule de porcelaine. L'emploi des vases de verre n'est pas recommandable à cause de la facilité avec laquelle le verre peut être attaqué par les alcalis.

On ne dosera, du reste, le cuivre à l'état d'oxyde ou même à l'état de sulfure qu'à défaut d'une installation convenable pour opérer par électrolyse.

B. *Par titrimétrie. Procédé basé sur l'emploi de l'iodure potassique.*

*Principe.* — Si l'on ajoute de l'iodure potassique, à une solution cuivrique, il se produit de l'iodure cuivreux et, en même temps, de l'iode est mis en liberté dans la proportion de 2 atomes par 2 atomes de cuivre.

$$2CuSO^4 + 4KI = Cu^2I^2 + I^2 + 2K^2SO^4.$$

En dosant l'iode (par exemple par l'hyposulfite sodique), on peut donc conclure à la quantité correspondante de cuivre.

*Mode opératoire.* — La solution cuivrique neutre ou acidulée d'acide sulfurique est placée dans un flacon muni d'un bouchon à l'émeri ; on ajoute de l'iodure potassique en excès et on agite. En pratique, pour 10 centimètres cubes de solution cuivrique contenant 0,1 à 0,2 gr. de CuO, on emploiera 10 centimètres cubes d'iodure potassique à 10 p. 100.

L'iode mis en liberté par la réaction reste dissous dans l'excès d'iodure potassique; on le dose à l'aide d'une solution titrée d'hyposulfite sodique, avec l'empois d'amidon comme indicateur (voy. au sujet de la préparation de l'hyposulfite titré, p. 125, A.).

C. *Par colorimétrie.* — Le procédé utilise la coloration bleue que présentent les solutions ammoniacales de cuivre.

On prépare une solution de nitrate de cuivre contenant 0,001 gr. de cuivre par centimètre cube. On dissout pour cela 0,1 gr. de cuivre pur (cuivre électrolytique) dans l'acide nitrique, on évapore à peu près à sec, on reprend par l'eau et on dilue à 100 centimètres cubes. On prélève 1, 2, 3, 4, etc. centimètres cubes de la solution qu'on place dans une série de tubes en verre gradués de même diamètre et, après addition d'une même quantité d'ammoniaque, on dilue au même volume le contenu de tous les tubes. On forme ainsi une échelle colorimétrique d'intensité croissante.

La solution analysée doit être préparée autant que possible dans les mêmes conditions que les différents termes de l'échelle, c'est-à-dire, contenir la même quantité d'ammoniaque et ne pas renfermer de sels étrangers, ceux-ci pouvant modifier l'intensité de la coloration pour une teneur en cuivre donnée. Il va sans dire que la solution doit être placée dans un tube de mêmes dimensions que ceux qui contiennent les témoins et que son volume doit être identique à celui de ces derniers.

## SÉPARATIONS

Le cuivre est un des métaux que le chimiste rencontre le plus fréquemment. Sans parler de ses propres minerais, il se trouve en petites quantités dans la plupart des minerais de zinc et de plomb, dans nombre de minerais de fer, d'arsenic, d'antimoine, d'étain, dans des pyrites, etc. Il entre aussi, parfois en proportion notable, dans la composition de divers sous-produits métallurgiques importants tels que les speiss et les mattes des fours à plomb et les cendres plombeuses provenant des fours à zinc. La plupart des métaux industriels, plomb, étain, antimoine, aluminium, etc., en renferment. Enfin, le cuivre est un élément essentiel d'une quantité d'alliages de grande valeur pratique, notamment du laiton, du bronze, de l'argent neuf, du maillechort, du métal antifriction, des alliages d'aluminium et des alliages à base d'or et d'argent.

En fait, on est donc exposé à avoir à séparer le cuivre de la plupart des autres métaux.

### MÉTHODES GÉNÉRALES

*Séparation du cuivre et des métaux du groupe du fer, du baryum et du potassium.* La solution rendue acide par l'acide chlorhydrique est traitée par l'acide sulfhydrique. Le cuivre seul est précipité.

La méthode est applicable à la séparation du cuivre dans ses minerais, dans la plupart des autres minerais métalliques, et dans de nombreux alliages.

*Observations.* — 1. S'il existe du zinc en présence de cuivre en forte proportion, on ne peut éviter l'entraînement d'une partie du zinc par le cuivre qu'en rendant la solution *fortement acide* par l'acide chlorhydrique et en traitant par l'acide sulfhydrique *à chaud*.

Ce cas se présente dans l'analyse des laitons, des bronzes, de l'argent neuf et autres alliages renfermant plus ou moins de zinc à côté de beaucoup de cuivre.

2. Si la proportion de fer à l'état ferrique est considérable, le traitement par l'acide sulfhydrique détermine la formation d'un abondant précipité de soufre préjudiciable aux manipulations ultérieures.

$$Fe^2Cl^6 + H^2S = Fe^2Cl^4 + 2HCl + S.$$

Dans ce cas, on peut : *a.* Réduire préalablement le fer à l'état ferreux par un réducteur tel que l'acide sulfureux ou l'hypophosphite sodique.

*b*. Enlever le chlorure ferrique par l'éther (voy. p. 79, n° 3).

La séparation du cuivre dans les minerais de fer, les pyrites, les fers, fontes et aciers, exige souvent ces opérations préliminaires.

*Séparation du cuivre et des métaux du groupe de l'arsenic* (*arsenic, antimoine, étain*). La solution générale renfermant l'étain à l'état stannique, est traitée par l'acide sulfhydrique. Les sulfures formés sont soumis à la température de 70 à 80° à l'action du sulfure sodique dilué et chaud qui dissout les sulfures des métaux du groupe de l'arsenic à l'état de sulfosels (voy. caractères des sels des métaux du groupe de l'arsenic) et est sans action sur le sulfure de cuivre.

### MÉTHODES SPÉCIALES

*Dosage du cuivre en présence d'arsenic, d'antimoine, de plomb et de métaux du groupe du fer*. — Le cuivre est précipité directement de sa solution légèrement acide à l'état de sulfure par l'hyposulfite sodique (voy. p. 184, n° 2). Le précipité est traité par le sulfure sodique à chaud, afin d'enlever éventuellement des sulfures du groupe de l'arsenic ; ensuite on le redissout dans l'acide nitrique et on soumet la solution à l'électrolyse (voy. 185, A, 1). Le cuivre se dépose à la cathode.

Cette séparation trouve des applications dans l'analyse des mattes et speiss, des minerais d'arsenic, etc.

*Séparation du cuivre, du zinc du plomb et du fer*. — Ce cas se présente dans l'analyse des laitons.

On peut : *a*. Traiter la solution nitrique par l'acide sulfurique et évaporer afin de transformer le plomb en sulfate insoluble. Après élimination du sulfate de plomb, on précipite le cuivre par l'acide sulfhydrique en solution rendue fortement acide par l'acide chlorhydrique afin d'éviter la précipitation du zinc (voy. p. 190, obs. 1).

*b*. Si le plomb est en petite quantité, on peut électrolyser directement la solution nitrique. Le cuivre se dépose à la cathode ; le plomb se précipite à l'anode à l'état de peroxyde $PbO^2$.

*Séparation du cuivre, du plomb, du zinc, du nickel et du fer*. — Cette séparation se rencontre dans l'analyse de l'argent neuf, du maillechort et alliages similaires. Elle peut se faire d'après les indications du paragraphe précédent, *a*.

*Séparation du cuivre, du plomb, du cadmium et du bismuth*. — On trouve ces métaux associés dans certains minerais, surtout dans les minerais de zinc ou de plomb.

Les métaux étant précipités à l'état de sulfures, on redissout ces derniers dans l'acide nitrique dilué, puis on élimine le plomb par l'acide sulfurique et le bismuth par l'ammoniaque. Dans le filtrat ammoniacal séparé du précipité d'hydrate bismuthique, on ajoute du cyanure potassique et l'on traite par l'acide sulfhydrique qui précipite le cadmium seul, le sulfure de cuivre étant soluble dans le cyanure potassique (voy. p. 183, 1). Après élimination du sulfure cadmique, on détruit l'excès de cyanure par l'acide chlorhydrique et l'acide nitrique et on précipite le cuivre à l'état de sulfure par l'acide sulfhydrique.

Le cuivre peut être dosé comme sulfure, ou par électrolyse après redissolution par l'acide nitrique, ou encore par colorimétrie si la quantité est très faible, ce qui est parfois le cas.

*Séparation du cuivre, de l'étain et du plomb, ces métaux étant alliés.* — Ce cas se présente dans l'analyse des bronzes et de certains alliages d'aluminium.

On traite l'alliage par l'acide nitrique (densité 1,3) de façon à transformer l'étain en acide métastannique $H^2SnO^3$ insoluble; le cuivre et le plomb passent en solution à l'état de nitrates. On sépare ensuite le cuivre du plomb soit par l'acide sulfurique, soit par électrolyse (voy. séparation du cuivre, du zinc, du plomb et du fer).

*Séparation du cuivre, de l'étain, de l'antimoine et du plomb.* — L'analyse de l'étain commercial et de certains alliages tels que le métal antifriction offre des exemples de ce cas (voy. pour les détails les séparations de l'étain).

*Séparation de très fortes quantités de cuivre et de petites quantités de métaux des groupes de l'arsenic, du cuivre (le bismuth excepté) et du fer.* — Cette séparation se rencontre dans l'analyse du cuivre métallique.

On précipite le cuivre à l'état d'iodure cuivreux $Cu^2I^2$ par l'iodure potassique (voy. p. 185, n° 7).

Les autres métaux restent en solution.

*Séparation du cuivre et de l'argent.* — 1. On traite la solution des deux métaux par l'acide chlorhydrique en excès; l'argent est ainsi précipité à l'état de chlorure AgCl. Le cuivre peut être dosé dans le filtrat du précipité argentique.

2. On ajoute à la solution un excès de cyanure potassique, puis de l'acide nitrique dilué. Le cyanure argentique précipité est recueilli, lavé, et pesé après dessiccation. Dans le filtrat, on détruit l'excès de cyanure par évaporation en présence d'acide sulfurique et d'acide nitrique; on peut ensuite doser le cuivre.

3. Voir aussi ce qui a été dit p. 172 et 173, n° 3, du dosage de l'argent par voie sèche dans les matières cuivreuses.

## MERCURE

### CARACTÈRES DES SELS

Le mercure forme deux séries de sels : les sels mercureux, correspondant à l'oxyde $Hg^2O$, et les sels mercuriques dérivant de l'oxyde HgO.

### CARACTÈRES GÉNÉRAUX

Tous les composés du mercure sont volatils à haute température, avec ou sans décomposition.

Si l'on chauffe dans un tube un mélange bien sec d'un composé de mercure et de carbonate sodique, il se forme d'abord, par double décomposition de l'oxyde mercurique.

$$HgCl^2 + Na^2CO^3 = HgO + 2NaCl + CO^2.$$

Puis, l'oxyde se décompose sous l'action de la chaleur, en oxygène et en mercure qui se volatilise et vient se condenser en petites gouttelettes brillantes dans les parties froides du tube.

Cette réaction est employée pour la recherche du mercure.

Les sels provenant d'acides oxygénés (nitrates, sulfates, etc.) sont partiellement décomposés par l'eau avec formation de sels basiques.

(Mercureux) $2Hg^2(NO^3)^2 + H^2O = Hg^4O(NO^3)^2 + 2HNO^3.$
(Mercurique) $3Hg(NO^3)^2 + 2H^2O = Hg^3O^2(NO^3)^2 + 4HNO^3.$

Les composés halogénés ne sont pas altérés par l'eau.

#### SELS MERCUREUX

1. L'*acide sulfhydrique* produit un précipité noir formé de sulfure *mercurique* et de mercure.

$$Hg^2(NO^3)^2 + H^2S = HgS + Hg + 2HNO^3.$$

Si l'on traite le précipité par l'acide nitrique, le sulfure mercurique reste non dissous ; le mercure se dissout en se transformant en nitrate mercurique qui forme avec le sulfure un composé blanc répondant à la formule $Hg(NO^3)^2, 2HgS$.

2. *L'acide chlorhydrique et les chlorures non réducteurs*

(voy. 3) produisent un précipité blanc de chlorure mercureux.

$$Hg^2(NO^3)^2 + 2NaCl = 2HgCl + 2NaNO^3.$$

Le chlorure mercureux est insoluble dans l'eau et dans les acides; il se dissout dans l'eau régale en se transformant en chlorure mercurique $HgCl^2$.

Sous l'action de l'ammoniaque, il se transforme en amido-chlorure mercureux, noir (comp: action de $NH^3$ sur le chlorure d'argent, p. 167).

$$2HgCl + 2NH^3 = NH^2Hg^2Cl + NH^4Cl.$$

3. *Le chlorure stanneux* réduit les sels mercureux avec formation d'un précipité gris de mercure.

$$Hg^2(NO^3)^2 + SnCl^2 + 2HCl = Hg^2 + SnCl^4 + 2HNO^3.$$

4. *Les chromates alcalins* produisent un précipité rouge de chromate mercureux $Hg^2CrO^4$.

5. *Action des hydrates et des carbonates alcalins. — L'ammoniaque et le carbonate ammonique* donnent un précipité noir formé par un composé amidé dont la composition varie suivant les conditions de l'essai.

$$Hg^2(NO^3)^2 + 2NH^3 = (NH^2)Hg^2(NO^3) + NH^4NO^3.$$
$$Hg^2(NO^3)^2 + (NH^4)^2CO^3 = (NH^2)Hg^2(NO^3) + NH^4NO^3 + H^2O + CO^2.$$

*Les hydrates alcalins fixes* produisent un précipité noir d'oxyde mercureux.

$$Hg^2(NO^3)^2 + 2NaOH = Hg^2O + 2NaNO^3 + H^2O.$$

Chauffé au contact de l'eau, cet oxyde se décompose en oxyde mercurique et en mercure.

$$Hg^2O = HgO + Hg.$$

*Les carbonates alcalins fixes* précipitent à froid du carbonate basique de mercure qui, sous l'action de la chaleur, se décompose en oxyde mercurique, mercure et anhydride carbonique.

6. *Les oxydants* tels que le chlore, le brome, l'eau régale, l'acide nitrique concentré, transforment les sels mercureux en sels mercuriques.

### SELS MERCURIQUES

1. *L'acide sulfhydrique* agissant sur la solution d'un sel mercurique, produit d'abord un précipité *blanc* dû à la formation d'un sel sulfobasique.

$$3HgCl^2 + 2H^2S = \underbrace{Hg^3S^2Cl^2}_{HgCl^2\ 2HgS} + 4HCl.$$

Sous l'action prolongée du réactif, le précipité se transforme en sulfure mercurique HgS, noir.

$$HgCl^2 2HgS + H^2S = 3HgS + 2HCl.$$

Le sulfure mercurique est insoluble dans l'acide chlorhydrique et dans l'acide nitrique. Cette insolubilité dans l'acide nitrique est très souvent utilisée pour caractériser le sulfure mercurique et séparer le mercure des autres métaux de son groupe, dont les sulfures sont tous solubles dans ce réactif.

Le sulfure mercurique est insoluble dans le sulfure ammonique; il se dissout, au contraire, aisément dans les sulfures sodique et potassique avec formation de sulfures doubles HgS K²S; HgS.Na²S.

L'eau régale le dissout en le transformant en chlorure mercurique $HgCl^2$.

2. *Le chlorure stanneux* ajouté en faible quantité à une solution de chlorure mercurique ou à une solution d'un oxysel additionnée d'acide chlorhydrique, produit un précipité blanc de chlorure mercureux.

$$2HgCl^2 + SnCl^2 = 2HgCl + SnCl^4.$$
$$4Hg(NO^3)^2 + 2SnCl^2 + 8HCl = 4HgCl + 2SnCl^4 + 8HNO^3.$$

Si l'on ajoute plus de chlorure stanneux, le chlorure mercureux est à son tour réduit avec formation d'un précipité gris de mercure extrêmement divisé qui reste en suspension dans le liquide.

$$2HgCl + SnCl^2 = 2Hg + SnCl^4.$$

Cette réaction est très sensible et c'est à elle que l'on recourt le plus souvent pour caractériser le mercure par voie humide.

3. *L'acide phosphoreux* ajouté à une solution *froide* de chlorure mercurique ou à une solution d'oxysel mercurique additionnée d'acide chlorhydrique, précipite tout le mercure à l'état de chlorure mercureux. En même temps, l'acide phosphoreux est transformé en acide phosphorique.

$$2HgCl^2 + H^3PO^3 + H^2O = 2HgCl + H^3PO^4 + 2HCl.$$

Cette réaction est utilisée pour le dosage du mercure.

4. *L'iodure potassique* ajouté en petite quantité à une solution mercurique produit un précipité rouge d'iodure $HgI^2$, très soluble dans un excès de réactif avec formation d'iodure double $HgI^2,2KI$.

5. *Action des hydrates et des carbonates alcalins. — Les*

*hydrates alcalins fixes* employés en excès précipitent de l'oxyde mercurique jaune.

$$HgCl^2 + 2KOH = HgO + 2KCl + H^2O.$$

*L'ammoniaque et le carbonate ammonique* donnent des précipités blancs de composés amidés, de composition variable suivant la nature du sel (chlorure, nitrate, etc.).

$$HgCl^2 + 2NH^3 = Hg\begin{cases} NH^2 \\ Cl \end{cases} + NH^4Cl$$

$$HgCl^2 + (NH^4)^2CO^3 = Hg\begin{cases} NH^2 \\ Cl \end{cases} + NH^4Cl + CO^2 + H^2O$$

$$3Hg(NO^3)^2 + 6NH^3 = H - N\begin{cases} Hg - NO^3 \\ Hg \\ \ | \\ H - N - Hg - NO^3. \end{cases} + 4NH^4NO^3.$$

*Les carbonates alcalins fixes* donnent des précipités brun rouge de carbonates basiques qui, à chaud, se transforment en oxydes en dégageant de l'anhydride carbonique.

## DOSAGE

1. À L'ÉTAT DE SULFURE MERCURIQUE. — Pour ce dosage, le mercure doit être à l'état mercurique, sinon une partie du précipité serait formée de mercure métallique (voy. p. 193, n° 1). En cas de présence de sel mercureux, on pourra oxyder ce dernier à l'aide du chlorate potassique et de l'acide chlorhydrique à chaud, puis on éliminera le chlore en excès afin d'éviter la formation de soufre lors de la précipitation ultérieure du sulfure mercurique. Il convient de rappeler ici que l'élimination du chlore par ébullition expose à des pertes en mercure par volatilisation; on a donc tout intérêt à éviter l'emploi d'un excès de chlorate.

La solution mercurique est additionnée d'acide chlorhydrique et traitée par l'acide sulfhydrique, jusqu'à précipitation complète de tout le mercure à l'état de sulfure HgS. Celui-ci est recueilli sur un filtre taré, lavé à l'eau froide et pesé après dessiccation à 100°.

Dans le but d'obtenir du sulfure plus compact que celui que donne l'acide sulfhydrique, Volhard a proposé d'opérer de la manière suivante. La solution mercurique neutralisée par le carbonate sodique, est traitée par du sulfure sodique contenant de l'hydrate jusqu'à ce que le précipité de sulfure d'abord produit se redissolve. On fait ensuite bouillir, on ajoute du nitrate ammonique, qui détermine la précipitation du sulfure mercurique, puis on entretient l'ébullition jusqu'à élimination de l'ammoniaque. Le sulfure mercurique est ensuite recueilli sur filtre taré, lavé et pesé après dessiccation.

*Observation.* — Le dosage à l'état de sulfure, d'exécution commode, est surtout en situation lorsqu'on a affaire à une solution contenant tout le mercure à l'état mercurique et ne renfermant pas de sel, tel que le chlorure ferrique, par exemple, pouvant donner lieu à la formation de soufre lors du traitement par l'acide sulfhydrique. Ce soufre mélangé au sulfure mercurique doit, en effet, être ultérieurement éliminé, ce qui entraîne d'assez grandes complications.

En pareil cas, il est préférable de recourir à un autre procédé, le suivant, par exemple.

2. A L'ÉTAT DE CHLORURE MERCUREUX. — a. *Le mercure est entièrement à l'état mercureux.* — On ajoute à la solution acide et froide une solution de chlorure sodique en léger excès. Le chlorure mercureux formé est, après dépôt, recueilli sur filtre taré, lavé avec de l'eau froide, séché à 100° et pesé.

b. *Le mercure est, au moins en partie à l'état mercurique.* — La solution est additionnée d'eau oxygénée, puis d'acide phosphoreux et chauffée au bain-marie jusqu'à agrégation complète du précipité de chlorure mercureux formé (Vanino et Treubert) On achève le dosage comme en *a*.

Cette façon d'opérer permet d'obtenir très rapidement la réduction complète du mercure à l'état mercureux.

3. A L'ÉTAT MÉTALLIQUE. — On peut obtenir le mercure à l'état métallique en décomposant le composé mercurique par la chaleur et recevant les vapeurs de mercure soit dans l'eau, soit sur une lame d'or avec laquelle le mercure s'amalgame.

Ces méthodes par voie sèche conviennent surtout lorsqu'on a affaire à des matières pauvres en mercure, ce qui est fréquemment le cas dans la pratique industrielle. Elles permettent d'opérer sur de fortes prises d'essai.

On peut aussi aisément obtenir le mercure à l'état métallique par électrolyse.

a. *Décomposition du composé mercurique en présence de chaux. Mode opératoire.* — On charge un tube en verre dur de 60 centimètres environ de longueur et de 15 millimètres de diamètre, scellé à une extrémité (fig. 22) de la façon suivante : entre *a* et *b*, couche de 5 centimètres environ de carbonate magnésique; entre *b* et *c*, couche de chaux vive; entre *c* et *d*, le mélange intime, fait dans un mortier, de la prise d'essai (de poids variable suivant la teneur présumée en mercure) et de chaux vive en excès; entre *d* et *e*, la chaux ayant servi à rincer le mortier; entre *e* et *f*, une couche de chaux vive; en *f*, se trouve un tampon d'asbeste. Le tube étant ainsi chargé, on étire au chalumeau l'extrémité ouverte et on la recourbe comme l'indique la figure 22. Ensuite, après avoir heurté le tube à plat pour créer à la partie supérieure un canal destiné à livrer pas-

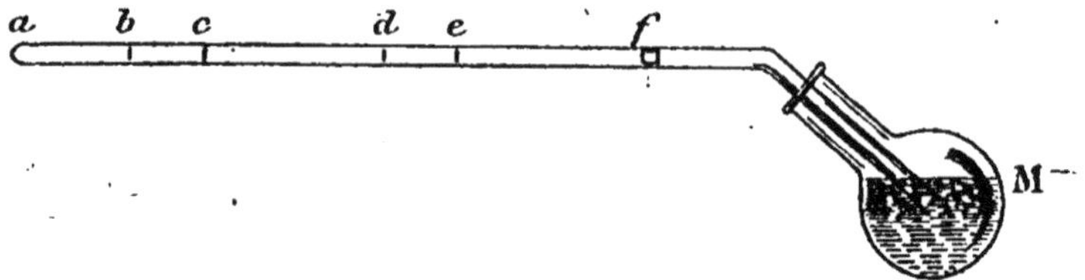


Fig. 22.

sage aux gaz, on le place sur la grille d'un fourneau à combustion, et on fait affleurer l'extrémité effilée à la surface de l'eau contenue dans le matras M. On chauffe ensuite le tube d'avant en arrière, de telle sorte que la couche antérieure de chaux soit portée au rouge avant que le composé mercurique puisse se décomposer. On amène finalement au rouge l'extrémité postérieure contenant le carbonate magnésique; celui-ci, en se décomposant, dégage de l'anhydride carbonique qui entraîne avec lui les dernières traces de vapeur de mercure qui viennent se condenser dans les parties froides du tube et dans le matras. L'opération étant terminée, on coupe la partie antérieure du tube, on détache, en s'aidant du jet de la pissette, les globules de mercure qui peuvent y adhérer, et on les fait tomber dans le matras, au fond duquel se trouve déjà réunie la majeure partie du mercure. On rassemble le mercure en un globule qu'on transvase dans un creuset de porcelaine taré; on décante l'eau qui surnage le mercure, en s'aidant d'un morceau de papier à filtrer pour enlever les dernières gouttes. Finalement, on dessèche sous un exsiccateur chargé d'acide sulfurique, puis on pèse.

b. *Volatilisation du mercure et condensation des vapeurs sur une lame d'or*. (Procédé Eschka.) — La prise d'essai est mélangée avec la moitié de son poids de limaille de fer et le tout est introduit dans un creuset de porcelaine. On ajoute une légère couche de limaille, puis on applique sur le creuset un couvercle formé d'une feuille d'or tarée, façonnée en cuvette et fermant hermétiquement le creuset. On verse un peu d'eau dans la cavité formée par le couvercle, puis, après avoir déposé le creuset dans un trou ménagé dans un carton d'asbeste, on chauffe modérément pendant dix minutes ; la pointe de la flamme doit seule atteindre le fond du creuset. Le mercure éliminé se condense sur la face interne du couvercle. Après refroidissement, on enlève le couvercle, on le lave à l'alcool et à l'éther, on sèche au bain-marie, le couvercle étant placé sur un verre de montre, puis on pèse. L'augmentation de poids correspond au mercure absorbé.

Ensuite on chauffe pour volatiliser le mercure. Le couvercle est alors prêt pour une nouvelle opération.

c. *Par électrolyse.* — D'après Classen, on ajoute à la solution du sel mercurique (chlorure ou oxysel) 4 à 5 grammes d'oxalate ammonique et on électrolyse à froid avec un courant de 1 ampère par décimètre carré. L'opération dure environ deux heures.

Le dépôt métallique est lavé à courant interrompu et séché sous l'exsiccateur. On ne peut employer l'alcool, celui-ci désagrégeant le dépôt.

On peut aussi électrolyser des solutions contenant de l'acide nitrique ou sulfurique libre. La solution est additionnée de 1 à 2 p. 100 de son volume d'acide nitrique si elle ne contient pas d'autres métaux; de 5 p. 100, si elle renferme des métaux étrangers. Dans ce dernier cas, on électrolyse avec un courant de 0,5 ampère par décimètre carré d'électrode; en l'absence de métaux étrangers, le courant devra avoir une intensité de 1 ampère.

*On peut aussi, d'après Ed. F. Smith,* électrolyser le mercure en solution cyanurée. La solution qui peut contenir 0,2 gr. de mercure est additionnée de 0,25 à 2 grammes de cyanure potassique, diluée au volume de 175 centimètres cubes et électrolysée avec un courant de 0,04 à 0,08 ampère. L'opération dure 5 heures ; l'emploi d'un courant d'intensité plus forte permet d'en abréger la durée.

## SÉPARATIONS

Le mercure se rencontre assez rarement dans les matières que le chimiste métallurgiste peut avoir à analyser. En dehors de ses minerais (cinabre), on ne le trouve guère que dans quelques minerais de zinc et toujours en quantité très faible.

La recherche, en pareil cas, nécessite généralement la mise en œuvre de très fortes prises d'essai.

On peut isoler le mercure par voie sèche en chauffant au

rouge la matière mélangée avec de la chaux et condensant dans l'eau le mercure dégagé (voy. p. 197, n° 3).

Si l'on emploie la voie humide, on peut avoir à séparer le mercure des divers métaux des groupes de l'arsenic, du cuivre et du fer. En traitant la solution générale par l'acide sulfhydrique, les métaux du groupe du fer restent dissous et l'on obtient un précipité formé par les métaux des groupes de l'arsenic et du cuivre. Par l'action du sulfure ammonique, on enlève les métaux du groupe de l'arsenic sous forme de sulfosels, à la condition que l'étain soit à l'état stannique.

Le résidu peut être formé des sulfures de mercure, de cuivre, de plomb, de bismuth, de cadmium et d'argent. On le lave à fond puis on le traite par de l'acide nitrique dilué et chaud qui dissout les divers sulfures à l'exception du sulfure mercurique. Il importe que le précipité ne contienne plus trace de chlorures et que l'acide nitrique employé soit exempt de chlore, sinon on s'expose à dissoudre du sulfure de mercure.

Le résidu laissé par l'acide nitrique est formé de sulfure mercurique et de soufre; on le redissout dans le moins possible d'acide chlorhydrique bromé, on élimine l'excès de brome et on précipite le mercure à l'état de chlorure mercureux ($HgCl$) par l'acide phosphoreux (voy. p. 197, n° 2).

Carl v. Uslar a indiqué pour la séparation du mercure des autres métaux de son groupe ainsi que de l'arsenic et de l'antimoine, une méthode basée sur la précipitation directe de ce métal à l'état de chlorure mercureux. Le procédé consiste essentiellement dans les points suivants. La solution acide (20 centimètres cubes $HNO^3$ à 25 p. 100)([1]) est amenée au volume d'environ 150 centimètres cubes, additionnée d'acide phosphoreux et maintenue à 40-45° pendant cinq à six heures en agitant fréquemment. Le précipité de chlorure mercureux est ensuite recueilli sur un filtre et lavé avec de l'acide nitrique très dilué([2]). Il ne peut être pesé directement, car il peut renfermer un peu de mercure métallique et de métaux étrangers. On le place avec le filtre dans un gobelet de verre et on le traite à froid pendant plusieurs heures par un mélange de 0,5 gr. de chlorate potassique et 25 centimètres cubes d'acide chlorhydrique à 25 p. 100. Finalement, on ajoute un peu d'eau et on chauffe au bain-marie jusqu'à disparition de toute odeur de chlore. Ensuite

[1] En présence de bismuth, il y a lieu d'opérer en solution chlorhydrique, les résultats trouvés pour le mercure en solution nitrique étant trop faibles.

[2] Si l'on a dû opérer en solution chlorhydrique, le lavage se fera avec de l'acide chlorhydrique très dilué.

on filtre, on lave avec de l'eau acidulée d'acide chlorhydrique et, dans la solution, on précipite le mercure par l'acide sulfhydrique. Le précipité est redissous dans du sulfure potassique additionné d'hydrate puis précipité de cette solution par le chlorure ammonique à chaud; on le redissout de nouveau comme précédemment, dans le chlorate et l'acide chlorhydrique. Finalement, après élimination du chlore, on traite la solution obtenue par l'acide sulfhydrique et l'on recueille sur filtre taré le sulfure mercurique obtenu.

*Observation.* — Il est prudent de s'assurer que le filtrat du précipité de chlorure mercureux obtenu par l'acide phosphoreux, ne donne plus de précipité de chlorure mercureux en présence d'un excès de réactif, même après avoir été maintenu pendant quelques heures à la température de 40°.

### RECHERCHE DES MÉTAUX DU GROUPE DU CADMIUM

Dans la marche habituellement suivie dans l'analyse qualitative, on obtient à un moment donné les métaux du groupe du cadmium à l'état de sulfures.

Le précipité formé de ces sulfures ayant été, le cas échéant, *lavé à fond*, on retourne l'entonnoir qui le contient, la douille vers le haut et, en s'aidant du jet de la pissette, on fait passer, en employant le moins d'eau possible, les sulfures dans un gobelet de verre; on ajoute ensuite quelques centimètres cubes d'acide nitrique qui forment avec l'eau un acide de moyenne concentration, puis on chauffe pendant quelque temps à une température voisine de l'ébullition. On dissout ainsi les divers sulfures à l'exception du sulfure mercurique[1].

Après avoir séparé ce dernier par filtration, on le dissout dans un peu d'eau régale; on obtient ainsi une solution de chlorure mercurique, dans laquelle on peut caractériser le mercure par l'une ou l'autre réaction. On utilisera avantageusement ici l'action réductrice du chlorure stanneux (v. au sujet de cette réaction très sensible, p. 195, n° 2).

La solution nitrique séparée du sulfure mercurique sert pour la recherche des autres métaux. On la traite d'abord par l'acide chlorhydrique afin de précipiter l'argent à l'état de chlorure.

[1] Le sulfure mercurique étant soluble dans l'eau régale, on aura soin d'employer de l'acide nitrique exempt de chlore, sinon on s'expose à dissoudre du sulfure mercurique, ce qui peut occasionner des complications dans la recherche des autres métaux. C'est pour la même raison que, le cas échéant, on doit laver à fond le précipité des sulfures, surtout s'il est imprégné de chlorures, ce qui est très souvent le cas.

Le chlorure argentique est recueilli et lavé ; on s'assurera qu'il est entièrement soluble dans l'ammoniaque.

Le filtrat du chlorure argentique est additionné de quelques centimètres cubes d'acide sulfurique concentré et évaporé. Le but de l'opération est de précipiter le plomb à l'état de sulfate.

L'évaporation doit être continuée jusqu'à ce que l'on obtienne un dégagement de vapeurs blanches d'acide sulfurique. On est certain alors que les acides chlorhydrique et nitrique, dont la présence pourrait nuire à la précipitation complète du plomb, sont entièrement éliminés. Après refroidissement, on ajoute de l'eau ; le sulfate de plomb reste non dissous ; les sels de cadmium, de cuivre et de bismuth se redissolvent.

Le sulfate de plomb est recueilli et lavé ; on peut le caractériser en le dissolvant dans le tartrate ammonique ammoniacal (voy. p. 160).

La solution acide contenant le cuivre, le cadmium et le bismuth est sursaturée par l'ammoniaque ; les hydrates de cuivre et de cadmiun, d'abord formés, sont redissous dans l'excès de réactif. Le bismuth est précipité à l'état d'hydrate (blanc). Cet hydrate recueilli sur un filtre et lavé, peut être caractérisé a l'aide d'une solution alcaline de chlorure stanneux, qui le réduit à l'état de bismuth métallique, noir (voy. p. 180, n° 3).

En présence de cuivre, la solution ammoniacale est de couleur bleue plus ou moins prononcée suivant la quantité de métal. Cette coloration permet de caractériser le cuivre.

Reste à rechercher le cadmium. On ajoute dans ce but au liquide ammoniacal du cyanure potassique jusqu'à disparition de la couleur bleue, puis on traite par l'acide sulfhydrique ; le cadmium est seul précipité à l'état de sulfure (jaune). La présence du cyanure potassique empêche la précipitation du sulfure de cuivre (voy. p. 183, n° 1).

Il arrive assez souvent que le précipité de sulfure cadmique au lieu d'être d'un jaune bien pur, est plus ou moins brun. Ce fait peut tenir à ce que, par suite d'un lavage imparfait, la solution cadmique contient des traces des autres métaux ; parfois aussi, lorsque le cyanure potassique n'a pas été ajouté en quantité suffisante, un peu de cuivre est précipité en même temps que le cadmium.

Le cas échéant, on traitera à chaud le précipité impur par de l'acide sulfurique dilué au 1/5 qui ne dissout que le sulfure cadmique. Après avoir filtré, on dilue et on soumet le liquide à l'action de l'acide sulfhydrique pour précipiter de nouveau le cadmium.

*Remarque.* — Au lieu d'employer pour la séparation du cuivre et du cadmium, la marche qui vient d'être indiquée et qui expose fréquemment à des complications surtout lorsqu'il y a peu de cadmium, ce qui est souvent le cas, on peut utiliser la réaction proposée par Mawrow et Muthmann qui consiste à réduire le cuivre à l'état métallique par l'action de l'acide hypophosphoreux employé à chaud. La réduction se fait le mieux lorsque le cuivre est à l'état de sulfate, ce qui est précisément le cas dans la méthode de recherche des métaux du groupe du cadmium qui vient d'être exposée (voy. p. 185, n° 6).

# GROUPE DE L'ARSENIC

## ARSENIC

Il existe deux séries de composés de l'arsenic correspondant à l'anhydride arsénieux $As^4O^6$ (1) et à l'anhydride arsénique $As^2O^5$.

### CARACTÈRES DES COMPOSÉS ARSÉNIEUX

1. L'*acide sulfhydrique* forme dans les solutions arsénieuses acidulées d'acide chlorhydrique, un précipité jaune clair de sulfure arsénieux $As^2S^3$.

$$2AsCl^3 + 3H^2S = As^2S^3 + 6HCl.$$
$$2K^3AsO^3 + 3H^2S + 6HCl = As^2S^3 + 6KCl + 6H^2O.$$

Le sulfure arsénieux est insoluble dans l'acide chlorhydrique même concentré, ce qui le distingue des sulfures d'étain (stanneux et stannique) et d'antimoine (antimonieux et antimonique).

Les oxydants (acide nitrique, eau régale, brome, acide chlorhydrique bromé, mélange de chlorate potassique et d'acide chlorhydrique) le transforment en acide arsénique soluble.

$$3As^2S^3 + 28HNO^3 + 4H^2O = 6H^3AsO^4 + 28NO + 9H^2SO^4.$$
$$As^2S^3 + 28Br + 20H^2O = 2H^3AsO^4 + 28HBr + 3H^2SO^4.$$

Le sulfure arsénieux se dissout aisément dans les sulfures alcalins avec formation de sulfo-arsénite.

$$As^2S^3 + 3(NH^4)^2S = 2(NH^4)^3AsS^3.$$
$$As^2S^3 + 3Na^2S = 2Na^3AsS^3.$$

1 Pour des raisons de facilité, on écrit généralement la formule de l'anhydride arsénieux $As^2O^3$.

L'addition d'un acide à la solution reprécipite le sulfure.

$$2Na^3AsS^3 + 6HCl = As^2S^3 + 6NaCl + 3H^2S.$$

Le sulfure arsénieux se dissout aussi dans les alcalis (hydrates potassique et sodique et ammoniaque) et dans le carbonate ammonique. Dans ces réactions, une partie de l'arsenic est transformée par l'oxygène de l'alcali en anhydride arsénieux, tandis que le soufre forme un sulfure avec le métal alcalin.

$$As^2S^3 + 6KOH = As^2O^3 + 3K^2S + 3H^2O.$$

Ensuite, l'anhydride arsénieux formé s'unit à de l'hydrate alcalin pour former un arsénite, tandis que le sulfure alcalin réagit avec du sulfure d'arsenic pour donner un sulfo-arsénite.

Le résultat final est donc la formation simultanée d'arsénite et de sulfo-arsénite. Avec le carbonate ammonique, par exemple, on a :

$$As^2S^3 + 3(NH^4)^2CO^3 = (NH^4)^3AsO^3 + (NH^4)^3AsS^3 + 3CO^2.$$

Si l'on traite une pareille solution par un acide, l'arsenic est reprécipité à l'état de sulfure, l'acide sulfhydrique résultant de la décomposition du sulfo-arsénite pouvant agir sur l'arsenic provenant de la décomposition de l'arsénite.

L'on a :

$$2(NH^4)^3AsS^3 + 6HCl = As^2S^3 + 6NH^4Cl + 3H^2S.$$
$$2(NH^4)^3AsO^3 + 12HCl = 2AsCl^3 + 6NH^4Cl + 6H^2O.$$

Puis :

$$2AsCl^3 + 3H^2S = As^2S^3 + 6HCl.$$

2. *Le nitrate d'argent* donne avec les solutions d'arsénites *exactement neutralisées* par l'ammoniaque, un précipité jaune d'arsénite argentique soluble dans l'ammoniaque et dans l'acide nitrique.

$$(NH^4)^3AsO^3 + 3AgNO^3 = Ag^3AsO^3 + 3NH^4NO^3.$$

Pour obtenir une solution exactement neutre, on peut, après avoir traité par l'ammoniaque, évaporer au bain-marie jusqu'à élimination de tout excès éventuel de ce réactif.

On peut aussi ajouter le nitrate d'argent à la solution arsénieuse, puis laisser couler avec précaution de l'ammoniaque de telle façon que les liquides ne se mélangent pas; le précipité argentique se produit à la zone de contact.

3. *Les arsénites décolorent la solution d'iode ;* ils se trans-

forment sous son action, en arséniates, tandis que l'iode passe à l'état d'acide iodhydrique.

$$H^3AsO^3 + I^2 + H^2O = H^3AsO^4 + 2HI.$$

4. *Le chlorure stanneux,* en solution fortement chlorhydrique, réduit les composés arsénieux avec formation d'un précipité noirâtre d'arsenic.

$$2As^2O^3 + 6SnCl^2 + 12HCl = 2As^2 + 6SnCl^4 + 6H^2O.$$

5. Sous l'action de l'hydrogène naissant produit, par exemple, par réaction de l'acide sulfurique dilué sur le zinc, les composés arsénieux sont transformés en arsénamine $AsH^3$.

$$As^2O^3 + 12H = 2AsH^3 + 3H^2O.$$

Cette réaction est utilisée pour la recherche de très faibles quantités d'arsenic; elle est extrêmement sensible et l'on doit s'assurer que les réactifs employés à sa production, c'est-à-dire le zinc et l'acide sulfurique ne la donnent pas déjà par eux-mêmes.

Pour rechercher l'arsenic par ce procédé, on fait usage de l'*appareil de Marsh.* On trouvera au chapitre consacré à l'antimoine, la description de cet appareil et un exposé des principales réactions qui permettent de distinguer l'arsénamine de la stibamine obtenue par l'action de l'hydrogène naissant sur les composés d'antimoine.

6. *Volatilité du chlorure arsénieux* $AsCl^3$. — Le chlorure arsénieux mis comme tel en solution, ou produit par l'action de l'acide chlorhydrique sur un composé arsénieux *peut être entièrement enlevé à sa solution par distillation.*

Cette propriété est utilisée dans l'analyse industrielle pour la séparation quantitative de l'arsenic et de nombre d'autres éléments, surtout lorsque l'arsenic se trouve en faible proportion par rapport aux métaux qui l'accompagnent.

7. *Réaction par voie sèche.* — Si l'on chauffe dans un tube fermé à une extrémité un mélange bien sec d'un composé arsénieux avec du carbonate sodique et du cyanure potassique, l'arsenic, réduit à l'état élémentaire, se volatilise et vient se déposer dans les parties froides du tube, sous forme d'un anneau miroitant.

*Caractère négatif.* — La liqueur magnésique ne forme pas de précipité dans les solutions arsénieuses (voy. la réaction correspondante des arséniates).

## CARACTÈRES DES COMPOSÉS ARSÉNIQUES

### ACIDE ARSÉNIQUE ET ARSÉNIATES

1. *L'acide sulfhydrique* ne précipite que très lentement les solutions arséniques froides. Le précipité n'a pas de composition définie ; c'est un mélange de pentasulfure $As^2S^5$, de trisulfure $As^2S^3$ (résultant de la précipitation de l'acide arsénieux formé par réduction d'une partie de l'acide arsénique) et de soufre.

A chaud et en présence d'un peu d'acide chlorhydrique libre, la précipitation est plus rapide et l'on obtient du pentasulfure $As^2S^5$. Mais, en fait, même à chaud, l'opération est encore très longue et, par conséquent, peu recommandable aussi. En pratique, lorsqu'on veut obtenir à l'état de sulfure l'arsenic existant à l'état arsénique dans une solution quelconque, la façon la plus avantageuse d'opérer consiste à réduire le composé arsénique à l'état arsénieux en traitant à chaud par un réducteur, de l'acide sulfureux ou de l'hypophosphite sodique, par exemple ; le composé arsénieux est alors aisément précipitable par l'acide sulfhydrique.

$$2H^3AsO^4 + 2SO^2 = As^2O^3 + 2H^2SO^4 + H^2O.$$

La solution arsénique ne doit contenir que peu d'acide chlorhydrique libre. Si la proportion de ce dernier est assez forte, on s'expose à perdre de l'arsenic par volatilisation du chlorure.

Le pentasulfure d'arsenic est, comme le trisulfure, un précipité jaune.

Ses caractères de solubilité sont analogues à ceux du trisulfure. Il est donc soluble dans les sulfures alcalins avec formation de sulfo-arséniate.

$$As^2S^5 + 3Na^2S = 2Na^3AsS^4.$$

Les acides le reprécipitent de cette solution.

$$2Na^3AsS^4 + 6HCl = As^2S^5 + 6NaCl + 3H^2S.$$

Il se dissout aussi dans les oxydants avec formation d'acide arsénique $H^3AsO^4$, et dans les hydrates alcalins et le carbonate ammonique avec formation d'arséniate et de sulfo-arséniate. (Comp. p. 205).

2. *La liqueur magnésique* [1] produit dans les solutions ammo-

[1] Solution ammoniacale de chlorure magnésique additionnée de chlorure ammonique.

niacales d'arséniates un précipité blanc très cristallin d'arséniate ammoniaco-magnésique $NH^4MgAsO^4\ 6H^2O$.

$$(NH^4)H^2AsO^4 + MgCl^2 + 2NH^3 = NH^4MgAsO^4 + 2NH^4Cl.$$

Le précipité se forme lentement; en pratique, la précipitation n'est complète qu'après douze à vingt-quatre heures, à moins que l'on agite le liquide, ce qui accélère fortement la formation du précipité.

L'arséniate ammoniaco-magnésique est soluble dans 15 300 p. d'eau froide ; dans de l'eau ammoniacale (3 vol. d'eau, 1 vol. d'ammoniaque) il est presque insoluble. On opérera donc en solution assez concentrée et fortement ammoniacale.

Le précipité se dissout très aisément dans les acides et se reforme par addition d'ammoniaque à la solution acide.

La présence de tartrate ammonique ne nuit pas à la précipitation complète de l'arsenic à l'état d'arséniate ammoniaco-magnésique (voy. séparations).

Chauffé à 105°, le précipité se déshydrate entièrement et répond à la formule $NH^4MgAsO^4$.

Calciné, il se transforme en pyroarséniate $Mg^2As^2O^7$.

$$2NH^4MgAsO^4 = Mg^2As^2O^7 + 2NH^3 + H^2O.$$

*Remarque.* — La précipitation de l'arsenic à l'état d'arséniate ammoniaco-magnésique est extrêmement importante pour le dosage de cet élément; elle permet, en outre, de séparer d'emblée l'arsenic de la plupart des métaux avec lesquels on le trouve habituellement associé, à condition, bien entendu, que ces métaux ne donnent pas de précipité en solution ammoniacale ou tartro-ammoniacale.

3. *Le nitrate argentique* produit dans les solutions arséniques neutres, un précipité rouge cristallin d'arséniate argentique soluble dans l'ammoniaque et dans l'acide nitrique

$$K^3AsO^4 + 3AgNO^3 = Ag^3AsO^4 + 3KNO^3.$$

(Comp. p. 205, n° 2).

4. *Le chlorure stanneux* réduit, surtout à chaud, les composés arséniques, comme les composés arsénieux (Comp. p. 206, n 4).

5. *L'hydrogène naissant* transforme l'acide arsénique comme l'acide arsénieux en arsénamine (Comp. p. 206, n° 5).

6. Si l'on chauffe un composé arsénique en solution avec de l'acide chlorhydrique et un réducteur tel que le chlorure ferreux, l'arsenic passe à l'état de chlorure arsénieux qui peut être enlevé par distillation.

Réaction très importante au point de vue du dosage et de la séparation de l'arsenic. (Comp. p. 212.)

7. *Chauffés avec du carbonate sodique et du cyanure potassique*, les composés arséniques sont, de même que l'acide arsénieux, réduits avec mise en liberté d'arsenic. (Comp. p. 206, nº 7.)

8. *Réaction commune aux arséniates et aux phosphates.* — La liqueur molybdique[1] précipite, *mais à chaud seulement*, l'acide arsénique à l'état d'arsénimolybdate ammonique, jaune, $(NH^4)^3AsO^4\ 12MoO^3\ 2HNO^3\ H^2O$.

$$KH^2AsO^4 + 12MoO^3 + 3NH^4NO^3 = (NH^4)^3AsO^4\ 12MoO^3 2HNO^3 + KNO^3.$$

Le précipité s'obtient le mieux en solution nitrique ; la présence d'acide chlorhydrique entrave sa formation.

Il est, comme le précipité correspondant obtenu avec les phosphates, insoluble dans l'acide nitrique et soluble dans l'ammoniaque; il peut aussi être reprécipité de sa solution ammoniacale par l'acide nitrique.

La seule différence avec le phospho-molybdate ammonique avec lequel on pourrait aisément le confondre, est qu'il ne se produit qu'à chaud, tandis que le premier peut être obtenu à froid (voy. caractères des phosphates).

## DOSAGE

I. Dosage par pesée. — 1. *A l'état de sulfure arsénieux.* — Si l'arsenic se trouve à l'état arsénieux, on traite la solution par l'acide sulfhydrique afin de précipiter le trisulfure $As^2S^3$ qu'on recueille sur un filtre taré, lave et dessèche à 110°.

Si, ce qui est fréquemment le cas, le précipité n'est pas entièrement à l'état arsénieux, ou s'il renferme un peu de soufre, il est préférable de le redissoudre dans un réactif oxydant, acide chlorhydrique bromé, acide chlorhydrique et chlorate potassique, etc., de façon à transformer l'arsenic en acide arsénique. A la solution obtenue, on applique ensuite le procédé suivant.

2. *A l'état d'arséniate ammoniaco-magnésique ou de pyroarséniate magnésique.* — La solution, qui doit renfermer tout l'arsenic à l'état arsénique est, le cas échéant, neutralisée par l'ammoniaque, puis traitée par la liqueur magnésique ; on ajoute ensuite au liquide le quart environ de son volume d'ammoniaque concentrée, puis on laisse en repos pendant une dou-

[1] Solution de molybdate ammonique dans l'acide nitrique.

zaine d'heures. Dans ces conditions, tout l'arsenic est précipité à l'état d'arséniate ammoniaco-magnésique (voy. p. 207, n° 2).

L'addition d'un fort excès d'ammoniaque a pour but d'augmenter l'insolubilité du précipité.

On opérera en solution assez concentrée, l'arséniate n'étant pas complètement insoluble dans l'eau, même ammoniacale.

*Traitement ultérieur du précipité.* — L'arséniate peut être recueilli sur un filtre taré et pesé après dessiccation jusqu'à poids constant à 105°. Il répond alors à la formule $NH^4MgAsO^4$.

Au lieu d'employer le filtre taré, on préfère généralement calciner le précipité pour le transformer en pyroarséniate $Mg^2As^2O^7$. Cette opération demande certaines précautions afin d'éviter la réduction d'une partie de la matière et, par suite, des pertes d'arsenic par volatilisation. On détache autant que possible le précipité du filtre. En fait, le précipité étant formé de cristaux, s'enlève avec la plus grande facilité, à quelques milligrammes près. Le filtre est replacé dans l'entonnoir et humecté d'acide nitrique dilué (densité 1,2) et chaud, qui dissout très aisément le peu d'arséniate adhérent au papier; on lave à deux reprises avec très peu d'eau chaude et on reçoit le liquide dans un creuset taré; on évapore à siccité au bain-marie, puis on ajoute la masse du précipité et on calcine progressivement.

Le creuset muni de son couvercle est placé d'abord à 20 centimètres au moins d'une petite flamme et chauffé assez longtemps dans ces conditions; on augmente ensuite graduellement la température. Lorsque le fond du creuset est sur le point d'être porté au rouge, on enlève le couvercle et on achève la calcination au rouge vif. Si le précipité est abondant, il est avantageux, pour hâter la transformation en pyro-arséniate, de le brasser une ou deux fois avec un fil de platine. On s'assurera par une seconde calcination que la transformation est complète.

II. Dosage par titrimétrie. — *Procédé basé sur l'oxydation de l'acide arsénieux par l'iode. Principe.* — Si l'on traite une solution arsénieuse alcaline par l'iode, l'arsenic est transformé en arséniate.

$$K^3AsO^3 + I^2 + H^2O = K^3AsO^4 + 2HI.$$

La solution arsénieuse est additionnée d'un excès de bicarbonate sodique ou potassique; puis, après avoir ajouté de l'empois d'amidon, on y laisse couler une solution titrée d'iode, jusqu'à ce que, l'oxydation étant complète, une goutte d'iode en excès colore l'amidon en bleu. La solution titrée d'iode peut être préparée par dissolution directe dans l'iodure potassique d'un poids déterminé d'iode pur obtenu, par exemple, par sublimation de l'iode du commerce.

*Remarque.* — L'emploi de bicarbonates au lieu de carbonates neutres pour alcaliniser la solution s'explique par le fait que les premiers n'agissent pas, comme le font les carbonates neutres, sur la couleur bleue de l'iodure d'amidon, et permettent, par conséquent, de mieux apprécier le terme de l'essai.

## SÉPARATIONS

L'arsenic est un élément très répandu. Il existe en forte proportion dans certains composés naturels, tels que le mispickel et l'orpiment, et dans certains sous-produits métallurgiques, notamment les speiss des fours à plomb provenant du traitement de minerais arsénifères.

En petite quantité, l'arsenic se rencontre dans un grand nombre de minerais métalliques de toute nature et se retrouve en partie dans les métaux, fer, cuivre, zinc, plomb, étain, etc., fabriqués à l'aide de ces minerais.

En fait, il est très souvent facile de séparer l'arsenic des métaux des autres groupes en se basant sur la solubilité du sulfure d'arsenic dans les sulfures alcalins (voy. p. 204, n° 1). La solution générale, traitée au besoin par un réducteur, l'acide sulfureux, par exemple, pour amener l'arsenic à l'état arsénieux, est soumise à l'action de l'acide sulfhydrique qui précipite les métaux des groupes de l'arsenic et du cuivre. Le précipité est ensuite traité par un sulfure alcalin qui enlève à l'état de sulfosel soluble l'arsenic et, éventuellement, l'antimoine et l'étain qui peuvent l'accompagner. De cette solution on reprécipite par addition d'un acide l'arsenic (l'antimoine et l'étain), à l'état de sulfures. Le problème est ainsi ramené à la séparation de l'arsenic et des autres métaux de son groupe (voy. au sujet de cette séparation le chapitre consacré à l'étain).

Méthodes spéciales. — *Séparation directe de l'arsenic par précipitation à l'état d'arséniate ammoniaco-magnésique.*

*Principe.* — Si l'on ajoute à une solution pouvant contenir, outre l'arsenic (à l'état arsénique), de l'antimoine, les métaux du groupe du cuivre à l'exception du plomb et les métaux du groupe du fer, de l'acide tartrique, puis de l'ammoniaque en excès, le liquide reste limpide, les hydrates produits par l'action de l'ammoniaque restant dissous grâce à la présence du tartrate alcalin. Si l'on verse ensuite dans le liquide de la liqueur magnésique et un excès d'ammoniaque, l'arsenic se précipite seul à l'état d'arséniate ammoniaco-magnésique (voy. p. 207, n° 2).

En présence de plomb, on éliminera d'abord ce métal par l'acide sulfurique [1].

Cette séparation rend de grands services dans l'analyse des matières riches en arsenic, telles que le mispickel, l'orpiment, certains speiss, etc., dans lesquelles l'arsenic est associé à de l'antimoine, du cuivre et la plupart des métaux du groupe du fer.

*Séparation de l'arsenic par distillation.* — Ce procédé permet de séparer l'arsenic de tous les autres métaux. Il repose sur la possibilité d'extraire par distillation tout l'arsenic existant dans une solution lorsque cet élément se trouve à l'état de chlorure arsénieux $AsCl^3$, ou peut être amené sous cette forme par l'action d'un réducteur, le chlorure ferreux par exemple (voy. p. 208, n° 6). A. Classen (*Ausgewählte Methoden der analytischen Chemie*) donne du procédé tel qu'il est appliqué par Fischer-Hufschmidt une description dont voici les points principaux. Si la solution arsénicale doit être obtenue à l'aide d'un réactif oxydant, on emploiera de préférence l'acide chlorhydrique et le chlorate potassique et l'on évaporera l'excès d'acide au bain-marie. Si l'on s'est servi de l'acide nitrique, on éliminera cet acide par évaporation en présence d'acide sulfurique, afin d'éviter ultérieurement, l'oxydation du sel ferreux employé comme réducteur et la formation d'oxyde nitrique préjudiciable au dosage de l'arsenic.

Le résidu d'évaporation est amené à l'aide d'acide chlorhydrique concentré dans un ballon A de 1/2 litre (fig. 23); on ajoute 20 à 25 centimètres cubes d'une solution saturée de chlorure ferreux [2] et l'on dilue au volume d'environ 200 centimètres cubes à l'aide d'acide chlorhydrique concentré. Le ballon, placé obliquement sur une toile métallique est raccordé par un tube *t* descendant à peu près jusqu'au fond, avec un appareil producteur d'acide chlorhydrique, soit, par exemple, un ballon B chargé de sel et d'acide sulfurique (densité 1,6). Le tube de dégagement de A est directement raccordé à un ballon de 1 litre C contenant

[1] Si la substance renferme à la fois du plomb et de l'antimoine, en quantité importante, la séparation du plomb par l'acide sulfurique n'est plus recommandable, le précipité plombique entraînant facilement de l'arsenic. En pareil cas, on peut séparer l'arsenic en le précipitant par l'acide sulfhydrique, en solution chlorhydrique très acide (1 volume HCl, 1 volume d'eau). Le précipité qui ne contient que du sulfure d'arsenic est lavé avec de l'eau fortement acidulée d'acide chlorhydrique, afin d'éviter que les sulfures des autres métaux se précipitent.

[2] On s'assurera évidemment, par un essai à blanc, que le chlorure ferreux est exempt d'arsenic.

environ 1/2 litre d'eau ; le tube est disposé de telle façon qu'il plonge à peine dans le liquide. Un bain d'eau froide permet de combattre toute élévation de température en C. Un tube de dégagement $t'$ relie C à un gobelet de verre contenant de l'eau.

Les choses étant ainsi disposées, on sature d'acide chlorhydrique la solution contenue en A, ce qui nécessite environ une heure, puis on fait bouillir en continuant à faire passer le courant d'acide chlorhydrique jusqu'à ce que 100 centimètres cubes

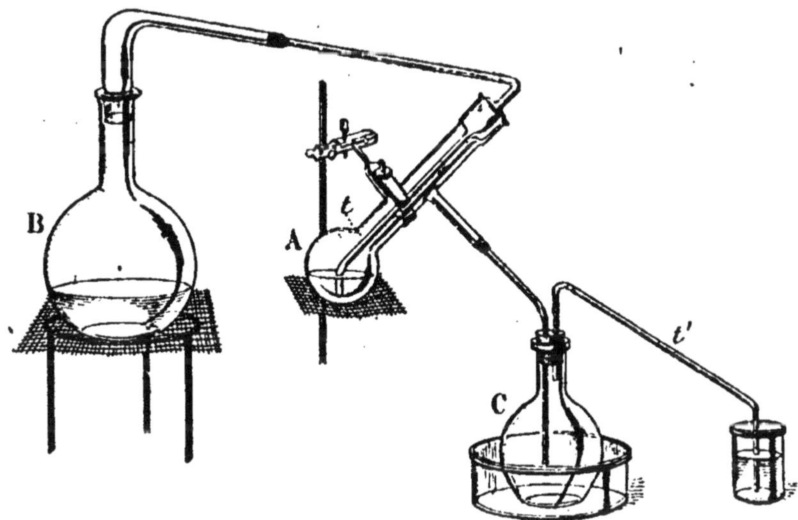


Fig. 23.

environ aient distillé. Tout l'arsenic de la prise d'essai est alors passé en C et le dosage peut se faire, soit par précipitation à l'état de sulfure arsénieux, soit par titrage au moyen d'une solution titrée d'iode après neutralisation par le bicarbonate sodique ou potassique.

La méthode par distillation, qui peut être encore appliquée dans d'autres conditions que celles qui viennent d'être décrites, est très fréquemment employée. Elle rend de sérieux services pour la recherche et le dosage de l'arsenic dans le cuivre, le plomb dur, etc.

*Séparation de l'arsenic et de l'antimoine* (voy. séparations de l'antimoine).

*Séparation de l'arsenic et de l'étain* (voy. séparations de l'étain).

*Séparation de l'arsenic, de l'antimoine et de l'étain* (voy. séparations de l'étain).

## ANTIMOINE

Sous l'action de l'acide nitrique, l'antimoine passe à l'état de l'un ou l'autre des oxydes $Sb^4O^6$, $Sb^2O^4$ ou $Sb^2O^5$ suivant la concentration de l'acide, la température, etc. Ces divers oxydes sont insolubles dans l'eau et dans l'acide nitrique, mais ils se dissolvent dans l'acide tartrique en formant des tartrates de composition variable, tels que $(SbO)_2\,C^4H^4O^6,\ H^2O$ ; $Sb\,(C^4H^4O^6)(C^4H^5O^6)\,3H^2O$, etc.

On peut donc dissoudre l'antimoine dans un mélange d'acide nitrique et d'acide tartrique ; et, en fait, on recourt fréquemment à ce dissolvant pour mettre en solution les alliages renfermant de l'antimoine.

Il existe deux séries de sels d'antimoine correspondant respectivement aux composés $Sb^4O^6$ [1] (sels antimonieux) et $Sb^2O^5$ (sels antimoniques).

### CARACTÈRES DES SELS ANTIMONIEUX

1. Le sel antimonieux le plus important est le chlorure $SbCl^3$. Sous l'action de l'eau, il est décomposé avec formation de chlorures basiques blancs, insolubles (oxychlorures) de composition variable suivant les conditions.

$$SbCl^3 + H^2O = SbOCl + 2HCl.$$
$$4SbCl^3 + 5H^2O = 2(SbOCl)Sb^2O^3 + 10HCl.$$

La présence d'acide chlorhydrique libre en quantité suffisante empêche cette précipitation ; l'acide tartrique agit de la même façon.

2. *L'acide sulfhydrique* précipite du sulfure antimonieux $Sb^2S^3$, rougeâtre.

$$2SbCl^3 + 3H^2S = Sb^2S^3 + 6HCl.$$

Le précipité se dissout dans dans les sulfures alcalins avec formation de sulfo-antimonite.

$$Sb^2S^3 + 3Na^2S = 2Na^3SbS^3.$$

Si l'on emploie un polysulfure, il y a formation de sulfo-antimoniate.

$$Sb^2S^3 + 3Na^2S + S^2 = 2Na^3SbS^4.$$

[1] Au lieu de cette formule qui exprime la grandeur moléculaire du composé, on emploie habituellement la formule plus simple $Sb^2O^3$.

Les sulfo-antimonites et les sulfo-antimoniates traités par un acide dilué, sont décomposés ; il se précipite respectivement du sulfure antimonieux et du sulfure antimonique.

$$2Na^3SbS^3 + 6HCl = Sb^2S^3 + 6NaCl + 3H^2S.$$
$$2Na^3SbS^4 + 6HCl = Sb^2S^4 + 6NaCl + 3H^2S.$$

Le sulfure antimonieux se dissout aussi dans les hydrates potassique et sodique avec formation de méta-antimonite $RSbO^2$ et de sulfo-antimonite alcalin $RSbS^2$.

$$2Sb^2S^3 + 4KOH = KSbO^2 + 3KSbS^2 + 2H^2O.$$

(Voy. au sujet de cette dissolution les caractères du sulfure arsénieux, p. 205). L'addition d'un acide à ces solutions reprécipite du sulfure antimonieux.

$$KSbO^2 + 3KSbS^2 + 4HCl = 2Sb^2S^3 + 4KCl + 2H^2O.$$

L'acide nitrique transforme le sulfure antimonieux en un mélange de composés oxygénés insolubles. A la différence du sulfure arsénieux, le sulfure antimonieux est *insoluble dans le carbonate ammonique* et *soluble dans l'acide chlorhydrique concentré* avec formation de chlorure antimonieux.

$$Sb^2S^3 + 6HCl = 2SbCl^3 + 3H^2S.$$

Il se dissout dans l'eau régale avec formation de chlorure antimonique $SbCl^5$. Chauffé à l'abri de l'air (dans un courant d'anhydride carbonique, par exemple), le sulfure rouge devient noir et cristallin, sans que sa composition soit modifiée.

3. Les composés solubles d'antimoine traités par l'hydrogène naissant (formé par l'action de l'acide sulfurique dilué pur sur du zinc pur) produisent un dégagement de stibamine $SbH^3$.

Nous avons vu (p. 206, n° 5) que, dans les mêmes conditions, les composés de l'arsenic produisent de l'arsénamine $AsH^3$.

La recherche de l'arsenic et de l'antimoine, basée sur ces réactions ne se fait guère que lorsqu'il s'agit de déceler de très faibles quantités de ces éléments qu'il serait difficile de découvrir par les caractères auxquels on recourt habituellement. Les réactions sont, en effet, très sensibles et permettent de constater la présence des moindres traces des éléments en question.

On se sert pour la recherche de l'appareil connu sous le nom d' « appareil de Marsh » qui n'est, en somme, qu'un appareil à hydrogène, consistant, en un flacon de Woolf de 300 à 400 centimètres cubes, muni d'un tube entonnoir et d'un tube de dégagement (fig. 24). A ce dernier est fixé un tube chargé de chlorure calcique destiné à dessécher les gaz humides sortant du flacon.

Enfin vient un tube en verre dur, d'une trentaine de centimètres de longueur et de 8 millimètres environ de diamètre. Ce tube présente plusieurs étranglements et son extrémité effilée est recourbée vers le haut.

Pour effectuer un essai, on charge le flacon de zinc et d'acide

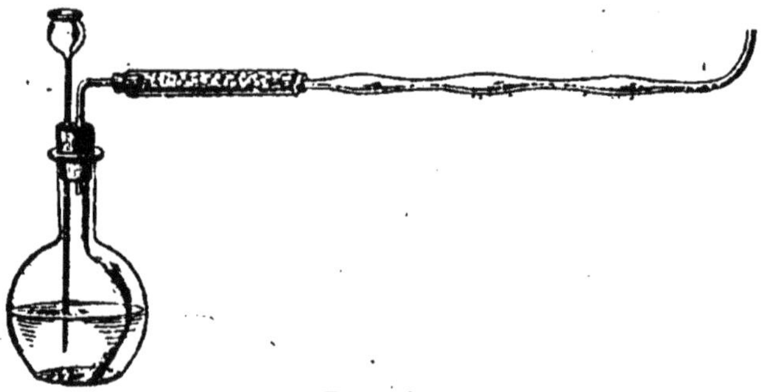

Fig. 24.

sulfurique dilué chimiquement purs (¹), la quantité d'acide étant telle qu'elle donne lieu à un dégagement régulier mais non tumultueux d'hydrogène.

Lorsque l'appareil est purgé d'air, on enflamme le gaz à la sortie du tube, puis on introduit par le tube entonnoir la matière dans laquelle on a à rechercher l'arsenic ou l'antimoine.

PRINCIPAUX CARACTÈRES PERMETTANT DE DIFFÉRENCIER

| L'ARSÉNAMINE | LA STIBAMINE |
|---|---|
| La flamme est d'un bleu livide. | La flamme est verdâtre. |

Si l'on écrase ces flammes à l'aide d'un corps froid tel qu'une capsule de porcelaine, la combustion est entravée

¹ On conçoit qu'il est essentiel que les réactifs soient absolument exempts d'arsenic et d'antimoine. Bien que le commerce fournisse aujourd'hui des produits spécialement purifiés pour ce genre de recherche, il est néanmoins prudent de s'assurer de leur pureté par un essai à blanc suffisamment prolongé :

et l'arsenic et l'antimoine se déposent sous forme de taches.

| | |
|---|---|
| La tache d'arsenic est brun noir, à bords bruns et brillants. | La tache d'antimoine est noire, mate ou faiblement brillante. |
| Traitée par un hypochlorite alcalin elle disparaît; l'arsenic est transformé en acide arsénique $H^3AsO^4$. | Traitée par un hypochlorite alcalin, elle ne disparaît pas. |
| Traitée par une goutte d'acide nitrique, elle se transforme en acide arsénieux ou en acide arsénique; si l'on ajoute une goutte de nitrate d'argent et qu'on expose à l'action de l'ammoniaque, on obtient une teinte jaune (arsénite d'argent) ou rouge (arséniate d'argent). | Traitée par une goutte d'acide nitrique, elle donne un composé oxygéné d'antimoine insoluble. En évaporant l'excès d'acide et traitant par une solution ammoniacale de nitrate d'argent, on obtient une tache noire due à la formation d'argent réduit. |

Si l'on chauffe à l'aide de la lampe, le tube à proximité d'un étranglement, la stibamine et l'arsénamine sont dissociées et l'arsenic et l'antimoine se déposent dans les parties étranglées sous forme d'anneaux brillants.

Les anneaux chauffés dans le courant d'hydrogène se volatilisent.

| | |
|---|---|
| L'anneau d'arsenic disparaît aisément et sans fondre préalablement (sublimation). | L'anneau d'antimoine se volatilise plus difficilement que celui d'arsenic; *il fond en petits globules* avant de se volatiliser. |
| L'anneau d'arsenic chauffé dans un courant d'acide sulfhydrique donne du sulfure jaune, volatil qui, sous l'action de l'acide chlorhydrique ne disparaît pas. | L'anneau d'antimoine donne, sous l'action de l'acide sulfhydrique, du sulfure rouge passant au noir à chaud. L'acide chlorhydrique dissout ce sulfure (formation de chlorure antimonieux.) |

4. *Action du zinc, du cadmium et du fer.* — Le zinc et le cadmium précipitent l'antimoine de ses solutions acides à l'état d'une poudre noire; si l'on opère en présence d'une lame de platine, l'antimoine se dépose sur celle-ci en un enduit plus ou moins adhérent.

Le fer réduit aussi les solutions acides modérément chauffées. L'antimoine est précipité sous forme de flocons noirs.

Il est toujours prudent d'identifier par l'une ou l'autre réaction l'antimoine obtenu par précipitation à l'aide d'un métal, celui-ci pouvant parfois laisser lui-même un résidu de dissolution de nature à être confondu avec de l'antimoine.

On peut, par exemple, traiter le dépôt par de l'acide nitrique qui transforme l'antimoine en composés oxygénés blancs, insolubles dans l'eau, solubles dans l'acide tartrique. On peut aussi dissoudre l'antimoine dans quelques gouttes d'eau régale dont on évapore l'excès. En reprenant par de l'acide chlorhydrique dilué et traitant par l'acide sulfhydrique, on obtient un précipité rouge caractéristique de sulfure d'antimoine.

5. *Action des alcalis et des carbonates alcalins.* — Les hydrates alcalins fixes, l'ammoniaque et le carbonate ammonique, produisent un précipité blanc d'hydrate antimonieux $Sb(OH)^3$.

Les hydrates alcalins fixes dissolvent le précipité avec formation d'antimonite alcalin.

$$SbCl^3 + 3KOH = Sb(OH)^3 + 3KCl.$$
$$Sb(OH)^3 + KOH = SbO(OK) + 2H^2O.$$

## CARACTÈRES DES SELS ANTIMONIQUES

1. La solution de chlorure antimonique additionnée d'eau en grande quantité donne, suivant la température et la proportion d'eau, des précipités blancs d'oxychlorures ou d'acides antimoniques, solubles dans l'acide chlorhydrique et dans l'acide tartrique.

$$SbCl^5 + 2H^2O = SbO^2Cl + 4HCl.$$
$$SbCl^5 + 4H^2O = H^3SbO^4 + 5HCl.$$

2. L'*acide sulfhydrique* produit un précipité rouge orangé dont l'aspect est analogue à celui du sulfure antimonieux.

$$2SbCl^5 + 5H^2S = Sb^2S^5 + 10HCl.$$

Le précipité est soluble dans les sulfures alcalins avec formation de sulfo-antimoniate.

$$Sb^2S^5 + 3Na^2S = 2Na^3SbS^4.$$

Il se dissout aussi dans les hydrates alcalins avec formation d'antimoniate et de sulfo-antimoniate.

$$4Sb^2S^5 + 18KOH = 3KSbO^3 + 5K^3SbS^4 + 9H^2O.$$

L'acide chlorhydrique le transforme en *chlorure antimonieux* avec précipitation de soufre.

$$Sb^2S^5 + 6HCl = 2SbCl^3 + 3H^2S + S^2.$$

L'eau régale le dissout à l'état de chlorure antimonique

$SbCl^5$ et l'acide nitrique le fait passer à l'état de composés oxygénés insolubles.

3. *Action des alcalis et des carbonates alcalins.* — Ces divers réactifs produisent un précipité blanc d'acide méta-antimonique $HSbO^3$.

Un excès d'hydrate alcalin forme avec cet acide un méta-antimonite soluble.

$$HSbO^3 + KOH = KSbO^3 + H^2O.$$

*L'hydrogène naissant, le zinc, le cadmium et le fer* agissent sur les sels antimoniques comme sur les sels antimonieux (voy. p. 215, n° 3 et p. 217, n° 4).

## DOSAGE

I. Dosage par pesée. — 1. *Par électrolyse.* — Ce procédé, qui est aujourd'hui préféré à tout autre, donne d'excellents résultats. Il offre, en outre, l'avantage de permettre de doser l'antimoine en présence de l'arsenic, l'élément le plus fréquemment associé à l'antimoine dans les analyses.

L'electrolyse se pratique en solution sulfurée. On opère le mieux de la façon suivante. L'antimoine est précipité à l'état de sulfure par l'acide sulfhydrique. Le précipité est, après lavage, redissous dans le sulfure sodique et la solution, introduite dans une capsule de platine tarée, est électrolysée à la température de 70° avec un courant de 1,5 à 2 ampères environ. Pour un volume de liquide de 250 centimètres cubes, on emploiera 50 centimètres cubes de sulfure sodique, densité 1,2.

On peut aussi électrolyser à froid avec un courant de 0,35 ampère; mais, dans ces conditions, la durée de l'électrolyse est beaucoup plus longue.

Le dépôt d'antimoine, très cohérent, est lavé à courant interrompu à l'eau, à l'alcool et à l'éther et séché sur l'acide sulfurique.

Si, ce qui arrive très fréquemment dans la pratique, l'antimoine se trouve à l'état de sulfosel, on décompose celui-ci par de l'acide sulfurique dilué, de manière à régénérer le sulfure d'antimoine. Après lavage, on transvase ce sulfure à l'aide du jet de la pissette dans un gobelet de verre, on ajoute 10 centimètres cubes d'une solution de sulfure sodique à 20 p. 100, puis on chauffe au bain-marie jusqu'à redissolution du sulfure et on filtre pour séparer le soufre, en se servant du filtre qui contenait le précipité. Le liquide et les eaux de lavage sont recueillis dans une capsule en platine tarée et électrolysés après addition de sulfure sodique dans les conditions indiquées ci-dessus.

2. *Par précipitation à l'état de sulfure antimonieux* $Sb^2S^3$, *et :* a. *Pesée directe du sulfure;* b. *Transformation du sulfure en oxyde* $Sb^2O^4$.

En pratique, trois cas peuvent se présenter. On peut avoir :

α. Une solution antimonieuse.

β. Une solution contenant l'antimoine en totalité ou en partie à l'état antimonique.

γ. Une solution contenant l'antimoine à l'état de sulfosel en présence d'un excès de sulfure ou de polysulfure alcalin.

Dans le premier cas, on ajoute à la solution contenant de l'acide chlorhydrique libre, de l'acide tartrique, afin d'éviter que le précipité de sulfure antimonieux entraîne du chlorure; puis on traite par l'acide sulfhydrique; on chauffe ensuite le liquide en continuant à faire passer le courant d'acide sulfhydrique. Finalement, lorsque le précipité de sulfure antimonieux

Fig. 25.

est bien rassemblé, on soumet le liquide à l'action d'un courant d'anhydride carbonique afin d'éliminer l'excès d'acide sulfhydrique. Le précipité est recueilli sur un filtre taré, lavé, séché à 100° et pesé. Il contient encore une très petite quantité d'eau. On le détache aussi complètement que possible du filtre et on note le poids du sulfure ainsi enlevé. Puis, on introduit ce dernier dans une nacelle de porcelaine tarée, on place la nacelle dans un tube en verre dur (fig. 25), on fait passer dans celui-ci un courant d'anhydride carbonique sec, et lorsque tout l'air est déplacé, on chauffe à la lampe vers 250°, l'anhydride carbonique continuant à circuler dans le tube. Dans ces conditions, le sulfure rouge est débarrassé des dernières traces d'eau qu'il avait retenues et transformé en sulfure noir cristallin $Sb^2S^3$. L'emploi de l'anhydride carbonique a pour but d'éviter l'oxydation de l'antimoine pendant la calcination.

Après avoir laissé refroidir dans le courant de gaz, on repèse la nacelle et on rapporte la perte de poids constatée à la totalité du sulfure pesé sur filtre taré.

*Dans le second cas*, on opère comme il vient d'être dit jusques et y compris la précipitation par l'acide sulfhydrique. Le précipité, qui peut être formé de sulfure antimonique ou d'un mélange de sulfure antimonique et de sulfure antimonieux, est recueilli, lavé, puis redissous dans l'acide chlorhydrique, ce qui permet d'obtenir tout l'antimoine à l'état antimonieux, ce qui ramène au premier cas.

*Enfin si l'on a affaire à une solution de sulfosel,* on décompose celle-ci par un acide dilué de façon à précipiter l'antimoine à l'état de sulfure en mélange avec du soufre. Ce précipité est redissous dans l'acide chlorhydrique et, dans la solution antimonieuse, on précipite l'antimoine par l'acide sulfhydrique comme dans le premier cas.

En opérant de cette façon, on évite dans le précipité, à peser et à calciner, la présence de pentasulfure et de soufre libre et l'on obtient aisément le sulfure $Sb^2S^3$ pur.

*Au lieu de peser le sulfure antimonieux comme tel,* ce qui nécessite l'emploi d'un filtre taré et la calcination dans un courant d'anhydride carbonique, on peut le transformer en oxyde $Sb^2O^4$. Pour cela, on fait passer le précipité lavé, mais non séché, dans une capsule de porcelaine en s'aidant du jet de la pissette. S'il reste quelques flocons adhérents au filtre, on les dissout à chaud dans quelques gouttes de sulfure ammonique et on recueille la solution dans un creuset de porcelaine taré. Après avoir évaporé l'eau qui imprègne la masse du précipité, on fait passer celui-ci à son tour dans le creuset; on évapore à siccité, puis on ajoute *avec précaution* de l'acide nitrique concentré d'abord, de l'acide nitrique fumant ensuite; on chauffe au bain-marie pour assurer l'oxydation du sulfure, le creuset étant recouvert d'un verre de montre pour éviter les projections. Finalement, on calcine au rouge, en creuset ouvert. On obtient ainsi la transformation de tout le sulfure en oxyde $Sb^2O^4$ qu'on pèse.

II. Dosage par titrimétrie. — 1. *Procédé basé sur l'oxydation des composés antimonieux par l'iode. Principe.* — Si l'on traite une solution antimonieuse alcaline par de l'iode, l'antimoine est oxydé à l'état d'acide antimonique. Le terme de l'essai se marque par la coloration bleue que prend le liquide sous l'action d'une goutte de solution d'iode en excès en présence d'empois d'amidon.

$$Sb^2O^3 + 2I^2 + 4NaHCO^3 = Sb^2O^5 + 4NaI + 4CO^2 + 2H^2O.$$

La solution antimonieuse est additionnée de sel de Seignette (tartrate sodico-potassique), puis rendue alcaline par du bicarbonate sodique; la présence d'un tartrate est nécessaire pour maintenir l'antimoine en solution. Après avoir ajouté quelques centimètres cubes d'empois d'amidon, on laisse couler dans le liquide une solution titrée d'iode dans l'iodure potassique (voy. p. 210, II), jusqu'à ce que, l'oxydation du composé antimonieux étant complète, une goutte d'iode en excès colore le liquide en bleu (iodure d'amidon).

D'après l'équation donnée plus haut, on voit que 4 atomes d'iode correspondent à 2 atomes d'antimoine.

2. *Procédé de Györy basé sur l'oxydation des composés antimonieux par le bromate potassique. Principe.* — Si l'on traite une solution chlorhydrique acide d'un composé antimonieux par du bromate potassique, l'antimoine est oxydé d'après l'équation :

$$3Sb^2O^3 + 2KBrO^3 + 2HCl = 3Sb^2O^5 + 2KCl + 2HBr.$$

La solution titrée de bromate se prépare en dissolvant dans l'eau un poids déterminé de ce sel pur, séché à 100-110°.

Comme indicateur, on emploie quelques gouttes d'une solution très diluée de méthylorange, qui, au début de l'opération, colorent le liquide en rose (teinte du méthylorange en solution acide). Lorsque tout l'antimoine est oxydé, une goutte de bromate en excès réagit avec l'acide bromhydrique qui s'est formé pendant la réaction ; du brome est mis en liberté et, sous son action, le méthylorange se décolore. Le terme de l'essai est donc marqué par la disparition de la coloration rose.

## SÉPARATIONS

En dehors des minerais d'antimoine proprement dits, stibine, sénarmontite, etc., l'antimoine se rencontre très souvent en petites quantités dans de nombreux minerais métalliques et dans divers sous-produits provenant du traitement de ces minerais.

L'antimoine fait aussi partie de divers alliages importants, tels que le plomb dur et le métal antifriction.

En pratique, on le trouve fréquemment associé à l'arsenic, à l'étain et aux divers métaux du groupe du cuivre, c'est-à-dire à tous éléments précipitables comme lui à l'état de sulfures en solution acide.

En fait, il est généralement facile d'isoler l'antimoine de la plupart des métaux du groupe du cuivre, en traitant les sulfures par un sulfure alcalin qui dissout le sulfure d'antimoine à l'état de sulfosel. S'il y a du cuivre en présence, on emploiera du sulfure sodique, le sulfure ammonique dissolvant un peu de sulfure de cuivre.

Si le précipité renferme du mercure, on pourra éliminer ce dernier à l'état de chlorure mercureux (voy. la méthode détaillée, p. 200).

S'il y a en présence assez bien de sulfure de plomb, le traitement par les sulfures alcalins peut exposer à des erreurs, le sulfure de plomb pouvant retenir un peu de sulfure d'antimoine. En pareil cas, il est préférable d'opérer la séparation en fondant la matière avec du carbonate sodique et du soufre (voy. mise en solution des matières minérales). L'antimoine passe en totalité, dans ces conditions, à l'état de sulfosel qui peut être entièrement séparé par l'eau, du sulfure de plomb formé pendant la fusion.

Si la proportion de plomb est très élevée, ce qui se présente, par exemple, dans l'analyse du plomb dur, on traite la solution nitrique additionnée d'acide tartrique (pour maintenir l'antimoine en solution) par de l'acide sulfurique, de manière à précipiter la majeure partie du plomb à l'état de sulfate. Après avoir séparé le précipité par filtration, on est ramené au cas d'une solution contenant de l'antimoine à côté de très peu de plomb. Les métaux peuvent alors être précipités à l'état de sulfures et le sulfure d'antimoine peut être enlevé au précipité par le sulfure sodique.

### MÉTHODES SPÉCIALES

*Séparation de l'antimoine et de l'arsenic.* 1. *Par distillation.* — On utilise la propriété que possède le chlorure arsénieux de pouvoir être enlevé à sa solution par distillation dans un courant d'acide chlorhydrique. (Voy. l'exposé détaillé de la méthode p. 212.)

2. *Par précipitation de l'arsenic à l'état d'arséniate ammoniaco-magnésique.* — La solution des deux métaux, contenant l'arsenic à l'état arsénique, est additionnée de quelques grammes d'acide tartrique, puis neutralisée par l'ammoniaque qui, grâce à la présence de tartrate, ne précipite pas l'antimoine. On précipite ensuite l'arsenic par la liqueur magnésique à l'état d'arséniate ammoniaco-magnésique, $NH^4MgAsO^4$, d'après les indications données page 209.

On évapore ensuite le filtrat de l'arséniate jusqu'à élimination de la majeure partie de l'ammoniaque libre, puis on rend le liquide acide par l'acide chlorhydrique, on précipite l'antimoine par l'acide sulfhydrique, et on le dose, soit à l'état de sulfure (voy. p. 219, n° 2), soit par électrolyse (voy. p. 219, n° 1).

3. *Par électrolyse.* — On dissout, d'après Classen, la substance contenant l'arsenic à l'état arsénique et exempte d'acide libre dans 80 centimètres cubes d'une solution saturée à froid de sulfure sodique additionnée de 2 grammes d'hydrate sodique en solution concentrée. On peut électrolyser à froid avec un courant de 0,5 ampère par décimètre carré d'électrode, ou à la

température de 55° avec un courant de 1,5 ampère. Dans ce dernier cas l'électrolyse est terminée en trois ou quatre heures.

Dans la solution séparée du dépôt d'antimoine, et contenant l'arsenic à l'état de sulfosel, on ajoute de l'acide sulfurique dilué qui décompose le sulfosel et précipite l'arsenic à l'état de sulfure (voy. p. 204). Celui-ci peut être ensuite transformé en acide arsénique par oxydation. Le dosage s'achève à l'aide de la liqueur magnésique.

*Séparation de l'antimoine et de l'étain.* (Voy. Séparations de l'étain.)

*Séparation de l'antimoine, de l'arsenic et de l'étain.* (Voy. Séparations de l'étain.)

## ÉTAIN

Sous l'action de l'acide nitrique de moyenne concentration, (en pratique, acide de densité 1,2 à 1,3), l'étain est transformé en acide métastannique blanc, insoluble.

$$\text{Ex.}: \quad 3Sn + 4HNO^3 + H^2O = \underbrace{3H^2SnO^3}_{3SnO(OH)^2} + 4NO.$$

Cette réaction est très fréquemment utilisée pour séparer l'étain d'autres métaux tels que le cuivre, le plomb, le zinc, etc., qui l'accompagnent dans ses alliages et qui, sous l'action de l'acide nitrique, sont transformés en nitrates solubles.

$$3Pb + 8HNO^3 = 3Pb(NO^3)^2 + 2NO + 4H^2O.$$
$$3Cu + 8HNO^3 = 3Cu(NO^3)^2 + 2NO + 4H^2O.$$

Il existe deux séries de sels d'étain, les sels stanneux et les sels stanniques correspondant respectivement aux composés $Sn^2O^2$ et $SnO^2$.

### CARACTÈRES DES SELS STANNEUX

1. Le sel stanneux le plus important est le chlorure $Sn^2Cl^4$. ou, plus simplement, $SnCl^2$.

Ce sel est soluble sans décomposition dans peu d'eau. Il est partiellement décomposé par l'eau en grande quantité, avec formation d'oxychlorure.

$$SnCl^2 + H^2O = Sn\begin{matrix}\diagup OH \\ \diagdown Cl\end{matrix} + HCl$$

En présence d'acide tartrique ou de chlorure ammonique,

le précipité ne se produit pas. Dans le premier cas, le précipité de sel basique est dissous par l'acide tartrique ; dans le second cas, il se forme un sel double, aisément soluble $2NH^4Cl, SnCl^2, 3H^2O$, plus difficilement décomposable par l'eau que le chlorure stanneux.

Le chlorure stanneux est un réducteur énergique; son emploi est fréquent en analyse à raison de cette propriété.

Les réactions suivantes montrent ce pouvoir réducteur.

*a.* Si l'on traite par le chlorure stanneux une solution chaude de chlorure ferrique, celui-ci est entièrement réduit à l'état ferreux.

$$Fe^2Cl^6 + SnCl^2 = Fe^2Cl^4 + SnCl^4.$$

(Voy. l'application de cette réaction au dosage du fer, p. 110, B).

*b.* Le chlorure stanneux réduit le chlorure mercurique.

Si le chlorure stanneux est en excès par rapport au chlorure mercurique, on obtient un précipité gris de mercure réduit :

$$HgCl^2 + SnCl^2 = Hg + SnCl^4.$$

Si, au contraire, le sel mercurique est en excès, la réduction ne va que jusqu'à la formation d'un précipité blanc de chlorure mercureux.

$$2HgCl^2 + SnCl^2 — 2HgCl + SnCl^4.$$

Ces réactions, très sensibles, permettent de déceler les sels stanneux à l'aide du chlorure mercurique et les sels mercuriques au moyen du chlorure stanneux (voy. p. 195).

*c.* Le chlorure stanneux réduit les composés arséniques et les composés arsénieux à l'état d'arsenic élémentaire. Les sels arséniques sont d'abord réduits à l'état arsénieux.

L'on a ensuite :

$$2As^2O^3 + 6SnCl^2 + 12HCl = 4As + 6SnCl^4 + 6H^2O.$$

La réaction exige la présence d'acide chlorhydrique concentré en assez grand excès; l'arsenic précipité est brun.

Voy. aussi l'action réductrice du chlorure stanneux sur l'hydrate bismuthique (p. 180, n° 3).

Le chlorure stanneux est transformé par l'iode, en présence d'acide chlorhydrique, en chlorure stannique.

$$SnCl^2 + 2HCl + 2I = SnCl^4 + 2HI.$$

Voy. l'application de cette réaction au dosage titrimétrique du fer par le chlorure stanneux (p. 110, B).

2. *L'acide sulfhydrique* produit dans les solutions stanneuses acides un précipité de sulfure stanneux $Sn^2S^2$ ou SnS.

$$SnCl^2 + H^2S = SnS + 2HCl.$$

En fait, le précipité est brun noir ; mais, d'après Carnot, le sulfure stanneux pur est noir ; la couleur brune serait due à la formation simultanée d'un peu de sulfure stannique (jaune sale), les solutions stanneuses, très facilement oxydables, n'étant jamais, en pratique, exemptes de sel stannique.

Le sulfure stanneux est *insoluble* dans les sulfures alcalins normaux; il se dissout aisément dans les polysulfures, qui fournissent la quantité de soufre nécessaire pour la formation d'un sulfo-stannate.

$$SnS + \underbrace{(NH^4)^2S^2}_{(NH^4)^2S + S} = (NH^4)^2SnS^3.$$

L'addition d'acide chlorhydrique ou sulfurique décompose le sulfo-stannate avec précipitation de sulfure stannique, jaune sale.

$$(NH^4)^2SnS^3 + 2HCl = SnS^2 + 2NH^4Cl + H^2S.$$

Le sulfure stanneux est soluble dans l'acide chlorhydrique concentré et chaud, avec formation de chlorure stanneux.

$$SnS + 2HCl = SnCl^2 + H^2S.$$

L'eau régale le dissout à l'état de chlorure stannique $SnCl^4$.

L'acide nitrique l'oxyde et le transforme en acide métastannique, $H^2SnO^3$, qui, calciné, perd de l'eau et laisse un résidu de $SnO^2$. (Cette action de l'acide nitrique est parfois utilisée pour le dosage de l'étain.)

De même que les sulfures d'antimoine et d'arsenic, le sulfure stanneux est soluble dans les hydrates alcalins fixes.

Il est insoluble dans l'ammoniaque et le carbonate ammoniaque.

3. *Action des hydrates et des carbonates alcalins.* — L'ammoniaque, les hydrates alcalins fixes et les carbonates alcalins précipitent de l'hydrate stanneux, blanc. $Sn^2O(OH)^2$ (ou $2SnO,H^2O$).

$$2SnCl^2 + 4NH^3 + 3H^2O = Sn^2O(OH)^2 + 4NH^4Cl$$
$$2SnCl^2 + 4KOH = Sn^2O(OH)^2 + 4KCl + H^2O.$$
$$2SnCl^2 + 2Na^2CO^3 + H^2O = Sn^2O(OH)^2 + 4NaCl + 2CO^2.$$

L'hydrate formé est insoluble dans un excès d'ammoniaque

et dans un excès des divers carbonates alcalins. Il se dissout avec formation de 2SnO, 2R²O dans les hydrates alcalins fixes.

$$Sn^2O(OH)^2 + 4KOH = 2SnO2K^2O + 3H^2O.$$

4. *Action du zinc et du cadmium.* — Le zinc et le cadmium précipitent l'étain de ses solutions stanneuses acidulées d'acide chlorhydrique, sous forme d'une masse grisâtre, parfois formée de petits cristaux.

$$SnCl^2 + Zn = ZnCl^2 + Sn.$$

Ce caractère est utilisé pour la recherche de l'étain en présence d'antimoine.

5. *Caractère négatif.* — Le fer est sans action sur les solutions stanneuses.

Ce caractère négatif est employé dans l'analyse qualitative pour séparer l'antimoine de l'étain, le premier de ces métaux étant précipité par le fer (voy. p. 217, n° 4).

## CARACTÈRES DES SELS STANNIQUES

Il existe deux séries de sels stanniques désignés respectivement par les dénominations : composés α-stanniques et composés β-stanniques.

L'hydrate α-stannique s'obtient en traitant par un hydrate ou un carbonate alcalin le chlorure α-stannique provenant de la dissolution de l'étain dans l'eau régale.

$$SnCl^4 + 4KOH = H^2SnO^3 + 4KCl + H^2O.$$

Il est soluble dans l'acide chlorhydrique avec formation de chlorure α-stannique ; les hydrates alcalins le dissolvent aussi en formant du stannate alcalin $R^2SnO^3$.

Si l'on fait bouillir une solution acide de chlorure α-stannique, le chlorure distille avec la vapeur d'eau. (Ce point est à considérer lorsqu'on manipule des solutions stanniques en vue du dosage de l'étain.)

L'hydrate α-stannique est soluble dans l'acide nitrique.

L'hydrate β-stannique ou métastannique se forme par l'action de l'acide nitrique sur l'étain ou les sulfures d'étain.

$$3Sn + 4HNO^3 + H^2O = 3H^2SnO^3 + 4NO.$$

L'acide chlorhydrique concentré ne le dissout pas, mais le transforme en chlorure β-stannique. Pour dissoudre ce dernier on doit d'abord enlever l'acide concentré, puis traiter le résidu par l'eau.

1. *L'eau* décompose à chaud les solutions stanniques avec formation d'hydrate.

$$SnCl^4 + 3H^2O = H^2SnO^3 + 4HCl.$$

En présence d'acide tartrique, les sels α-stanniques ne sont pas décomposés.

2. *L'acide sulfhydrique* précipite du sulfure stannique $SnS^2$ mélangé d'hydrate.

Le sulfure stannique est soluble dans les sulfures alcalins ; il se forme du sulfo-stannate $R^2SnS^3$.

$$SnS^2 + (NH^4)^2S = (NH^4)^2SnS^3.$$

Si l'on traite la solution du sulfostannate par de l'acide chlorhydrique ou sulfurique dilué, le sel est décomposé et le sulfure stannique est régénéré.

$$(NH^4)^2SnS^3 + 2HCl = SnS^2 + 2NH^4Cl + H^2S.$$

Le sulfure stannique est soluble dans l'acide chlorhydrique concentré avec formation de chlorure $SnCl^4$.

$$SnS^2 + 4HCl = SnCl^4 + 2H^2S.$$

Ce caractère est utilisé pour séparer l'étain de l'arsenic (voy. p. 235).

Il se dissout aussi dans l'ammoniaque et dans les hydrates alcalins. Avec l'ammoniaque, on obtient un liquide rouge qui se décolore après quelque temps d'exposition à l'air. Les acides en séparent un précipité blanc d'oxysulfure stannique $SnS^2 + SnSO$ soluble dans le carbonate ammonique.

Avec les hydrates alcalins, il y a formation de stannate et de sulfo-stannate alcalin.

$$3SnS^2 + 6KOH = 2K^2SnS^3 + K^2SnO^3 + 3H^2O.$$

L'acide nitrique transforme à chaud le sulfure stannique en acide métastannique (Réaction applicable au dosage de l'étain.)

Si l'on ajoute à une solution stannique exempte d'acide minéral [1], une assez forte proportion d'acide oxalique et si l'on traite à chaud par l'acide sulfhydrique, *l'étain ne se précipite*

[1] Pour préparer une pareille solution, on ajoute à la solution stannique de l'hydrate potassique jusqu'à formation d'un précipité permanent d'hydrate qu'on redissout ensuite par addition d'acide oxalique en grand excès.

*pas*, le sulfure stannique étant soluble dans l'acide oxalique à chaud. Ce caractère négatif est très important; il permet, en effet, de séparer l'étain de l'arsenic et de l'antimoine, métaux que l'acide sulfhydrique précipite entièrement en présence d'acide oxalique.

3. *Action des hydrates et des carbonates alcalins.* — Les divers hydrates et carbonates alcalins précipitent de l'hydrate stannique.

Les caractères de solubilité du précipité varient suivant la nature du réactif.

Avec l'ammoniaque, le précipité se redissout dans un excès de réactif. La présence de tartrate alcalin empêche la précipitation de l'hydrate α-stannique. Avec les hydrates alcalins fixes, le précipité est plus ou moine soluble dans un excès de réactif; il se forme du stannate alcalin $R^2SnO^3$.

L'emploi des carbonates alcalins donne lieu aux mêmes observations, au moins en ce qui concerne l'hydrate α-stannique. L'hydrate β-stannique est insoluble dans un excès de réactif.

4. Si l'on ajoute à une solution de chlorure stannique, légèrement acide, du sulfate sodique ou du nitrate ammonique et si l'on chauffe, on obtient la précipitation complète de l'étain à l'état d'hydrate.

Cette réaction peut être interprétée en admettant la formation transitoire d'un sel stannique oxygéné qui serait ultérieurement décomposé par l'eau.

$$\left\{\begin{array}{l} SnCl^4 + 4NH^4NO^3 = Sn(NO^3)^4 + 4NH^4Cl. \\ Sn(NO^3)^4 + 4H^2O = SnO^2 2H^2O + 4HNO^3. \end{array}\right.$$

5. *Action du zinc et du cadmium.* — Le zinc et le cadmium réduisent les sels stanniques avec précipitation d'étain; il y a d'abord formation de sel stanneux.

$$\left\{\begin{array}{l} SnCl^4 + Zn = SnCl^2 + ZnCl^2. \\ SnCl^2 + Zn = Sn + ZnCl^2. \end{array}\right.$$

En somme on a :

$$SnCl^4 + 2Zn = Sn + 2ZnCl^2.$$

(Voy. caractères des sels stanneux, p. 227, n° 4).

6. *Action du fer.* — Le fer réduit à l'état stanneux les solutions stanniques acides.

$$SnCl^4 + Fe = FeCl^2 + SnCl^2.$$

Cette réaction est utilisée pour séparer l'antimoine de l'étain, les sels d'antimoine étant réduits par le fer avec précipitation d'antimoine métallique.

## DOSAGE

L'étain est généralement dosé par pesée, soit à l'état d'oxyde $SnO^2$, soit à l'état métallique (électrolyse).

Les procédés titrimétriques proposés jusqu'ici ne sont pas exempts de reproches et nous ne les décrirons pas.

1. Dosage par pesée a l'état d'oxyde $SnO^2$. — Pour appliquer ce procédé de dosage, on doit d'abord amener l'étain à l'état d'hydrate stannique.

Plusieurs cas sont ici à considérer.

*a.* S'il s'agit d'un alliage ne renfermant à côté de l'étain que des métaux donnant par l'action de l'acide nitrique des nitrates solubles, on traite par l'acide nitrique (densité 1,3) qui dissout les métaux autres que l'étain et transforme ce dernier en hydrate métastannique. On évapore à siccité à la température du bain-marie, puis on humecte le résidu de quelques gouttes d'acide nitrique, on ajoute quelques centimètres cubes d'eau et on laisse digérer quelque temps pour assurer la redissolution des nitrates; on dilue ensuite plus fortement et on laisse complètement déposer l'hydrate stannique.

On décante ensuite le liquide clair sur un filtre, puis, au moment de faire arriver le précipité sur le filtre, on substitue un second vase à celui qui a servi à recueillir le premier filtrat.

Cette précaution est nécessaire, parce que les premières parties du précipité passent souvent à travers le filtre; on évite ainsi l'inconvénient de devoir filtrer de nouveau la totalité du liquide.

Le précipité stannique est lavé à l'eau et séché. On le détache ensuite du filtre; on humecte ce dernier d'une solution diluée de nitrate ammonique puis, après l'avoir séché, on l'incinère dans un creuset de porcelaine. Les cendres sont traitées par quelques gouttes d'acide nitrique afin de réoxyder les traces d'étain qui auraient pu se produire pendant l'incinération du papier. Après avoir évaporé l'acide en excès, on réunit aux cendres la masse du précipité et on calcine *à haute température*, pour déshydrater le précipité et le transformer en $SnO^2$ qu'on pèse.

*Observations.* — $\alpha$. En pratique, le précipité contient souvent de très petites quantités de métaux tels que le cuivre, le plomb, etc., qui accompagnent l'étain. Le cas échéant, on purifiera le précipité en le soumettant à la fusion sulfurante avec un mélange de carbonate sodique et de soufre (voy. mise en solution des matières minérales).

En reprenant la masse fondue par l'eau, on dissout l'étain à l'état de sulfosel, tandis que les sulfures des autres métaux restent non dissous et peuvent être recueillis et dosés. Il convient cependant d'ajouter que le cuivre que peut renfermer le précipité, passe aussi en solution (voy. p. 184).

Cette purification de l'oxyde stannique complique singulièrement le dosage. Elle peut, dans la plupart des cas, être évitée, si l'on a soin, après avoir repris le résidu d'évaporation (contenant l'acide stannique et les nitrates) par quelques gouttes d'acide nitrique et très peu d'eau, de laisser agir ce mélange assez longtemps pour assurer la redissolution des nitrates et des petites quantités de sels basiques qui ont pu se former pendant l'évaporation. On arrive ainsi avec un peu de soin à ne laisser dans le précipité que des traces de métaux étrangers.

β. La transformation directe de l'étain en hydrate stannique n'est pas applicable en présence de métaux tels que l'antimoine, qui donnent des composés insolubles sous l'action de l'acide nitrique ; elle ne convient pas non plus en présence de grandes quantités de fer, ce métal donnant aisément des sels basiques dont la redissolution est souvent difficile, à moins que l'on emploie d'assez grandes quantités d'acide, ce qui cesse d'être pratique dans le cas qui nous occupe.

*b*. Si l'étain est dissous à l'état de sel, on peut l'obtenir à l'état d'hydrate par précipitation directe ou en le précipitant d'abord à l'état de sulfure.

*Précipitation directe à l'état d'hydrate α-stannique.* — La solution stannique, contenant le métal au maximum d'oxydation est neutralisée par l'ammoniaque. On y verse ensuite une solution saturée de sulfate sodique ou de nitrate ammonique et on chauffe à l'ébullition. On obtient dans ces conditions la précipitation complète de l'étain à l'état d'hydrate (voy. caractères des sels stanniques, p. 229, n° 4). Le précipité est lavé à l'eau chaude, d'abord par décantation, puis sur le filtre. Après l'avoir séché, on le transforme par calcination en oxyde $SnO^2$, en observant les précautions indiquées en *a*.

*Précipitation à l'état de sulfure et transformation du sulfure en oxyde par grillage.* — L'étain, qui peut être à l'état stanneux ou à l'état stannique, est précipité de sa solution modérément acide par un courant d'acide sulfhydrique. Après avoir laissé le sulfure en repos pendant un certain temps, on le recueille sur un filtre.

Le lavage du sulfure d'étain est une opération difficile à cause de la facilité avec laquelle le précipité passe à l'état colloïdal lorsqu'on le lave avec de l'eau pure. Si, dans le filtrat du sulfure, il ne se trouve pas de métaux dont le dosage est entravé par la présence de sels ammoniques, on lave avec une solution d'acétate ammonique à 2 ou 3 p. 100 afin d'obtenir un filtrat clair. Si, pour une raison quelconque on ne peut employer des sels ammoniques, on lave avec une solution de chlorure sodique et, après lavage complet, on déplace le chlorure sodique qui imprègne le filtre par une solution d'acétate ammonique. Ces derniers liquides de lavage sont évidemment rejetés.

Le sulfure est séché et détaché du filtre ; celui-ci est incinéré avec les mêmes précautions que celles qui ont été indiquées en *a*. Le précipité est ensuite réuni aux cendres et chauffé d'abord à basse température en creuset couvert ; on chauffe ensuite progressivement au rouge, puis on enlève le couvercle et on achève le grillage à haute température.

*Observation*. — On voit par la description qui précède que le procédé est d'application difficile.

On ne l'utilisera que dans des cas spéciaux, par exemple, lorsqu'on a à doser l'étain dans une solution de sulfosel, dont la décomposition par un acide produit un précipité de sulfure d'étain.

2. Dosage par électrolyse [1]. — L'électrolyse de l'étain se fait le mieux en solution oxalique ou en solution sulfurée. D'après A. Classen, on peut doser exactement l'étain par ces deux méthodes en se conformant aux indications suivantes.

*α. Électrolyse en solution oxalique*. — On donnera la préférence à ce procédé lorsque, dans une analyse, l'étain aura été séparé à l'état d'acide métastannique. Le précipité est dissous à chaud dans un mélange d'acide oxalique et d'oxalate ammonique. Pour 0,3 gr. d'étain, la solution à électrolyser devra contenir au moins 4 grammes d'oxalate et 10 grammes d'acide oxalique ; on fera usage d'une capsule dépolie. Le courant aura au début de l'opération, une intensité de 0,3 ampère par décimètre carré d'électrode.

Vers la fin de l'électrolyse, l'intensité sera portée à 0,6 ampère. La tension sera de 3 à 4 volts.

[1] Voy. pour les appareils à employer, les indications données pages 9 et suivantes.

L'électrolyse qui, à la température ordinaire, exige environ dix heures, peut être notablement accélérée si l'on opère à la température de 60 ou 65°, l'intensité de courant étant de 1 à 1,5 ampère.

Le lavage du dépôt d'étain se fait à courant fermé.

Après lavage à l'eau et à l'alcool, on sèche à l'étuve à la température de 80 à 90°.

β. *Electrolyse en solution sulfurée.* — L'étain étant obtenu à l'état de sulfure stannique, on dissout ce précipité dans la quantité voulue de sulfure ammonique exempt d'ammoniaque.

La solution, diluée au volume de 150 centimètres cubes, est électrolysée à la température de 50 à 60° avec un courant d'une intensité de 1 à 2 ampères et une tension de 3,5 à 4 volts.

On peut dans ces conditions, électrolyser 0,3 à 0,4 gr. d'étain en une heure. Le cas échéant, on enlèvera au moyen d'un morceau de tissu imbibé d'alcool le soufre qui aurait pu se déposer à la surface du dépôt d'étain.

## SÉPARATIONS

Les composés naturels de l'étain sont peu nombreux. Outre la cassitérite ($SnO^2$) dont on extrait la majeure partie de l'étain du commerce, on peut citer la stannine ou sulfure d'étain, souvent associée à divers autres sulfures.

La plupart des minerais les plus importants tels que ceux de fer, de plomb, de cuivre, d'aluminium, sont exempts d'étain. Ce métal a été trouvé dans quelques minerais de zinc, en quantité très faible.

L'étain entre dans la composition d'un certain nombre d'alliages importants tels que les bronzes, la soudure de plombier, le métal antifriction, divers alliages fusibles à basse température, etc.

Qu'il s'agisse de minerais, de métaux ou d'alliages, les éléments dont on a le plus souvent à séparer l'étain sont l'antimoine et l'arsenic, les divers métaux du groupe du cadmium, surtout le cuivre, le plomb, le bismuth et le cadmium et certains métaux du groupe du fer, notamment le fer et le zinc.

La séparation de l'étain et du phosphore se présente dans l'analyse du bronze phosphoreux.

MÉTHODES GÉNÉRALES DE SÉPARATION. — 1. *L'étain est en solution à côté de divers métaux des groupes de l'arsenic, du cadmium, et du fer.* — La solution, modérément acide, est traitée par l'acide sulfhydrique; les métaux des groupes de l'arsenic et du cadmium sont précipités ; les métaux du groupe du fer restent dissous.

Le précipité est, après lavage, traité à chaud par du sulfure ammonique [1] (ou du polysulfure s'il existe dans le précipité du sulfure stanneux). On dissout ainsi, à l'état de sulfosels les sulfures d'étain, d'arsenic et d'antimoine [2]; les sulfures des métaux du groupe du cadmium restent non dissous et peuvent être séparés par filtration.

Cette façon d'opérer n'est cependant pas applicable en présence de mercure ou de bismuth, les sulfures de ces métaux ne pouvant être séparés quantitativement de l'étain par l'action des sulfures alcalins.

La séparation de l'étain et du mercure, qui, du reste, se présente assez rarement dans les analyses courantes, peut se faire en chauffant à haute température les sulfures des deux métaux dans un courant d'oxygène. Le mercure distille et peut être recueilli dans un condenseur. L'étain reste comme résidu à l'état d'oxyde $SnO^2$.

Dans le cas de présence simultanée d'étain et de bismuth, on peut séparer les deux métaux en recourant à la fusion sulfurante avec le carbonate sodique et le soufre (voy. mise en solution des matières minérales) qui transforment l'étain en sulfosel soluble dans l'eau.

2. *L'étain se trouve à l'état d'alliage.* — En pareil cas, on arrive souvent à séparer l'étain des métaux qui l'accompagnent en traitant l'alliage par de l'acide nitrique (densité 1,3) qui transforme l'étain à l'état d'acide métastannique insoluble (voy. p. 224) et fait passer les autres métaux sous forme de nitrates.

Ce procédé permet d'isoler l'étain du cuivre, du plomb, du cadmium, du mercure, de l'argent, du zinc et même du fer, lorsque celui-ci n'existe qu'en petites quantités.

Nous avons vu (p. 231) que moyennant certaines précautions on pouvait souvent obtenir d'emblée un précipité d'acide stannique suffisamment pur pour être directement dosé. Si, pour une raison quelconque, le précipité entraîne plus que des traces de l'un ou l'autre métal, on peut le purifier par fusion avec du carbonate sodique et du soufre.

*Observation.* — Le procédé n'est évidemment pas applicable lorsque l'alliage contient de l'antimoine, celui-ci donnant avec l'acide nitrique des composés oxygénés insolubles.

Il n'est pas non plus en situation lorsque l'alliage contient du

[1] En présence de cuivre, on emploiera de préférence une solution de sulfure sodique à 10 p. 100 environ, le sulfure de cuivre étant légèrement soluble dans le sulfure ammonique.

[2] Voy. plus loin les séparations de l'étain, de l'arsenic et de l'antimoine.

bismuth ; l'acide métastannique retenant facilement de petites quantités de ce métal, on devra nécessairement purifier le précipité en le soumettant à la fusion sulfurante.

Dans les cas de ce genre, il est préférable de dissoudre l'alliage dans l'eau régale, de façon à obtenir une solution générale de tous les métaux qu'on peut analyser d'après les indications données en 1.

*Remarque au sujet des alliages contenant à la fois de l'étain et du phosphore* (Bronze phosphoreux). — Si l'on attaque par l'acide nitrique un alliage contenant à la fois de l'étain et du phosphore, une partie de l'acide métastannique et l'acide phosphorique produits par l'action de l'acide nitrique réagissent pour former du phosphate stannique, insoluble. En pareil cas, il y a lieu de déduire du poids d'oxyde stannique $SnO^2$ trouvé, le poids d'anhydride phosphorique $P^2O^5$ correspondant au phosphore existant dans la prise d'essai.

On devra, par conséquent, doser le phosphore dans une prise d'essai spéciale. On peut traiter une prise d'essai par l'acide nitrique afin d'oxyder le phosphore, puis dissoudre le précipité formé dans l'acide chlorhydrique, après avoir évaporé à peu près tout l'acide nitrique libre. On élimine ensuite les métaux des groupes de l'arsenic et du cuivre par l'acide sulfhydrique, puis on évapore le filtrat du précipité de sulfures en présence d'acide nitrique afin de transformer les chlorures en nitrates; on précipite enfin l'acide phosphorique à l'état de phosphomolybdate ammonique, au moyen de la liqueur molybdique (voy. dosage de l'acide phosphorique).

## SÉPARATION DE L'ÉTAIN DES AUTRES MÉTAUX DE SON GROUPE

Quel que soit le procédé employé pour l'attaque de la substance analysée (fusion sulfurante ou dissolution par les acides), on obtient à un moment donné un précipité de sulfures pouvant renfermer à côté de l'étain, de l'arsenic, de l'antimoine ou ces deux métaux à la fois.

On pourra, suivant les cas, employer l'un ou l'autre des procédés suivants.

Séparation de l'étain et de l'arsenic. — 1. *Par l'acide sulfhydrique en solution chlorhydrique fortement acide.* — Le sulfure d'arsenic étant insoluble dans l'acide chlorhydrique, peut être obtenu par l'action de l'acide sulfhydrique sur une solution fortement acide contenant le métal à l'état arsénieux. Dans ces conditions, l'étain n'est pas précipité (voy. caractères des sulfures d'étain).

On ajoutera donc à la solution des deux métaux de l'acide chlorhydrique en grand excès après avoir ramené éventuellement l'arsenic à l'état arsénieux, puis on traitera par l'acide sulfhydrique.

2. *Par l'acide sulfhydrique en solution oxalique.* — Si l'on traite par l'acide sulfhydrique une solution d'étain (à l'état stannique) et d'arsenic, exempte d'acide minéral et additionnée d'une forte proportion d'acide oxalique, l'arsenic est seul précipité; l'étain reste dissous à cause de la présence de l'acide oxalique dans lequel le sulfure stannique est soluble (voy. pour les détails, séparation de l'arsenic, de l'étain et de l'antimoine).

3. *Par distillation en présence d'un réducteur (sel ferreux).* — Si l'on distille une solution chlorhydrique, contenant de l'étain et de l'arsenic en présence d'un réducteur, l'arsenic passe seul à la distillation à l'état de chlorure (voy. pour les détails, p. 212).

Si la solution contient du chlorure stannique et si elle doit être concentrée avant la distillation, il est prudent d'y ajouter un peu de sulfate ferrique avant de la concentrer, afin d'éviter que du chlorure stannique se volatilise (voy. p. 227).

Le procédé est surtout applicable lorsque le dosage de l'arsenic est seul en cause.

Séparation de l'étain et de l'antimoine. — 1. *Par l'acide sulfhydrique en solution oxalique.* — Si l'on fait agir l'acide sulfhydrique sur une solution d'étain (à l'état stannique) et d'antimoine, exempte d'acide minéral et renfermant une forte proportion d'acide oxalique, le sulfure d'antimoine est seul précipité; l'étain reste dissous à cause de la présence de l'acide oxalique (voy. pour les détails séparation de l'arsenic, de l'antimoine et de l'étain).

2. *Par électrolyse.* — Les deux métaux sont d'abord précipités à l'état de sulfures. Les sulfures sont, après lavage éventuel, dissous à chaud dans environ 60 centimètres cubes d'une solution fraîchement préparée de sulfure sodique (densité 1,22) additionnés de 1 gramme d'hydrate sodique. On électrolyse ensuite, soit à froid, avec un courant de 0,2 ampère, soit à la température d'environ 60° avec un courant de 0,5 ampère. L'antimoine se précipite seul. En opérant à chaud, l'électrolyse est notablement abrégée. Le dépôt d'antimoine est lavé à courant fermé.

Dans la solution contenant l'étain, on peut aussi doser ce métal par électrolyse. On ajoute pour cela au liquide 25 grammes de sulfate ammonique, on fait bouillir pendant un quart d'heure, puis on électrolyse avec un courant de 1 à 2 ampères, le liquide étant maintenu pendant l'électrolyse à la température de 50 à 60°.

3. *Par transformation de l'antimoine en pyro-antimoniate sodique (insoluble dans l'alcool). Principe.* — Si l'on traite une solution concentrée des sulfosels d'antimoine et d'étain (obtenue en dissolvant les sulfures dans du sulfure sodique) par du peroxyde sodique, l'antimoine est transformé en pyro-antimoniate sodique et l'étain en stannate sodique. Par addition d'alcool, on détermine la précipitation du composé antimonique; le stannate reste dissous (voy. pour les détails, séparation de l'arsenic, de l'antimoine et de l'étain).

Séparation de l'arsenic, de l'antimoine et de l'étain. — Cette séparation, d'exécution assez délicate, est une opération qui se présente très fréquemment en analyse.

Nous décrirons trois méthodes qui permettent de l'effectuer convenablement.

1. *Procédé basé sur l'emploi de l'acide oxalique.* — Le procédé repose sur les faits suivants signalés par F.-W. Clarke.

Le sulfure *stannique* est soluble à chaud dans l'acide oxalique.

Les sulfures d'arsenic et d'antimoine sont, surtout les derniers, dissous en petite quantité par l'acide oxalique, mais, l'acide sulfhydrique précipite de nouveau ce qui a pu passer en solution.

Il résulte de là que si l'on traite par l'acide sulfhydrique, en présence d'acide oxalique, une solution contenant de l'arsenic, de l'antimoine et de l'étain (à l'état stannique) l'arsenic et l'antimoine seront seuls précipités.

Pour que l'opération réussisse, la solution doit être exempte d'acide minéral; l'acidité ne doit être due qu'à l'acide oxalique.

En pratique, on traite la solution acide assez concentrée contenant les trois métaux, par de l'hydrate potassique jusqu'à neutralisation, c'est-à-dire jusqu'à formation d'un léger précipité d'hydrates, persistant après agitation; on ajoute à ce moment une solution chaude d'acide oxalique; la quantité d'acide à employer dépend évidemment de la proportion d'étain en présence. En général, 10 grammes suffisent. La solution est alors chauffée à 70 ou 80° et traitée *à cette température* par l'acide sulfhydrique pendant un temps suffisant pour précipiter entièrement l'arsenic et l'antimoine. On filtre à chaud, et on s'assure que l'acide sulfhydrique ne forme plus de précipité dans le filtrat maintenu chaud. Si l'on a convenablement opéré, le précipité est formé exclusivement des sulfures d'arsenic et d'antimoine [1]. On le redissout dans l'eau régale, dans l'acide chlorhydrique bromé ou autre dissolvant oxydant qui transforme l'arsenic en acide arsénique. Dans la solution obtenue, on précipite l'arsenic à l'état d'arséniate ammoniaco-magnésique après addition d'acide tartrique (destiné à éviter la précipitation de l'antimoine) et neutralisation par l'ammoniaque (voy. p. 209, n° 2).

Dans le filtrat de l'arséniate on dose l'antimoine à l'état de sulfure ou par électrolyse (voy. p. 219, n$^{os}$ 1 et 2).

La solution oxalique contenant l'étain est neutralisée par l'ammoniaque et additionnée de sulfure ammonique en quantité suffisante pour transformer l'étain en sulfosel. On traite ensuite par l'acide acétique qui décompose le sulfosel et précipite l'étain à l'état de sulfure stannique $SnS^2$. On ne peut évidemment employer ici un acide minéral qui décomposerait l'oxalate formé lors de la neutralisation par l'ammoniaque et mettrait en liberté de l'acide oxalique qui entraverait la précipitation du sulfure d'étain.

Le précipité de sulfure stannique lavé à l'aide d'acétate ammonique dilué (voy. p. 232) est transformé en oxyde $SnO^2$ par grillage. On peut aussi, et le procédé est beaucoup plus recommandable, redissoudre le précipité et doser l'étain par électrolyse (voy. pour les détails, p. 232, n° 2).

2. *Procédé basé sur l'élimination de l'arsenic par distillation.* — La solution des trois métaux est concentrée en présence de sulfate ferrique (afin d'éviter la volatilisation de chlorure stannique). On opère ensuite la distillation en présence d'un réducteur afin d'éliminer l'arsenic à l'état de chlorure $AsCl^3$ (voy. les détails du mode opératoire p. 212). L'étain et l'antimoine sont ensuite précipités à l'état de sulfures.

Pour opérer la séparation de ces deux métaux, on peut : α. Redissoudre le précipité dans l'eau régale ou autre réactif oxydant et précipiter l'antimoine par l'acide sulfhydrique en présence d'acide oxalique (voy. p. 236, n° 1).

β. Redissoudre le précipité dans du sulfure sodique additionné d'hydrate et séparer les deux métaux par électrolyse (voy. p. 236, n° 2).

3. *Procédé basé sur la précipitation de l'arsenic à l'état d'arséniate ammoniaco-magnésique et sur la précipitation*

[1] Il arrive parfois, par exemple dans l'analyse d'alliages très riches en étain, que des traces de ce métal se précipitent avec l'arsenic et l'antimoine. Le cas échéant, on peut redissoudre le précipité et répéter la précipitation dans les conditions indiquées ci-dessus.

*de l'antimoine sous forme d'antimoniate sodique* (Hampe).

La solution chlorhydrique concentrée des trois métaux, contenant l'arsenic à l'état d'acide arsénique, est additionnée d'acide tartrique en quantité suffisante pour que, lors de la neutralisation ultérieure par l'ammoniaque, il ne se forme pas de précipité d'hydrate stannique ou antimonique. Après avoir neutralisé par l'ammoniaque, on précipite l'arsenic par la liqueur magnésique à l'état d'arséniate ammoniaco-magnésique et on achève le dosage de cet élément (d'après les indications données p. 209, n° 2).

Le filtrat de l'arséniate est chauffé à l'ébullition pour éliminer l'ammoniaque; il est ensuite acidulé par l'acide chlorhydrique, puis l'antimoine et l'étain sont précipités à l'état de sulfures par l'acide sulfhydrique. Les sulfures sont recueillis, lavés et redissous *dans un minimum* de solution fraîchement préparée de sulfure sodique. A la solution *concentrée* de sulfosels ainsi obtenue, on ajoute par portions successives du peroxyde sodique jusqu'à ce que le liquide soit décoloré et qu'il se produise un dégagement d'oxygène. L'étain est alors transformé en stannate et l'antimoine en antimoniate sodique.

On fait bouillir, puis, après avoir laissé refroidir, on précipite entièrement l'antimoniate sodique en ajoutant au liquide le tiers de son volume d'alcool. Après plusieurs heures de repos, on recueille l'antimoniate sur un filtre, on le lave d'abord avec un mélange à parties égales d'eau et d'alcool, puis avec un mélange de 3 volumes d'alcool pour 1 volume d'eau. Les mélanges d'alcool et d'eau doivent être alcalinisés par quelques gouttes de soude.

L'antimoniate est redissous dans de l'acide chlorhydrique additionné d'acide tartrique. Dans la solution on précipite l'antimoine à l'état de sulfure par l'acide sulfhydrique. L'antimoine est ensuite dosé, soit comme sulfure (voy. p. 219, n° 2), soit à l'état d'oxyde $Sb^2O^4$ (voy. p. 221), soit par électrolyse (voy. 219, n° 1).

L'ensemble des filtrats alcooliques contenant l'étain est débarrassé d'alcool par évaporation.

Le liquide est ensuite acidulé par l'acide chlorhydrique, puis on précipite l'étain à l'état de sulfure par l'acide sulfhydrique.

L'étain est finalement dosé à l'état d'oxyde $SnO^2$ (voy. p. 231, *b*), ou par tout autre procédé (voy. dosage de l'étain).

### RECHERCHE DE L'ARSENIC, DE L'ANTIMOINE ET DE L'ÉTAIN

Dans la marche habituelle de l'analyse qualitative, ces trois métaux sont précipités par l'acide sulfhydrique à l'état de sulfures en même temps que les métaux du groupe du cadmium. On les sépare ensuite de ces derniers en faisant usage d'un sulfure ou d'un polysulfure alcalin, réactifs dans lesquels les sulfures d'arsenic, d'antimoine et d'étain se dissolvent à l'état de sulfosels. C'est donc, en général, d'une solution de sulfosels que l'on part pour effectuer la recherche. On acidule la solution froide par de l'acide chlorhydrique ou sulfurique dilué, afin de précipiter les sulfures, qu'on laisse déposer et qu'on recueille ensuite sur un filtre, après avoir chauffé *très modérément*, pour les agréger et favoriser le dépôt du soufre (provenant de la décomposition du polysulfure ou de l'hyposulfite contenu dans le sulfure employé) [1].

Le précipité est traité par l'acide chlorhydrique concentré qui dissout les sulfures d'étain et d'antimoine et est sans action sur le sulfure d'arsenic. Celui-ci peut être redissous dans l'eau régale ou autre réactif oxydant qui transforme l'arsenic en acide arsénique. Dans la solution obtenue, qui doit être *aussi concentrée que possible* (voy. p. 209, n° 2), on précipite le métal par la liqueur magnésique à l'état d'arséniate ammoniaco-magnésique (blanc et cristallin), après avoir neutralisé par l'ammoniaque. Si la quantité d'arsenic est faible, le précipité peut n'apparaître qu'après un repos plus ou moins prolongé.

*Traitement de la solution chlorhydrique contenant les chlorures d'antimoine et d'étain.* — On peut opérer de deux façons différentes.

α. On neutralise partiellement cette solution par du carbonate sodique, puis on dépose au fond du vase qui la contient une lame de platine et on place sur cette lame un morceau de zinc ou de cadmium. L'antimoine se précipite sur la lame de platine sous forme d'un enduit noir.

Ultérieurement, l'étain apparaît à son tour en petits cristaux.

Lorsque la précipitation est complète, on décante le liquide surnageant, on enlève le restant du zinc ou du cadmium et on traite l'étain et l'antimoine précipités par l'acide chlorhydrique assez concentré. L'étain se dissout à l'état de chlorure stanneux et peut être caractérisé, par exemple, par le chlorure mercurique (voy. p. 225, *b*).

L'antimoine est ensuite dissous dans quelques gouttes d'eau régale. Après avoir ajouté de l'eau, on traite par l'acide sulfhy-

[1] On ajoutera petit à petit et en agitant le liquide, l'acide destiné à décomposer les sulfosels. En agissant autrement, on s'expose à obtenir du soufre compact au lieu de soufre floconneux ; ce soufre compact peut englober des sulfures et rendre difficile leur dissolution ultérieure.

drique qui précipite le métal à l'état de sulfure rougeâtre caractéristique.

β. A la solution des chlorures d'antimoine et d'étain, débarrassée de la majeure partie de l'acide chlorhydrique par évaporation ou par neutralisation, on ajoute du fer (soit du fil de clavecin, soit simplement quelques petits clous).

L'antimoine se précipite petit à petit, mais complètement sous forme de flocons noirs qu'on recueille et qu'on caractérise comme en α.

L'étain, que le fer a ramené à l'état stanneux, est précipité par l'acide sulfhydrique à l'état de sulfure stanneux (brun noir).

*Observation.* — On peut évidemment aussi employer pour la recherche de l'arsenic, de l'antimoine et de l'étain les méthodes basées sur l'emploi de l'acide oxalique et du peroxyde sodique qui ont été décrites précédemment à propos de la séparation quantitative de ces éléments (voy. p. 237).

## OR

### CARACTÈRES DES SELS

1. Les sels d'or et spécialement le chlorure $AuCl^3$, le plus important d'entre eux, sont aisément réductibles. Divers réactifs permettent d'en séparer l'or à l'état métallique. Je citerai notamment, le sulfate ferreux, l'acide oxalique, le chlorure d'hydroxylamine et l'eau oxygénée.

*Avec le sulfate ferreux* acidulé d'acide chlorhydrique, la réduction se fait déjà à froid ; on peut l'accélérer en chauffant modérément.

$$2AuCl^3 + 6FeSO^4 = 2Au + Fe^2Cl^6 + 2Fe^2(SO^4)^3.$$

L'or précipité se présente sous forme d'une poudre brune. Si la quantité d'or est importante, le précipité s'agglomère rapidement en une masse brun clair ; si la solution est diluée, le dépôt est beaucoup plus lent.

*Si l'on emploie l'acide oxalique,* la solution ne doit être que faiblement acide. La précipitation est beaucoup plus lente qu'avec le sulfate ferreux ; elle peut être accélérée si l'on chauffe modérément le liquide.

$$2AuCl^3 + 3C^2H^2O^4 = 2Au + 6HCl + 6CO^2.$$

L'or précipité n'est pas en poudre, comme dans le cas précédent ; il se présente avec la couleur jaune et l'aspect brillant du métal en feuilles.

L'action du *chlorure d'hydroxylamine* peut être interprétée par l'équation suivante :

$$6NH^2(OH) + 4AuCl^3 = 4Au + 3N^2O + 12HCl + 3H^2O.$$

*L'eau oxygénée* réduit les solutions alcalines. La réduction se fait rapidement, même à froid.

$$2AuCl^3 + 3H^2O^2 + 6KOH = 2Au + 6KCl + 3O^2 + 6H^2O.$$

2. *L'acide sulfhydrique* agit différemment, suivant que l'on opère à froid ou à chaud.

A froid, il précipite des solutions neutres ou acides du sulfure $Au^2S^3$, noir.

$$8AuCl^3 + 9H^2S + 4H^2O = 4Au^2S^3 + 24HCl + H^2SO^4.$$

Le sulfure d'or est insoluble dans l'acide chlorhydrique et dans l'acide nitrique ; il se dissout à l'état de chlorure dans l'eau régale ; les sulfures de sodium et de potassium le dissolvent aussi.

Par évaporation de la solution du sulfure d'or dans le sulfure sodique, on obtient un composé de la formule NaAuS, $4H^2O$.

A chaud, l'acide sulfhydrique agit comme réducteur et précipite de l'or métallique.

$$8AuCl^3 + 3H^2S + 12H^2O = 8Au + 24HCl + 3H^2SO^4.$$

3. *Le chlorure stanneux* produit dans les solutions auriques, d'après la concentration, un précipité ou une coloration violet rougeâtre, due d'après Zsigmondy à la formation d'or et d'acide stannique à l'état colloïdal.

4. *Action des alcalis.* — *L'ammoniaque* produit un précipité jaune sale d'oxyde ammoniacal (or fulminant) $Au^2O^3,4NH^3$, qui, lorsqu'il est sec, fait explosion par le choc ou sous l'action de la chaleur.

$$2AuCl^3 + 10NH^3 + 3H^2O = Au^2O^3\,4NH^3 + 6NH^4Cl.$$

*Les hydrates potassique et sodique* précipitent de l'hydrate, jaune, soluble dans un excès de réactif.

$$AuCl^3 + 3KOH = Au(OH)^3 + 3KCl.$$

Puis :

$$Au(OH)^3 + KOH = Au\langle{}^{O}_{OK} + 2H^2O.$$

5. Si l'on fond un composé d'or avec des matières plombeuses (litharge, minerais de plomb) et un fondant alcalin réducteur pouvant réduire le plomb à l'état métallique, *tout* l'or passe dans le plomb, dont on peut ensuite l'extraire par coupellation (voy. dosage p. : voie sèche).

Cette propriété, que l'or partage avec l'argent, est très importante; elle est largement mise à profit pour le dosage de petites quantités d'or dans les minerais, sous-produits métallurgiques, etc.

## DOSAGE ET SÉPARATIONS

L'or est un métal très disséminé dans la nature. On le rencontre généralement en très faible quantité dans des sables, des roches quartzeuses, et aussi dans un très grand nombre de minerais métalliques de cuivre, de plomb, d'arsenic, de zinc, etc. Souvent, par le traitement que l'on fait subir à ces minerais, l'or passe en partie dans le métal, en partie dans les sous-produits de l'opération. Dans tous ces cas, la proportion d'or que le chimiste peut avoir à déterminer est très faible ; elle se chiffre très fréquemment par quelques grammes par tonne seulement. Dans ces conditions, les procédés par voie sèche, qui permettent d'opérer sur de fortes prises d'essai, sont seuls utilisables.

Par contre, les méthodes par voie humide trouvent leur application dans l'analyse des alliages, tels que les alliages monétaires, les alliages pour la bijouterie et la joaillerie, les alliages destinés à l'affinage, dans lesquels l'or peut être associé à du cuivre, de l'argent, du plomb, du bismuth, etc.

DOSAGE PAR VOIE HUMIDE. — 1. *Procédés basés sur la réduction de l'or à l'état métallique.* — Ces procédés ne sont que l'application quantitative des réactions décrites pages 241 et 242.

La réduction par le sulfate ferreux s'opère en solution chlorhydrique et à chaud. L'or précipité est lavé à fond avec de l'eau acidulée d'acide chlorhydrique jusqu'à élimination complète de toute trace de fer. On le pèse après dessiccation et calcination au rouge.

*Si l'on emploie l'acide oxalique,* on ajoute, avant l'addition du réactif, un peu d'acide sulfurique dilué. La réduction s'opère lentement ; elle exige parfois plus de deux jours. Lorsqu'elle est terminée, on peut, si la solution contient d'autres métaux que l'or, aciduler par l'acide chlorhydrique, afin d'éviter que des oxalates de ces métaux puissent rester mélangés à l'or. Celui-ci est, après lavage complet, séché et calciné.

Ces procédés permettent évidemment, non seulement de doser

l'or, mais de le séparer de nombreux métaux sur les solutions desquelles les sels ferreux et l'acide oxalique n'exercent pas d'action réductrice.

On peut encore employer pour la réduction quantitative de l'or, l'eau oxygénée ou le chlorure d'hydroxylamine. Ces réactifs, qu'on fait agir sur la solution alcalinisée par un hydrate alcalin, agissent plus rapidement que les précédents.

2. *Dosage par électrolyse.* — On opère, d'après von Wirkner, (cité par Classen) (¹) sur une solution de cyanure double d'or et de potassium. L'électrolyse de 0,05 gr. d'or, dont la solution a été additionnée de 3 grammes de cyanure potassique, se fait en une demi-heure, si l'on opère à la température de 50 à 60° avec un courant de 0,3 à 0,8 ampère, avec une tension de 2,7 à 4 volts. On emploie comme cathode une capsule en platine dépoli sur laquelle l'or se dépose sous forme d'un enduit cohérent et brillant.

L'or peut être détaché de la capsule au moyen d'une solution chaude d'acide chromique dans une solution saturée de chlorure sodique.

Dosage par voie sèche et séparation de l'or et de l'argent. — Deux cas sont à considérer ici suivant que l'on a affaire à des alliages d'or, ou à des matières très pauvres en or, telles que des minerais métalliques ou des sous-produits métallurgiques.

*Cas d'un alliage. Essai par inquartation.* — Les métaux les plus fréquemment alliés à l'or, sont l'argent et le cuivre. Dans le cas d'alliages destinés à l'affinage, on peut avoir affaire aussi à du plomb, du mercure, etc.

Pour doser l'or dans ses alliages, on s'assurera d'abord du rapport existant entre l'argent et l'or, ce rapport devant être au minimum comme 3 : 1. Pour cela, on peut, par exemple, coupeller 0,25 gr. de l'alliage avec trois fois son poids d'argent et quatre fois son poids de plomb, si l'alliage est exempt de cuivre, ou avec trois fois son poids d'argent et trente-deux fois son poids de plomb s'il est cuivreux. Le bouton obtenu est pesé et traité par l'acide nitrique, qui dissout l'argent ; en pesant l'or restant comme résidu et en tenant compte de l'argent introduit, on peut calculer aisément quel est le rapport de l'or à l'argent dans l'alliage, et, par suite, la quantité d'argent à ajouter éventuellement à une prise d'essai déterminée destinée à l'analyse proprement dite, pour que le rapport de l'argent à l'or dans le bouton qui sera obtenu à la coupellation soit au moins de 3 à 1.

Il est indispensable d'opérer de la sorte afin d'avoir un bouton

¹ Ausgewählte Methoden der analytischen Chemie.

contenant suffisamment d'argent (par rapport à l'or) pour que, dans la suite des opérations, on puisse dissoudre l'argent par l'acide nitrique. Pour la coupellation, la quantité de plomb à ajouter varie avec la composition de l'alliage. On doit tenir compte du fait que le cuivre est plus difficile à enlever lorsqu'il est uni à l'or que lorsqu'il est allié à l'argent. Suivant la plus ou moins grande proportion d'or, on emploiera pour une prise d'essai, de 0,25 gr. d'alliage, de 3 à 8 grammes de plomb, c'est-

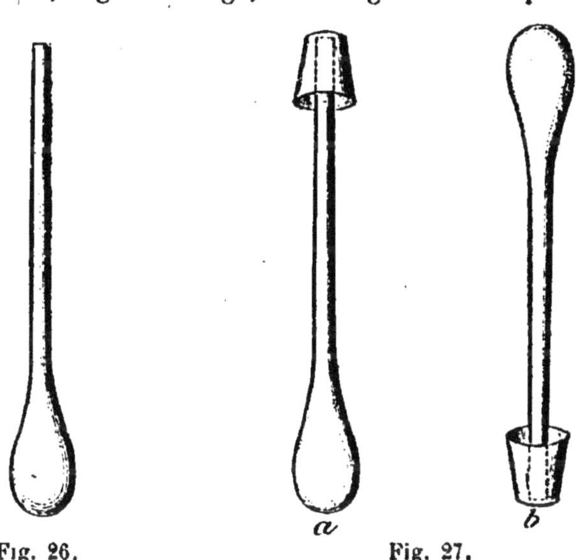


Fig. 26. Fig. 27.

à-dire des quantités représentant de douze à trente-deux fois le poids de la prise d'essai.

Le bouton obtenu à la coupellation est détaché de la coupelle; après l'avoir brossé, on le recuit dans le moufle sur une coupelle, puis on l'aplatit sur une petite enclume polie; on le recuit à diverses reprises au rouge sombre pendant cette opération, afin d'éviter qu'il se fendille par le martelage. La lamelle obtenue est enroulée sur un fil métallique quelconque, puis, après avoir chauffé une dernière fois au rouge pour enlever la graisse pouvant provenir des doigts, on procède au traitement par l'acide nitrique. On se sert pour cette opération, qui porte le nom de « départ », de petits matras allongés de 50 centimètres cubes environ de capacité se prolongeant en un long col (fig. 26). On introduit dans le matras la lamelle à traiter, on ajoute environ 15 centimètres cubes d'acide nitrique, densité 1,18 [1]

[1] Le commerce fournit pour ce genre d'essai, de l'acide nitrique chimiquement pur, tout à fait exempt de chlore.

et on chauffe à l'ébullition au bain de sable pendant dix minutes; on laisse déposer, puis on décante le liquide clair, afin de voir aisément toute parcelle d'or qui aurait été entraînée, dans un gobelet de verre placé sur un fond blanc; on introduit ensuite dans le matras 15 centimètres cubes d'acide nitrique, densité 1,3, et une petite balle de charbon ([1]) destinée à éviter les soubresauts, et l'on chauffe de nouveau à l'ébullition pendant dix minutes.

Après dépôt, on décante le liquide dans le gobelet, sans entraîner le charbon, et on renouvelle une seconde fois dans les mêmes conditions le traitement par l'acide de densité 1,3. On décante de nouveau le liquide et on élimine en même temps le charbon. On s'assure qu'aucune parcelle d'or n'est passée dans le gobelet avec l'acide décanté à la suite des traitements successifs, puis on remplit d'eau distillée le matras jusqu'à l'orifice du col. On retourne ensuite un creuset sur le col (fig. 27,*a*) puis, maintenant le creuset en place, on redresse verticalement le matras (fig. 27,*b*). Une petite quantité d'eau s'écoule dans le creuset, formant une fermeture hydraulique. En même temps, l'or descend à travers la colonne liquide et vient se rassembler au fond du creuset. Celui-ci est ensuite rempli d'eau, puis on relève graduellement le matras jusqu'au bord du creuset, on le fait glisser latéralement, et dès qu'il ne touche plus le bord, on le redresse vivement, le col en haut. On décante ensuite l'eau qui surnage l'or, on sèche à l'étuve pour éliminer les dernières traces d'eau, puis on calcine graduellement au rouge. Les parcelles d'or sont alors amenées sur le plateau d'une balance permettant de peser, si possible, à 1/100 de milligramme près. On s'assurera, évidemment, au préalable, que la balance est en équilibre à vide.

*Remarque*. — L'exactitude de l'essai des alliages d'or par voie sèche n'est pas absolue. Il y a, en effet, une perte d'or par absorption par la coupelle, variable avec la proportion de cuivre contenue dans l'alliage et, par suite, avec la quantité de plomb employée. En fait, cette perte est en partie compensée par le fait que l'or, après le traitement par l'acide nitrique, retient toujours un peu d'argent.

Pour récupérer l'or passé dans la coupelle, on peut refondre celle-ci, après l'avoir pulvérisée, avec un mélange de carbonate sodique, de borax anhydre et de litharge, auquel on ajoute quelques centigrammes d'argent. Le culot de plomb provenant de la fusion de ce mélange est ensuite coupellé, et le bouton

[1] Ces ballettes de charbon se trouvent dans le commerce.

obtenu est traité par l'acide nitrique comme ci-dessus (voy. aussi dosage de l'argent par voie sèche, p. 170).

Les métaux du groupe du platine, que l'on rencontre parfois dans les alliages d'or, peuvent aussi influencer le résultat du dosage de l'or par voie sèche. Priwoznik (Berg. und Huttm. Ztg. 1895, p. 325) a fait à ce sujet une étude à laquelle nous renvoyons pour les détails.

Au lieu d'employer l'acide nitrique pour le traitement du bouton argent-or, on peut se servir de l'acide sulfurique concentré pour dissoudre l'argent. Dans cette manière d'opérer, on doit veiller à ce que l'élimination du sulfate d'argent (peu soluble dans l'eau) soit bien complète.

Signalons encore que des procédés ont été proposés pour doser l'or dans ses alliages sans passer par la coupellation.

Von Juptner fond l'alliage avec du zinc et traite le régule obtenu par l'acide nitrique, qui dissout les divers métaux à l'exception de l'or. Celui-ci reste comme résidu à l'état pulvérulent. Balling a substitué au zinc le cadmium, métal plus facilement fusible. Une prise d'essai de l'alliage est fondue au creuset de porcelaine en mélange avec du cadmium et sous une couche de cyanure potassique. Après refroidissement, on épuise le contenu du creuset par l'eau, afin de dissoudre le cyanure, puis on traite à l'ébullition le culot métallique dans un matras pour essai d'or, successivement par de l'acide nitrique, densité 1,2 et densité 1,3, afin de dissoudre les métaux qui accompagnent l'or.

*Cas des matières pauvres en or.* — Lorsqu'on a affaire à des matières pauvres en or telles que minerais de plomb, de cuivre d'arsenic, cuivre, sous-produits métallurgiques (mattes, speiss, cendres, etc.), dans lesquelles l'or n'existe le plus souvent qu'à raison de quelques grammes par tonne, on concentre l'or dans un culot de plomb, en opérant exactement comme s'il s'agissait du dosage de l'argent (voy. dosage de l'argent par voie sèche, p. 170). De même que pour l'argent, on emploie la fonte plombeuse chaque fois que l'on a affaire à un minerai ou autre matière suffisamment exempte de métaux tels que le cuivre, l'arsenic, l'antimoine, pouvant entraver ultérieurement la coupellation. Dans le cas des mattes, speiss, cuivre, etc., on devra recourir à la scorification.

Très fréquemment, les matières aurifères sont en même temps argentifères, de sorte que le bouton qu'on obtient à la coupellation finale est le plus souvent un alliage d'or et d'argent.

L'or étant beaucoup moins répandu que l'argent, on est souvent obligé de multiplier les prises d'essais de façon à obtenir plusieurs boutons or-argent destinés à être traités ensemble afin d'avoir une quantité d'or suffisante pour être exactement pesée.

Dans le cas où l'on recourt à la fonte plombeuse, les scories seront refondues avec du carbonate sodique, du borax et 10 grammes de litharge, afin de concentrer dans un culot de plomb qui est ensuite coupellé les traces d'or qu'elles peuvent avoir retenues.

Les matières fortement sulfurées ou arsénicales (mispickel, pyrites, etc.), seront préalablement grillées.

La séparation de l'or et de l'argent se fait au moyen de l'acide nitrique (voy. p. 245). Cet acide dissout l'argent et laisse l'or inattaqué. Seulement, pour que les choses se passent de la sorte, il faut que l'alliage à traiter contienne au moins trois fois autant d'argent que d'or, sinon l'attaque ne se fait pas.

En pratique, on réalise cette condition en ajoutant, éventuellement, la quantité voulue d'argent fin à la charge à fondre au creuset de fer ou au culot de plomb destiné à la coupellation finale.

On peut aussi parfois, par exemple, dans le cas du dosage de l'or dans le cuivre et les matières cuivreuses, recourir au procédé mixte, combinaison de la voie humide et de la voie sèche décrit à propos du dosage de l'argent (voy. p. 173, n° 3). Pour appliquer cette méthode, il faut qu'il y ait en présence assez d'argent pour que le bouton final obtenu à la coupellation contienne au moins trois parties d'argent pour une partie d'or. Le cas échéant, on pourra ajouter au culot de plomb, avant la coupellation, la quantité d'argent jugée nécessaire.

*Séparation de l'or, de l'arsenic, de l'antimoine et de l'étain.* La solution est traitée par l'acide sulfhydrique ; les quatre métaux sont précipités à l'état de sulfures. Ceux-ci sont recueillis, lavés et séchés ; on les introduit ensuite dans une nacelle de porcelaine qu'on place dans un tube en verre dur, puis l'on traite à chaud par un courant d'acide chlorhydrique sec. Les sulfures d'étain et d'antimoine sont volatilisés à l'état de chlorures ; le sulfure d'arsenic est volatilisé comme tel ; le sulfure d'or est décomposé et l'or reste comme résidu.

*Séparation de l'or et du platine* (voy. platine.)

## PLATINE

En raison de l'emploi fréquent dans les laboratoires des capsules, creusets, électrodes et autres objets en platine, il peut être intéressant de rappeler la façon dont se comporte ce métal à l'égard des acides et des sels utilisés pour la dissolution ou la désagrégation des diverses substances.

Le platine de bonne qualité, tel qu'on peut se le procurer dans le commerce, n'est pas attaqué par les acides chlorhydrique, nitrique et sulfurique, quelle que soit leur concentration.

L'eau régale (c'est-à-dire le chlore) le dissout en le transformant en chlorure platinique. On ne devra donc jamais produire dans un vase en platine une réaction pouvant donner lieu à un dégagement de chlore.

Le platine est aussi attaqué par le brome, l'iode et le soufre. On ne chauffera donc pas dans du platine des substances pouvant mettre en liberté ces divers éléments.

Les hydrates alcalins et le peroxyde sodique fondus dans un récipient de platine réagissent avec ce métal pour former du platinate alcalin $R^2O,PtO^2$. Lorsqu'on a à se servir de ces réactifs, on emploie des creusets en argent ou en fer.

Le sulfate acide de potassium et le carbonate sodique ou sodico-potassique, substances dont l'emploi est très fréquent en analyse, peuvent être fondus sans inconvénient au contact du platine. Le sulfate acide n'attaque généralement pas le métal ; quant aux carbonates alcalins, il faut que leur action soit prolongée et se fasse à très haute température pour que le métal en dissolve en quantité appréciable (L. de Koninck.)

Le platine s'allie facilement à de nombreux métaux, et spécialement aux métaux aisément fusibles tels que le plomb. On aura donc soin de ne pas chauffer au contact du platine des matières pouvant donner par réduction, du plomb ou autre métal aisément fusible.

La calcination de précipités contenant des éléments de ce genre ne devra jamais être faite dans des creusets de platine.

## CARACTÈRES DES SELS

1. Les seuls sels de platine importants sont les sels platiniques correspondant à l'oxyde $PtO^2$ et parmi eux, on ne rencontre guère en analyse que le chlorure.

Le chlorure platinique est soluble dans l'eau, dans l'alcool et dans l'alcool éthéré.

Chauffé à l'état sec, il se décompose en chlore et en platine.

En solution dans l'eau, il est réductible à l'état métallique par divers réducteurs, tels que le magnésium en poudre, le zinc, les formiates alcalins, etc.

$$PtCl^4 + 2Mg = Pt + 2MgCl^2$$
$$PtCl^4 + 2NaCO^2H = Pt + 2NaCl + 2HCl + 2CO^2.$$

Le platine réduit se présente sous forme d'une poudre noire très divisée.

Les solutions de chlorure platinique, acidulées d'acide chlorhydrique, ne sont pas réduites par le sulfate ferreux et par l'acide oxalique. (Le chlorure d'or dans ces conditions est réduit) (voy. p. 241.) En solution alcaline, le sulfate ferreux agit comme réducteur. Pour réaliser cette réaction, on ajoute à la solution platinique du carbonate sodique, puis du sulfate ferreux et l'on chauffe. Dans ces conditions, le platine est réduit et se précipite en mélange avec de l'hydrate ferrique que l'on peut éliminer en acidulant par l'acide chlorhydrique.

$$PtCl^4 + 2Na^2CO^3 + 4Fe(OH)^2 + 2H^2O = Pt + 2Fe^2(OH)^6 + 4NaCl + 2CO^2.$$

Puis :

$$Fe^2(OH)^6 + 6HCl = Fe^2Cl^6 + 6H^2O.$$

Le chlorure platinique forme avec les chlorures potassique et ammonique des chloro-platinates $K^2PtCl^6$, $(NH^4)^2PtCl^6$, peu solubles dans l'eau froide, insolubles dans l'alcool.

Ces réactions sont importantes; elles permettent, en effet, de doser le potassium et l'ammonium et de les séparer d'éléments tels que le sodium, avec lesquels le chlorure platinique forme des chloroplatinates *solubles dans l'eau et dans l'alcool.* (Voy. à ce sujet les caractères, le dosage et les séparations des sels potassiques et ammoniques.)

2. *L'acide sulfhydrique* produit dans les solutions platiniques chaudes, acidulées d'acide chlorhydrique, un précipité noir de sulfure $PtS^2$, souvent mélangé de platine.

$$PtCl^4 + 2H^2S = PtS^2 + 4HCl.$$

Le sulfure platinique est insoluble dans l'acide chlorhydrique et dans l'acide nitrique. L'eau régale le transforme en chlorure platinique.

Il se dissout aussi dans le sulfure ammonique avec formation de sulfosel. L'addition d'un acide décompose le sulfosel et le sulfure platinique se précipite.

## DOSAGE

Le platine peut être dosé par pesée par l'un ou l'autre des procédés suivants.

1. *Par précipitation à l'état de chloroplatinate ammonique* $(NH^4)^2PtCl^6$. — On ajoute à la solution concentrée et légèrement acide du sel platinique une solution saturée à chaud de chlorure

ammonique. Le précipité de chloroplatinate ammonique qui se forme est recueilli et lavé avec une solution concentrée de chlorure ammonique. Après dessiccation on le calcine au rouge. Le résidu de la calcination est formé de platine pur.

$$(NH^4)^2PtCl^6 = Pt + \underbrace{2NH^3 + 2HCl}_{2NH^4Cl} + Cl^4.$$

Au lieu de décomposer le chloroplatinate par la chaleur, on peut le réduire par voie humide, après l'avoir dissous dans l'eau chaude, en employant soit un formiate alcalin, soit du magnésium en poudre.

Les conditions dans lesquelles ces réactifs agissent ont été indiquées p. 35.

On peut évidemment réduire directement par voie humide les solutions platiniques, lorsque la présence d'aucun métal étranger ne nécessite l'emploi du chlorure ammonique pour la séparation du platine.

2. *Par électrolyse.* — La solution, qui doit contenir le platine à l'état de chlorure, est additionnée de 2 p. 100 de son volume d'acide sulfurique au 1/5 et électrolysée à l'aide d'un courant de 0,01 à 0,03 ampère, par décimètre carré d'électrode.

Le dépôt est lavé à courant interrompu.

*Observation.* — Le métal doit être enlevé de l'électrode au moyen de sable fin. On ne peut, en effet, se servir d'eau régale à cause de la facilité avec laquelle le platine est attaqué par ce réactif.

3. *Par précipitation à l'état de sulfure.* — La solution platinique, acidulée par l'acide chlorhydrique, est traitée à chaud par l'acide sulfhydrique. Le sulfure formé ($PtS^2$), est recueilli sur un filtre, lavé et séché. On le calcine ensuite au rouge ; le résidu de la calcination est formé de platine qu'on pèse.

## SÉPARATIONS

Le platine ne se rencontre guère en dehors de son propre minerai dans lequel il est associé à divers métaux plus ou moins rares. La séparation du platine des métaux qui l'accompagnent est une opération absolument spéciale, dont il ne peut être question ici.

L'analyse, d'ailleurs très spéciale aussi, d'alliages contenant du platine, peut exiger la séparation du platine et de métaux très divers des groupes du fer, du cadmium et de l'arsenic.

On peut séparer le platine des métaux des groupes du cadmium et du fer en traitant l'alliage par de l'acide sulfurique concentré et chaud, qui transforme les divers métaux en sulfates et laisse le platine inaltéré. Il est clair, que s'il y a du plomb en présence, ce métal passera aussi à l'état de sulfate qui, étant insoluble, restera finalement mélangé au platine. Le cas échéant, on éliminera ce sulfate à l'aide de tartrate ammonique ammoniacal, réactif dans lequel il est aisément soluble.

La séparation du platine et de l'or se fait de différentes façons. On peut, notamment, traiter la solution concentrée des deux chlorures par du chlorure ammonique afin de précipiter le platine à l'état de chloroplatinate ammonique. Le chlorure double d'or et d'ammonium $AuCl^3, NH^4Cl$ qui se forme en même temps est soluble et peut être séparé par filtration.

On peut aussi, ayant une solution chlorhydrique acide des deux métaux, précipiter l'or à l'état métallique par un sel ferreux (voy. p. 241, n° 1). Le platine, dans ces conditions (solution acide) n'est pas précipité.

On peut appliquer à la séparation du platine, de l'arsenic, de l'antimoine et de l'étain, le procédé indiqué p. 248 à propos de la séparation de l'or des mêmes éléments, c'est-à-dire précipiter les quatre métaux à l'état de sulfures et chauffer ensuite ces derniers dans un courant d'acide chlorhydrique sec. On élimine de la sorte l'arsenic, l'antimoine et l'étain. Le sulfure de platine se décompose sous l'action de la chaleur, laissant un résidu de platine.

## MOLYBDÈNE

Le molybdène est peu répandu dans la nature. Les minerais les plus importants sont le sulfure $MoS^2$ et le molybdate de plomb $PbMoO^4$.

Le métal se rencontre parfois en très petite quantité dans divers minerais métalliques, par exemple, dans les minerais de fer et d'étain ; on est donc exposé à le trouver dans les fontes et dans l'étain du commerce. On a proposé en aciérie, de renforcer la dureté de l'acier au moyen du molybdène.

Le molybdène existe sous plusieurs états d'oxydation. Les principaux composés dérivent de l'anhydride $MoO^3$.

### CARACTÈRES DES COMPOSÉS MOLYBDIQUES

1. *L'acide sulfhydrique* produit dans les solutions acides un précipité brun de trisulfure $MoS^3$.

$$(NH^4)^6Mo^7O^{24}\ (^1) + 21H^2S + 6HCl = 7MoS^3 + 6NH^4Cl + 24H^2O.$$

[1] Ce sel cristallise (avec 4 molécules $H^2O$) lorsqu'on évapore une solu-

La précipitation est difficilement complète. On doit, après avoir saturé d'acide sulfhydrique, chauffer, puis traiter de nouveau par l'acide sulfhydrique, et répéter ces opérations jusqu'à ce que le liquide qui surnage le précipité soit devenu incolore.

Le sulfure molybdique est soluble dans les sulfures alcalins, avec formation de sulfosels par exemple $K^2MoS^4$. La solution obtenue est brun rouge ; l'addition d'un acide décompose le sulfosel avec précipitation de sulfure.

L'acide nitrique dissout à chaud le sulfure molybdique qu'il transforme en acide molybdique $H^2MoO^4$, blanc, peu soluble dans l'eau, soluble dans l'acide chlorhydrique et dans les hydrates alcalins.

2. Les solutions de molybdates, traitées par l'acide chlorhydrique ou l'acide sulfurique sont décomposées avec précipitation d'acide molybdique. Un excès de réactif redissout ce précipité.

Si l'on ajoute ensuite à la solution un réducteur, par exemple du zinc, il y a réduction de l'anhydride molybdique $MoO^3$ à l'état d'oxyde $Mo^2O^3$ et le liquide se colore en bleu.

L'addition de sulfocyanate potassique à la solution d'un molybdate traitée par un excès d'acide chlorhydrique, produit une coloration jaune ou rouge (suivant la quantité d'acide molybdique) due à la formation de sulfocyanate de molybdène. Par agitation avec de l'éther, celui-ci se colore en rouge.

3. *Une solution neutre de nitrate mercureux* produit dans les solutions neutres des molybdates alcalins, un précipité jaune de molybdate mercureux.

Le précipité est légèrement soluble dans l'eau ; il est insoluble dans le nitrate mercureux. On aura donc soin pour obtenir la précipitation complète du molybdène, d'employer le réactif en excès. Cette réaction est appliquée au dosage du molybdène dans les molybdates.

## DOSAGE ET SÉPARATIONS

Il y a lieu de distinguer le cas où l'on a affaire à un molybdate de celui plus fréquent où le molybdène se trouve en petite quantité, associé à des métaux de divers groupes.

Dans le premier cas, le molybdène peut être séparé *à l'état de molybdate mercureux*.

tion d'acide molybdique dans l'ammoniaque. C'est le produit vendu sous le nom de molybdate ammonique.

Le molybdate normal $(NH^4)^2MoO^4$, s'obtient en précipitant par l'alcool une solution d'acide molybdique dans de l'ammoniaque très concentrée.

La solution neutre (ou neutralisée par l'acide nitrique) est additionnée de nitrate mercureux neutre *en excès* (voy. caractères, n° 3). Le précipité de molybdate mercureux, est, après plusieurs heures de repos, recueilli sur un filtre et lavé avec une solution diluée de nitrate mercureux, réactif dans lequel le précipité est insoluble.

Après dessiccation à l'étuve, on détache aussi complètement que possible le précipité du filtre et on le met en réserve. Les parcelles adhérentes au papier sont dissoutes dans l'acide nitrique et la solution est évaporée dans un creuset taré. On réunit au résidu de cette évaporation la masse du précipité et on calcine le tout au creuset de Rose, dans un courant d'hydrogène, afin de réduire le molybdène à l'état métallique.

Dans la plupart des cas, le molybdène existe en petite quantité dans la solution provenant de l'attaque de minerais métalliques ou de métaux (fontes, aciers, etc.). Il est alors associé à divers métaux.

Pour séparer le molybdène des métaux du groupe du cadmium, on rend la solution alcaline par l'ammoniaque et on traite ensuite par le sulfure ammonique.

Le sulfure de molybdène d'abord formé est redissous à l'état de sulfosel. On sépare par filtration les sulfures des métaux du groupe du cadmium et, par addition d'acide sulfurique dilué, on reprécipite le molybdène à l'état de sulfure $MoS^3$ (mélangé de soufre provenant de la décomposition du sulfure alcalin). Le précipité est recueilli sur un filtre taré et séché à 105° après avoir été lavé avec de l'eau chargée d'acide sulfhydrique. On détache ensuite du filtre la partie du *précipité* qui peut être aisément enlevée, on la pèse et on la calcine au creuset de Rose dans un courant d'hydrogène ; le trisulfure est, dans ces conditions ramené à l'état de bisulfure $MoS^2$, qu'on pèse.

On rapporte évidemment le résultat obtenu au poids total du précipité.

La calcination ne doit pas être faite à une température trop élevée, sinon une partie du molybdène peut être réduite à l'état métallique.

*Observation.* — Il est clair que si le molybdène est accompagné d'autres métaux dont les sulfures sont solubles dans les sulfures alcalins, ces métaux accompagneront le molybdène.

Lorsque le molybdène se trouve associé à de grandes quantités de fer, par exemple, dans les solutions provenant de l'attaque de fontes ou d'aciers contenant du molybdène, on réduit, le cas échéant, le fer à l'état ferreux, par l'acide sulfureux dont on élimine l'excès par ébullition ; on précipite ensuite le molybdène à l'état de trisulfure, par l'acide sulfhydrique (voy. pour les détails, caractères, n° 1).

Le précipité est, après lavage et dessiccation, ramené à l'état de bisulfure $MoS^2$, par calcination au creuset de Rose dans un courant d'hydrogène.

Au lieu d'opérer la séparation par l'acide sulfhydrique, Ledebur traite la solution mixte de fer et de molybdène, le fer étant à l'état de chlorure ferrique, par de l'hydrate sodique en excès qui précipite le fer à l'état d'hydrate. Le molybdène reste dissous dans la soude à l'état de molybdate. Après avoir dilué à un volume déterminé, on filtre sur filtre sec, et dans une partie du filtrat, acidulée par l'acide sulfurique, on réduit à chaud, au moyen du zinc, le molybdène à l'état de $Mo^{12}O^{19}$ qu'on réoxyde ensuite par une solution titrée de permanganate.

$$5Mo^{12}O^{19} + 17K^2Mn^2O^8 = 60MoO^3 + 17K^2O + 34MnO.$$

D'après Pisani, si l'on traite par du zinc la solution concentrée d'un molybdate additionnée d'acide chlorhydrique en excès, l'acide molybdique $MoO^3$, est réduit à l'état d'oxyde $Mo^2O^3$. Après avoir ajouté de l'acide sulfurique et quelques grammes de sulfate manganeux ([1]), on réoxyde le molybdène à l'aide d'une solution titrée de permanganate potassique qu'on laisse couler d'une burette graduée, jusqu'à coloration rose persistante.

L'équation suivante sert de base pour le calcul du résultat du dosage.

$$5Mo^2O^3 + 3K^2Mn^2O^8 + 18HCl = 10MoO^3 + 6MnCl^2 + 6KCl + 9H^2O.$$

*Friedheim et Euler* ont proposé une méthode iodométrique applicable au dosage du molybdène dans les divers molybdates (solubles ou insolubles). Elle consiste essentiellement dans la réduction de l'acide molybdique sous l'action de l'acide iodhydrique (mélange d'iodure potassique et d'acide chlorhydrique). L'iode produit est dosé par une solution titrée d'hyposulfite sodique.

L'équation suivante indique le rapport existant entre l'iode dégagé et le molybdène à doser.

$$2MoO^3 + 2HI = Mo^2O^5 + I^2 + H^2O.$$

*Séparation du molybdène et de l'arsenic.* — L'arsenic, lorsqu'il se trouve à l'état d'arséniate, peut être précipité par la

[1] L'addition d'acide sulfurique et de sulfate manganeux a pour but d'éviter que l'acide chlorhydrique qui se trouve dans le liquide puisse agir sur le permanganate.

liqueur magnésique et l'ammoniaque, à l'état d'arséniate ammoniaco-magnésique (voy. dosage de l'arsenic). Le précipité entraînant un peu de molybdène, on le redissoudra dans l'acide nitrique et on répétera une seconde fois la précipitation; tout le molybdène reste en solution.

*Séparation du molybdène et du tungstène* (v. séparations du tungstène).

## TUNGSTÈNE

Le tungstène, élément assez rare, se rencontre dans quelques espèces minérales en combinaison avec le fer, le calcium ou le plomb à l'état de tungstate. On le trouve associé à quelques minerais métalliques, notamment à la cassitérite (minerai d'étain). Dans le traitement de ces minerais, le tungstène passe, au moins en partie dans le métal; l'étain du commerce en renferme souvent.

Le tungstène a acquis aujourd'hui une certaine importance par l'emploi qu'on en fait dans la métallurgie du fer pour renforcer la dureté naturelle de l'acier. Pour préparer les aciers au tungstène, on se sert de fontes spéciales, dites ferro-tungstènes, fabriquées au moyen de Wolframite (tungstate de fer) ou de Scheelite (tungstate de calcium).

### CARACTÈRES DES COMPOSÉS DU TUNGSTÈNE

1. L'anhydride tungstique obtenu par l'action de l'acide nitrique sur une solution chaude d'un tungstate, se présente sous forme d'un précipité jaune, insoluble dans les acides, soluble dans les hydrates alcalins. Si la précipitation a lieu à froid, on obtient de l'acide tungstique $H^4WO^5$, qui, par dessiccation sur l'acide sulfurique, se transforme en $H^2WO^4$, par perte d'une molécule d'eau.

Les tungstates dérivent, soit de l'acide normal, $H^2WO^4$, soit d'un acide polytungstique, l'acide métatungstique, $H^2W^4O^{13}$ résultant de la condensation de plusieurs molécules d'acide tungstique avec élimination d'eau.

Les métatungstates se produisent aux dépens des tungstates normaux, lorsqu'on fait bouillir longtemps la solution de ces derniers au contact d'acide tungstique.

L'addition goutte à goutte d'une petite quantité d'acide chlorhydrique à la solution chaude d'un tungstate, fait aussi passer l'acide tungstique à l'état d'acide métatungstique soluble; on n'obtient donc pas, dans ces conditions de précipité, même en forçant la proportion d'acide.

En pratique, on obtiendra la précipitation complète du tungstène à l'état d'acide tungstique, $H^4WO^5$, en ajoutant à la solution d'un tungstate normal de l'acide chlorhydrique ou sulfurique dilué en quantité suffisante.

$$Na^2WO^4 + 2HCl + H^2O = H^4WO^5 + 2NaCl.$$

En chauffant le précipité au contact du liquide acide, on le transforme par élimination d'eau en $H^2WO^4$ (jaune).

La précipitation du tungstène à l'état d'acide tungstique est fort importante au point de vue de la recherche et du dosage de cet élément.

2. *L'acide sulfhydrique* est sans action sur les solutions des tungstates. (Le molybdène est précipité par ce réactif, voy. p. 252 n° 1.)

3. *Le sulfure ammonique* forme avec les tungstates du sulfotungstate, répondant à la formule $(NH^4)^2WS^4$.

L'addition d'un acide décompose le sulfosel avec précipitation de trisulfure de tungstène $WS^3$ (brun).

Ce sulfure est soluble dans les sulfures alcalins avec formation de sulfosel.

4. Si l'on sursature une solution de tungstate par un acide non oxydant, et si l'on ajoute (sans avoir séparé le précipité qui s'est formé) une lame de zinc, le tungstène est progressivement réduit à l'état de bioxyde $WO^2$. Il se produit d'abord une solution bleue intense, qui passe finalement au rouge brun, lorsque la réduction est complète.

5. *Le nitrate mercureux* produit dans les solutions des tungstates, un précipité jaunâtre de tungstate mercureux, $Hg^2WO^4$. Calciné, ce précipité laisse un résidu contenant tout le tungstène à l'état d'anhydride tungstique $WO^3$. Cette réaction est utilisée pour le dosage du tungstène.

## DOSAGE

On dose le tungstène par pesée à l'état d'anhydride tungstique (acide tungstique) $WO^3$.

La solution qui contient le métal à l'état de tungstate peut être, suivant les cas, traitée par un acide afin d'obtenir le métal directement à l'état d'acide tungstique ; ou bien elle peut être additionnée de nitrate mercureux, afin d'isoler d'abord le tungstène à l'état de tungstate mercureux.

1. *Précipitation par un acide.* — On verse dans la solution du

tungstate de l'acide chlorhydrique dilué (voy. caractères, n° 1), puis on évapore à siccité et on dessèche à l'étuve le résidu de l'évaporation à la température de 120°.

On traite ensuite de nouveau par l'acide chlorhydrique; on évapore et on dessèche comme la première fois. Les mêmes manipulations, qui ont pour but de rendre l'acide tungstique complètement insoluble, sont encore répétées une couple de fois. Le résidu est finalement repris par de l'eau acidulée, puis on le recueille sur un filtre, on le lave et on le dessèche. Le précipité séché est calciné; il répond alors à la formule $WO^3$.

Afin d'éviter la réduction d'une petite partie du précipité par le charbon du filtre, on enlève d'abord le plus possible le précipité, on humecte le filtre d'une solution de nitrate ammonique et on l'incinère à part. Le précipité est ensuite réuni aux cendres du filtre et calciné.

2. *Précipitation à l'état de tungstate mercureux.* — La solution concentrée du tungstate, aussi exactement neutre que possible, est additionnée à froid de nitrate mercureux en excès. Le précipité de tungstate est agrégé par agitation, puis on filtre, on lave avec une solution diluée de nitrate mercureux et on dessèche. Le précipité est ensuite calciné avec les précautions indiquées en 1.

Le résidu de la calcination est formé de $WO^3$ pur.

## SÉPARATIONS

La propriété que possède le tungstène de pouvoir être précipité directement de ses solutions à l'état d'acide tungstique, sous l'action d'un acide, permet souvent d'isoler assez aisément cet élément des métaux qui l'accompagnent. Si l'on a affaire à des substances difficilement attaquables par les acides, on transforme le tungstène en tungstate alcalin par fusion avec du carbonate sodico-potassique. Dans cette opération, certains métaux, le fer, par exemple, pour en citer un que l'on rencontre fréquemment associé au tungstène, sont transformés en oxydes et restent non dissous lorsqu'on reprend la masse fondue par l'eau pour dissoudre le tungstate alcalin.

La solution de tungstate est ensuite décomposée par l'acide chlorhydrique comme dans le cas de l'analyse des tungstates solubles.

Le fait que le tungstène n'est pas précipité par l'acide sulfhydrique et qu'il forme sous l'action des sulfures alcalins des sulfosels solubles, est aussi utilisable dans différents cas de séparation dans lesquels interviennent des métaux dont les sulfures sont insolubles dans les sulfures alcalins.

*Tungstène et arsenic.* — Ces éléments étant amenés à l'état de tungstate et d'arséniate sodique, on précipite l'arsenic en présence de chlorure ammonique à l'état d'arséniate ammoniaco-magnésique, par la liqueur magnésique. Il y a lieu d'opérer par double et même par triple précipitation.

Dans le filtrat du précipité arsénical débarrassé de l'ammoniaque par évaporation, on précipite le tungstène à l'état d'acide tungstique en traitant à plusieurs reprises par l'acide chlorhydrique (voy. p. 257).

*Tungstène et antimoine.* — Les métaux étant amenés à l'état d'acides par l'action de l'acide nitrique, on traite par un mélange d'acide nitrique et d'acide tartrique qui dissout l'acide antimonique.

*Tungstène et étain.* — Ces deux métaux se rencontrent assez souvent associés dans les minerais d'étain. Les métaux étant amenés à l'état de $WO^3$ et de $SnO^2$ sont pesés ensemble. Le précipité mixte est ensuite calciné à plusieurs reprises, en mélange avec du chlorure ammonique; on arrive ainsi à volatiliser tout l'étain à l'état de chlorure stannique; l'acide tungstique reste inaltéré.

*Tungstène et molybdène.* — Cette séparation se présente, par exemple, dans l'analyse de l'étain commercial. Les deux métaux se trouvant à l'état d'acide tungstique et d'acide molybdique, on transforme ces acides en sels solubles par l'ammoniaque ; on ajoute ensuite de l'acide tartrique, puis on acidule par l'acide chlorhydrique et on précipite le molybdène à l'état de trisulfure par l'acide sulfhydrique (voy. p. 252 n° 1).

Le filtrat du précipité de sulfure contient tout le tungstène, ce dernier n'étant pas précipitable par l'acide sulfhydrique. On l'évapore à siccité et l'on calcine le résidu, afin d'obtenir le tungstène à l'état de $WO^3$ qu'on pèse.

*Tungstène et silice.* — Les substances dans lesquelles on a le plus fréquemment à rechercher et à doser le tungstène renferment souvent, en même temps de la silice. Celle-ci peut se précipiter, au moins en partie, avec l'acide tungstique, soit que l'on ait fondu la substance avec un carbonate alcalin et décomposé ensuite par un acide le tungstate et le silicate formés ; soit que le tungstène ait été obtenu directement à l'état d'acide tungstique.

Le cas échéant, on éliminera la silice, en traitant l'acide tungstique, après l'avoir pesé, par de l'acide fluorhydrique afin de transformer la silice en fluorure $SiFl^4$, gazeux. Après évaporation et calcination, on pourra s'assurer qu'un second traitement par l'acide fluorhydrique n'occasionne plus de diminution de poids, ce qui indiquerait que toute la silice n'a pas été éliminée par la première opération.

## VANADIUM

Le vanadium est assez répandu dans la nature, mais il n'existe en quantité notable que dans quelques espèces minérales, consistant en divers vanadates dans lesquels le vanadium est combiné au plomb, au cuivre, au bismuth, au zinc ou à l'aluminium.

La présence du vanadium en petites quantités est fréquente dans les minerais de fer, spécialement dans les hématites brunes. Les fontes obtenues avec ces minerais contiennent un peu de vanadium. On peut aussi avoir à rechercher ou à doser ce métal dans l'acier au vanadium, dans les fontes spéciales servant à la fabrication de cet acier et dans les scories provenant de l'affinage des fontes renfermant du vanadium.

### CARACTÈRES DES COMPOSÉS DU VANADIUM

1. Le vanadium forme avec l'oxygène cinq composés, dont le plus important est l'anhydride vanadique $V^2O^5$ ; ce composé est stable au rouge ; il est très légèrement soluble dans l'eau (1 : 1 000) ; il se dissout dans les acides et forme des sels avec les bases. Ces sels s'obtiennent par fusion des composés du vanadium avec des fondants alcalins, ou par dissolution dans les hydrates alcalins.

L'acide vanadique forme plusieurs séries de sels correspondant aux acides métavanadique $HVO^3$, pyrovanadique $H^4V^2O^7$ et orthovanadique $H^3VO^4$. On connaît aussi des vanadates correspondant à des acides tétravanadique $V^4O^9(OH)^2$ et hexavanadique $V^6O^{14}(OH)^2$.

Les plus stables de tous ces sels sont les métavanadates. Les sels des séries ortho et pyro passent rapidement à l'état de métavanadates sous l'action des acides.

2. Si l'on ajoute à une solution concentrée d'un vanadate du chlorure ammonique solide, tout le vanadium se précipite à l'état de métavanadate ammonique $NH^4VO^3$, blanc, cristallin.

La réaction peut être obtenue en solution neutre ou alcaline ; le précipité est insoluble dans le chlorure ammonique.

Cette réaction est très importante pour le dosage du vanadium.

3. Si l'on traite par l'acide sulfhydrique ou par un sulfure

alcalin, une solution de vanadate, le vanadium passe à l'état de sulfosel (soluble). L'addition d'acide décompose ce sulfosel avec formation d'un précipité de composition variable, à la fois sulfuré et oxygéné, soluble dans les sulfures alcalins.

4. L'acide vanadique est aisément réductible ; une solution de vanadate alcalin acidulée d'acide sulfurique prend, sous l'action d'une lame de zinc, une coloration bleue par suite de la réduction de l'acide vanadique à l'état d'oxyde $V^2O^4$.

5. *L'eau oxygénée*, ajoutée *en petite quantité* à la solution acide d'un vanadate alcalin, colore celle-ci en rouge, par suite de la formation d'un acide hypervanadique.

Un excès d'eau oxygénée fait disparaître la coloration.

## DOSAGE

1. *Dosage par pesée à l'état d'anhydride vanadique* $V^2O^5$ *après précipitation du vanadium à l'état de métavanadate ammonique* (voy. caractères, n° 2).

On ajoute à la solution neutre et concentrée du vanadate une solution saturée à chaud de chlorure ammonique. Après un jour de repos, on filtre, on lave le précipité avec une solution saturée de chlorure ammonique jusqu'à élimination des corps qui peuvent accompagner le vanadium dans sa solution. On enlève finalement, au moyen d'alcool dilué, la majeure partie du chlorure ammonique qui imprègne le précipité. Celui-ci est ensuite séché et détaché du filtre. Le filtre est incinéré seul et les cendres sont traitées par l'acide nitrique pour retransformer en $V^2O^5$ le vanadium qui aurait pu être réduit. Finalement, on ajoute le précipité aux cendres du filtre et on calcine modérément pour transformer le vanadate ammonique en anhydride vanadique $V^2O^5$ qu'on pèse.

En l'absence de substances précipitables par l'alcool, on peut, pour assurer autant que possible la précipitation complète du vanadium, ajouter au liquide, après traitement par le chlorure ammonique, une forte proportion d'alcool. Le lavage du précipité se fera dans ce cas au moyen d'alcool.

2. *Dosage par titrimétrie.* — Le vanadium se trouvant à l'état de vanadate soluble, on acidule la solution par l'acide sulfurique ; on réduit ensuite l'acide vanadique à l'état de bioxyde $V^2O^4$ par le zinc et on titre par le permanganate qui retransforme le bioxyde en acide $V^2O^5$ d'après l'équation :

$$5V^2O^4 + 3K^2Mn^2O^8 + 9H^2SO^4 = 5V^2O^5 + 3K^2SO^4 + 6MnSO^4 + 9H^2O.$$

*Remarque.* — Bien que la réduction par le zinc ne soit pas

toujours complète, Ledebur déclare le procédé convenable pour le dosage de petites quantités de vanadium dans les minerais de fer.

D'autres procédés titrimétriques ont encore été proposés. On peut, par exemple, d'après Friedheim, réduire les vanadates par l'acide bromhydrique (mélange de bromure potassique et d'acide chlorhydrique), recevoir le brome dégagé dans de l'iodure potassique (dont l'iode est mis en liberté en quantité correspondante au brome), et titrer l'iode par l'hyposulfite sodique.

Les équations suivantes rendent compte du procédé.

$$V^2O^5 + 2HBr = V^2O^4 + Br^2 + H^2O.$$
$$2Br + 2KI = 2KBr + I^2.$$

Deux atomes d'iode correspondent donc à deux atomes de vanadium.

*Dosage par colorimétrie.* — L. Maillard a appliqué au dosage de petites quantités de vanadium la coloration rouge que produit l'eau oxygénée dans les solutions acides des vanadates (voy. caractères, n° 5). D'après l'auteur, la réaction se produit le mieux lorsqu'on emploie par 10 centimètres cubes d'une solution de métavanadate à 1 p. 100, 10 centimètres cubes d'éther saturé d'eau oxygénée et 4 centimètres cubes d'acide chlorhydrique.

## SÉPARATIONS

Le vanadium étant aisément transformé en sulfosel soluble par l'action du sulfure ammonique, on peut, par application de cette propriété, séparer le vanadium des métaux dont les sulfures sont insolubles dans les sulfures alcalins. Le vanadium peut être ensuite précipité de sa solution sulfurée par un acide (voy. caractères n° 3).

Les composés du vanadium fondus avec un carbonate alcalin sont transformés en vanadate alcalin soluble. S'il y a en présence des métaux dont les oxydes ou les carbonates sont insolubles, ces métaux resteront en résidu lors de la reprise de la masse fondue par l'eau et pourront être séparés par filtration (voy. mise en solution des matières minérales : désagrégation par les carbonates alcalins).

Dans la solution le vanadate peut être réduit par le zinc, en présence d'acide sulfurique à l'état de $V^2O^4$ qu'on titre ensuite par le permanganate potassique (voy. p. 261, n° 2).

Cette méthode est préconisée par Ledebur pour la séparation et le dosage du vanadium dans les minerais de fer.

On peut aussi séparer le fer du vanadium en utilisant la propriété que possède le chlorure ferrique de se dissoudre dans l'éther (voy. p. 100).

Pour la séparation du vanadium, du chrome, du fer et du manganèse dans les fontes et aciers, Ledebur décrit une méthode qui consiste essentiellement dans les points suivants.

Le métal à analyser est dissous dans l'acide chlorhydrique dilué. Dans la solution qui contient tout le fer à l'état ferreux, on précipite par le carbonate barytique le chrome et le vanadium. Le précipité est, après lavage et dessiccation, fondu au creuset de platine avec du carbonate sodique et du nitrate potassique. Dans cette opération, le chrome passe à l'état de chromate et le vanadium à l'état de vanadate alcalin.

On reprend par l'eau pour dissoudre ces composés et, après filtration, on évapore la solution à siccité en présence d'acide chlorhydrique et d'alcool, afin de réduire le chromate à l'état de sel chromique. Le résidu de l'évaporation est repris par quelques gouttes d'acide chlorhydrique et un peu d'eau ; on ajoute quelques grains de chlorate potassique et on chauffe afin de retransformer en acide vanadique, le vanadium qui pourrait se trouver à un état d'oxydation inférieur. Ensuite, afin d'éviter que l'acide vanadique se précipite avec le chrome, on ajoute quelques gouttes de solution de phosphate ammonique, puis on précipite le chrome à l'ébullition par l'ammoniaque. Ce précipité est recueilli et sert au dosage du chrome.

Dans le filtrat ammoniacal contenant le vanadium, on verse quelques centimètres cubes de polysulfure ammonique pour transformer le vanadium en sulfosel ; on décompose ensuite celui-ci par l'acide acétique qu'on ajoute jusqu'à réaction légèrement acide. Le précipité brun de sulfure de vanadium qui se forme est recueilli après vingt-quatre heures de repos ; on le lave avec de l'eau chargée d'acide sulfhydrique, et, après dessiccation, on le transforme par grillage en anhydride vanadique $V^2O^5$ qu'on pèse.

## SÉLÉNIUM

Le sélénium est un élément rare. On le trouve à l'état de séléniure dans quelques espèces minérales dans lesquelles il est combiné à l'argent, au plomb, au cuivre, etc. Cet élément se rencontre parfois en très petite quantité dans les pyrites de fer, les pyrites cuivreuses, les schistes cuivreux et la blende. Lors du grillage de ces produits, en vue de leur traitement métallurgique ou de la fabrication de l'acide sulfurique, le sélénium passe à l'état d'anhydride sélénieux $SeO^2$ qui se condense dans les chambres à poussières ou gagne les chambres de plomb.

## CARACTÈRES DES COMPOSÉS DU SÉLÉNIUM

1. *Le sélénium* brûle à l'air en se transformant en anhydride sélénieux $SeO^2$. Ce dernier cristallise en aiguilles blanches ; il sublime vers 320°. Dissous dans l'eau, il passe à l'état d'acide sélénieux $H^2SeO^3$. Le même acide se forme lorsqu'on dissout le sélénium dans l'acide nitrique concentré. Les sélénites alcalins sont seuls solubles dans l'eau. Si l'on traite par le chlore une solution d'acide sélénieux, celui-ci passe à l'état d'acide sélénique $H^2SeO^4$.

$$H^2SeO^3 + H^2O + Cl^2 = H^2SeO^4 + 2HCl.$$

Le chlore oxyde aussi à l'état d'acide sélénique, le sélénium en suspension dans l'eau.

$$Se + 3Cl^2 + 4H^2O = H^2SeO^4 + 6HCl.$$

## RÉACTIONS DE L'ACIDE SÉLÉNIEUX ET DES SÉLÉNITES

2. *L'acide sulfureux* précipite des solutions sélénieuses exemptes d'acide nitrique, du sélénium à l'état élémentaire, sous forme d'un précipité rouge.

$$H^2SeO^3 + 2SO^2 + H^2O = 2H^2SO^4 + Se.$$

3. *Le chlorure stanneux* en présence d'acide chlorhydrique agit de la même manière.

$$H^2SeO^3 + 2SnCl^2 + 4HCl = Se + 2SnCl^4 + 3H^2O.$$

4. *Un mélange d'acide chlorhydrique et d'iodure potassique,* précipite aussi le sélénium ; il y a en même temps formation d'iode.

$$SeO^2 + 4KI + 4HCl = Se + 2I^2 + 4KCl + 2H^2O.$$

5. *Le cuivre* noircit au contact d'une solution d'acide sélénieux acidulée d'acide chlorhydrique. A la longue, le liquide se colore en rouge par suite de la formation d'un précipité de sélénium.

6. *Le chlorure barytique* produit dans les solutions neutres

de sélénites, un précipité blanc de sélénite barytique $BaSeO^3$ soluble dans les acides chlorhydrique et nitrique.

7. *L'acide sulfhydrique* précipite des solutions sélénieuses, additionnées d'acide chlorhydrique, du sulfure de sélénium.

$$SeO^2 + 2H^2S = SeS^2 + 2H^2O.$$

Ce précipité est jaune à froid, jaune rougeâtre à chaud ; il se dissout dans le sulfure ammonique.

### RÉACTIONS DE L'ACIDE SÉLÉNIQUE ET DES SÉLÉNIATES

8. *Par ébullition avec de l'acide chlorhydrique,* l'acide sélénique est réduit à l'état d'acide sélénieux avec dégagement de chlore.

$$H^2SeO^4 + 2HCl = H^2SeO^3 + Cl^2 + H^2O.$$

9. *Le chlorure barytique* produit dans la solution d'acide sélénique ou de séléniates un précipité blanc de séléniate barytique.

A la différence du sulfate barytique, le séléniate se dissout à chaud dans l'acide chlorhydrique avec dégagement de chlore. Il est aussi beaucoup moins insoluble dans l'eau que ce dernier.

### RÉACTIONS PAR VOIE SÈCHE

10. Chauffés dans la zone de réduction de la flamme, les composés du sélénium répandent une odeur de raifort pourri due à la formation d'oxyde.

De très faibles quantités de sélénium (moins de 1 milligramme) suffisent pour produire nettement cette odeur caractéristique.

11. Fondu avec un mélange oxydant de carbonate et de nitrate alcalins, le sélénium et ses composés sont transformés en séléniate alcalin.

12. Fondus avec du cyanure potassique dans un courant d'hydrogène, ils donnent lieu à la formation de séléniocyanure de potassium CNSeK. Si l'on traite le produit de la fusion par l'acide chlorhydrique à chaud, le sélénium se dépose à l'état élémentaire; en même temps, il se produit de l'acide cyanhydrique par suite de la décomposition de l'acide séléniocyanhydrique.

### DOSAGE

D'assez nombreux procédés par pesée et par titrimétrie ont été proposés pour le dosage du sélénium.

PROCÉDÉS PAR PESÉE

1. En général, ces méthodes ne sont que l'application quantitative des réactions qui permettent d'obtenir le sélénium à l'état élémentaire (voy. p. 264).

*a*. On peut précipiter le sélénium des solutions sélénieuses additionnées d'acide chlorhydrique et exemptes d'acide nitrique, par l'acide sulfureux ou un sulfite alcalin. Si l'on chauffe pendant quelque temps à l'ébullition, le sélénium, d'abord rouge, devient noir et dense.

Le précipité est recueilli sur un filtre taré et pesé après dessiccation à 100°.

Au filtrat on ajoute du chlorure potassique ou sodique ; puis on concentre, on ajoute de l'acide chlorhydrique, et on s'assure par un nouveau traitement par l'acide sulfureux qu'il ne se précipite plus de sélénium.

*Observations*. — Si la solution contient de l'acide nitrique, celui-ci doit être éliminé ; on arrive à ce résultat en évaporant à plusieurs reprises avec de l'acide chlorhydrique en présence de chlorure potassique ou sodique. Si l'on n'ajoute pas l'un ou l'autre de ces sels, on s'expose à perdre une notable partie du sélénium pendant l'évaporation.

*b*. On peut aussi réduire l'acide sélénieux par l'acide chlorhydrique et l'iodure potassique. Pour opérer dans de bonnes conditions, il faut que la solution de sélénium ne contienne pas plus de 0,1 gr. de cet élément par 100 centimètres cubes, sinon le sélénium en se précipitant retient de l'iodure potassique.

L'opération se fait à l'ébullition ; on chauffe jusqu'à ce que tout l'iode mis en liberté se soit dégagé. Le sélénium est recueilli sur filtre taré comme dans le cas précédent.

*c*. Récemment, A. Gutbier et E. Rohn, ont proposé de réduire les sélénites par l'acide hypophosphoreux. Il y a lieu d'opérer en solution alcaline, sinon l'acide hypophosphoreux après avoir précipité le sélénium, le transforme en acide sélénhydrique $H^2Se$.

En pratique, on ajoute à la solution un hydrate alcalin, puis l'acide hypophosphoreux.

La quantité d'hydrate doit être suffisante pour que le liquide soit encore alcalin après l'addition de l'acide. On fait ensuite bouillir jusqu'à ce que le sélénium précipité devienne noir et que le liquide se clarifie. Ensuite on filtre dans un creuset de Gooch, on lave à l'eau chaude et on dessèche le sélénium à 105°.

Pour appliquer le procédé à une solution de séléniate, on doit évidemment réduire préalablement l'acide sélénique à l'état d'acide sélénieux par ébullition avec de l'acide chlorhydrique.

*d*. On peut encore obtenir le sélénium à l'état élémentaire en fondant le composé qui le contient avec du cyanure de potassium dans un courant d'hydrogène (voy. caractères, n° 12), épuisant la masse fondue par l'eau, pour dissoudre le séléno-cyanure potassique formé et traitant ensuite à chaud par l'acide chlorhydrique.

La précipitation complète du sélénium exige un temps variable suivant le degré de dilution du liquide. Dans le cas de solutions diluées, elle peut exiger plusieurs jours.

Lorsque le sélénium s'agglomère en se précipitant, il retient aisément des sels ; en pareil cas, on doit le purifier en le dissolvant dans l'acide nitrique. On le précipite ensuite de sa solution par l'acide sulfureux (voy. *a*).

2. En l'absence de métaux précipitables par l'acide sulfhydrique en solution acide, on peut précipiter par ce réactif le sélénium des solutions sélénieuses (exemptes d'acide nitrique) à l'état de $SeS^2$ (voy. caractères, n° 7).

Le précipité est lavé sur filtre taré et pesé après dessiccation à 100°.

Procédés titrimétriques. — Plusieurs méthodes ont été proposées. Nous citerons notamment celle de Gooch et Clemons, applicable aux solutions contenant jusque 0,25 gr. de sélénium, ce qui est plus que suffisant dans la plupart des cas, et celle plus récente de K. Friedrich qui convient surtout pour le titrage de petites quantités, ne dépassant pas quelques centigrammes.

Dans la première de ces méthodes, la solution contenant le sélénium à l'état sélénieux et ne renfermant pas plus de 5 p. 100 de son volume d'acide sulfurique libre, est titrée par une solution 1/10 normale et permanganate potassique, jusqu'à coloration rose persistante. On ajoute un volume mesuré d'acide oxalique titré pour dissoudre le précipité qui s'est formé puis, après avoir chauffé vers 60°, on titre l'excès d'acide oxalique par le permanganate.

Le rapport des solutions de permanganate et d'acide oxalique ayant été déterminé par un essai spécial, il est aisé de calculer le volume du permanganate réellement utilisé pour le dosage.

*Le procédé de Friedrich* repose sur l'action du sélénium sur le nitrate d'argent, action qui est exprimée par l'équation :

$$4AgNO^3 + 3Se + 3H^2O = 2Ag^2Se + H^2SeO^3 + 4HNO^3.$$

On voit qu'il y a un rapport bien déterminé entre le sélénium et le nitrate d'argent. Par conséquent, si l'on traite du sélénium par un volume déterminé de solution titrée de nitrate d'argent et si l'on titre en retour l'excès de nitrate, on pourra, en se basant sur l'équation qui précède, conclure à la quantité de nitrate d'argent consommée et, par suite, à la quantité du sélénium lui-même.

En pratique, on précipite de la solution à analyser le sélénium par un moyen quelconque (voy. p. 266); on recueille le précipité et on le lave, puis, sans le sécher, on l'introduit avec le filtre dans un gobelet de verre; on ajoute 10 centimètres cubes d'ammoniaque et 25 centimètres cubes d'une solution 1/10 normale de nitrate d'argent et on fait bouillir; le séléniure d'argent (noir) se forme; on ajoute encore quelques centimètres cubes de solution argentique; s'il se produit un trouble (sélénite argentique) c'est que les 25 centimètres cubes ajoutés d'abord étaient insuffisants; on verse dans ce cas de nouveau du nitrate d'argent, on ajoute ensuite 10 centimètres cubes d'ammoniaque et l'on fait bouillir pendant cinq à dix minutes, en ajoutant encore de l'ammoniaque s'il est nécessaire.

On refroidit ensuite le liquide et on traite par l'acide nitrique (31,5 gr. $HNO^3$ par litre) jusqu'à redissolution du précipité blanc de sélénite d'argent qui se forme pendant la neutralisation; ensuite, après avoir ajouté 2 à 5 centimètres cubes de solution d'alun de fer, on dose l'excès de nitrate d'argent par une solution titrée de sulfocyanate alcalin, l'alun de fer servant d'indicateur (voy. p. 178). On connaît ainsi le volume de nitrate argentique qui a réagi avec le sélénium.

1 centimètre cube de solution 1/10 normale de nitrate d'argent correspond à 5.914 mgr. de sélénium.

Ce procédé, qui évite la pesée du sélénium sur filtre taré, est surtout applicable lorsqu'on n'a à doser que quelques centigrammes de sélénium, ce qui est, du reste, le plus généralement le cas. Le sélénium s'obtient alors aisément à un grand état de division, condition indispensable pour que la réaction avec le nitrate d'argent se produise quantitativement.

## SÉPARATIONS

La facilité avec laquelle le sélénium est réduit à l'état élémentaire (voy. caractères) permet de séparer ce corps d'un grand nombre de métaux dans la solution desquels les réducteurs ne produisent pas de précipités.

C'est à ce mode de séparation qu'on recourt dans la plupart des cas.

Par fusion avec un mélange de carbonate et de nitrate alcalins, les composés du sélénium sont transformés, comme nous l'avons vu déjà, en séléniate alcalin soluble. Cette réaction peut être utilisée pour séparer le sélénium des métaux qui, dans les mêmes conditions, donnent des oxydes insolubles pouvant être éliminés par filtration après reprise de la masse fondue par l'eau.

Le sélénium est dosé dans la solution aqueuse par l'un ou l'autre des procédés décrits précédemment, après avoir été ramené à l'état sélénieux (voy. p. 265, n° 8).

---

# MÉTALLOIDES

## MÉTALLOIDES MONOVALENTS

### HYDROGÈNE, CHLORE, BROME, IODE, FLUOR (CYANOGÈNE)

### HYDROGÈNE

En analyse, on n'a guère à rechercher et doser l'hydrogène en tant qu'élément que dans les mélanges gazeux (gaz destinés au chauffage industriel, gaz d'éclairage, etc.,) et dans les matières organiques.

L'hydrogène ne peut, comme l'anhydride carbonique, l'oxygène ou l'oxyde de carbone être absorbé par l'un ou l'autre réactif. On le dose dans les mélanges gazeux par les procédés dits « par combustion » et « par explosion ».

Dans les méthodes par combustion, on mélange en proportion déterminée de l'air ou de l'oxygène à un volume mesuré du gaz, puis on provoque la combustion de l'hydrogène à l'aide de palladium ou d'asbeste imprégné de palladium. La contraction observée à la suite de la combustion correspond à une fois et demi le volume de l'hydrogène.

Dans le procédé par explosion, la combustion de l'hydrogène est provoquée par l'étincelle électrique.

Pour doser l'hydrogène dans les matières organiques, on utilise la propriété que possède ce gaz de réduire à chaud certains oxydes, l'oxyde cuivrique, par exemple, en se transformant en eau ; cette eau peut être recueillie et pesée et son poids permet de conclure à la quantité d'hydrogène.

Ces diverses méthodes de recherche et de dosage de l'hydrogène, sont du domaine de l'analyse appliquée et nous nous bornerons ici à ces quelques indications sommaires.

## CHLORURES

### CARACTÈRES

1. *Le nitrate argentique* produit dans les solutions de chlorures neutres ou acidulées (le mieux par l'acide nitrique) un précipité blanc caillebotté de chlorure argentique AgCl.

$$NaCl + AgNO^3 = AgCl + NaNO^3.$$
$$HCl + AgNO^3 = AgCl + HNO^3.$$

Si la solution est très diluée, on n'obtient qu'un louche plus ou moins accentué qui ne s'agrège qu'au bout de nombreuses heures.

La réaction est très sensible et permet de reconnaître les moindres traces d'acide chlorhydrique et de chlorures.

Lorsqu'on opère en solution nitrique, il y a lieu de s'assurer que l'acide nitrique employé ne renferme pas lui-même des traces de chlore, ce qui est fréquemment le cas.

*Caractères du chlorure argentique.* — Ce précipité est pratiquement insoluble dans l'eau et dans l'acide nitrique dilué.

Il se dissout très aisément dans l'ammoniaque; l'addition d'acide nitrique le précipite de nouveau de sa solution.

Il est aussi très soluble dans le cyanure potassique (formation de cyanure double AgCN,KCN, et de chlorure potassique) et dans l'hyposulfite sodique (formation d'un hyposulfite double d'argent et de sodium).

A la lumière, le chlorure argentique devient violet, puis noirâtre, par suite d'une réduction à l'état de chlorure argenteux ou de métal.

Le zinc en présence d'acide sulfurique réduit le chlorure à l'état métallique.

$$2AgCl + Zn = Ag + ZnCl^2.$$

La même décomposition peut être obtenue par voie sèche en chauffant le chlorure argentique dans un courant d'hydrogène.

$$AgCl + H = Ag + HCl.$$

Le chlorure argentique est aisément fusible, sans subir de décomposition.

2. *Le nitrate mercureux* produit un précipité blanc de chlorure mercureux HgCl.

$$HgNO^3 + NaCl = HgCl + NaNO^3.$$

(Voy. p. 193, n° 2).

3. Si l'on traite une solution de chlorure par l'acide sulfurique, ce dernier déplace l'acide chlorhydrique. En évaporant en présence d'acide sulfurique en excès, on peut obtenir la transformation complète des chlorures en sulfates.

$$2KCl + H^2SO^4 = K^2SO^4 + 2HCl.$$

Cette réaction est souvent utilisée lorsqu'on veut éliminer l'acide chlorhydrique d'une solution, par exemple, pour doser le plomb à l'état de sulfate (voy. p. 162).

En pratique, on achèvera l'évaporation à une température suffisante pour assurer un commencement de décomposition de l'acide sulfurique, reconnaissable à un dégagement de vapeurs blanches. On peut être certain dans ces conditions de la transformation complète des chlorures en sulfates.

4. Si l'on évapore une solution de chlorure en présence d'acide nitrique en excès, on peut obtenir la transformation complète des chlorures en nitrates. En pratique, il est recommandable d'ajouter au résidu d'une première évaporation de l'acide nitrique et d'évaporer de nouveau. En effet, les acides nitrique et chlorhydrique se détruisent mutuellement en réagissant l'un avec l'autre (eau régale). Il faut donc que l'acide nitrique soit prédominant, si l'on veut obtenir finalement une solution exclusivement formée de nitrates.

La transformation dont il vient d'être question se fait assez fréquemment par exemple, lorsqu'on a à précipiter une substance insoluble dans l'acide nitrique, mais plus ou moins attaquable par l'acide chlorhydrique. La recherche et le dosage de l'acide phosphorique par précipitation à l'état de phosphomolybdate ammonique sont à citer à ce propos.

5. *Les chlorures insolubles, les oxychlorures* et, d'une manière générale, tous les composés du chlore peuvent être transformés en chlorure alcalin par fusion avec un carbonate alcalin.

$$2AgCl + Na^2CO^3 = 2NaCl + Ag^2 + O + CO^2.$$

On peut aisément rechercher le chlore dans la masse fondue en dissolvant celle-ci dans l'eau, acidulant par l'acide nitrique afin de détruire l'excès de carbonate alcalin et traitant ensuite par le nitrate argentique.

*Dans le cas de présence d'oxychlorures*, il suffit généralement pour obtenir le chlore à l'état de composé soluble, de traiter la matière par l'acide nitrique en présence d'une quantité d'eau suffisante pour empêcher que l'acide chlorhydrique puisse réagir avec l'acide nitrique et se décomposer.

Le chlore peut être ensuite précipité par le nitrate argentique.

Comme exemple d'application de cette manière d'opérer, citons la recherche et le dosage du chlore dans les *crasses et oxydes de zinc* qui contiennent ce métalloïde en partie au moins à l'état d'oxychlorure.

*Observation.* — Certains chlorures, notamment les chlorures alcalins et le chlorure barytique sont insolubles dans l'acide chlorhydrique lorsque celui-ci dépasse un certain degré de concentration. On peut donc obtenir accidentellement un précipité en ajoutant de l'acide chlorhydrique à une solution de ces chlorures. Toutefois, par addition d'eau, ce précipité disparaît aisément.

## DOSAGE

I. Dosage par pesée. — *Par précipitation à l'état de chlorure argentique.* — La solution de chlorure est acidulée par l'acide nitrique, traitée par le nitrate argentique en excès et ensuite chauffée vers 70-80°. En remuant vivement le liquide au moyen d'un agitateur, on arrive à agréger assez rapidement le précipité en gros flocons. Après avoir laissé déposer complètement à l'abri de la lumière afin d'éviter la décomposition du chlorure, on filtre et on achève le dosage d'après les indications données (p. 173).

*Le procédé est d'application à peu près générale.* Il n'est en défaut que dans le cas de présence des chlorures de chrome, de mercure, d'étain, d'antimoine et de platine qui ne réagissent pas nettement avec le nitrate argentique.

Le cas échéant, on peut éliminer le chrome à l'état d'hydrate par l'ammoniaque; les autres métaux seront séparés par l'acide sulfhydrique. Le chlorure peut être ensuite dosé dans le filtrat, après élimination de l'acide sulfhydrique en excès.

Dans le cas de chlorures insolubles, ou d'oxychlorures, on opérera d'après les indications données p. 273 (caractères des chlorures n° 5), de façon à obtenir le chlore à l'état de chlorure soluble sur lequel on pourra faire agir le nitrate argentique.

II. Dosage par titrimétrie. — 1. *Par titrage direct. Principe.*

— Le chlorure est précipité à l'état de chlorure argentique au moyen d'une solution titrée de nitrate argentique.

La solution titrée, dont la concentration dépendra de la quantité de chlorure à doser, peut être préparée par pesée directe de nitrate argentique chimiquement pur.

Comme contrôle, on peut faire agir la solution ainsi préparée sur une solution obtenue en dissolvant dans l'eau un poids déterminé de chlorure sodique chimiquement pur et calciné.

Le titrage peut se faire dans différentes conditions.

a. *La solution est acide.* — Dans ce cas, on laisse couler dans le liquide à analyser la solution de nitrate argentique jusqu'à ce qu'il ne se produise plus de précipité. Grâce à la facilité avec laquelle le précipité de chlorure argentique peut être aggloméré par agitation, on arrive à clarifier suffisamment le liquide pour pouvoir apprécier le moment où il ne se forme plus de précipité.

b. *La solution est neutre.* — On peut, dans ce cas, faire usage d'un indicateur.

Pour neutraliser exactement la solution, on peut, si elle est acide, neutraliser la majeure partie de l'acide libre par un alcali, puis achever la neutralisation à l'aide de carbonate calcique précipité ; un excès éventuel de ce dernier reste en suspension dans le liquide et est sans action sur le nitrate argentique.

Si la solution est alcaline, on la rend légèrement acide par l'acide nitrique, ce qui ramène au cas précédent.

A la solution exactement neutralisée, on ajoute une solution saturée à froid de chromate potassique jusqu'à ce que le liquide soit nettement coloré en jaune. Ensuite on laisse couler d'une burette graduée, en agitant vigoureusement après chaque addition, le nitrate argentique titré. Tant qu'il y a du chlorure, le réactif détermine la formation d'un précipité blanc de chlorure argentique.

Lorsque la précipitation est complète, le nitrate argentique réagit avec le chromate potassique, formant du chromate argentique (voy. p. 169, n° 5) qui communique au liquide une teinte rose. L'apparition de cette teinte marque donc la fin de l'essai.

2. *Par titrage en retour. Principe.* — On précipite le chlorure au moyen d'une solution titrée de nitrate argentique employée en quantité connue et en excès. On détermine ensuite l'excès employé en se servant d'une solution titrée de sulfocyanate alcalin qui précipite l'argent à l'état de AgSCN.

L'on a :

$$NaCl + AgNO^3 \text{ (en excès)} = AgCl + NaNO^3 + AgNO^3 \text{ (en excès)}.$$

Puis :

$$AgNO^3 + KSCN + AgSCN + KNO^3.$$

On emploie comme indicateur l'alun de fer (voy. p. 178). En pratique, on peut introduire la solution à titrer dans un matras jaugé, ajouter un volume mesuré de solution titrée de nitrate argentique plus que suffisant pour précipiter tout le chlore, puis diluer jusqu'au trait de jauge. Après avoir agité vigoureusement pour agréger le chlorure argentique, on filtre sur filtre sec. On mesure un volume déterminé du liquide clair et on y dose le nitrate argentique à l'aide d'une solution titrée de sulfocyanate alcalin, en présence d'alun de fer comme indicateur (voy. pour les détails le dosage de l'argent, p. 178).

Le résultat est évidemment rapporté par le calcul à la totalité de la prise d'essai.

### CHOIX D'UNE MÉTHODE DE DOSAGE.

Dans la plupart des cas, l'on a à faire le dosage du chlore à l'état de chlorure dans des sels industriels bruts et raffinés, tels que chlorures potassique et sodique, soudes, potasses, salpêtre, sulfates de soude et de potasse, etc., ou dans les eaux, c'est-à-dire dans des substances qui renferment le chlore à l'état de chlorure soluble et ne contiennent aucun élément métallique ou métalloïdique s'opposant à son dosage direct par le nitrate argentique. On pourra employer indifféremment, soit le dosage par pesée après précipitation du chlorure argentique en solution nitrique, soit le dosage titrimétrique en solution acide ou mieux en solution exactement neutralisée à l'aide de carbonate calcique.

En présence de phosphate, on devra opérer en solution acide afin d'éviter la formation de phosphate argentique, insoluble dans un liquide neutre.

Si, ce qui est rare, la solution contient à la fois du chlorure et du sulfure, on ajoutera au liquide neutre une solution ammoniacale de nitrate argentique qui précipitera le sulfure argentique seul; grâce à la présence de l'ammoniaque, le chlorure argentique d'abord formé se redissout; il peut être reprécipité par l'action de l'acide nitrique dans le liquide séparé par filtration du sulfure argentique.

Le cas du dosage des chlorures en présence de bromures et d'iodures sera examiné plus loin.

## BROMURES

### CARACTÈRES

1. *Le nitrate argentique* donne avec les solutions neutres ou acides de bromures un précipité *jaunâtre*, caillebotté de bromure argentique.

$$KBr + AgNO^3 = AgBr + KNO^3.$$
$$HBr + AgNO^3 = AgBr + HNO^3.$$

Le précipité est, comme le chlorure d'argent, insoluble dans les acides dilués; il se dissout très aisément dans le cyanure potassique et l'hyposulfite sodique.

L'ammoniaque (qui dissout avec la plus grande facilité le chlorure argentique) *ne le dissout que difficilement.*

Comme le chlorure argentique, le bromure est réductible à chaud par l'hydrogène et à froid par le zinc; il fond aisément sans se décomposer.

Chauffé dans un courant de chlore, il se transforme entièrement en chlorure.

$$AgBr + Cl = AgCl + Br.$$

Cette propriété est, comme la réduction à l'état métallique par l'hydrogène à chaud, importante au point de vue du dosage des bromures.

2. *Le nitrate mercureux* précipite du bromure mercureux, jaunâtre.

$$KBr + HgNO^3 = HgBr + KNO^3.$$

3. Si l'on ajoute de l'eau de chlore en petite quantité à une solution de bromure, le brome est déplacé par le chlore et le liquide se colore en jaune.

$$KBr + Cl = KCl + Br.$$

Par agitation avec de l'éther, du sulfure de carbone ou du chloroforme, le brome est enlevé par ces dissolvants auxquels il communique une teinte plus ou moins brune ou brun rouge.

Si, dans cette réaction, on ajoute du chlore en excès, le brome mis en liberté s'unit au chlore pour former un composé incolore ; on s'expose donc à ne pas reconnaître la présence du brome.

4. *L'acide sulfurique concentré* ajouté à un bromure solide ou en solution concentrée donne lieu à un dégagement d'acide bromhydrique qu'un excès d'acide décompose avec mise en liberté de brome, reconnaissable à sa couleur rouge et à son odeur suffocante.

$$KBr + H^2SO^4 = HBr + KHSO^4.$$
$$2HBr + H^2SO^4 = Br^2 + SO^2 + 2H^2O.$$

5. *L'acide nitrique concentré* décompose aussi les bromures avec mise en liberté de brome.

$$KBr + HNO^3 = HBr + KNO^3.$$
$$6HBr + 2HNO^3 = 3Br^2 + 2NO + 4H^2O.$$

6. Les bromures insolubles et, d'une manière générale, tous les composés du brome fondus avec un carbonate alcalin sont transformés en bromure alcalin soluble.

$$2AgBr + Na^2CO^3 = 2NaBr + Ag^2 + O + CO^2.$$

## DOSAGE

Le dosage du brome dans les bromures se fait, comme celui du chlore dans les chlorures, à l'aide du nitrate argentique, soit par pesée, soit par titrimétrie.

I. Dosage par pesée. — Le procédé s'applique exactement comme s'il s'agissait de doser un chlorure (voy. p. 274). La petite quantité d'argent qui peut être réduite pendant l'incinération du filtre est retransformée en nitrate par l'acide nitrique puis en bromure, à l'aide de quelques gouttes d'acide bromhydrique.

II. Dosage par titrimétrie. — Les procédés décrits pour le dosage titrimétrique des chlorures (voy. p. 275) sont applicables au dosage des bromures.

## SÉPARATIONS

Dans la pratique industrielle, on n'a guère à doser le brome que dans des sels alcalins provenant du traitement de divers sels bruts extraits des gisements salins et des eaux mères de l'extraction du sel de l'eau de mer ou de sources salées.

Dans ces produits, le bromure est associé à des chlorures, parfois à des iodures. Nous examinerons ces derniers cas après avoir exposé les caractères et le dosages des iodures.

*Séparation de chlorure et de bromure.* — On recourt généralement pour cette séparation à une méthode indirecte basée sur l'un ou l'autre des principes suivants :

1. Si l'on ajoute à une solution mixte de chlorure et de bromure du nitrate argentique, on obtient un précipité formé d'un mélange de AgCl et de AgBr.

Soit $p$ le poids de ce précipité après calcination.

Si maintenant on chauffe le précipité dans un courant d'hydrogène, les deux composés sont réduits à l'état métallique.

Soit $p'$ le poids de l'argent métallique obtenu.

On calcule le poids $p''$ de chlorure argentique qui correspondrait à $p'$ et on le soustrait de $p$ représentant la somme de AgCl + AgBr [1].

La différence $p - p'' = p'''$ provient de la substitution du chlore à la quantité équivalente $x$ de brome contenue dans le précipité mixte. Cette différence est évidemment à la quantité de brome réelle $x$, comme la différence entre les poids atomiques du brome et du chlore est au poids atomique du brome. On peut donc écrire :

$$(p - p'') : x = (79{,}36 - 35{,}18) : 79{,}36.$$

D'où

$$x = \frac{(p - p'') \times 79{,}36}{(79{,}36 - 35{,}18)}.$$

Connaissant la quantité de brome, on calcule le poids correspondant de AgBr, puis on soustrait ce dernier du poids $p$ représentant la somme de AgCl + AgBr; on connait ainsi la quantité réelle $y$ de AgCl existant dans $p$. La quantité $z$ de chlore existant dans $y$ est ensuite donnée par la relation :

$$142{,}30 : 35{,}18 = y : z$$

dans laquelle 142,30 est le poids moléculaire du chlorure argentique et 35,18 le poids atomique du chlore.

D'où :

$$z = \frac{35{,}18 \times y}{142{,}30}.$$

2. On peut aussi, connaissant le poids $p$ du précipité mixte

[1] Le poids $p''$ est évidemment toujours inférieur à $p$, puisque l'on combine par le calcul tout l'argent au chlore, alors que, dans le précipité mixte, une partie de l'argent est combinée à du brome, c'est-à-dire à un élément dont le poids atomique est supérieur à celui du chlore.

de $AgCl + AgBr$, calciner le précipité dans un courant de chlore.

Dans ces conditions, le bromure argentique est transformé en chlorure. Le poids $p'$ obtenu après l'opération est inférieur à $p$ puisque le brome a été remplacé par du chlore dont le poids atomique est inférieur à celui du brome.

La différence $p - p' = p''$ permet de calculer aisément la quantité $a$ de bromure argentique contenue dans $p$. En effet, cette dernière ($a$) est à $p''$, comme le poids moléculaire du bromure argentique 186,48 est à la différence entre les poids atomiques du brome et du chlore, soit 44,18.

On a donc

$$a : p'' = 186{,}48 : 44{,}18.$$

D'où :

$$a = \frac{p'' \times 186{,}48}{44{,}18}$$

Connaissant le poids du bromure argentique, on calcule la quantité $x$ correspondante de brome à l'aide de la proportion

$$186{,}48 : 79{,}36 = a : x.$$

En soustrayant du poids $p$ du précipité mixte le poids $a$ de bromure argentique, on a le poids de chlorure argentique et, par suite, le poids du chlore existant dans le précipité.

*Remarque.* — La méthode indirecte ne donne de résultats satisfaisants que si la proportion de brome dans le précipité mixte $AgCl + AgBr$ est assez importante. En dessous d'une certaine limite, on est exposé, par la nature même du procédé, à commettre aisément une erreur. Comme, en pratique, le chlorure prédomine souvent de beaucoup sur le bromure dans les substances à analyser, il y a parfois avantage à enrichir le précipité en bromure. On peut y arriver en se basant sur le fait suivant. Si à une solution mixte de chlorure et de bromure, on ajoute du nitrate argentique en quantité insuffisante, on obtient un précipité contenant tout le brome et une partie seulement du chlore. La quantité de réactif à employer dépend évidemment des proportions relatives de chlorure et de bromure.

Dans le précipité obtenu, riche en brome, on détermine le brome par la méthode indirecte décrite précédemment.

On prélève ensuite une seconde prise d'essai de la matière à analyser et on dose la totalité du chlore et du brome en traitant par le nitrate argentique en excès et pesant le précipité mixte obtenu. On peut, à l'aide du poids de brome trouvé dans la prémière opération, calculer aisément la quantité de bromure argentique existant dans le précipité mixte et, par suite, obtenir par différence le poids du chlorure et, par conséquent, celui du chlore.

## IODURES

### CARACTÈRES

1. *Le nitrate argentique* produit dans les solutions neutres ou acides des iodures un précipité *jaune* d'iodure argentique.

$$NaI + AgNO^3 = AgI + NaNO^3.$$

L'iodure argentique est insoluble dans l'ammoniaque (Comp. p. 167, n° 1). Sous l'action de ce réactif, il passe à l'état d'iodure argentique ammoniacal.

Il est, comme le chlorure et le bromure argentique, soluble dans le cyanure potassique et dans l'hyposulfite sodique. Il est aussi réduit par le zinc à l'état métallique.

Chauffé dans un courant de chlore il est, de même que le bromure, transformé en chlorure AgCl. (Propriété importante au point de vue du dosage des iodures.)

A la différence du chlorure AgCl et du bromure AgBr, *il n'est pas réduit* lorsqu'on le chauffe dans un courant d'hydrogène.

2. *L'eau de chlore* décompose les iodures avec mise en liberté d'iode.

$$KI + Cl = KCl + I.$$

Si l'on ajoute au liquide de l'empois d'amidon, celui-ci se colore en bleu : si l'on agite avec du chloroforme ou du sulfure de carbone, l'iode se dissout dans ces dissolvants qui prennent une teinte rose violacé.

Dans cette réaction, le chlore doit être ajouté avec précaution ; en effet, dès que tout l'iode est mis en liberté, le chlore ne rencontrant plus d'iodure à décomposer, réagit avec l'iode libre qu'il transforme en tri ou pentachlorure d'iode, lesquels au contact de l'eau passent à l'état d'acide iodique (incolore.)

$$\underbrace{I + Cl^5}_{ICl^5} + 3H^2O = HIO^3 + 5HCl.$$

*Observation.* — Il a été dit p. 277, n° 3 que l'eau de chlore décompose aussi les bromures. Si l'on ajoute à un mélange de bromure et d'iodure de l'eau de chlore, l'iodure est décomposé en premier lieu. Cette façon d'agir de l'eau de chlore est utilisée pour la recherche d'iodure et de bromure dans un mélange (voy. p. 287).

3. *L'acide nitreux produit par l'action de l'acide sulfurique* dilué sur un nitrite alcalin, décompose l'acide iodhydrique (solution d'iodure acidulée d'acide sulfurique), avec mise en liberté d'iode.

En pratique on ajoute à une solution d'iodure acidulée d'acide sulfurique dilué, du nitrite sodique ou potassique.

$$HNO^2 + HI = I + NO + H^2O.$$

L'iode dégagé peut être dissous dans le chloroforme ou le sulfure de carbone, comme en 2.

Cette réaction est importante parce qu'elle permet de caractériser les iodures en présence de chlorure et de bromure, ces derniers sels n'étant pas décomposés par l'acide nitreux.

4. *Le sulfate thalleux* précipite de l'iodure thalleux jaune à peu près insoluble dans l'eau.

$$2KI + Tl^2SO^4 = 2TlI + K^2SO^4.$$

A rapprocher du fait que le bromure et surtout le chlorure thalleux sont plus aisément solubles que l'iodure.

La réaction est utilisée pour le dosage des iodures.

5. *Le chlorure et le nitrate palladeux* précipitent de l'iodure palladeux, brun noir, insoluble dans l'eau et dans les acides dilués.

$$2KI + PdCl^2 = PdI^2 + 2KCl.$$

Cette réaction est utilisée pour le dosage des iodures et dans certains cas de séparation. En effet, le chlorure palladeux ne donne de précipité ni avec les chlorures, ni avec les bromures. Le nitrate palladeux ne précipite pas les chlorures, mais donne avec les bromures un précipité brun de bromure $PdBr^2$.

En somme, on voit d'après cela qu'il est possible de séparer à l'aide du *chlorure palladeux* les iodures des chlorures et des bromures.

6. *Les sels plombiques* précipitent de l'iodure plombique $PbI^2$ jaune cristallin, légèrement soluble dans l'eau.

$$2KI + Pb(NO^3)^2 = PbI^2 + 2KNO^3.$$

7. *L'acide sulfurique concentré* décompose les iodures ;

l'acide iodhydrique d'abord formé est décomposé avec mise en liberté d'iode.

$$H^2SO^4 + 2HI = I^2 + SO^2 + 2H^2O.$$

8. *Fondus avec du dichromate potassique,* les iodures sont décomposés avec dégagement d'iode.

$$6KI + 5K^2Cr^2O^7 = Cr^2O^3 + 8K^2CrO^4 + 6I.$$

A rapprocher du fait que dans les mêmes conditions les chlorures et bromures ne sont pas décomposés.

Cette réaction peut donc servir pour séparer les iodures des chlorures et bromures.

9. *Par fusion avec un carbonate alcalin,* les iodures insolubles sont transformés en iodure alcalin.

## DOSAGE

I. Dosage par pesée. — 1. *Par précipitation à l'état d'iodure argentique.*—La solution est additionnée de nitrate argentique en excès, puis acidulée par l'acide nitrique et chauffée. Le précipité d'iodure argentique est recueilli sur un filtre, lavé à l'eau chaude et séché. On le sépare ensuite du filtre, on incinère ce dernier, puis on réunit le précipité aux cendres du filtre, on chauffe jusqu'à fusion et on pèse après refroidissement.

*Les méthodes suivantes* sont surtout employées dans les cas de séparation.

2. *Par précipitation à l'état d'iodure palladeux.* — La solution acidulée par l'acide chlorhydrique est additionnée de chlorure palladeux en excès (voy. p. 282, n° 5). Le précipité d'iodure $PdI^2$ est, au bout d'un jour, recueilli sur filtre taré, lavé à l'eau chaude et pesé après dessiccation à 100°.

3. *Par précipitation à l'état d'iodure thalleux.* — On précipite la solution neutre d'iodure par du nitrate thalleux ajouté en très léger excès.

Le précipité est, comme dans le cas précédent, recueilli sur filtre taré et pesé après dessiccation à 100°.

On aura soin d'employer le moins d'eau possible pour le lavage du précipité, celui-ci étant légèrement soluble.

II. Dosage par titrimétrie. — Les procédés décrits pour le dosage titrimétrique des chlorures sont applicables aux iodures.

Il convient cependant de remarquer au sujet de la méthode basée sur l'emploi de nitrate argentique en excès avec titrage en retour par un sulfocyanate alcalin que, dans le cas des iodures, l'iodure argentique formé entraîne facilement de l'iodure existant dans la solution ou du nitrate argentique.

L'iodure et le nitrate ainsi englobés ne réagissent que très lentement, respectivement avec le nitrate argentique et avec le sulfocyanate servant au titrage en retour. V. Miller et Kiliani recommandent d'opérer de la manière suivante. La prise d'essai est introduite dans un flacon avec bouchon à l'émeri ; on la dissout dans 200 à 300 fois son poids d'eau, puis on y laisse couler d'une burette graduée la solution argentique titrée jusqu'à ce que, après agitation, le liquide, d'abord laiteux, se clarifie complètement. L'iode est alors complètement précipité. On ajoute encore 0,2 cm$^3$ de la solution argentique puis on agite vigoureusement pendant plusieurs minutes afin de transformer en iodure argentique, la petite quantité d'iodure (à doser) entraînée par le précipité. On ajoute l'alun de fer destiné à servir d'indicateur, puis un peu d'acide nitrique et on titre en retour au moyen du sulfocyanate jusqu'à ce que le liquide devienne rouge. Arrivé à ce point, on agite de nouveau vigoureusement pendant plusieurs minutes pour assurer la transformation en sulfocyanate de la petite quantité de nitrate argentique que le précipité d'iodure a entraînée. Comme conséquence de cette réaction, le liquide s'est décoloré. On y laisse alors couler goutte à goutte du sulfocyanate, en agitant après chaque addition, jusqu'à ce que la solution prenne une faible teinte brunâtre persistant après agitation.

Divers procédés de dosage des iodures sont basés sur la mise en liberté d'iode par l'action d'un sel ferrique, de l'acide nitreux, de l'arséniate potassique, etc. L'iode dégagé est ensuite titré, par exemple, par l'hyposulfite sodique.

Dans la méthode qui repose sur l'emploi de l'arséniate potassique, on opère de la manière suivante : la solution d'iodure est introduite dans un ballon distillatoire relié à un condenseur contenant une solution d'iodure potassique. Après avoir ajouté de l'acide sulfurique (dilué de son volume d'eau) et de l'arséniate potassique, on fait passer dans le ballon un courant d'anhydride carbonique, puis on chauffe à l'ébullition. L'iode est mis en liberté d'après l'équation :

$$4KH^2AsO^4 + 8KI + 12H^2SO^4 = As^4O^6 + 4I^2 + 12KHSO^4 + 10H^2O.$$

On distille jusqu'à ce que tout l'iode se soit volatilisé et soit passé dans le condenseur chargé d'iodure potassique dans lequel il est retenu. On le dose ensuite à l'aide d'une solution titrée d'hyposulfite sodique (voy. p. 125).

## SÉPARATIONS

*Bromure et iodure.* — 1. On prélève deux prises d'essai de la solution.

Dans l'une, on précipite l'iode à l'état d'iodure palladeux $PdI^2$ à l'aide du chlorure palladeux (et non du nitrate qui donnerait un précipité de bromure palladeux, voy. p. 282, n° 5).

Dans la seconde prise, on précipite le brome et l'iode par le nitrate argentique et on pèse le précipité mixte $mAgBr + nAgI$ obtenu.

La teneur en iode étant connue par le premier dosage, on peut aisément calculer la quantité de brome.

2. Dans une première prise d'essai on décompose l'iodure par l'acide nitreux ; on enlève l'iode dégagé au moyen du sulfure de carbone et on le dose par l'hyposulfite sodique (voy. p. 125).

Dans une autre portion du liquide, on dose en bloc bromure et iodure à l'aide du nitrate argentique. On peut ainsi, par le calcul, connaître la teneur en brome.

3. Si l'on a affaire à des bromures et iodures alcalins, on peut précipiter l'iodure par le nitrate thalleux à l'état d'iodure thalleux TlI. Le réactif doit être ajouté petit à petit en même temps qu'on agite le liquide jusqu'à ce que l'iodure thalleux (jaune) étant complètement précipité, il se forme un précipité blanc de bromure thalleux. On ajoute un peu d'eau pour dissoudre ce dernier et l'on recueille et dose l'iodure thalleux d'après les indications données p. 283, n° 3.

Dans le filtrat, on précipite le bromure à l'état de bromure argentique par le nitrate d'argent.

*Chlorure et iodure.* — Les chlorures n'étant pas précipités par les sels palladeux ou thalleux et n'étant pas non plus décomposés par l'acide nitreux, on peut appliquer à la séparation de ces sels et des iodures les procédés qui viennent d'être décrits pour la séparation des bromures et des iodures.

On peut aussi faire usage du procédé indirect basé sur la précipitation du chlorure et de l'iodure à l'état de sels argentiques AgCl,AgI, et sur la transformation de tout le précipité en chlorure argentique par l'action d'un courant de chlore. La perte de poids *a* observée à la suite de cette opération est le résultat de la substitution du chlore (poids atomique 35,18) à l'iode (poids atomique 125,90).

Elle permet de calculer la quantité d'iodure argentique existant dans le précipité et, par suite, la quantité d'iode et de chlore. En effet, le poids d'iodure argentique $x$ est à la perte de poids $a$ comme le poids moléculaire de l'iodure argentique est à la différence des poids atomiques de l'iode et du chlore, soit 125,90 — 35,18 = 90,72. On a donc :

$$x : a = 233,02 : 90,72.$$

$$x = \frac{a \times 233,02}{90,72}.$$

La méthode n'est, en somme, que la répétition de celle qui a été exposée p. 279 pour la séparation des bromures et des chlorures. L'observation faite à ce sujet est aussi en situation ici. Le dosage de l'iodure en présence de chlorure par le procédé indirect n'est exact que si la quantité d'iode n'est pas trop faible relativement à la quantité de chlore en présence. Le cas échéant, on pourra enrichir la matière en iodure, en opérant par précipitation partielle (voy. p. 280. Remarque).

*Séparation de chlorure, bromure et iodure.* — Cette séparation peut s'effectuer de diverses manières en combinant les méthodes exposées jusqu'ici pour les séparations chlorure-bromure; bromure-iodure; chlorure-iodure.

Nous nous bornerons à indiquer les principes de quelques procédés, renvoyant pour les détails aux pages précédentes.

1. *On dose l'iode à l'état d'iodure thalleux* (voy. p. 283, n° 3). Dans le filtrat, on précipite à la fois chlore et brome par le nitrate argentique et on détermine ces deux éléments par la méthode indirecte décrite p. 279.

2. *On détruit l'iodure par l'acide nitreux* (voy. p. 282, n° 3). On enlève l'iode par le sulfure de carbone et on le dose par l'hyposulfite sodique. Dans la solution séparée de la solution d'iode dans le sulfure de carbone on dose le chlore et le brome par la méthode indirecte à l'aide du nitrate argentique. (Voy. p. 279.)

3. *On opère sur deux prises d'essai.* — Dans la première on précipite à la fois chlorure, bromure et iodure par le nitrate argentique et on pèse le précipité formé de xAgCl, yAgBr, zAgI. Soit P son poids.

Dans la seconde prise d'essai, on précipite et dose l'iode à l'état d'iodure palladeux (voy. p. 283, n° 2). Dans le filtrat, on précipite le palladium en excès à l'état de sulfure par l'acide sulfhydrique; comme on doit ajouter dans la suite de l'analyse du nitrate argentique pour précipiter le chlore et le brome, il y a lieu d'éliminer l'excès d'acide sulfhydrique qui formerait du sulfure argentique avec le nitrate. Pour cela, on ajoute du sulfate ferrique qui est réduit par l'acide sulfhydrique avec précipitation de soufre. On filtre pour enlever ce dernier, puis on précipite chlorure et bromure par le nitrate argentique et on dose le brome par la méthode indirecte (voy. p. 279). Connaissant le poids d'iode et de brome, on calcule les quantités correspondantes de AgI et AgBr. En soustrayant ces dernières du poids P, on a le poids de AgCl et, par suite, celui du chlore.

### RECHERCHE DE CHLORURE, BROMURE ET IODURE DANS UNE SOLUTION

On opère sur trois prises d'essai, l'une servant à la recherche du chlorure, une seconde à la recherche de l'iodure, la troisième à la recherche du bromure après destruction totale ou partielle de l'iodure.

*Pour rechercher le chlorure*, L. L. De Koninck précipite la solution acidulée d'acide nitrique, par le nitrate argentique. Le précipité qui peut renfermer AgCl, AgBr, AgI, est recueilli sur un filtre et lavé jusqu'à élimination complète de l'excès de nitrate argentique. On le met ensuite en digestion pendant quelques minutes dans un faible volume de solution de sesquicarbonate ammonique qui dissout le chlorure argentique; on filtre et on ajoute au filtrat une goutte de solution de bromure potassique qui transforme le chlorure argentique en bromure argentique qui se précipite et sert, par conséquent, à déceler la présence du chlorure. En fait, on ne conclura à l'existence de chlorure que si l'on obtient un véritable précipité, l'addition de bromure dans le liquide ammoniacal produisant généralement un louche, même en l'absence de chlorure.

*Dans la seconde prise d'essai*, on commence par rechercher l'iodure en traitant la solution par l'acide sulfurique dilué et un peu de nitrite alcalin, de manière à produire de l'acide nitreux qui décompose l'iodure avec mise en liberté d'iode (voy. p. 282, n° 3). On enlève ensuite l'iode par agitation avec du chloroforme.

Pour la suite de l'analyse, il y a deux cas à distinguer.

I. *L'iodure est en faible quantité.* — Dans ce cas, on ajoute à la solution placée dans une éprouvette un peu de chloroforme, puis, *petit à petit*, de l'eau de chlore, on agitant après chaque addition. L'iode libéré par le chlore (voy. p. 281, n° 2) se dissout d'abord dans le chloroforme qu'il colore en rose violacé. Si l'on continue à ajouter de l'eau de chlore, l'iode est transformé en chlorure d'iode et le chloroforme se décolore.

Ensuite, le chlore agit sur le bromure et le décompose avec

mise en liberté de brome qui se dissout à son tour dans le chloroforme en le colorant en jaune ou en brun.

2. *L'iodure est en forte proportion.* En pareil cas, afin d'éviter l'emploi de quantités trop considérables d'eau de chlore, on se débarrasse de la presque totalité de l'iodure en le précipitant à l'état d'iodure plombique $PbI^2$ jaune, à l'aide de nitrate plombique ajouté petit à petit. Le filtrat qui contient à côté du bromure un peu d'iodure ($PbI^2$ n'étant pas complètement insoluble) est traité par l'eau de chlore comme dans le premier cas.

## FLUORURES

### CARACTÈRES

1. *L'acide sulfurique concentré* décompose les fluorures avec mise en liberté d'acide fluorhydrique.

$$CaFl^2 + H^2SO^4 = 2HFl + CaSO^4.$$

En pratique, on peut, pour rechercher le fluor dans une substance quelconque à l'aide de cette réaction, opérer de la manière suivante. On introduit la matière à analyser avec de l'acide sulfurique concentré dans un creuset de platine sur lequel on applique un verre de montre enduit d'une couche de cire dans laquelle on a tracé des traits à l'aide d'une pointe métallique. On chauffe vers 50-60° le fond du creuset de manière à provoquer l'action de l'acide sur le fluorure et on laisse agir pendant un certain temps sur le verre les vapeurs qui se dégagent. On retire ensuite le verre de montre et on le débarrasse de la cire. S'il s'est dégagé de l'acide fluorhydrique, les endroits où la cire a été enlevée avant le commencement de l'expérience apparaissent plus ou moins mats, par suite de l'action corrosive de l'acide.

En pratique, les matières dans lesquelles on a à rechercher le fluor sont souvent plus ou moins riches en silice et, en même temps, pauvres en fluor.

Dans ce cas, on peut ne pas observer de dégagement d'acide fluorhydrique, parce que l'acide provenant de la décomposition du fluorure réagit avec la silice pour donner du fluorure de silicium qui n'attaque pas le verre.

$$SiO^2 + 4HFl = SiFl^4 + 2H^2O.$$

Le cas échéant, on pourra faire, en se basant sur les considérations précédentes, un contrôle en opérant de la manière suivante. La matière analysée est finement pulvérisée et mélangée intimement avec la moitié de son poids de quartz en poudre. Le tout est introduit dans un petit matras fermé par un bouchon à trois trous (fig. 28).

Dans l'un de ces trous est engagé un entonnoir à robinet; dans le second est fixé un tube par lequel on peut faire arriver

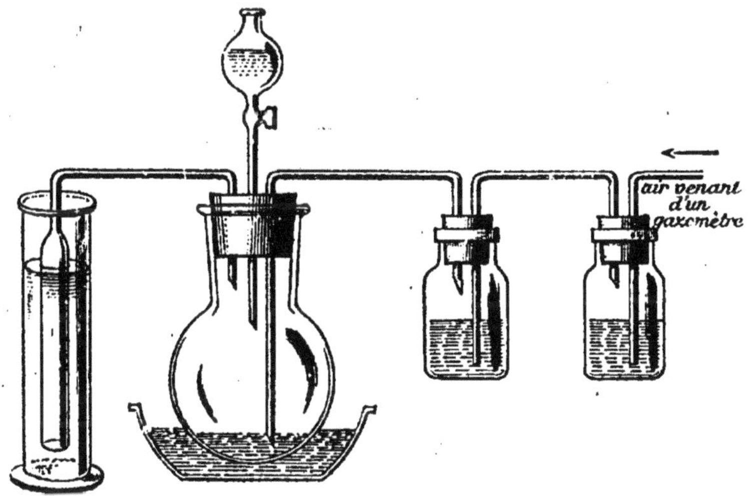


Fig. 28.

un courant d'air desséché par son passage à travers des flacons laveurs chargés d'acide sulfurique concentré; enfin le bouchon porte encore un tube de dégagement à double courbure soudé à un tube plus large (de 15 millimètres environ de diamètre), plongeant dans une éprouvette haute et assez étroite contenant environ 50 centimètres cubes d'eau. On fait arriver dans le matras par l'entonnoir à robinet de l'acide sulfurique concentré et, au moyen d'un bain d'huile, on chauffe vers 160-170°. En cas de présence de fluorure, il se dégage du fluorure de silicium qui, au contact de l'eau, est décomposé avec formation d'acide fluosilicique et d'acide silicique.

$$3SiFl^4 + 4H^2O = 2H^2SiFl^6 + Si(OH)^4.$$

Suivant les quantités de fluorure existant dans la matière, on obtient, soit un léger enduit de silice, soit un véritable précipité gélatineux [1].

[1] C'est pour éviter une obstruction éventuelle du tube de dégagement par ce précipité de silice qu'on fait usage d'un tube de fort diamètre.

Souvent, lorsque la proportion de fluorure est faible, la formation du précipité de silice ne se manifeste que quinze ou vingt minutes après le commencement de l'opération.

Pour terminer, on fait passer dans le matras un courant d'air sec, afin d'amener en contact avec l'eau les dernières traces de fluorure de silicium.

La méthode, qui permet d'opérer sur des prises d'essai aussi considérables qu'il est nécessaire, donne des résultats très concluants, même lorsque les quantités de fluorure à rechercher sont minimes.

On peut encore, comme complément de l'essai, séparer la silice par filtration, ajouter au liquide clair contenant l'acide fluosilicique un peu de chlorure potassique, puis le diluer de son volume d'alcool. On forme ainsi un précipité opalescent de fluosilicate potassique que l'alcool rend complètement insoluble.

$$2KCl + H^2SiFl^6 = K^2SiFl^6 + 2HCl.$$

2. *Le chlorure calcique* forme dans les solutions neutres des fluorures, un précipité blanc, gélatineux de fluorure calcique.

$$2KFl + CaCl^2 = CaFl^2 + 2KCl.$$

Le précipité est à peu près insoluble dans l'eau ; il se dissout très difficilement dans l'acide acétique, moins difficilement dans les acides minéraux et dans les sels ammoniques.

3. Les fluorures insolubles fondus avec un mélange de silice et de carbonate alcalin sont transformés en fluorure alcalin, soluble dans l'eau.

4 *Recherche de petites quantités de fluor basée sur la faible solubilité et sur la forme cristalline des fluosilicates alcalins* (H. Noaillon). — La substance mélangée de silice est introduite dans un petit creuset et additionnée d'acide sulfurique ; on couvre le creuset d'une lame de verre à la face interne de laquelle on fait adhérer une goutte de solution de carbonate potassique ou sodique, puis on chauffe modérément. En présence de fluor il se forme du fluorure de silicium qui se dégage et vient former avec le carbonate alcalin du fluosilicate. La goutte de liquide devient opalescente. A ce moment, on cesse de chauffer, on retire la plaque et, à l'aide de quelques gouttes d'eau froide, on enlève le carbonate alcalin en excès ; le résidu de fluosilicate est dissous dans une goutte d'eau chaude ; ensuite on évapore et on observe le résidu de l'évaporation au microscope. Le fluosilicate se présente sous forme de beaux cristaux prismatiques ou octaédriques, suivant qu'il s'agit du sel sodique ou du sel potassique.

## DOSAGE

En dehors de la fluorine ($CaFl^2$) et de la cryolithe ($Al^2Fl^6,6NaFl$), les fluorures se rencontrent souvent en quantité plus ou moins notables associés à certaines espèces minérales parmi lesquelles il en est de très importantes par leurs usages industriels. Je citerai entre autres les phosphates de chaux, la blende et la calamine.

La méthode de dosage à employer dépend de la nature de la matière.

1. *Par précipitation à l'état de fluorure calcique.* — Ce procédé est applicable à l'analyse des fluorures solubles et de l'acide fluorhydrique.

La solution alcalinisée par le carbonate sodique est additionnée de chlorure calcique et chauffée à l'ébullition pendant quelque temps. Il se forme un précipité de fluorure calcique mélangé de carbonate calcique. Ce précipité est recueilli sur un filtre, lavé à l'eau et calciné à basse température après dessiccation.

On le traite ensuite par l'acide acétique qui dissout le carbonate calcique. Après avoir évaporé pour éliminer l'excès d'acide acétique, on reprend le résidu par l'eau.

Le fluorure calcique est ensuite recueilli sur un filtre, lavé à l'eau et pesé après calcination.

*Observation.* — La calcination du précipité mixte de $CaFl^2 + CaCO^3$, préalablement au traitement par l'acide acétique est nécessaire. Si l'on opérait autrement on obtiendrait difficilement un filtrat limpide lors de la filtration finale du fluorure calcique.

2. *Par transformation du fluor en fluorure de silicium.* — Cette méthode, la plus employée dans la pratique, notamment pour le dosage du fluor dans les phosphates, dans les minerais de zinc, etc., peut être appliquée sous deux formes différentes.

On peut : *a.* Transformer le fluorure de silicium en acide silicique et en acide fluosilicique et doser ce dernier à l'état de fluosilicate potassique.

*b.* Recueillir et peser le fluorure de silicium dégagé.

Nous examinerons successivement les deux manières d'opérer.

*a. Transformation du fluorure de silicium en fluosilicate potassique.* — L'appareil nécessaire à l'exécution de la méthode est le même que celui qui a été décrit à propos de la recherche du fluor (voy. p. 289).

La substance analysée, très finement pulvérisée, est mélangée avec du quartz réduit en poudre impalpable. La proportion de quartz nécessaire est évidemment variable avec la teneur en fluorure. Un poids égal à la moitié du poids de la prise d'essai est en général suffisant.

Le mélange est traité par 50 à 60 centimètres cubes d'acide sulfurique aussi concentré que possible. On chauffe au bain d'huile et l'on élève progressivement la température à 160-170°. L'opération dure de deux à trois heures ; pendant sa durée, on agite à plusieurs reprises le contenu du matras afin de favoriser l'attaque de la matière. On fait aussi passer dans l'appareil un courant lent d'air sec.

Le fluorure de silicium qui se dégage est dirigé dans une éprouvette haute et étroite contenant 50 centimètres cubes d'eau. Au contact de l'eau, il se décompose en acide fluosilicique et en acide silicique.

Lorsque l'opération est terminée, on laisse refroidir en continuant à faire passer de l'air dans l'appareil pour entraîner les dernières traces de fluorure de silicium ; ensuite on filtre le contenu de l'éprouvette pour séparer la silice gélatineuse, on lave avec le moins d'eau possible, puis on ajoute du chlorure potassique en quantité suffisante pour transformer l'acide fluosilicique en fluosilicate. (En général 6 à 8 décigrammes de KCl suffisent.) On ajoute enfin au liquide son volume d'alcool afin d'insolubiliser le fluosilicate ; on laisse reposer du jour au lendemain, puis le précipité est recueilli sur un filtre (qu'on a préalablement équilibré à l'aide d'un filtre de même poids), lavé avec un mélange à parties égales d'eau et d'alcool et desséché à 100° jusqu'à poids constant. Du poids du précipité, on conclut à la quantité de fluor.

L'opération, telle qu'elle vient d'être décrite, suppose la transformation intégrale du fluor en fluorure de silicium. En fait, dans la plupart des cas, une très faible quantité de fluor se dégage à l'état d'acide fluorhydrique et se retrouve, par conséquent, dans le filtrat du fluosilicate. Pour la doser, on neutralise par un hydrate alcalin le filtrat acide du fluosilicate, puis on concentre dans une capsule de platine jusqu'au volume de 100 centimètres cubes environ. On traite ensuite par du chlorure calcique qui précipite à l'état de fluorure calcique le fluor contenu dans le liquide, et précipite en même temps à l'état de carbonate calcique le peu de carbonate alcalin qui s'est formé pendant l'évaporation, aux dépens du léger excès d'hydrate ajouté pour neutraliser le liquide.

Le précipité est recueilli, lavé, calciné très modérément, puis traité par l'acide acétique; ce dissolvant laisse un résidu non dissous; après évaporation à siccité, on reprend par l'eau et on filtre pour séparer le résidu insoluble formé de fluorure calcique qui est calciné et pesé; le poids du fluor correspondant est ajouté à celui qu'on a obtenu à l'état de fluosilicate potassique.

*Remarque.* — Pour des essais courants, le dosage du fluor dans le filtrat du fluosilicate peut être négligé sans grande erreur. Il ne modifie guère que de quelques centièmes pour

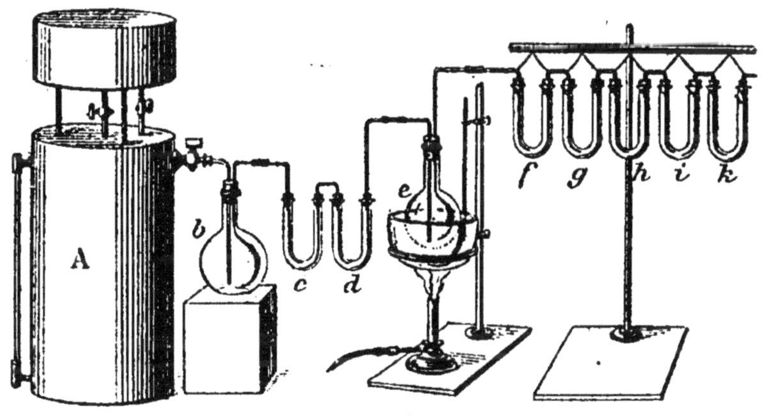


Fig. 29. [1]

cent le résultat obtenu dans la première phase de l'opération.

Le procédé tel qu'il vient d'être décrit permet de doser commodément et exactement le fluor dans les substances sulfurées, et particulièrement dans les blendes (E. Prost et F. Balthazar).

b. *Pesée directe du fluorure de silicium (méthode Fresenius modifiée).* — Cette méthode repose sur la transformation du fluor en fluorure de silicium par l'action de l'acide sulfurique concentré et du quartz en poudre; le fluorure de silicium formé est recueilli dans des tubes d'absorption tarés, contenant de l'eau au contact de laquelle il se décompose en acide fluosilicique et en acide silicique.

La substance analysée doit être exempte de carbonate, parce que l'anhydride carbonique provenant de la décomposition des carbonates serait absorbé en même temps que le fluorure silicique. Le cas échéant, on élimine le carbonate en traitant la

[1] D'après v. Miller et H. Kiliani.

prise d'essai de la matière par l'acide acétique dilué; on évapore ensuite à siccité, puis on reprend le résidu par l'eau et après avoir séparé et séché le résidu insoluble on le soumet à l'analyse.

L'appareil à employer (fig. 29) se compose des parties suivantes :

A. Gazomètre rempli d'air.

*b*. Flacon laveur, contenant de l'acide sulfurique concentré.

*c*. Tube en U chargé de chaux sodée.

*d*. Tube en U chargé de fragments de verre imprégnés d'acide sulfurique concentré.

*e*. Matras destiné à contenir le mélange de la matière analysée avec du quartz en poudre très fine et de l'acide sulfurique concentré. Le matras est disposé dans un bain d'huile dans lequel plonge un thermomètre.

*f*. Tube en U vide.

*g*. Tube en U chargé de laine de verre. Si la substance analysée contient des chlorures, on substitue à la laine de verre un mélange de pierre ponce imprégnée de sulfate de cuivre anhydre [1] et de chlorure calcique. Cette modification est nécessaire pour assurer l'absorption de l'acide chlorhydrique provenant de la décomposition des chlorures.

*h*. i. Tubes *tarés* destinés à absorber le fluorure de silicium. *h* est chargé de pierre ponce imbibée d'eau : *i* contient, dans la branche gauche, de la chaux sodée, dans l'autre branche, du chlorure calcique.

*k*. Tube non taré chargé de chaux sodée et de chlorure calcique et destiné à éviter, en cas d'absorption, toute rentrée d'humidité ou d'anhydride carbonique dans les tubes d'absorption.

La prise d'essai très finement pulvérisée est mélangée avec du quartz réduit en poudre impalpable en quantité telle, qu'il y ait environ 15 parties de quartz pour une partie de fluorure [2]. Le mélange est introduit dans le matras *e*; on ajoute 50 centimètres cubes d'acide sulfurique aussi concentré que possible et l'on chauffe au bain d'huile de façon à amener progressivement le contenu du matras à la température de 160° environ. En même

[1] On prépare ce réactif en versant sur des fragments de pierre ponce une solution concentrée de sulfate de cuivre contenant une quantité de sulfate égale à environ la moitié du poids de pierre ponce. Après avoir évaporé à siccité, on dessèche pendant plusieurs heures le résidu à la température de 160°.

[2] En pratique, la prise d'essai doit être suffisante pour qu'il se dégage au moins 0,1 gr. de fluorure de silicium.

temps, on fait passer lentement à travers l'appareil un courant lent d'air sec et pur. L'opération est continuée dans ces conditions jusqu'à ce qu'on n'observe plus de dégagement gazeux. Pendant sa durée, on agite à diverses reprises le contenu du matras, pour faciliter l'attaque de la substance.

Lorsqu'on estime que la décomposition est complète, on cesse de chauffer, on interrompt le courant d'air et on détache les tubes d'absorption que l'on pèse. L'augmentation de poids correspond au fluorure de silicium absorbé.

Afin de s'assurer que l'opération est bien terminée, on remet ensuite les tubes en place et on chauffe de nouveau pendant un certain temps dans les mêmes conditions que précédemment. Une nouvelle pesée des tubes permet de constater s'il y a eu encore absorption de fluorure de silicium.

F. Bullnheimer a modifié la méthode de Fresenius pour l'appliquer au dosage du fluor dans les substances sulfurées, notamment dans les blendes. Il emploie, dans ce but, pour l'attaque de la substance un mélange d'acide sulfurique et d'acide chromique. L'acide chromique oxyde le soufre et l'empêche de se dégager à l'état d'acide sulfurique et d'anhydride sulfureux.

## CYANURES

### CARACTÈRES

1. A l'exception des cyanures alcalins et alcalino-terreux, la plupart des cyanures sont insolubles dans l'eau.

Les cyanures de mercure et d'or sont solubles.

Les cyanures alcalins et alcalino-terreux sont décomposés par les acides, même par l'acide carbonique avec dégagement d'acide cyanhydrique.

$$KCN + HCl = KCl + HCN.$$

2. *Le nitrate argentique* produit un précipité blanc, caillebotté de cyanure argentique, soluble dans un excès de réactif avec formation de cyanure double[1].

$$KCN + AgNO^3 = AgCN + KNO^3.$$
$$AgCN + KCN = AgCN\ KCN.$$

Le cyanure argentique est insoluble dans l'acide nitrique

[1] Le cyanure mercurique ne forme pas de précipité.

dilué ; par conséquent, l'addition d'acide nitrique à la solution de cyanure double fait réapparaître le précipité de cyanure argentique, tandis que le cyanure potassique est décomposé.

Le cyanure argentique est, comme le chlorure, soluble dans l'ammoniaque et dans l'hyposulfite sodique.

Les deux caractères suivants permettent de différencier le cyanure argentique des composés halogénés d'argent.

Ce composé, chauffé avec de l'acide chlorhydrique concentré est décomposé avec formation d'acide cyanhydrique reconnaissable à son odeur d'amandes amères.

$$AgCN + HCl = AgCl + HCN.$$

Par calcination prolongée, il est entièrement décomposé ; le résidu est formé d'argent métallique.

3. *Le nitrate mercureux* donne à la fois du mercure réduit qui se précipite et du cyanure mercurique qui reste en solution.

$$2KCN + 2HgNO^3 = Hg + Hg(CN)^2 + 2KNO^3.$$

4. *Réaction basée sur la transformation des cyanures en bleu de Prusse* $[Fe(CN)^6]^3(Fe^2)^2$. — Pour réaliser cette réaction, on ajoute à la solution de cyanure alcalinisée par de l'hydrate sodique ou potassique, quelques gouttes d'une solution d'un sel ferroso-ferrique (par exemple du sulfate ou du chlorure ferreux plus ou moins oxydé) puis de l'acide chlorhydrique.

Les réactions qui aboutissent à la formation du bleu de Prusse sont les suivantes. Du sel ferreux forme avec le cyanure du ferrocyanure potassique, $Fe(CN)^2 4KCN$ par redissolution dans le cyanure potassique, du cyanure ferreux d'abord formé.

D'autre part, sous l'action de l'hydrate alcalin, il se forme un précipité mixte d'hydrates ferreux et ferrique que l'addition d'acide chlorhydrique transforme en chlorures $FeCl^2$, $FeCl^3$. Ce dernier réagissant avec le ferrocyanure potassique donne lieu à la formation du bleu de Prusse.

$$3[Fe(CN)^2 4KCN] + 2Fe^2Cl^6 = [Fe(CN)^6]^3(Fe^2)^2 + 12KCl.$$

5. Les cyanures alcalins (en pratique le cyanure potassique) fondu avec des oxydes aisément réductibles, passent à l'état de cyanate ; en même temps l'oxyde est réduit.

$$KCN + PbO = KCNO + Pb.$$

Cette réaction est parfois utilisée pour obtenir des métaux

tels que le plomb, le bismuth, etc., engagés dans des combinaisons oxygénées.

### DOSAGE

I. Par pesée. — *Par précipitation à l'état de cyanure argentique* AgCN. — On ajoute à la solution *neutre*[1] un excès de nitrate argentique, puis on acidule par l'acide nitrique pour décomposer le cyanure double formé AgCN.KCN et reprécipiter le cyanure argentique (voy. p. 295, n° 2). Celui-ci est, après dépôt, ou bien recueilli sur un filtre taré, lavé à l'eau froide et pesé après dessiccation à 100°; ou bien recueilli sur un filtre non taré et décomposé par calcination; on pèse l'argent restant en résidu.

II. Par titrimétrie a l'aide d'une solution titrée de nitrate argentique. — *Principe.* — Si l'on ajoute à une solution de cyanure du nitrate argentique, le cyanure argentique d'abord formé se redissout dans un excès de cyanure alcalin (voy. p. 295). L'on a, en somme :

$$AgNO^3 + 2KCN = AgCNKCN + KNO^3.$$

Si, lorsque ce résultat est atteint, on continue à ajouter du sel argentique, celui-ci ne trouvant plus de cyanure potassique libre, décompose le sel double et produit un précipité de cyanure argentique.

$$AgCN\,KCN + AgNO^3 = 2AgCN + KNO^3.$$

L'apparition de ce précipité indique le terme de l'essai.

En pratique, on fera usage d'une solution de nitrate argentique titrée préparée par pesée directe de nitrate chimiquement pur.

On voit par l'équation donnée ci-dessus qu'une molécule de nitrate argentique correspond à 2(CN).

Le procédé n'est pas directement applicable en présence de sels ammoniques à cause de la solubilité du cyanure d'argent dans l'ammoniaque.

Denigès a réussi à l'employer dans ce cas, en se servant de l'iodure potassique comme indicateur.

L'iodure potassique est soluble dans les cyanures alcalins,

[1] Si la solution était acide avant l'addition du réactif, une partie tout au moins du cyanure serait décomposée avec mise en liberté d'acide cyanhydrique.

mais il est insoluble dans l'ammoniaque; par conséquent, si l'on ajoute à une solution ammoniacale de cyanure, de l'iodure potassique et que l'on traite ensuite par le nitrate argentique le liquide se troublera lorsque tout le cyanure aura été transformé en cyanure double AgCN,KCN, c'est-à-dire lorsqu'il ne restera plus de cyanure libre en solution.

L'apparition de ce trouble marque, par conséquent, le terme de l'essai.

*Séparation de cyanure, chlorure, bromure et iodure.* — Dans une première prise d'essai on précipite par le nitrate argentique le cyanure et les sels halogénés (voy. les caractères de ces divers sels). Le précipité est recueilli sur un filtre taré, lavé et pesé après dessiccation à 100°.

Une seconde prise d'essai additionnée d'hydrate alcalin sert au dosage titrimétrique du cyanure par le nitrate argentique, d'après la méthode qui vient d'être décrite.

Il ne se produit de précipité que lorsque tout le cyanure est transformé en cyanure double AgCN,KCN.

## HYPOCHLORITES

### CARACTÈRES

1. Les hypochlorites (dont le principal représentant au point de vue industriel est l'hypochlorite calcique ou chlorure de chaux) sont décomposés par l'acide chlorhydrique avec mise en liberté de chlore.

$$NaClO + 2HCl = NaCl + Cl^2 + H^2O$$

2. Ils décomposent les solutions acides d'iodures avec mise en liberté d'iode.

$$KClO + 2KI + 2HCl = 3KCl + I^2 + H^2O.$$

Un papier imprégné d'iodure potassique et d'empois d'amidon (papier ozonoscopique) se colorera donc en bleu (iodure d'amidon) au contact d'une solution d'hypochlorite.

3. Ils décolorent les matières colorantes organiques et, comme on le sait, c'est à cette propriété qu'ils doivent leur valeur industrielle. La décoloration marche surtout rapidement en présence d'acide (même d'anhydride carbonique) à cause de la formation d'acide hypochloreux.

4. Les réducteurs, l'arsénite potassique par exemple, rédui-

sent les hypochlorites à l'état de chlorure, L'arsénite passant à l'état d'arséniate.

$$KClO + K^3AsO^3 = K^3ASO^4 + KCl.$$

Cette réaction est utilisée pour le dosage des hypochlorites.

5. *L'eau oxygénée*, agit comme réducteur sur les hypochlorites ; il y a formation de chlorure, d'eau et d'oxygène.

$$Ca(OCl)^2 + 2H^2O^2 = CaCl^2 + 2H^2O + 2O^2.$$

(Réaction utilisée pour le dosage gazométrique des hypochlorites).

## DOSAGE

En pratique on n'a jamais affaire à des hypochlorites purs; il y a toujours en présence une certaine quantité de chlorure pour ne citer que cette seule impureté.

Par dosage d'un hypochlorite on entend la détermination de ce qu'on appelle le « chlore actif » c'est-à-dire le chlore qui se dégage sous l'action d'un acide et dont la proportion sert à fixer la valeur industrielle de l'hypochlorite.

Nous nous bornerons à indiquer sommairement les principaux procédés proposés, renvoyant pour les détails aux ouvrages d'analyse appliquée.

I. PROCÉDÉS TITRIMÉTRIQUES. — 1. *Procédé basé sur la décomposition de l'iodure potassique.* — La prise d'essai de l'hypochlorite est introduite dans une solution d'iodure potassique ; en acidulant par l'acide chlorhydrique on détermine la mise en liberté d'iode dans le rapport de 2 atomes par molécule d'hypochlorite alcalin.

$$KClO + 2KI + 2HCl = I^2 + 3KCl + H^2O.$$

L'iode mis en liberté est ensuite dosé à l'aide d'une solution titrée d'hyposulfite sodique (voy. au sujet de cette opération, p. 125).

2. *Procédé basé sur l'oxydation de l'arsénite potassique.* (voy. caractères, n° 4).

On traite par l'eau la prise d'essai de l'hypochlorite à analyser, puis on laisse couler dans le liquide, en se servant d'une burette graduée, une solution titrée d'arsénite potassique jusqu'à réduction complète de l'hypochlorite. Ce point est atteint, lorsqu'une goutte de la solution placée en contact avec un papier imprégné d'iodure potassique et d'empois d'amidon ne provoque plus la mise en liberté d'iode et par suite, l'apparition d'une teinte bleue due à la formation d'iodure d'amidon (voy. caractères, n° 2).

La solution titrée d'arsénite se prépare par pesée directe d'anhydride arsénieux sublimé, pur, qu'on dissout dans de l'hydrate potassique. Après avoir dilué avec de l'eau, on neutralise par l'acide chlorhydrique et l'on ajoute 40 grammes de bicarbonate potassique, puis on dilue à un volume déterminé, un litre par exemple.

II. Par gazométrie. — La méthode consiste à décomposer l'hypochlorite par l'eau oxygénée et à mesurer l'oxygène dégagé.

$$Ca(OCl)^2 + 2H^2O^2 = CaCl^2 + 2H^2O + 2O^2.$$

Chaque volume d'oxygène dégagé correspond au même volume de chlore actif.

On peut faire usage pour cette opération d'un nitromètre complété par un petit flacon pourvu à l'intérieur d'un godet pouvant contenir environ 15 centimètres cubes de liquide (voy. la description de cet appareil, p. 127, analyse du peroxyde de manganèse).

La prise d'essai est introduite dans le flacon; dans le godet on verse de l'eau oxygénée rendue faiblement alcaline à l'aide de quelques gouttes d'hydrate sodique. Le dosage s'achève d'après les indications données p. 127.

### DOSAGE D'HYPOCHLORITE ET DE CHLORURE DANS UNE MÊME SUBSTANCE

Ce cas peut se présenter assez fréquemment, les hypochlorites du commerce n'étant jamais exempts de chlorures.

En pratique, on prélève une première prise d'essai et on dose l'hypochlorite par un des procédés qui viennent d'être exposés.

Dans une seconde prise d'essai, on ramène tout le chlore à l'état de chlorure par exemple à l'aide de l'eau oxygénée (voy. Caractères, n° 5) ou en chauffant pendant un certain temps en présence d'ammoniaque.

$$3NaClO + 2NH^3 = 3NaCl + N^2 + 3H^2O.$$

On acidule ensuite par l'acide nitrique et on précipite le chlore à l'état de chlorure argentique AgCl (voy. p. 274).

Connaissant la quantité de chlore totale et la quantité existant à l'état d'hypochlorite, on calcule aisément le poids de chlore combiné à l'état de chlorure.

## CHLORATES

### CARACTÈRES

1. *Les chlorates sont des oxydants énergiques* très souvent utilisés en analyse précisément à cause de ce caractère.

Traités par l'acide chlorhydrique concentré, ils sont décomposés en chlore et tétroxyde de chlore.

$$2KClO^3 + 4HCl = 2KCl + Cl^2 + Cl^2O^4 + 2H^2O.$$

Le mélange oxydant de chlorate potassique et d'acide chlorhydrique est très fréquemment employé pour dissoudre certains précipités et produits naturels, notamment des sulfures (sulfure de mercure, sulfure d'arsenic, stibine, etc.) et pour amener des sels au maximum d'oxydation (sels ferreux, sels stanneux, sels mercureux, etc.).

On emploie surtout ce mélange, lorsque pour une raison quelconque on ne désire pas faire usage d'acide nitrique seul ou en mélange avec de l'acide chlorhydrique. Si l'acide chlorhydrique est plus ou moins dilué, la décomposition se fait d'après l'équation :

$$KClO^3 + 6HCl = KCl + 3Cl^2 + 3H^2O.$$

Au delà d'un certain degré de dilution, l'acide chlorhydrique n'agit plus suffisamment sur les chlorates, pour que ceux-ci puissent être utilisés comme oxydants.

2. *Le nitrate argentique* ne précipite pas les solutions de chlorates, le chlorate argentique étant soluble dans l'eau. On peut donc séparer les chlorures des chlorates par le nitrate argentique.

3. *Les chlorates en solution* peuvent être réduits à l'état de chlorure notamment par l'acide sulfureux ou la poussière de zinc.

$$AgClO^3 + 3H^2SO^3 = AgCl + 3H^2SO^4.$$

Dans le dernier cas, on opère le mieux en présence d'acide acétique à chaud.

$$KClO^3 + 3Zn + 6C^2H^4O^2 = KCl + 3Zn(C^2H^3O^2)^2 + 3H^2O.$$

Ces réactions sont utilisées pour le dosage des chlorates, le chlorure formé étant précipitable par le nitrate argentique, tandis que le chlorate ne l'est pas (voy. 2.)

4. *Une solution de sulfate de diphénylamine* dans l'acide sulfurique se colore en bleu sous l'action des chlorates, même en très petite quantité.

*Remarque.* — L'acide nitrique et les nitrates produisent la même coloration.

5. *Sous l'action de la chaleur*, les chlorates abandonnent leur oxygène, laissant un résidu de chlorure, pour autant que le chlorure du métal entrant dans la composition du chlorate soit stable au rouge.

Avec le chlorate potassique (le plus important des chlorates au point de vue pratique), il se forme d'abord du perchlorate $KClO^4$, qui, sous l'action de la chaleur, se décompose à son tour en oxygène et en chlorure.

$$\begin{cases} 2KClO^3 = KClO^4 + O^2 + KCl. \\ KClO^4 = KCl + O^4. \end{cases}$$

En somme, les chlorates sont des oxydants énergiques par voie sèche comme par voie humide. En analyse, on emploie très fréquemment le chlorate potassique (en mélange avec un carbonate alcalin qui a, entre autres, pour effet de mitiger son action) pour oxyder les sulfures à l'état de sulfates, (exemples : analyse des blendes, pyrites, sulfures de cuivre, etc.).

## DOSAGE

On peut doser les chlorates par pesée en les réduisant à l'état de chlorure et précipitant ensuite ce dernier à l'état de AgCl par le nitrate argentique (voy. p. 274).

On peut employer pour la réduction la poussière de zinc ou le sulfate ferreux.

Dans ce dernier cas, on ajoute à la solution du chlorate du sulfate ferreux, puis de l'hydrate sodique pur jusqu'à formation d'un faible précipité d'hydrate ferreux $Fe(OH)^2$ ; on fait ensuite bouillir pendant un quart d'heure environ, puis on filtre, on acidule par l'acide nitrique et on précipite le chlorure formé par le nitrate argentique.

Si l'on emploie la poussière de zinc, on commence par ajouter à la solution de l'acide acétique, puis un excès de poussière de zinc ; on fait ensuite bouillir pendant une heure pour assurer la réduction complète du chlorate; ensuite on filtre, on additionne le filtrat d'acide nitrique et on précipite par le nitrate argentique.

### SÉPARATION DE CHLORURE ET DE CHLORATE

On peut utiliser pour cette séparation le fait que le chlorure est précipitable par le nitrate argentique, tandis que le chlorate ne l'est pas.

La solution mixte est traitée par le nitrate argentique qui précipite le chlorure à l'état de chlorure argentique. On filtre pour séparer le précipité et dans le filtrat on ajoute de l'acide sulfureux qui réduit le chlorate à l'état de chlorure, puis de l'acide nitrique. Dans ces conditions, il se produit, grâce à l'excès de nitrate argentique existant dans la solution, un nouveau précipité de chlorure argentique (correspondant au chlorate).

On peut aussi opérer sur deux prises d'essai.

Dans l'une, on dose directement le chlorure par le nitrate argentique.

Dans l'autre, on réduit le chlorate à l'état de chlorure par un des procédés indiqués précédemment (voy. dosage), puis on précipite par le nitrate argentique. En soustrayant du poids du chlore obtenu dans cette dernière opération, le poids du chlore à l'état de chlorure, on connaît la quantité de chlore correspondant au chlorate et, par suite, le chlorate lui-même.

## PERCHLORATES

### CARACTÈRES

1. *Les sels potassiques produisent dans les solutions concentrées et froides de perchlorates un précipité blanc cristallin de perchlorate potassique,* assez soluble dans l'eau froide et presque insoluble dans l'alcool.

$$NaClO^4 + KNO^3 = KClO^4 + NaNO^3.$$

2. Les perchlorates ne sont pas précipités par le nitrate argentique; le perchlorate argentique étant soluble dans l'eau.

3. Les perchlorates sont décomposés par la chaleur en oxygène et en chlorure.

$$KClO^4 = KCl + O^4.$$

### DOSAGE

*Principe.* — Décomposer le perchlorate par la chaleur et précipiter le chlorure restant par le nitrate argentique (voy. caractères, 3).

*Pour doser le perchlorate en présence de chlorure,* problème qui se présente notamment dans l'analyse du nitrate sodique (salpêtre du Chili), on dose le chlorure par le nitrate argentique dans une première prise d'essai. Une seconde prise d'essai est mélangée avec son poids de carbonate sodique sec et pur et chauffée jusqu'à fusion. Après refroidissement, on dissout la masse fondue dans l'eau, on acidule par l'acide nitrique et on précipite par le nitrate argentique.

Le précipité de chlorure argentique renferme le chlore du chlorure et le chlore du perchlorate ramené à l'état de chlorure par la calcination.

Connaissant par le premier dosage le chlore correspondant au chlorure, il est aisé de calculer le poids de chlore existant dans la matière à l'état de perchlorate.

## BROMATES

### CARACTÈRES

Les bromates ne présentent en analyse qu'un intérêt très restreint. Ce sont des corps oxydants qui, en raison de la facilité avec laquelle ils abandonnent leur oxygène, trouvent quelques applications.

Györy a notamment proposé de doser par titrimétrie les composés arsénieux et antimonieux à l'aide du bromate potassique.

$$3Sb^2O^3 + 2KBrO^3 + 2HCl = 3Sb^2O^5 + 2KCl + 2HBr.$$

Sous l'action de la chaleur, les bromates perdent tout leur oxygène et passent à l'état de bromures..

## IODATES

### CARACTÈRES

1. *Le nitrate argentique* donne avec les solutions d'iodates un précipité blanc d'iodate argentique.

$$NaIO^3 + AgNO^3 = AgIO^3 + NaNO^3.$$

Le précipité est insoluble dans l'acide nitrique dilué ; il se dissout dans l'ammoniaque.

2. Si l'on ajoute à une solution acide d'iodate, de l'iodure potassique, de l'iode est mis en liberté, conformément à l'équation :

$$KIO^3 + 5KI + 6H^2SO^4 = 6KHSO^4 + 3I^2 + 3H^2O.$$

Cette réaction est utilisée pour la recherche et le dosage de l'iodate dans l'iodure commercial.

3. Les réducteurs tels que l'acide sulfureux et l'acide sulfhydrique, ajoutés *en défaut* à une solution acide d'iodate mettent de l'iode en liberté. Il y a formation d'acide iodhydrique qui, réagissant avec une nouvelle quantité d'iodate, dégage de l'iode.

Les deux équations suivantes rendent compte de ce qui se passe avec l'acide sulfureux.

$$\begin{cases} KIO^3 + 3SO^2 + 3H^2O = HI + KHSO^4 + 2H^2SO^4. \\ 5HI + KIO^3 + H^2SO^4 = KHSO^4 + 3I^2 + 3H^2O. \end{cases}$$

Si le réducteur est en excès, l'iode d'abord produit disparaît et le liquide redevient incolore.

$$SO^2 + I^2 + 2H^2O = H^2SO^4 + 2HI.$$

4. *La poussière de zinc* réduit à l'ébullition les iodates à l'état d'iodure.

$$KIO^3 + 3Zn = KI + 3ZnO.$$

5. *Soumis à l'action d'une température élevée*, les iodates se décomposent en oxygène et iodure.

$$KIO^3 = KI + 3O.$$

## DOSAGE

Les iodates alcalins se rencontrent dans le salpêtre du Chili. On a parfois à doser aussi de l'iodate dans l'iodure potassique du commerce.

Dosage par pesée. — *Réduction à l'état d'iodure.* — On ajoute à la solution neutre de la poussière de zinc et on fait bouillir pendant une heure environ pour réduire l'iodate à l'état d'iodure (voy. Caractères, 4) ; ensuite on filtre, on ajoute au liquide filtré du nitrate argentique, puis on acidule par l'acide nitrique. L'iodure argentique précipité est recueilli et dosé d'après les indications données p. 283.

Dosage par iodométrie. — (Applicable, par exemple, au dosage de l'iodate dans l'iodure potassique).

On ajoute, s'il y a lieu, à la solution, de l'iodure potassique, puis on acidule par l'acide chlorhydrique dilué. On provoque ainsi la mise en liberté d'iode dans le rapport de 6 atomes par molécule d'iodate alcalin (voy. Caractères, n° 2).

L'iode mis en liberté est dosé par une solution titrée d'hyposulfite sodique (voy. pour les détails, p. 125).

## SÉPARATION D'IODURE ET D'IODATE

Si l'on veut doser dans une substance l'iodure et l'iodate, on peut opérer sur deux prises d'essai. Dans l'une, on dose l'iodate par le procédé iodométrique qui vient d'être exposé ; dans l'autre, on réduit l'iodate à l'état d'iodure par la poussière de zinc et on dose la totalité de l'iode à l'état d'iodure argentique (voy. p. 283).

# MÉTALLOÏDES BIVALENTS

## OXYGÈNE

L'exposé du dosage de l'oxygène dans les substances minérales est surtout du ressort de l'analyse appliquée.

On peut avoir à doser l'oxygène à l'état d'eau (humidité, eau de cristallisation, eau de combinaison). Les procédés à employer sont assez variables suivant les cas, et nous ne croyons pas devoir entrer ici dans des détails à ce sujet. Nous nous bornerons à dire que dans la très grande majorité des cas, l'on a seulement à déterminer l'eau d'humidité, ce qui se fait généralement par simple dessiccation de la matière à 100 ou 110°.

Certains métaux, le cuivre notamment, renferment de l'oxygène à l'état d'oxyde. Pour doser cet oxygène, on peut chauffer une prise d'essai plus ou moins considérable du métal dans un courant d'hydrogène sec et pur qui réduit l'oxyde et se combine à l'oxygène pour former de l'eau. Cette eau peut être recueillie directement dans un tube à chlorure calcique taré, dont on constate l'augmentation de poids. La figure 30 donne une idée du dispositif à adopter pour ce dosage.

La matière analysée est chauffée au rouge dans un tube en verre dur, communiquant d'une part avec un appareil producteur d'hydrogène pur et sec, et d'autre part avec un tube à chlorure calcique dans lequel l'eau produite vient se condenser. Un second tube à chlorure calcique T non taré sert à éviter toute rentrée d'humidité dans le tube taré.

*Dans les mélanges gazeux,* le dosage de l'oxygène se fait généralement par absorption. On mesure un volume déterminé du gaz à analyser et on le fait ensuite passer dans des appareils d'absorption chargés d'une matière pouvant absorber l'oxygène, un pyrogallate alcalin, par exemple. On mesure ensuite le volume du gaz restant. La différence constatée correspond à l'oxygène absorbé.

Le cas échéant, on aura évidemment éliminé au préalable

par des réactifs spéciaux, les gaz, autres que l'oxygène, susceptibles d'être absorbés par le pyrogallate.

Ces analyses rentrant dans le domaine de la chimie analytique appliquée, nous nous bornerons à l'indication du principe.

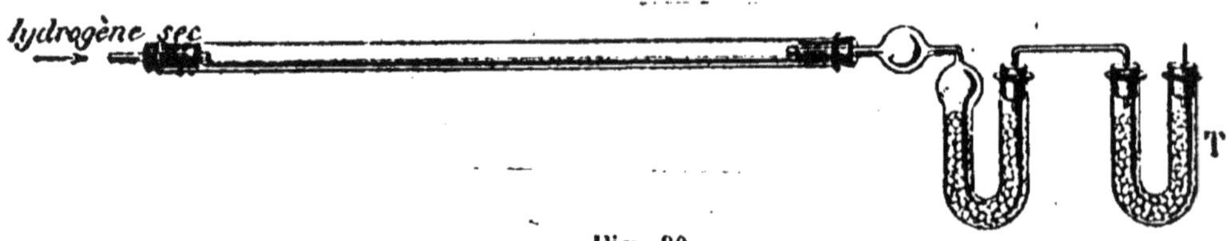

Fig. 30.

## SOUFRE

### CARACTÈRES DU SOUFRE

Dans la pratique courante de l'analyse minérale, il est assez rare que l'on ait à faire la recherche et le dosage du soufre libre. En dehors de l'analyse des minerais de soufre proprement dits, du soufre commercial et des poudres, opérations d'un caractère déjà très spécial, on ne rencontre guère le soufre libre que comme produit accidentel formé, par exemple, par l'oxydation de l'acide sulfhydrique ou de sulfures, par la décomposition de polysulfures, d'hyposulfites, etc., et, en pareil cas, le chimiste a surtout à s'occuper de se débarrasser du soufre dont la présence dans un précipité ou dans une solution est souvent préjudiciable à l'exécution du travail.

Dans cet ordre d'idées les caractères utiles à connaître sont les suivants :

1. Le soufre fond à 114,°5 et bout à 448°; chauffé au contact de l'air, il brûle avec une flamme bleue en se transformant en anhydride sulfureux $SO^2$, reconnaissable à son odeur piquante caractéristique.

2. Le soufre, dont il existe, comme on le sait, diverses variétés, est, dans la plupart des cas, soluble dans le sulfure de carbone. On recourt parfois à cette propriété pour purifier des précipités auxquels une petite quantité de soufre se trouve mélangée accidentellement.

3. Le soufre se dissout dans les solutions des sulfures alcalins en formant des polysulfures de composition variable suivant les conditions.

4. Il se dissout aussi à chaud dans les sulfites alcalins, transformant ceux-ci en hyposulfites.

$$Na^2SO^3 + S = Na^2S^2O^3.$$

4. *Divers oxydants* transforment le soufre en acide sulfurique. Cette oxydation, relativement facile lorsque le soufre est divisé, devient très difficile lorsqu'il s'agit de soufre compact, par exemple de soufre ayant été fondu.

Comme oxydants, on peut employer l'eau régale, l'eau de brome, un mélange d'acide chlorhydrique concentré et de chlorate potassique et surtout l'acide nitrique fumant.

$$S + 3Br^2 + 4H^2O = H^2SO^4 + 6HBr.$$
$$S + 2HNO^3 = H^2SO^4 + 2NO.$$

En général, il est avantageux de laisser agir assez longtemps le réactif oxydant *à froid* avant de chauffer.

5. *Par voie sèche*, on peut transformer le soufre en sulfate alcalin en le fondant avec un mélange de carbonate alcalin [1] et d'un oxydant tel que le nitrate potassique, le chlorate potassique ou le peroyde sodique.

## DOSAGE

Le dosage du soufre libre se fait en appliquant l'une ou l'autre des propriétés qui viennent d'être énumérées.

*Extraction par le sulfure de carbone.* — La substance est traitée par le sulfure de carbone, le mieux dans un appareil « extracteur » construit de telle façon qu'une même quantité de sulfure de carbone peut agir à diverses reprises sur la matière jusqu'à enlèvement complet du soufre. La solution est finalement évaporée dans un matras taré ; le résidu de soufre est pesé après dessiccation à 100°.

*Oxydation à l'état d'acide sulfurique* par l'acide nitrique fumant et dosage à l'état de sulfate barytique. (Voy. dosage des sulfures par le même procédé.)

*Transformation en anhydride sulfureux* par combustion, oxydation de ce dernier à l'état d'acide sulfurique et dosage à l'état de sulfate barytique. (Voy. dosage des sulfures par le même procédé.)

[1] En pratique, on emploie dans les opérations de ce genre, le carbonate sodico-potassique $NaKCO^3$, qui offre l'avantage d'être plus fusible que le carbonate potassique ou le carbonate sodique.

## SULFURES

### CARACTÈRES

Les sulfures, composés dont la recherche et le dosage sont des opérations extrêmement fréquentes, peuvent être divisés en deux groupes : *a*, les sulfures solubles dans l'eau comprenant les sulfures alcalins et alcalino-terreux, et *b*, les sulfures insolubles dans l'eau (sulfures des métaux lourds.)

#### CARACTÈRES DES SULFURES SOLUBLES DANS L'EAU

1. *Les acides minéraux*, même très dilués et l'acide acétique décomposent les sulfures avec mise en liberté d'acide sulfhydrique reconnaissable à son odeur.

$$Na^2S + 2HCl = 2NaCl + H^2S.$$

Avec les polysulfures, il y a, en outre, dépôt de soufre.

$$Na^2S^3 + 2HCl = 2NaCl + H^2S + S^2.$$
$$(NH^4)^2S^5 + 2HCl = 2NH^4Cl + H^2S + 4S.$$

2. *Le nitroprussiate sodique* $Fe(CN)^5(NO)Na^2,2H^2O$ produit dans les solutions de sulfures une coloration violette, qui disparaît spontanément au bout d'un certain temps.

3. Les sulfures des métaux des groupes du fer, du cadmium et de l'arsenic étant insolubles dans l'eau, l'addition d'un sel d'un métal de ces groupes à une solution de sulfure déterminera la formation d'un précipité de sulfure du métal entrant dans la composition du sel.

Exemples :

$$FeCl^2 + Na^2S = FeS + 2NaCl.$$
$$MnCl^2 + (NH^4)^2S = MnS + 2NH^4Cl.$$
$$Pb(NO^3)^2 + K^2S = PbS + 2KNO^3, \text{ etc.}$$

Les différents cas ont été rencontrés dans l'étude des caractères des sels des métaux, des groupes du fer, du cadmium et de l'arsenic (voy. MÉTAUX.)

Il y a lieu de rappeler ici que les sulfures des métaux du groupe de l'arsenic sont solubles dans les sulfures alcalins. Par conséquent, si l'on ajoute à une solution de sel des métaux de ce groupe un excès de sulfure alcalin, il ne se produira pas de précipité (voy. Caractères des sulfures des métaux du groupe de l'arsenic.)

4. Les sulfures solubles peuvent être aisément transformés en sulfates par voie humide ou par voie sèche.

Par voie humide, il suffit de traiter leur solution par du chlore, du brome ou de l'eau oxygénée ammoniacale.

$$Na^2S + 4Br^2 + 4H^2O = NaHSO^4 + NaBr + 7HBr.$$

$$\begin{cases} 2Na^2S + 4H^2O^2 = Na^2S^2O^3 + 2NaOH + 3H^2O. \\ Na^2S^2O^3 + 2NaOH + 4H^2O^2 = 2Na^2SO^4 + 5H^2O. \end{cases}$$

Par voie sèche, on opère dans les mêmes conditions que pour les sulfures insolubles (voy. plus loin.)

5. *Le carbonate cadmique* transforme les sulfures solubles en sulfure cadmique CdS (insoluble.)

$$Na^2S + CdCO^3 = CdS + Na^2CO^3.$$

Cette réaction est utilisée dans plusieurs cas de séparation des sulfures et des sels d'autres acides du soufre (Voy. Séparations.)

### CARACTÈRES DES SULFURES INSOLUBLES DANS L'EAU

Ce groupe comprend les sulfures des métaux des groupes du fer, du cuivre et de l'arsenic.

Certains de ces sulfures sont aisément solubles dans l'acide chlorhydrique, même dilué ; tels sont les sulfures de fer, de manganèse, de zinc ; d'autres exigent de l'acide chlorhydrique concentré (sulfures d'antimoine, d'étain, etc.) ; d'autres encore se dissolvent plus aisément dans l'acide nitrique dilué. C'est le cas pour les divers sulfures des métaux du groupe du cadmium (le sulfure de mercure excepté). Lorsqu'on emploie l'acide nitrique comme dissolvant, on obtient souvent un précipité de soufre, résultant de la réaction de l'acide nitrique sur l'acide sulfhydrique d'abord formé.

Exemple :

$$\begin{cases} CuS + 2HNO^3 = Cu(NO^3)^2 + H^2S. \\ 3H^2S + 2HNO^3 = 2NO + 3S + 4H^2O. \end{cases}$$

Certains sulfures, tels que le sulfure de mercure, sont insolubles dans les acides ; on doit recourir à l'eau régale pour les dissoudre.

Rappelons enfin que les sulfures des métaux du groupe de l'arsenic se dissolvent dans les sulfures alcalins avec formation de sulfosels [1].

[1] Voy. pour ce qui concerne la solubilité des divers sulfures, les caractères des sels des différents métaux.

*Remarque.* — Il convient de ne pas perdre de vue que les sulfures naturels dont un grand nombre constituent des minerais fort importants, sont plus difficiles à dissoudre que les sulfures obtenus par voie humide. On peut parfaitement dissoudre dans de l'acide chlorhydrique très dilué du sulfure de zinc précipité alors que, dans les mêmes conditions, le sulfure de zinc naturel (blende) ne sera pas du tout attaqué ou ne le sera que d'une manière insignifiante.

1. *Grillés au contact de l'air,* tous les sulfures dégagent de l'anhydride sulfureux résultant de la combustion du soufre. Avec certains sulfures, tout le soufre est transformé et le résidu du grillage est formé par l'oxyde du métal ou par le métal lui-même si l'oxyde n'est pas stable au rouge. Les sulfures de manganèse, de fer, d'argent, etc. rentrent dans cette catégorie.

$$3MnS + 10O = Mn^3O^4 + 3SO^2.$$
$$2FeS^2 + 11O = Fe^2O^3 + 4SO^2.$$
$$Ag^2S + 2O = Ag^2 + SO^2.$$

D'autres sulfures, au contraire, ne laissent dégager dans ces conditions qu'une partie du soufre, le reste demeurant uni au métal à l'état de sulfate indécomposable par la chaleur (sulfate de plomb) ou décomposable seulement à très haute température (sulfates de cuivre, de zinc, etc.)

2. *Oxydation des sulfures.* — De même que les sulfures solubles, les sulfures insolubles peuvent être transformés en sulfates par oxydation, et, en pratique, cette oxydation présente une très grande importance pour le dosage du soufre dans les minerais sulfurés et spécialement dans ceux qui, comme les blendes et les pyrites, sont employés pour la fabrication de l'acide sulfurique.

L'oxydation peut se faire par voie humide ou par voie sèche.

a. *Par voie humide,* l'oxydant qui donne les meilleurs résultats est l'acide nitrique fumant.

Ce réactif réagit avec grande énergie sur les sulfures; on l'ajoutera donc petit à petit. Son action peut être représentée par une équation telle que :

$$3ZnS + \underbrace{\underbrace{8HNO^3}_{4(N^2O^5,H^2O)}}_{8NO\ 12O\ 4H^2O} = 3ZnSO^4 + 8NO + 4H^2O.$$

Après avoir ajouté l'acide, on le laisse agir *sans chauffer* pendant une heure environ, puis on évapore jusqu'à ce qu'il ne se dégage plus de vapeurs rutilantes; on laisse ensuite refroidir, puis on ajoute de l'acide chlorhydrique concentré et l'on évapore afin de transformer les nitrates en chlorures[1]. En reprenant le résidu par un peu d'acide chlorhydrique et de l'eau, on obtient une solution contenant à l'état de sulfate la totalité du soufre existant dans la matière.

*Remarque.* — Si la matière contient du plomb, ce qui est souvent le cas, une partie plus ou moins importante de l'acide sulfurique produit formera avec ce plomb un précipité de sulfate, $PbSO^4$, insoluble. Aussi, lorsqu'on a affaire à des matières riches en plomb, préfère-t-on l'oxydation par voie sèche.

b. *Pour oxyder un sulfure par voie sèche,* on le fond avec un mélange oxydant, formé de carbonate sodico-potassique associé à une substance pouvant, sous l'action de la chaleur, dégager de l'oxygène qui transforme le soufre en sulfate.

En pratique, on emploie le nitrate potassique, le peroxyde sodique ou le chlorate potassique, qui à chaud donnent :

$$KNO^3 = KNO^2 + O.$$
$$Na^2O^2 = Na^2O + O.$$
$$KClO^3 = KCl + 3O.$$

L'opération se fait souvent dans un creuset de platine, à moins qu'il y ait en présence des métaux tels que le plomb, aisément réductibles et pouvant s'allier au platine.

Si l'on emploie le peroxyde sodique, on ne peut se servir de platine, ce métal étant attaqué par les alcalis en fusion. En pareil cas, on fait usage de creusets en fer à minces parois spécialement fabriqués pour cette opération.

La masse fondue contient tout le soufre à l'état de sulfate alcalin. En reprenant par l'eau (et filtrant pour séparer les matières insolubles, oxydes, etc.), on obtient une solution dans laquelle on peut précipiter le sulfate par le chlorure barytique après avoir acidifié par l'acide chlorhydrique.

*Observations.* — Si l'on a employé comme oxydant le nitrate potassique, on doit, après avoir traité par l'acide chlorhydrique, évaporer à siccité afin d'éliminer l'acide nitrique dont la présence nuirait à la précipitation du sulfate barytique (v. dosage des sulfates). Cette manipulation complémentaire n'est pas nécessaire si l'on a fait usage du chlorate potassique ou du peroxyde sodique.

[1] Cette transformation est nécessaire si l'on a en vue le dosage du soufre à l'aide du chlorure barytique (voy. *Dosage des sulfates*).

*Caractère particulier aux sulfures des métaux du groupe de l'arsenic.* — Ces sulfures, fondus avec un mélange de carbonate sodique et de soufre (c'est-à-dire, en somme, avec du sulfure sodique) sont transformés en sulfosels solubles dans l'eau (voy. les caractères des sulfures d'arsenic, d'étain et d'antimoine, dans la partie MÉTAUX).

## DOSAGE

Les diverses méthodes de dosage du soufre dans les sulfures peuvent se ramener à deux types principaux.

1. Le soufre est transformé en sulfate par oxydation, soit par voie sèche, soit par voie humide. Le sulfate formé est ensuite précipité par le chlorure barytique à l'état de sulfate barytique qu'on pèse.

Ce procédé est applicable à tous les sulfures indistinctement.

2. Le soufre du sulfure est transformé par l'action d'un acide non oxydant en acide sulfhydrique qu'on recueille, soit dans une solution saline, pouvant donner lieu à la formation d'un sulfure insoluble (cuivre, mercure, argent, etc.), soit dans un réactif oxydant (brome, eau oxygénée, etc.), capable de transformer l'acide sulfhydrique en acide sulfurique.

Ce procédé n'est évidemment applicable que lorsqu'on a affaire à des sulfures aisément décomposables par un acide non oxydant tel que l'acide chlorhydrique; tels sont les sulfures alcalins et alcalino-terreux et divers sulfures de métaux lourds obtenus par voie humide.

Dans ces derniers cas, le dosage du soufre permet souvent de doser indirectement le métal auquel il est combiné. Ainsi, par exemple, en traitant du trisulfure d'antimoine $Sb^2S^3$ par l'acide chlorhydrique, on élimine tout le soufre à l'état d'acide sulfhydrique. Le dosage de celui-ci permet donc de conclure immédiatement à la quantité d'antimoine en présence.

Le procédé est parfois aussi employé pour le dosage du soufre dans les fontes; il est cependant établi que certaines fontes ne laissent pas dégager à l'état d'acide sulfhydrique la totalité du soufre qu'elles contiennent, lorsqu'on les traite par l'acide chlorhydrique.

La méthode qui nous occupe ne peut évidemment être appliquée à une substance qui, à côté de sulfure décomposable par les acides avec formation d'acide sulfhydrique, contiendrait des matières pouvant agir sur l'acide sulfhydrique.

Supposons, pour citer un exemple, qu'une matière renferme de l'oxyde ferrique en même temps qu'un sulfure soluble dans l'acide chlorhydrique. Par l'action de ce dernier, l'oxyde ferrique est transformé en chlorure ferrique $Fe^2Cl^6$, qui, agissant sur l'acide sulfhydrique, peut le décomposer en tout ou en partie d'après l'équation :

$$Fe^2Cl^6 + H^2S = Fe^2Cl^4 + 2HCl + S.$$

En somme, on s'exposerait en appliquant la méthode à une pareille substance, à la déclarer exempte de sulfure alors même qu'elle en contiendrait notablement.

En fait, le procédé par dégagement à l'état d'acide sulfhydrique est beaucoup moins utilisé que le procédé par oxydation. C'est notamment à ce dernier qu'on recourt pour le dosage du soufre dans les multiples composés sulfurés naturels utilisés comme minerais métalliques ou comme matières premières de la fabrication de l'acide sulfurique.

Passons maintenant à la description des procédés.

### I. — Dosage des sulfures par décomposition au moyen d'un acide

A. *L'acide sulfhydrique provenant de la décomposition est oxydé par l'acide chlorhydrique bromé ou l'eau oxygénée, à l'état d'acide sulfurique.* — On peut faire usage de l'appareil représenté par la figure 31 qui permet de maintenir l'acide sulfhydrique assez longtemps en contact avec le réactif oxydant pour assurer sa transformation complète en acide sulfurique.

La matière est introduite dans un petit ballon muni d'un bouchon dans les trous duquel sont fixés un réfrigérant vertical, un entonnoir à robinet et un tube recourbé à angle droit et plongeant jusqu'au fond du ballon. L'extrémité libre du tube est reliée à un appareil producteur d'anhydride carbonique; une pince à vis permet d'établir ou de rompre à volonté la communication.

Le réfrigérant est raccordé avec un tube à perles de Landolt modifié par L. L. de Koninck ([1]).

Ce tube, de 15 millimètres environ de diamètre et de 70 centimètres environ de longueur est rempli de perles de verre : il se termine à la partie inférieure par un tube *t* en forme de siphon ; il est en outre muni d'un second tube *t'* destiné à l'entrée du gaz. A la partie supérieure est fixé un entonnoir à robinet ; un ajutage *a* permet aux gaz non absorbés de s'échapper.

[1] Il est évident qu'à défaut de tube à perles on peut employer d'autres appareils d'absorption, par exemple un tube à boules (voy. *Dosage de l'anhydride sulfureux*).

*Mode opératoire.* — La matière à analyser est introduite dans le ballon ; le bouchon étant mis en place, on raccorde le réfrigérant avec le tube à perles dans lequel on fait arriver par l'entonnoir à robinet qui le surmonte, de l'acide chlorhydrique bromé

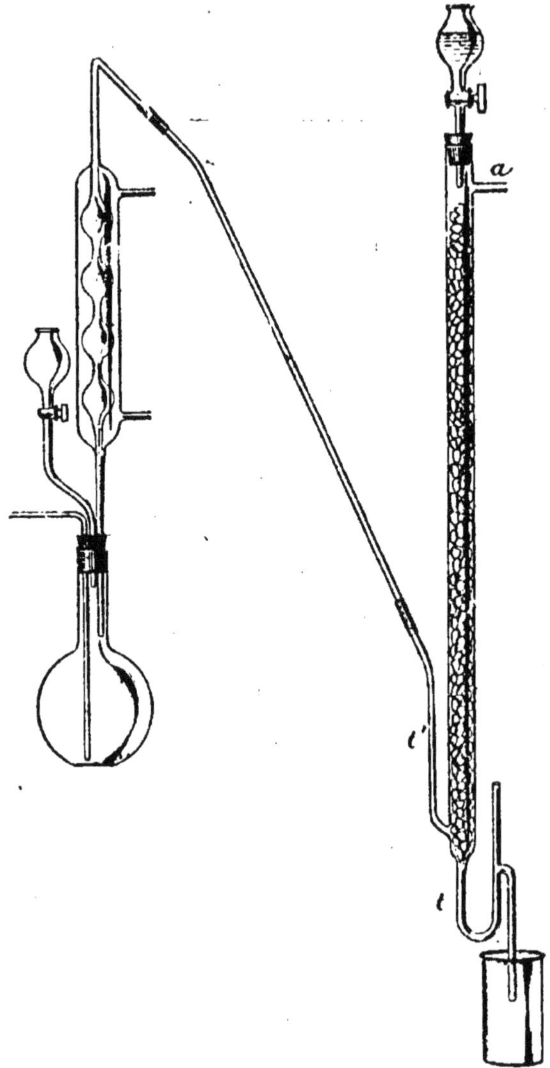


Fig. 31.

ou de l'eau oxygénée ammoniacale, jusqu'à ce que le siphon soit rempli.

Par l'entonnoir à robinet fixé au bouchon du ballon, on amène en contact avec la substance 50 centimètres cubes d'acide chlorhydrique dilué. L'acide sulfhydrique se dégage et gagne le tube à perles où il s'oxyde. On chauffe finalement à l'ébullition pour assurer le dégagement complet de l'acide sulfhydrique, puis on fait passer un courant lent d'anhydride carbonique pour balayer l'appareil.

A mesure que l'acide sulfhydrique réagit avec le contenu du tube à perles, on fait arriver de nouvelles quantités de réactif par l'entonnoir à robinet; en même temps on recueille le liquide qui s'écoule par le siphon.

Lorsque l'opération est terminée, on enlève le tube à perles et on recueille son contenu.

Si le réactif employé est l'eau oxygénée, on se borne à aciduler par l'acide chlorhydrique et on précipite le sulfate par le chlorure barytique (voy. dosage des sulfates).

Si l'on a fait usage d'acide chlorhydrique bromé, on ajoute un peu de carbonate sodique pur pour fixer l'acide sulfurique à l'état de sulfate, puis on évapore à peu près tout l'acide libre, la précipitation du sulfate barytique devant se faire en solution *légèrement* acide. On dilue ensuite avec de l'eau et on traite à l'ébullition par le chlorure barytique.

B. *L'acide sulfhydrique est recueilli dans une solution métallique.* — L'appareil à employer est analogue à celui qui a été décrit en A; seulement, le réfrigérant est raccordé à une série de trois ou quatre petits matras ou condenseurs de Volhard chargés d'une solution ammoniacale de nitrate argentique au contact duquel l'acide sulfhydrique vient se transformer en sulfure argentique (noir).

Pour être certain que l'acide sulfhydrique est absorbé; il faut que le contenu du dernier condenseur reste limpide.

Lorsque l'opération est terminée, on filtre le contenu des appareils condenseurs afin de recueillir le sulfure argentique. Après lavage, celui-ci est oxydé par le brome et, dans la solution obtenue après séparation du bromure argentique qui s'est formé, on précipite l'acide sulfurique par le chlorure barytique.

C. *L'acide sulfhydrique est dosé par titrimétrie.* — Dans cette méthode, qui trouve son application lorsque l'acide sulfhydrique est en petite quantité, on fait arriver le gaz dans un condenseur contenant un volume mesuré d'une solution titrée d'iode. L'acide sulfhydrique réagit avec l'iode, d'après l'équation :

$$H^2S + I^2 = 2HI + S.$$

On dose ensuite l'iode en excès à l'aide d'une solution titrée d'hyposulfite sodique. On connaît ainsi par différence la quantité d'iode consommée et, par suite, celle de l'acide sulfhydrique (voy. au sujet de la préparation d'une solution titrée d'iode et du titrage de l'iode par l'hyposulfite les indications données p. 125).

*Cas où l'acide sulfhydrique est en quantité très faible.* — On a proposé pour doser de très faibles quantités d'acide sulfhydrique un procédé colorimétrique dont je me bornerai à indiquer le principe. L'acide sulfhydrique provenant de la décomposition du sulfure est amené en contact avec une rondelle de tissu imprégnée d'acétate cadmique et fixée à la partie supérieure d'une sorte de cylindre en verre qui surmonte le ballon dans lequel se fait la décomposition. L'acide sulfhydrique régissant avec le sel cadmique forme du sulfure cadmique dont la teinte jaune est plus ou moins accentuée suivant la quantité de sulfure décomposée. On compare l'intensité de la teinte obtenue avec une série de teintes obtenues une fois pour toutes en opérant sur des quantités différentes de ce sulfure.

Ce procédé, dont la description détaillée est plutôt du ressort de l'analyse appliquée, est parfois utilisé pour l'examen des fers et aciers pauvres en soufre.

### II. — Dosage des sulfures par oxydation directe à l'état de sulfates

Comme nous l'avons dit déjà, ce mode de dosage est applicable à tous les sulfures indistinctement. Il est extrêmement employé dans la pratique industrielle pour le dosage du soufre dans les minerais sulfurés. Nous avons vu (p. 312) qu'il peut s'appliquer sous deux formes : par voie humide et par voie sèche. Les détails donnés précédemment (p. 312 et suiv.) nous permettront d'être bref.

A. *Oxydation par voie humide.* — L'oxydation se fait par l'acide nitrique fumant dans les conditions exposées p. 312, 2, *a*. Après avoir déplacé l'acide nitrique en excès, par évaporation avec de l'acide chlorhydrique, on reprend le résidu par 2 ou 3 centimètres cubes d'acide chlorhydrique concentré et *très peu d'eau*; on laisse digérer à chaud, puis on filtre s'il y a lieu, et dans le filtrat on précipite le sulfate à l'ébullition par le chlorure barytique[1] (voy. Dosage des sulfates).

[1] *Observation au sujet de l'oxydation du soufre des pyrites par voie humide.* Lorsqu'on oxyde une pyrite par voie humide, une partie de l'acide sulfurique formé est fixée par le fer, une autre partie reste à l'état libre.

On a, en effet :

$$\begin{cases} 2FeS^2 + 15O = Fe^2(SO^4)^3 + SO^3 \\ SO^3 + H^2O = H^2SO^4. \end{cases}$$

Si l'évaporation qui suit l'attaque se fait au bain de sable, ce qui est

En opérant de la sorte, s'il y a même dans la matière une petite quantité de plomb, elle reste dissoute; le liquide étant assez acide et peu dilué au moment de la filtration, il ne se forme pas de sulfate de plomb.

Si la proportion de plomb est notable, le procédé devient peu pratique; on opère alors de préférence par voie sèche.

*Cas particulier où l'on a affaire à des substances riches en fer* (voy. dosage des sulfates p. 330).

B. *Oxydation par voie sèche.* — Nous avons indiqué en détail la théorie de cet important procédé (voy. p. 313, *b*) et nous avons signalé les différents mélanges oxydants à employer.

Nous ajouterons ici que l'on fera de préférence usage du nitrate potassique et du peroxyde sodique pour l'analyse des matières riches en soufre (blendes et pyrites crues, par exemple). Pour les minerais grillés et autres substances pauvres en soufre, on peut aussi se servir du chlorate potassique.

Dans tous les cas, la masse fondue qui contient tout le soufre à l'état de sulfate alcalin est reprise par l'eau chaude; après avoir filtré on traitera la solution, suivant les cas, de l'une ou l'autre manière suivante.

*a.* Si l'on a fait usage du nitrate potassique, on traite le liquide alcalin par de l'acide chlorhydrique en excès et on évapore à siccité pour éliminer tout l'acide nitrique dont la présence serait préjudiciable au dosage du sulfate par le chlorure barytique (voy. Dosage des sulfates, p. 329).

Le résidu est repris par 2 ou 3 centimètres cubes d'acide chlorhydrique et de l'eau; on filtre s'il y a lieu et on précipite à l'ébullition par le chlorure barytique (voy. Dosage des sulfates).

*b.* Si l'oxydant employé est le chlorate potassique ou le peroxyde sodique, on se borne à aciduler le liquide alcalin par l'acide chlorhydrique, puis on traite directement à l'ébullition par le chlorure barytique, la solution ne contenant rien de nuisible à la précipitation complète du sulfate barytique.

*Remarque.* — Si la matière analysée contient du sulfate barytique, ce qui est parfois le cas pour les blendes, galènes, etc., le soufre de ce sulfate est aussi transformé pendant la fusion en

assez général dans les laboratoires industriels, l'acide libre peut, sous l'action d'une température assez élevée, être plus ou moins complètement volatilisé, ce qui peut occasionner des erreurs graves dans le dosage du soufre. Pour éviter cet inconvénient, H. Noaillon a proposé d'attaquer la pyrite par de l'acide nitrique additionné de chlorate sodique. Le sodium qu'on introduit ainsi fixe l'acide libre à l'état de sulfate alcalin et supprime toute cause d'erreur.

sulfate alcalin et dosé par conséquent avec le soufre provenant du sulfure.

$$BaSO^4 + Na^2CO^3 = BaCO^3 + NaSO^4.$$

Il n'en est pas de même lorsqu'on oxyde le soufre par voie humide, le sulfate barytique et surtout le sulfate naturel (barytine n'étant guère attaqué, même par l'eau régale).

*Dosage du soufre par transformation en anhydride sulfureux et oxydation de ce dernier à l'état d'acide sulfurique.* — On emploie parfois ce procédé, notamment lorsqu'on a affaire à des sulfures dont tout le soufre peut être amené par grillage à l'état d'anhydride sulfureux.

*Mode opératoire.* — On fait usage de l'appareil suivant (fig. 32). Un tube en verre dur de 60 centimètres environ de

Fig. 32.

longueur et de 15 millimètres de diamètre est recourbé à angle droit à une de ses extrémités et réuni à un condenseur contenant 20 ou 25 centimètres cubes d'eau oxygénée ammoniacale; l'autre extrémité est raccordée à un tube contenant du chlorure calcique granulé, raccordé lui-même à un gazomètre contenant de l'oxygène. La prise d'essai placée dans une nacelle est introduite en *n*; en *a*, se trouve, sur une longueur de quelques centimètres, de l'asbeste. Le tube étant placé sur la grille d'un fourneau à combustion, on chauffe d'abord au rouge la partie antérieure; puis, avoir établi un courant lent d'oxygène, on chauffe progressivement la nacelle au rouge. L'anhydride sulfureux dégagé est entraîné dans le condenseur où il se transforme en acide sulfurique. Lorsque l'opération est achevée, on transvase le contenu du condenseur dans un gobelet, on acidule par l'acide chlorhydrique et on précipite à l'ébullition par le chlorure barytique (voy. Dosage des sulfates, p. 320).

## ANHYDRIDE SULFUREUX

### CARACTÈRES

I. L'anhydride sulfureux a une odeur extrêmement piquante qui permet de le déceler aisément, même lorsqu'il est en très faible quantité. Il est soluble dans l'eau à la température de 0° dans la proportion de 68 volumes par volume d'eau.

2. *Les oxydants* transforment en acide sulfurique l'anhydride sulfureux gazeux ou en solution.

En pratique, on fait usage pour cette oxydation du chlore, du brome, de l'iode ou de l'eau oxygénée.

$$SO^2 + Br^2 + 2H^2O = H^2SO^4 + 2HBr.$$
$$SO^2 + H^2O^2 = H^2SO^4$$
$$SO^2 + I^2 + 2H^2O = H^2SO^4 + 2HI.$$

Cette dernière réaction peut être utilisée pour le dosage de l'anhydride sulfureux dans les gaz provenant du grillage des pyrites et des blendes et destinés à la fabrication de l'acide sulfurique.

3. Divers sels métalliques, sels ferriques, composés arséniques, etc., sont réduits au minimum d'oxydation par l'anhydride sulfureux.

$$Fe^2Cl^6 + SO^2 + 2H^2O = Fe^2Cl^4 + H^2SO^4 + 2HCl.$$
$$4H^3AsO^4 + 4SO^2 = As^4O^6 + 4H^2SO^4 + 2H^2O.$$

Ces dernières réactions sont appliquées dans la pratique ; la première permet d'éviter dans l'analyse qualitative des matières riches en fer, la formation d'un précipité de soufre lors du traitement de la solution par l'acide sulfhydrique pour la précipitation des métaux des groupes de l'arsenic et du cuivre.

$$Fe^2Cl^6 + H^2S = Fe^2Cl^4 + 2HCl + S.$$

La seconde permet de ramener au minimum d'oxydation les composés arséniques, facilitant ainsi la précipitation de l'arsenic par l'acide sulfhydrique (voy. p. 207).

Lorsqu'une solution dans laquelle on doit faire passer un courant d'acide sulfhydrique a été traitée par l'acide sulfureux, il importe d'éliminer au préalable l'excès de ce dernier gaz par l'action de la chaleur. En effet, en présence d'acide sulfureux, il y aurait formation de soufre d'après l'équation :

$$2H^2S + SO^2 = 2H^2O + 3S.$$

4. L'hydrogène naissant produit par l'action du zinc sur un acide, réduit l'anhydride sulfureux et le transforme en acide sulfhydrique reconnaissable à son odeur.

$$SO^2 + 3H^2 = H^2S + 2H^2O.$$

## DOSAGE

1. On peut avoir à doser l'anhydride sulfureux à l'occasion du dosage du soufre par grillage dans l'un ou l'autre sulfure. Nous avons vu qu'en pareil cas, l'anhydride sulfureux provenant du grillage est recueilli dans une solution oxydante, eau de brome, eau oxygénée, etc., et transformé de la sorte en acide

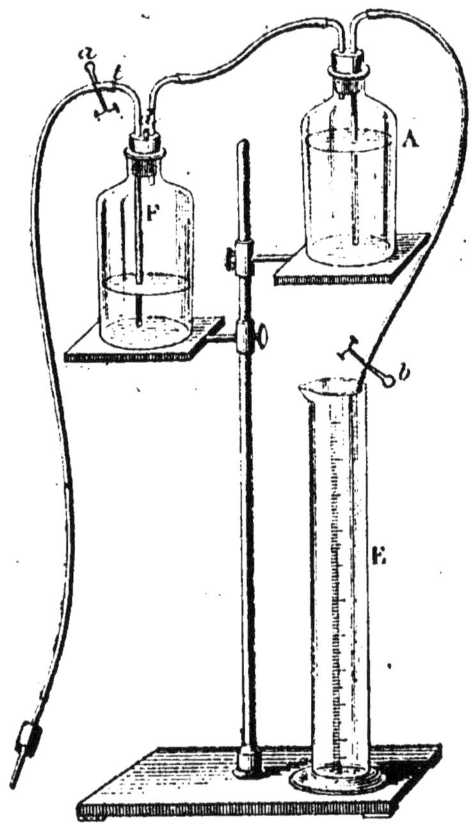


Fig. 33.

sulfurique (voy. au sujet de l'appareil à employer et de la conduite de l'opération, p. 320).

2. *Dosage dans les mélanges gazeux.* — On a souvent, spécialement dans la fabrication de l'acide sulfurique, à doser l'anhydride sulfureux dans des mélanges gazeux, notamment dans les gaz sortant des fours à griller les pyrites et les blendes.

La méthode de Reich peut être employée dans ce cas. Elle

est basée sur la transformation de l'acide sulfureux en acide sulfurique sous l'action de l'iode, d'après l'équation :

$$SO^2 + 2I + 2H^2O = H^2SO^4 + 2HI.$$

On fait usage de l'appareil suivant : un flacon F, de 250 à 300 centimètres cubes de capacité (fig. 33) est relié d'une part à la source gazeuse et, d'autre part, à un flacon A rempli d'eau et servant d'aspirateur.

Le tube *d* est fermé par un bouchon; il sert à l'introduction de la solution d'iode. Une éprouvette graduée E, permet de recueillir et de mesurer l'eau déplacée par le passage du gaz.

*Mode opératoire.* — On introduit dans le flacon d'absorption, 150 centimètres cubes d'eau, quelques grammes de bicarbonate sodique et quelques gouttes d'une solution déci normale d'iode, préparée en dissolvant 12,7 gr. d'iode pur dans une solution aqueuse concentrée de 18 grammes d'iodure potassique et diluant ultérieurement au volume d'un litre. On ajoute 2 à 3 centimètres cubes d'empois d'amidon pour colorer le liquide en bleu. On réunit le flacon F à la source gazeuse et, ouvrant les pinces *a* et *b*, on laisse arriver le gaz en F jusqu'à ce que le liquide soit décoloré. Cette première opération a pour but de remplir de gaz sulfureux le tube *t* qui réunit F à la source gazeuse. Au moment où la décoloration se produit en F, on interrompt l'arrivée du gaz et on verse en F 10 centimètres cubes de la solution d'iode. On ouvre ensuite la pince *b* jusqu'à ce que le gaz affleure à l'extrémité inférieure du tube *t*, puis, après avoir disposé l'éprouvette E de façon à recueillir l'eau qui s'écoule du flacon aspirateur, on laisse arriver le gaz en F jusqu'à décoloration complète du liquide. On a soin d'agiter le contenu du flacon F pendant le passage du gaz. Le volume de l'eau qui s'est écoulée en E, augmenté du volume du gaz absorbé en F représente le volume total du gaz mis en œuvre. 10 centimètres cubes de solution déci normale d'iode correspondent à $10 \times 0{,}00032$ gr. $SO^2$ qui occupent à 0° et sous une pression de 760 millimètres, un volume de 11,14 centimètres cubes. Si nous désignons par *m* le nombre de centimètres d'eau recueillis en E, la teneur centésimale en $SO^2$ du gaz analysé sera donnée par la relation.

$$\frac{11{,}14 \times 100}{m + 11}$$

## SULFITES

### CARACTÈRES

1. Les sulfites sont aisément décomposés par les acides même dilués, avec formation d'anhydride sulfureux dont une partie se dégage ; le reste demeure en solution et peut être éliminé entièrement sous l'action de la chaleur.

$$Na^2SO^3 + 2HCl = 2NaCl + SO^2 + H^2O.$$

L'anhydride sulfureux peut être caractérisé par son odeur ou par l'une ou l'autre des réactions décrites (p. 323 et suiv.).

2. *Les oxydants*, chlore, brome, iode, acide nitrique, eau oxygénée ammoniacale transforment facilement les sulfites en sulfates.

$$Na^2SO^3 + Br^2 + H^2O = Na^2SO^4 + 2HBr.$$
$$Na^2SO^3 + I^2 + H^2O = Na^2SO^4 + 2HI.$$
$$Na^2SO^3 + H^2O^2 = Na^2SO^4 + H^2O.$$

3. *Le chlorure barytique*, forme dans les solutions *neutres*, un précipité de sulfite barytique.

$$Na^2SO^3 + BaCl^2 = BaSO^3 + 2NaCl.$$

A la différence du sulfate barytique (voy. p. 328, n° 1), le sulfite est soluble dans l'acide chlorhydrique.

$$BaSO^3 + 2HCl = BaCl^2 + SO^2 + H^2O.$$

4. *Le nitrate argentique* forme du sulfite argentique blanc, soluble dans un excès de réactif, dans les acides et dans l'ammoniaque ; à chaud, le sulfite argentique est réduit avec précipitation d'argent métallique gris.

$$Na^2SO^3 + 2AgNO^3 = Ag^2SO^3 + 2NaNO^3.$$
$$Ag^2SO^3 + H^2O = Ag^2 + H^2SO^4.$$

5. *Le nitrate plombique* donne un précipité blanc de sulfite plombique $PbSO^3$.

6. Si l'on ajoute à une solution neutre ou légèrement alcaline de sulfite, du sulfate zincique et du nitroprussiate sodique, on obtient une coloration rouge (ou même un précipité, s'il y a notablement de sulfite). L'addition de quelques gouttes de ferrocyanure potassique renforce la coloration et peut même la

faire apparaître dans des solutions de sulfite très diluées, où elle ne se produirait pas sans l'addition de ce réactif.

Cette réaction ne se produit pas avec les hyposulfites; elle permet donc de distinguer ces derniers des sulfites.

La nature des composés qui se forment et le rôle du ferrocyanure ne sont pas nettement établis.

7. Par fusion avec un mélange alcalin oxydant (carbonate et nitrate alcalins, peroxyde sodique, etc.), les sulfites passent aisément à l'état de sulfate alcalin.

## DOSAGE

Dosage par pesée. — *Principe*. — Transformer le sulfite en sulfate au moyen d'un oxydant (voy. p. 324, n° 2) et, dans la solution obtenue, doser le sulfate formé, au moyen du chlorure barytique (voy. p. 329).

Si l'on a affaire à un sulfite soluble on peut, par exemple, verser sa solution dans l'eau de brome, éliminer l'excès de brome par la chaleur, ajouter quelques gouttes d'acide chlorhydrique et traiter ensuite par le chlorure barytique.

Les sulfites insolubles peuvent être transformés en sulfites alcalins par voie humide ou par voie sèche.

Dans le premier cas, on fait bouillir en présence de carbonate sodique afin de transformer le sulfite insoluble en sulfite alcalin soluble, qu'on sépare par filtration et qu'on oxyde ensuite.

Dans la méthode par voie sèche, on fond le sulfite avec un mélange alcalin oxydant (voy. Caractères, n° 7) et l'on épuise la masse fondue par l'eau après refroidissement.

Dans les deux cas, la solution contenant le sulfate doit être acidulée par l'acide chlorhydrique avant que l'on précipite le sulfate par le chlorure barytique, sinon il se formerait un précipité de carbonate barytique en même temps qu'un précipité de sulfate.

Dosage par titrimétrie. — *Principe*. — Faire agir sur la solution de sulfite un volume mesuré de solution titrée d'iode, dont on détermine ensuite l'excès par l'hyposulfite sodique.

$$Na^2SO^3 + I^2 + H^2O = Na^2SO^4 + 2HI.$$
$$2Na^2S^2O^3 + I^2 = Na^2S^4O^6 + 2NaI.$$

On prépare d'après les indications données (p. 125) une solution titrée d'iode et une solution titrée d'hyposulfite sodique.

La solution du sulfite alcalinisée par un bicarbonate alcalin est ensuite versée dans un volume mesuré de la solution d'iode.

On laisse alors couler dans le mélange, pour déterminer l'excès d'iode, la solution titrée d'hyposulfite. Lorsque la presque totalité de l'iode a disparu, on ajoute quelques centimètres cubes d'empois d'amidon, qui produisent avec un restant d'iode une coloration bleue intense (iodure d'amidon); on continue ensuite l'addition de l'hyposulfite jusqu'à ce que, tout l'iode étant consommé, la coloration disparaisse.

Connaissant le titre iode de l'hyposulfite, il est aisé de calculer le volume de solution titrée d'iode réellement employé pour l'oxydation du sulfite.

## HYPOSULFITES

### CARACTÈRES

1. *Les hyposulfites* traités par les acides non oxydants sont décomposés. L'acide hyposulfureux mis en liberté se décompose à son tour en donnant de l'anhydride sulfureux, du soufre (qui se précipite) et de l'eau.

$$Na^2S^2O^3 + 2HCl = 2NaCl + SO^2 + S + H^2O.$$

Rappelons que dans les mêmes conditions, les sulfites ne donnent pas de précipité de soufre.

$$Na^2SO^3 + 2HCl = 2NaCl + SO^2 + H^2O.$$

2. *Les hyposulfites sont des réducteurs;* le produit de leur oxydation varie suivant la nature de l'oxydant.

*Le chlore, le brome, l'eau oxygénée ammoniacale, l'acide nitrique* les transforment en sulfates.

$$Na^2S^2O^3 + 4Br^2 + 5H^2O = 2NaHSO^4 + 8HBr.$$

$$3Na^2S^2O^3 + \underbrace{8HNO^3}_{4H^2O\ 8NO\ O^{12}} = 3Na^2SO^4 + 3H^2SO^4 + 8NO + H^2O$$

L'iode les fait passer à l'état de tétrathionate, $R^2S^4O^6$.

$$2Na^2S^2O^3 + I^2 = 2NaI + Na^2S^4O^6.$$

Cette dernière réaction rend de grands services pour le dosage de l'iode dans de nombreux cas d'analyse quantitative.

Elle sert aussi pour le dosage des hyposulfites.

3. *Le chlorure barytique* produit dans les solutions assez concentrées un précipité blanc, cristallin, d'hyposulfite barytique légèrement soluble à froid, plus soluble à chaud.

$$Na^2S^2O^3 + BaCl^2 = BaS^2O^3 + 2NaCl.$$

4. *Le nitrate argentique et le nitrate plombique* produisent des précipités blancs d'hyposulfites de ces métaux $Ag^2S^2O^3$ et $PbS^2O^3$, solubles dans un excès d'hyposulfite.

Ces précipités et spécialement le premier, sont instables surtout à chaud ; il se forme dans le premier cas du sulfure argentique $Ag^2S$ (noir) ; dans le second cas, un mélange gris de sulfure (noir) et de sulfate plombique (blanc).

$$Ag^2S^2O^3 + H^2O = Ag^2S + H^2SO^4.$$
$$PbS^2O^3 + Pb(NO^3)^2 + H^2O = PbS + PbSO^4 + 2HNO^3.$$

5. *De même que l'anhydride sulfureux et les sulfites*, les hyposulfites produisent, sous l'action de l'hydrogène naissant (zinc et acide sulfurique) de l'acide sulfhydrique. En réalité, celui-ci se forme par la réaction de l'hydrogène sur l'anhydride sulfureux dégagé par la décomposition de l'hyposulfite en solution acide (voy. p. 321, n° 3).

$$\begin{cases} Na^2S^2O^3 + H^2SO^4 = Na^2SO^4 + SO^2 + S + H^2O. \\ SO^2 + 3H^2 = 2H^2O + H^2S. \end{cases}$$

6. Comme les sulfites, les hyposulfites sont transformés en sulfate alcalin par fusion avec un mélange alcalin oxydant (voy. p. 325, n° 7).

## DOSAGE

Dosage par pesée. — 1. *L'hyposulfite est transformé par oxydation en sulfate.* — De même que dans le cas des sulfites, on verse petit à petit dans un excès de réactif oxydant, la solution d'hyposulfite.

A cause de la facilité avec laquelle les hyposulfites donnent du soufre libre, on emploie avantageusement l'acide nitrique fumant ; cet oxydant, très énergique, transforme intégralement en acide sulfurique, par contact assez prolongé, le soufre qui a pu être mis en liberté. Avant de précipiter par le chlorure barytique, on doit éliminer l'acide nitrique par évaporation en présence d'acide chlorhydrique en excès, la précipitation du sulfate barytique ne devant pas se faire en solution nitrique (voy. p. 330).

2. *Par précipitation à l'état de sulfure argentique au moyen du nitrate argentique à chaud.* — Si l'on ajoute à une solution d'hyposulfite du nitrate argentique en excès et si l'on chauffe, l'hyposulfite argentique d'abord formé se décompose d'après l'équation :

$$Ag^2S^2O^3 + H^2O = Ag^2S + H^2SO^4.$$

On voit que des deux atomes de soufre d'une molécule d'hyposulfite, un est engagé dans le précipité de sulfure argentique. Ce dernier est recueilli, lavé et transformé par calcination en argent métallique qu'on pèse.

On peut aisément, en se basant sur ce qui vient d'être rappelé, déduire du poids d'argent la quantité correspondante d'hyposulfite.

Dosage par titrimétrie. — Le procédé repose sur l'action de l'iode sur les solutions d'hyposulfites (voy. caractères, n° 2).

On prépare une solution titrée d'iode (voy. p. 125) et on la laisse couler dans la solution d'hyposulfite additionnée d'empois d'amidon.

$$2Na^2S^2O^3 + I^2 = Na^2S^4O^6 + 2NaI.$$

Le terme de la réaction est indiqué par la coloration bleue qui se produit dans le liquide lorsque, tout l'hyposulfite étant transformé, une goutte d'iode en excès réagit avec l'amidon.

## SULFATES

### CARACTÈRES

1. *Le chlorure barytique* précipite les sulfates à l'état de sulfate barytique blanc.

$$BaCl^2 + K^2SO^4 = BaSO^4 + 2KCl.$$

Le sulfate barytique peut être considéré comme pratiquement insoluble dans l'eau et dans l'acide chlorhydrique très dilué [1]. Les sels barytiques permettent donc de déceler les moindres traces de sulfates; toutefois, lorsque la teneur en sulfate est très faible, le précipité peut n'apparaître qu'après un temps assez long.

Le sulfate barytique se dissout d'une façon appréciable dans

[1] On sait qu'il existe, à côté du sulfate barytique, d'autres sulfates à peu près insolubles ou légèrement solubles dans l'eau; citons ici les sulfates de plomb, de strontium, de calcium. Ces sulfates peuvent rendre certains services pour le dosage du métal qui entre dans leur composition; c'est le cas surtout pour le sulfate de plomb; mais, aucun d'eux n'étant insoluble au même degré que le sulfate barytique, les sels solubles de plomb, de strontium, de calcium, etc., sont moins avantageux que les sels barytiques pour la recherche des sulfates, et, par suite, il n'y a pas lieu de les considérer comme réactifs de ces derniers.

l'acide sulfurique concentré et chaud. Par dilution, il se précipite de nouveau. Cette propriété, qui est commune au sulfate précipité et au sulfate naturel (barytine), permet de rechercher rapidement le sulfate barytique en présence de silice, opération assez fréquente en analyse.

Précipité à froid, le sulfate barytique est très ténu, se dépose très difficilement et traverse avec grande facilité les pores du papier à filtrer. Obtenu à l'ébullition, au contraire, à l'aide du chlorure barytique bouillant et dans un liquide *légèrement* acidulé par l'acide chlorhydrique, il est grenu, se dépose rapidement et se laisse filtrer et laver à peu près aussi facilement que du sable.

*Remarque.* — La réaction qui nous occupe a une très grande importance pratique; elle permet, en effet, de rechercher et de doser les sulfates en présence des autres genres de sels et de la plupart des métaux.

2. Les sulfates, fondus avec un carbonate alcalin, passent à l'état de sulfate alcalin. Cette réaction permet de transformer en sulfate soluble, précipitable par les sels barytiques, la barytine qu'on rencontre parfois dans divers produits, minerais et autres, plus ou moins importants.

$$BaSO^4 + Na^2CO^3 = BaCO^3 + Na^2SO^4.$$

*Caractère particulier aux sulfates alcalins acides.* — Ces sulfates $KHSO^4$, $NaHSO^4$, sous l'action d'une température suffisamment élevée se transforment en disulfates qui se décomposent à leur tour en sulfate neutre et anhydride sulfurique (vapeurs blanches).

$$\left\{\begin{array}{l} 2KHSO^4 = K^2S^2O^7 + H^2O. \\ K^2S^2O^7 = K^2SO^4 + SO^3. \end{array}\right.$$

C'est sur cette décomposition, qui aboutit à la mise en liberté d'anhydride sulfurique à haute température, qu'est basé l'emploi des sulfates acides pour la désagrégation des oxydes naturels de chrome, d'aluminium, etc., inattaquables par les acides.

## DOSAGE

Dosage par précipitation a l'état de sulfate barytique. — La solution du sulfate amenée au volume de 200 à 250 centimètres cubes et contenant 2 ou 3 centimètres cubes d'acide chlorhydrique libre est traitée à l'ébullition par une solution bouillante de chlorure barytique employée en léger excès; on entretient encore l'ébullition pendant quelques minutes après l'addition du réactif, puis on laisse déposer le sulfate barytique formé; on filtre après quelques heures de repos; on lave le précipité à plusieurs reprises par décantation au moyen d'eau bouillante; on achève le lavage sur filtre jusqu'à ce que les eaux de lavage ne donnent plus trace de réaction de chlore, puis on sèche et calcine le précipité.

*Observations au sujet de la précipitation et du dosage du sulfate barytique.* — La précipitation du sulfate barytique doit se faire en solution chlorhydrique *très légèrement acide;* en effet, en présence d'acide libre en quantité importante, il se peut qu'une partie du sulfate soit dissoute. Le liquide doit être absolument exempt de nitrates et d'acide nitrique pour la même raison.

La précipitation doit se faire dans le liquide bouillant, le réactif étant lui-même chauffé; ce n'est que dans ces conditions qu'on obtient un précipité de sulfate grenu se déposant rapidement et d'un lavage facile.

Le sulfate barytique retenant énergiquement une certaine quantité des sels en présence desquels il est précipité, on doit apporter à son lavage des soins tout particuliers. Le lavage se fera d'abord par décantation à trois ou quatre reprises au moyen d'eau bouillante; on amènera ensuite le précipité sur le filtre et on continuera à laver à l'eau bouillante jusqu'à ce que les eaux de lavage ne renferment plus trace de chlorure.

Le sulfate barytique bien lavé se présente, après calcination, sous forme d'une poudre blanche; si le lavage a été incomplet, il forme souvent une masse cohérente.

*Cas particulier où l'on a à doser les sulfates dans une solution riche en fer.* — Ce cas se présente assez fréquemment dans l'analyse des pyrites, des minerais de fer, des produits sidérurgiques, des blendes ferrugineuses, etc.

Si l'on traite par le chlorure barytique la solution acide provenant de la mise en solution de telles substances par un réactif oxydant, le précipité de sulfate barytique qui se forme entraîne avec lui une quantité variable de fer. Quel que soit l'état sous lequel ce fer puisse être précipité, le dosage n'offre plus les garanties d'exactitude qu'il présente lorsque le sulfate est obtenu pur. Il y a donc lieu d'éviter le passage du fer dans le précipité. Divers procédés ont été proposés dans ce but. Nous citerons spécialement ceux de Lunge et de Meinecke.

Le premier de ces auteurs enlève le fer à la solution avant de précipiter le sulfate

Meinecke réduit le sel ferrique à l'état ferreux par le zinc; la précipitation peut alors être faite sans qu'il y ait entraînement de fer.

*Procédé Lunge.* — La solution ferrique est additionnée d'ammoniaque *en léger excès*; on la chauffe ensuite vers 70° (il faut éviter de chauffer à l'ébullition) et on entretient cette température pendant dix à quinze minutes; pendant toute la durée de l'opération, le liquide doit dégager nettement l'odeur de l'ammoniaque, sans quoi le précipité d'hydrate ferrique produit par ce réactif serait mélangé d'un peu de sulfate ferrique formé aux dépens de l'acide sulfurique à doser. Après avoir chauffé pendant le temps voulu, on filtre pour séparer le précipité d'hydrate ferrique et on lave à l'eau chaude. Le filtrat et les eaux de lavage contiennent la totalité de l'acide sulfurique; on les concentre éventuellement de façon qu'ils ne dépassent pas le volume de 200 centimètres cubes environ, puis, après avoir acidulé *très légèrement* par l'acide chlorhydrique, on chauffe à l'ébullition et on précipite l'acide sulfurique par du chlorure barytique bouillant.

*Procédé Meinecke.* — La solution ferrugineuse acide est additionnée d'un peu de zinc en grenailles qu'on laisse agir jusqu'à ce que la majeure partie du fer soit ramenée à l'état ferreux. D'après L. de Koninck, l'addition de quelques gouttes de solution de chlorure cadmique accélère notablement la réduction.

Après avoir filtré pour séparer, le cas échéant, le zinc en excès, on précipite à l'ébullition l'acide sulfurique par le chlorure barytique comme dans le cas précédent.

*L'on a affaire à des sulfates insolubles.* — En pareil cas, on fond la matière avec environ dix fois son poids de carbonate sodico-potassique, de façon à transformer le sulfate insoluble en sulfate alcalin soluble (voy. caractères, n° 2). La masse fondue est, après refroidissement, dissoute dans l'eau chaude. Après avoir filtré, le cas échéant, pour séparer des matières insolubles (carbonates, oxydes, etc.), on acidule légèrement par l'acide chlorhydrique la solution alcaline contenant tout le sulfate et l'excès de carbonate, puis on chauffe à l'ébullition et on traite par le chlorure barytique comme précédemment.

Comme nous l'avons dit déjà, le procédé est applicable au dosage de la barytine qu'on rencontre assez souvent dans divers minerais. A la reprise par l'eau, le baryum reste non dissous à l'état de carbonate et peut être séparé du sulfate soluble par filtration.

$$BaSO^4 + Na^2CO^3 = BaCO^3 + Na^2SO^4.$$

Dosage des sulfates acides. — Ce dosage, assez rare, se préseule par exemple, dans l'analyse du sulfate de soude commercial. Nous décrirons la manière d'opérer dans ce cas particulier, en tenant compte de la présence du fer et de l'alumine qui existent généralement en petites quantités dans le sulfate de soude. On dissout dans un minimum d'eau 5 grammes de sulfate; on ajoute 9 grammes de chlorure barytique solide, qui précipitent tout l'acide sulfurique à l'état de sulfate barytique, transformant ainsi les différents sulfates en chlorures. On ajoute sans filtrer quelques gouttes de teinture de tournesol, puis on titre jusqu'à virage au bleu de l'indicateur, au moyen d'une solution titrée de soude caustique de faible concentration, décinormale, par exemple. On calcule la quantité d'acide neutralisée par la soude d'après l'équation :

$$2NaOH + H^2SO^4 = Na^2SO^4 + 2H^2O.$$

Du résultat trouvé, on soustrait l'acide correspondant au fer et à l'alumine $[Fe^2(SO^4)^3, Al^2(SO^4)]^3$, en se basant sur les teneurs trouvées pour ces deux éléments au cours de l'analyse. Le reste représente l'acide sulfurique combiné à l'état de sulfate acide.

*Observation.* — L'addition de chlorure barytique a pour but de transformer en chlorures les sulfates, et spécialement les sulfates de fer et d'alumine. Avec ces derniers, l'hydrate sodique formerait des sulfates basiques, tandis qu'avec les chlorures, il forme les hydrates, de formules bien déterminées.

## PERSULFATES

Les persulfates dérivent de l'acide persulfurique $H^2S^2O^8$. Les sels alcalins peuvent être obtenus par l'électrolyse des solutions des sulfates correspondants.

Les persulfates peuvent agir comme oxydants et sont parfois employés en analyse à cause de cette propriété. Si on chauffe à l'ébullition leur solution légèrement acide, ils se décomposent avec formation de sulfate et d'acide sulfurique et dégagement d'oxygène conformément à l'équation :

$$R^2S^2O^8 + H^2O = R^2SO^4 + H^2SO^4 + O.$$

Si l'on ajoute un persulfate à la solution d'un sel manganeux et si l'on chauffe, le persulfate de manganèse, d'abord formé, se décompose, et tout le manganèse est précipité à l'état de peroxyde hydraté, d'après l'équation[1] :

$$MnS^2O^8 + 3H^2O = MnO^2,H^2O + 2H^2SO^4.$$

Les persulfates donnent aussi avec les sels de nickel et de cobalt des précipités d'oxydes nickelique ou cobaltique.

Recherche de sulfure (soluble) hyposulfite, sulfite et sulfate. — V. Miller et Kiliani indiquent pour cette recherche la méthode suivante.

La solution est traitée par du chlorure ou du nitrate de zinc qui précipite le sulfure à l'état de sulfure de zinc.

Le filtrat est traité par le nitrate strontique qui précipite le sulfite et le sulfate à l'état de $SrSO^3$ et de $SrSO^4$, l'un et l'autre très peu solubles dans l'eau[2]. On filtre sur un double filtre pour séparer l'hyposulfite resté en solution, qu'on caractérise par addition d'acide chlorhydrique (dégagement de $SO^2$ et précipitation de soufre, voy. p. 326, n° 1).

Le précipité, soigneusement lavé, est traité par l'acide chlorhydrique dilué. S'il se produit un dégagement d'anhydride sulfureux, on peut conclure à la présence de sulfite.

Si, après traitement par l'acide chlorhydrique dilué, il reste un résidu, ce résidu est formé de sulfate strontique.

Quelques cas de séparation des composés du soufre. — *Sulfure (soluble) et chlorure.* — La solution est traitée par du nitrate d'argent ammoniacal ; le sulfure est seul précipité, à l'état de sulfure d'argent $Ag^2S$ ; le précipité est recueilli et sert au dosage du soufre (voy. p. 317).

Le filtrat du sulfure est acidulé par l'acide nitrique, afin d'obtenir la précipitation du chlorure à l'état de AgCl.

(Exemple : analyse du carbonate de soude.)

*Sulfure et fluorure* (Ce cas se présente, par exemple, dans l'analyse des blendes fluorées.)

On dose dans une prise d'essai le soufre total. Dans une seconde prise on dose le fluor en le transformant par l'action de l'acide sulfurique concentré et de la silice en fluorure de silicium, puis en acide fluosilicique qu'on peut peser à l'état de fluosilicate potassique (voy. p. 292, *a*).

[1] Von Knorre a fait de cette propriété la base d'un procédé de dosage du manganèse (Ztf. f. ang. ch., 1901, p. 1149).

[2] Le sulfite de strontium est soluble dans 30 000 et le sulfate dans 7 000 parties d'eau.

L'acide sulfhydrique et l'anhydride sulfureux qui se dégagent lors du traitement de la matière par l'acide sulfurique concentré et chaud ne nuisent pas à l'exactitude du dosage.

*Sulfure soluble et hyposulfite.* — 1. On peut utiliser la propriété que présentent les sulfures solubles de se transformer en sulfure cadmique CdS (insoluble) par agitation avec du carbonate cadmique en suspension dans l'eau ; il se forme en même temps une quantité correspondante de carbonate du métal entrant dans la composition du sulfure. Le précipité de sulfure cadmique (mélangé de l'excès de carbonate) est recueilli et sert au dosage du sulfure (voy. dosage du soufre dans les sulfures, p. 314 et suiv.).

Dans le filtrat du précipité cadmique, on précipite à chaud l'hyposulfite à l'état de sulfure d'argent par une solution de nitrate d'argent. On doit opérer en solution ammoniacale afin que le sel d'argent ne forme pas de précipité au contact du carbonate alcalin qui s'est produit lors du traitement de la solution par le carbonate cadmique.

2. On peut diviser la solution en deux parties. Dans l'une on amène tout le soufre par oxydation à l'état de sulfate et on le dose sous cette forme par le chlorure barytique (voy. p. 329).

La seconde partie est additionnée de sulfate de zinc qui précipite le sulfure à l'état de sulfure zincique ZnS. Après avoir dilué à un volume déterminé avec de l'eau bouillie (c'est-à-dire exempte d'oxygène), on laisse déposer le précipité et, dans une partie aliquote du liquide clair, prélevée à l'aide d'une pipette, on dose l'hyposulfite par l'iode (voy. p. 328).

*Sulfure (soluble) et sulfite.* — On peut opérer exactement comme dans le cas précédent (2). Le sulfite est dosé par l'iode (voy. p. 325) dans le filtrat séparé du sulfure de zinc.

*Sulfite et hyposulfite.* — On opère sur deux prises d'essai. Dans l'une, on amène par oxydation tout le soufre à l'état de sulfate et on le dose à l'état de sulfate barytique.

La seconde prise d'essai est traitée à chaud par le nitrate d'argent ; le précipité qui se forme comprend, outre du sulfite d'argent et de l'argent (provenant de la décomposition du sulfite), la totalité du soufre de l'hyposulfite, à l'état de sulfure d'argent $Ag^2S$.

On ajoute de l'ammoniaque pour dissoudre le sulfite argentique et on filtre ; dans le précipité restant sur le filtre, on dose le soufre du sulfure d'argent ; ce soufre correspond à l'hyposulfite dans le rapport de 1 molécule $H^2S^2O^3$ par atome de soufre (voy. p. 327, n° 2).

On peut aussi, et, même plus simplement, calciner le précipité de sulfure d'argent ($Ag^2S$), peser l'argent restant comme résidu et calculer la quantité correspondante de soufre.

Connaissant la quantité de soufre total et celle qui correspond à l'hyposulfite, on calcule aisément la quantité de soufre existant à l'état de sulfite.

*Sulfure (soluble) et sulfate.* — 1. On traite le mélange par l'acide chlorhydrique et on recueille l'acide sulfhydrique provenant de la décomposition du sulfure dans un réactif oxydant ou dans une solution métallique (voy. p. 315, I).

La solution exempte de sulfure sert pour le dosage du sulfate, par précipitation au moyen du chlorure barytique (voy. p. 329).

2. On transforme le sulfure soluble en sulfure cadmique (insoluble) en agitant la solution avec du carbonate cadmique. Dans le précipité, formé de sulfure cadmique et de l'excès de carbonate, on dose le soufre, par exemple, après transformation en sulfate par oxydation.

Le filtrat acidulé par l'acide chlorhydrique, est traité à l'ébullition par le chlorure barytique, afin de précipiter le sulfate à l'état de $BaSO^4$.

*Sulfure et carbonate.* — (Voy. séparations des carbonates.)

*Sulfure (décomposable par l'acide chlorhydrique) en présence d'oxyde ferrique et de sulfate* (d'après V. Hassreidter et P. Van Zuylen). Ce cas se présente dans l'analyse des blendes grillées lorsqu'on désire connaître la quantité de soufre restant à l'état de sulfure après grillage.

On ne peut se borner dans ce cas à décomposer la substance par l'acide chlorhydrique et à doser l'acide sulfhydrique dégagé. En effet, l'oxyde ferrique, sous l'action de l'acide chlorhydrique passe à l'état de chlorure ferrique et celui-ci pourrait réagir, avec une partie au moins de l'acide sulfhydrique, d'après l'équation :

$$Fe^2Cl^6 + H^2S = Fe^2Cl^4 + 2HCl + S.$$

On peut tourner la difficulté en attaquant la matière à laquelle on a mélangé quelques grammes d'étain métallique, par de l'acide chlorhydrique chargé de chlorure stanneux ; le fer, est, dans ces conditions, maintenu à l'état de chlorure ferreux, et l'acide sulfhydrique dû à la décomposition des sulfures, se dégage en totalité et peut être recueilli et dosé.

*Sulfite et sulfate.* — Divers moyens sont également recommandables.

On peut, entre autres, dans une première prise d'essai, amener tout le soufre à l'état de sulfate et le précipiter ensuite à l'état de sulfate barytique.

Dans une seconde prise d'essai, on peut doser le sulfite par l'iode; ou bien, on décompose le sulfite par l'acide chlorhydrique et on reçoit l'anhydride sulfureux dégagé dans un réactif oxydant qui le fait passer à l'état d'acide sulfurique (voy. p. 321, n° 2) qu'on dose par le chlorure barytique.

*Hyposulfite et sulfate.* — 1. Dans une première prise d'essai, on amène tout le soufre à l'état de sulfate par oxydation et on le dose à l'état de sulfate barytique.

Une seconde prise sert au dosage de l'hyposulfite par l'iode.

La différence entre les deux résultats correspond au soufre existant à l'état de sulfate.

2. On dose le soufre total, d'après 1, dans une partie de la substance.

Une seconde portion est traitée à l'abri de l'air par l'acide chlorhydrique afin de décomposer l'hyposulfite; après avoir filtré pour séparer le soufre qui s'est formé, on dose le sulfate à l'aide du chlorure barytique.

La différence entre les deux résultats représente le soufre existant sous forme d'hyposulfite.

*Sulfure (soluble) hyposulfite, sulfite et sulfate.* — Cette séparation (d'ailleurs assez rare en pratique) peut se faire de la manière suivante.

La solution est agitée à l'abri de l'air avec du carbonate cadmique, qui transforme le sulfure en sulfure cadmique (insoluble) qui est recueilli et dans lequel on dose le soufre (voy. p. 314).

Le filtrat est dilué à un volume déterminé dans un matras jaugé. On prélève ensuite trois prises d'essai du liquide.

Dans l'une, on amène par oxydation tout le soufre à l'état de sulfate et on précipite par le chlorure barytique.

Une seconde partie est traitée à l'abri de l'air et à chaud par l'acide chlorhydrique jusqu'à décomposition complète des sulfites et hyposulfites et élimination de l'anhydride sulfureux provenant de cette décomposition. Dans le résidu de l'opération, on dose le sulfate par le chlorure barytique.

Enfin, dans une troisième prise, on dose l'hyposulfite en traitant à chaud par le nitrate d'argent, puis par l'ammoniaque pour dissoudre le sulfite d'argent, et déterminant le soufre dans le précipité de sulfure d'argent formé (voy. p. 317 B).

On possède ainsi tous les éléments nécessaires pour calculer quelle est la quantité de soufre existant sous les divers états de combinaison.

# MÉTALLOIDES TRIVALENTS

## AZOTE

L'azote ne se combine à la température ordinaire à aucun autre élément. Il ne réagit ni avec les acides, ni avec les bases. Pour doser l'azote dans les mélanges gazeux, opération fréquente dans l'analyse des gaz industriels (gaz à l'air, etc.), on élimine successivement, en les faisant absorber par des réactifs appropriés, l'anhydride carbonique, l'oxygène, l'oxyde de carbone, en un mot, tous les constituants du mélange autres que l'azote, qui reste comme résidu et dont on peut alors mesurer le volume.

## NITRATES

### CARACTÈRES

1. Les nitrates sont décomposés par l'acide chlorhydrique avec formation de chlorures. Pour transformer des nitrates en solution en chlorures, il suffit donc d'évaporer en présence d'un excès d'acide chlorhydrique.

Cette opération est fréquente en analyse.

2. *L'acide sulfurique* décompose les nitrates avec mise en liberté d'acide nitrique.

$$NaNO^3 + H^2SO^4 = NaHSO^4 + HNO^3.$$
$$NaHSO^4 + NaNO^3 = Na^2SO^4 + HNO^3.$$

En somme, on a :

$$2NaNO^3 + H^2SO^4 = Na^2SO^4 + 2HNO^3.$$

L'acide nitrique ainsi formé peut exercer alors son action oxydante sur des substances réductrices [1].

[1] L'action oxydante de l'acide nitrique a déjà été exposée à propos des caractères des sels ferreux (voy. p. 99, c).

Ainsi, par exemple, si l'on ajoute une solution d'un sel ferreux à un mélange froid d'un nitrate et d'acide sulfurique, le sel ferreux est oxydé, en même temps que l'acide nitrique est réduit à l'état d'oxyde nitrique.

$$3Fe^{2}(SO^{4})^{2} + \underbrace{\underbrace{2HNO^{3}}_{N^{2}O^{5}\ H^{2}O}}_{2NO\ O^{3}\ H^{2}O} + 3H^{2}SO^{4} = 3Fe^{2}(SO^{4})^{3} + 2NO + 4H^{2}O.$$

Si l'on a soin d'opérer à froid, et si l'on superpose à l'aide d'une pipette, la solution ferreuse au mélange acide, l'oxyde nitrique se dissout à la zone de contact dans le sulfate ferreux, qu'il colore en brun noir. Si l'on chauffe, l'oxyde nitrique se dégage et la coloration disparaît.

En arrivant en contact avec l'oxygène de l'air, l'oxyde nitrique produit des vapeurs rouges (vapeurs rutilantes) par suite de sa transformation en bioxyde $NO^{2}$.

$$NO + O = NO^{2}.$$

Cette réaction est donc utilisable pour la recherche et pour le dosage des nitrates. En effet, elle permet d'obtenir tout l'azote du nitrate à l'état d'oxyde nitrique, gaz que l'on peut recevoir sur l'eau et dont on peut mesurer le volume.

3. Les nitrates, traités à *l'abri de l'air* par de l'acide sulfurique concentré, en présence de mercure, sont réduits à l'état d'oxyde nitrique.

Les équations suivantes permettent d'interpréter les réactions :

$$2NaNO^{3} + 2H^{2}SO^{4} = 2NaHSO^{4} + 2HNO^{3}$$

$$\underbrace{\underbrace{2HNO^{3}}_{N^{2}O^{5}\ H^{2}O}}_{2NO\ O^{3}\ H^{2}O} + 3Hg + 3H^{2}SO^{4} = \underbrace{3HgSO^{4}}_{3(HgO\ SO^{3})} + 2NO + 4H^{2}O$$

*Observation*. — Cette réaction, est, comme la précédente, utilisée pour le dosage des nitrates (voy. dosage par gazométrie).

4. Si l'on ajoute à une solution de nitrate rendue acide par de l'acide sulfurique (et contenant, par conséquent, de l'acide nitrique libre) une solution d'indigo (bleue) la coloration disparaît par suite de l'oxydation par l'acide nitrique, de l'indigo à l'état d'isatine (jaune). On peut représenter cette réaction par l'équation :

$$\underbrace{C^{6}H^{4}\left\langle\begin{matrix}CO\\NH\end{matrix}\right\rangle C = C\left\langle\begin{matrix}CO\\NH\end{matrix}\right\rangle C^{6}H^{4}}_{C^{16}H^{10}N^{2}O^{2}.} + O^{2} = 2\underbrace{\left(C^{6}H^{4}\left\langle\begin{matrix}CO\\NH\end{matrix}\right\rangle C = O\right)}_{C^{16}H^{10}N^{2}O^{4}}.$$

La réaction est utilisée pour le dosage des nitrates dans les eaux.

5. L'azote des nitrates peut être transformé en ammoniaque de diverses manières, notamment par l'hydrogène naissant produit en solution alcaline par l'action de l'aluminium sur un hydrate alcalin.

Les équations suivantes rendent compte des réactions.

$$\begin{cases} 6NaOH + 2Al^2 + 3H^2O = 3Na^2O2Al^2O^3 + 6H^2. \\ NaNO^3 + 4H^2 = NaOH + NH^3 + 2H^2O. \end{cases}$$

On peut aussi réduire les nitrates par l'action de l'acide sulfurique concentré et chaud en présence de composés organiques aromatiques et de réducteurs. Les composés aromatiques donnent, sous l'action de l'acide nitrique des nitrates, mis en liberté par l'acide sulfurique, des composés nitrés que le réducteur transforme en composés amidés et finalement en ammoniaque qui s'unit à l'acide sulfurique pour former du sulfate ammonique (Réaction utilisée pour le dosage des nitrates).

6. Si l'on ajoute du cadmium à une solution de nitrate acidulée d'acide sulfurique, il se produit de l'acide nitreux.

$$\begin{cases} 2KNO^3 + H^2SO^4 = K^2SO^4 + 2HNO^3. \\ HNO^3 + Cd + H^2SO^4 = HNO^2 + CdSO^4 + H^2O. \end{cases}$$

7. Si l'on traite par le zinc une solution de nitrate acidulée d'acide sulfurique, il peut se produire de l'hydroxylamine et de l'ammoniaque.

$$HNO^3 + 3Zn + 3H^2SO^4 = NH^2OH + 3ZnSO^4 + 2H^2O.$$
$$NH^2OH + H^2SO^4 = NH^2OH\ H^2SO^4$$
$$HNO^3 + 4Zn + 4H^2SO^4 = NH^3 + 4ZnSO^4 + 3H^2O.$$

Puis :

$$2NH^3 + H^2SO^4 = (NH^4)^2SO^4.$$

La présence de l'hydroxylamine peut être décelée par l'action réductrice de cette substance sur certaines solutions métalliques. Avec une solution tartro-alcaline de sel cuivrique, on obtient un précipité rouge d'oxyde cuivreux.

$$2NH^2(OH) + 4CuO = 2Cu^2O + N^2O + 3H^2O.$$

8. Les nitrates, surtout lorsqu'ils sont en solution diluée, colorent en bleu la solution de sulfate de diphénylamine. Il se produit du bleu de diphenylamine [1].

9. Ajoutés à une solution de brucine dans l'acide sulfurique, ils colorent cette solution en rouge.

[1] Les chlorates donnent lieu aux mêmes réactions.

10. L'acide phénolsulfonique (obtenu par dissolution de phénol $C^6H^5OH$ dans l'acide sulfurique concentré et dilution ultérieure avec de l'eau) se colore en rouge, sous l'action de quantités même très faibles de nitrate. Sous l'action de l'ammoniaque, la couleur rouge passe au jaune, par suite de la formation de picrate ammonique $C^6H^2(NO^2)^3ONH^4$.

11. Sous l'action de la chaleur, les nitrates alcalins sont décomposés; il se forme du nitrite et de l'oxygène se dégage.

$$KNO^3 = KNO^2 + O.$$

C'est sur cette propriété que repose l'emploi si fréquent du nitrate potassique comme oxydant par voie sèche.

*Observation.* — En fait, une partie du sel peut se décomposer en ne laissant qu'un résidu d'oxyde; il se forme en même temps de l'azote et de l'oxygène. La durée de la chauffe et le degré de température entrent ici en ligne de compte.

## DOSAGE

Le dosage des nitrates est une opération qui se présente très fréquemment, les nitrates et spécialement les nitrates alcalins étant aujourd'hui très utilisés industriellement. Rappelons à ce propos l'emploi de plus en plus étendu du nitrate sodique (salpêtre du Chili) comme engrais et comme matière première de la fabrication de l'acide sulfurique, et l'application du nitrate potassique (salpêtre) et du nitrate ammonique à la fabrication des poudres et explosifs.

Les procédés proposés pour le dosage des nitrates sont nombreux; les plus importants et en même temps ceux dont l'exécution est la plus simple sont les procédés basés sur la réduction de l'acide nitrique en oxyde nitrique NO, dont on mesure le volume. Parmi les procédés par pesée, citons ceux qui reposent sur la transformation des nitrates en ammoniaque par l'action de l'hydrogène naissant ou par l'action de l'acide sulfurique en présence de matières organiques aromatiques et d'un réducteur.

Le dosage des nitrates dans les eaux se fait souvent à l'aide du procédé basé sur la décoloration du sulfate d'indigo par l'acide nitrique.

### I. Procédés par pesée.

1. *Par transformation de l'acide nitrique en ammoniaque par l'hydrogène naissant en solution alcaline et dosage de l'ammoniaque par alcalimétrie* (voy. caractères, n° 5, p. 339).

On peut faire usage pour cette opération de l'appareil décrit à propos du dosage de l'ammoniaque (voy. p. 41).

La prise d'essai est introduite dans le ballon A, avec une certaine quantité d'eau; on ajoute ensuite 50 grammes de zinc et 25 grammes de limaille de fer, puis, l'appareil étant monté comme l'indique la figure 3 (p. 41) et le petit ballon B étant chargé d'hydrate sodique (densité 1,2), on fait arriver en A environ 50 centimètres cubes de cet hydrate. On laisse agir à froid pendant une heure, puis on chauffe à l'ébullition et on distille jusqu'à ce que toute l'ammoniaque produite par l'action de l'hydrogène naissant sur le nitrate soit passée dans le condenseur D chargé d'acide sulfurique titré.

Le dosage s'achève dans les conditions indiquées à propos du dosage de l'ammoniaque (voy. p. 41, 2°).

2. *Le procédé de Kjeldahl* permet, moyennant certaines modifications, de doser l'azote existant à l'état de nitrate, au même titre que l'azote entrant dans la composition des matières organiques.

Le procédé de Kjeldahl, qui rend de très grands services pour le dosage de l'azote dans les engrais organiques, dans les houilles, et, d'une manière générale dans les substances organiques azotées, est basé sur ce fait que si l'on chauffe avec de l'acide sulfurique concentré, une substance organique azotée (l'azote n'étant pas à l'état de nitrate) tout l'azote est finalement transformé en ammoniaque qui forme avec l'acide sulfurique du sulfate ammonique.

Lorsque ce résultat est atteint, on distille en présence d'hydrate alcalin qui dégage l'ammoniaque (voy. p. 41). Cette ammoniaque peut être recueillie et dosée par alcalimétrie.

Sous cette forme, le procédé n'est pas applicable en présence de nitrates, l'azote de ceux-ci n'étant pas ou n'étant que partiellement transformé en ammoniaque. Mais, si l'on opère en présence d'une substance organique aromatique et d'un réducteur, la transformation de l'azote nitrique en ammoniaque peut être obtenue complète pour les raisons que nous avons indiquées précédemment (Voy. caractères, n° 5, p. 339).

En pratique, on fait usage comme substance aromatique, d'acide phénolsulfonique (obtenu en dissolvant 20 grammes d'acide phénique dans 1 litre d'acide sulfurique concentré).

Un gramme de la substance analysée est traité dans un ballon distillatoire par 25 centimètres cubes d'acide phénolsulfonique. L'acide nitrique contenu dans la matière est transformé au bout de quelques minutes en nitrophénol. On ajoute ensuite 2 à 3 grammes de poussière de zinc exempte d'azote et 0,5 gr. à

1 gramme de mercure, puis on fait bouillir pendant trente à quarante-cinq minutes ; tous les composés de l'azote sont alors transformés en ammoniaque. Après avoir laissé refroidir, on ajoute avec précaution de l'eau distillée ; on laisse refroidir de nouveau le liquide qui s'est échauffé par l'action de l'eau sur l'acide sulfurique, puis on ajoute de l'hydrate sodique en excès et on distille jusqu'à élimination complète de l'ammoniaque qu'on reçoit dans un condenseur renfermant de l'acide sulfurique titré (voy. p. 41.)

*Remarque.* — Cette méthode est préconisée par la « Verein deutscher Dünger-Fabrikanten » (1903) pour le dosage de l'azote total (organique, ammoniacal et nitrique) dans les engrais.

II. Procédé titrimétrique basé sur la transformation de l'indigo en isatine par l'acide nitrique en présence d'acide sulfurique (Voy. Caractères, p. 338, n° 4.)

La méthode est surtout applicable au dosage de petites quantités de nitrates, comme on en rencontre dans les eaux.

*Solutions nécessaires.* — *a.* Solution titrée de nitrate potassique préparée en dissolvant 1,8724 gr. de ce sel dans l'eau et diluant au volume d'un litre. Cette solution contient par centimètre cube 1 milligramme d'anhydride nitrique $N^2O^5$.

*b.* Solution de sulfate d'indigo obtenue soit en dissolvant 2 grammes d'indigotine dans un litre d'acide sulfurique, soit en dissolvant dans l'eau du sulfate d'indigo en quantité telle que 6 à 8 centimètres cubes de cette solution correspondent à 1 milligramme d'anhydride nitrique.

En possession de ces solutions, on opère, d'après Fresenius, de la manière suivante.

On commence par se renseigner sur la teneur approximative de l'eau en nitrate. Pour cela, on ajoute d'un trait à 25 centimètres cubes de l'eau analysée, 50 centimètres cubes d'acide sulfurique concentré, puis, on laisse couler dans le liquide, en se servant d'une burette graduée, la solution d'indigo jusqu'à ce que, le réactif étant en excès, il se produise une coloration verdâtre persistante.

Si l'essai a nécessité plus de 20 centimètres cubes de solution d'indigo, on le recommence en opérant sur la quantité d'eau reconnue nécessaire pour rester dans les limites voulues ; on amène préalablement au volume de 25 centimètres cubes à l'aide d'eau distillée. On répète une nouvelle fois l'essai sur un même volume d'eau que dans le cas précédent et l'on ajoute autant de solution d'indigo qu'il a été reconnu nécessaire ; puis on verse dans le liquide un volume d'acide sulfurique concentré égal à celui de l'eau et du sulfate d'indigo employé ; on laisse ensuite couler du sulfate d'indigo jusqu'à coloration verdâtre persistante.

Enfin, on procède à un dernier essai qu'on effectue comme le précédent; seulement on ajoute un demi-centimètre cube de solution d'indigo en moins que la quantité consommée dans ce dernier.

On titre, d'autre part, la solution d'indigo à l'aide de la solution de nitrate potassique, en se plaçant dans les mêmes conditions que pour l'analyse. A la suite d'un premier essai, on en fait un second dans lequel on emploie une quantité de nitrate telle qu'elle nécessite à peu près autant de solution d'indigo que l'analyse proprement dite.

Une proportion permet alors de calculer la teneur en nitrate de l'eau analysée.

III. Procédés gazométriques dans lesquels l'acide nitrique est réduit a l'état d'oxyde nitrique dont on mesure le volume.

1. *Méthode Schloesing-Grandeau.* (*Appareil modifié par L.-L. de Koninck.*) *Principe.* — Réduire à l'abri de l'air l'acide nitrique par le chlorure ferreux et mesurer le volume de l'oxyde nitrique produit.

En supposant qu'on ait à analyser du nitrate sodique, la réaction est la suivante :

$$3Fe^2Cl^4 + 2NaNO^3 + 8HCl = 3Fe^2Cl^6 + 2NO + 2NaCl + 4H^2O.$$

L'appareil (fig. 34) se compose d'un ballon distillatoire d'un quart de litre environ avec tube redressé verticalement et surmonté d'un petit entonnoir raccordé au tube par un bout de tuyau en caoutchouc avec pince à vis. Le ballon porte un tube de dégagement courbé, dont la longueur entre *a* et *b* est de 76 centimètres au minimum. L'extrémité inférieure est soudée à un tube vertical *t*, ouvert aux deux bouts; sur la partie supérieure est fixé un anneau de liège de 1 centimètre d'épaisseur, dont la partie supérieure porte trois ou quatre petites échancrures. Ce dispositif plonge dans un cristallisoir contenant du mercure dont le niveau doit affleurer au-dessus de la soudure des tubes, sans atteindre, cependant, la partie supérieure de l'anneau en liège. L'appareil est complété par une cuve à eau. Une éprouvette graduée de 100 centimètres cubes, remplie d'eau bouillie froide, s'appuie sur l'anneau de liège; elle communique avec l'eau de la cuve par les échancrures. Par cette disposition, toute perte de gaz est évitée ; de plus, en cas d'absorption, le mercure seul monte dans le tube de dégagement, mais ne peut, à cause de la longueur de celui-ci, arriver dans le ballon.

*Mode opératoire.* — On introduit dans le ballon 50 centimètres cubes d'une solution de chlorure ferreux saturée à froid, et un égal volume d'acide chlorhydrique concentré; on remplit d'acide chlorhydrique, densité 1,1, le tube latéral jusque dans la douille de l'entonnoir, puis on fait bouillir jusqu'à ce qu'il ne se dégage plus de bulles de gaz à l'extrémité du tube de dégagement. L'appareil est alors purgé d'air. Entre temps, on a dissous dans de

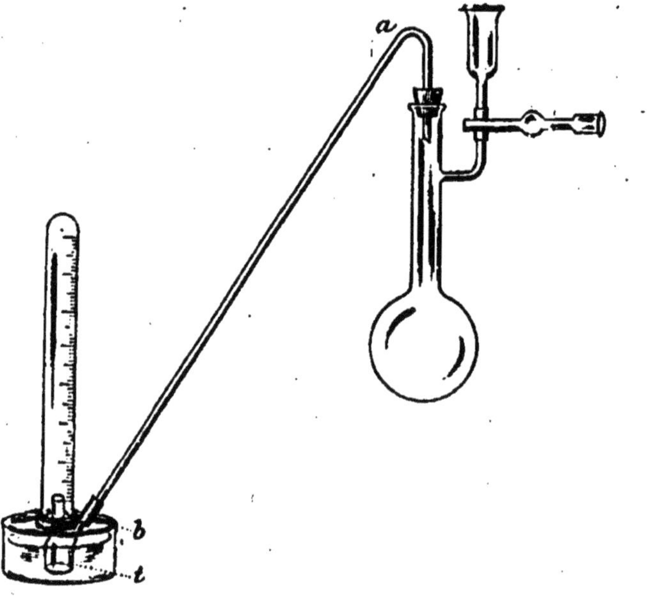


Fig. 34.

l'eau bouillie, 16,5 gr. du nitrate à analyser, et on a dilué cette solution au volume de 1/2 litre.

Le vide étant fait dans l'appareil, on introduit dans l'entonnoir latéral, 10 centimètres cubes de la solution du nitrate; on cesse de chauffer, on laisse le mercure s'élever dans le tube de dégagement, puis, ouvrant avec précaution la pince, on fait passer le liquide de l'entonnoir dans le ballon, en évitant avec soin toute rentrée d'air. On rince deux fois l'entonnoir avec de l'acide chlorhydrique dilué de son volume d'eau, en prenant les mêmes précautions que pour l'introduction de la matière à analyser. On fait alors bouillir le contenu du ballon. La réduction du nitrate s'opère et l'oxyde nitrique formé vient se rassembler dans l'éprouvette; on chauffe jusqu'à ce que tout dégagement de gaz ait cessé.

L'éprouvette, fermée par le bas à l'aide du pouce, est ensuite transportée dans un cylindre en verre rempli d'eau.

Lorsque le gaz a pris la température du milieu ambiant, on procède à la lecture après avoir égalisé le niveau de l'eau à l'intérieur et à l'extérieur de l'éprouvette.

Afin d'éviter les calculs, on fait comparativement un essai sur 10 centimètres cubes d'une solution type de nitrate de soude pur et sec, contenant 33 grammes de ce sel par litre. Une simple proportion donne la quantité de $NaNO^3$ contenue dans la prise d'essai.

2. *Méthode basée sur l'emploi du nitromètre. Principe.* — Décomposer le nitrate par l'acide sulfurique et réduire par le mercure, l'acide nitrique à l'état d'oxyde nitrique dont on mesure le volume (voy. caractères, n° 3, p. 338).

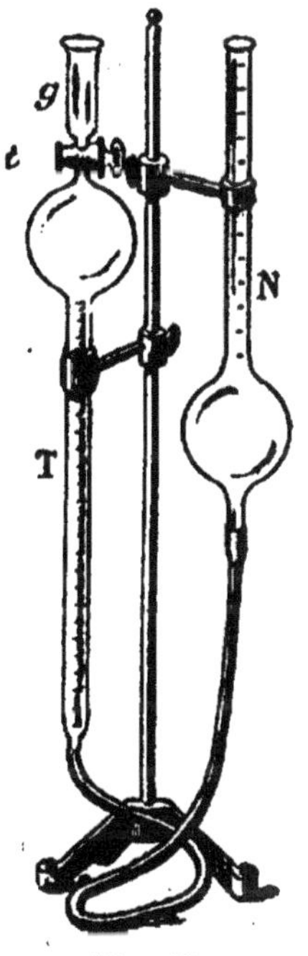

Fig. 35.

Le nitromètre de Lunge (fig. 35) dont on peut faire usage ici, se compose d'un tube mesureur gradué T relié par sa partie inférieure, au moyen d'un tuyau en caoutchouc, à un tube de niveau N. La partie supérieure du tube mesureur porte un robinet à trois voies, à l'aide duquel on peut établir la communication avec un petit godet de verre *g*, ou avec un tube *t*.

L'appareil étant chargé de mercure, on manœuvre le tube de niveau de façon que le mercure arrive à hauteur du robinet qui termine le tube mesureur. On verse alors dans le godet la prise d'essai du nitrate à analyser (0,25 gr.) puis un demi-centimètre cube d'eau pour la dissoudre, au moins en partie; on abaisse ensuite légèrement le tube de niveau, puis, à l'aide du robinet, on fait communiquer le tube mesureur avec le godet; la solution de nitrate, mélangée de cristaux non dissous, pénètre ainsi dans le tube; on rince avec un demi-centimètre cube d'eau, puis on verse dans le godet, en deux ou trois fois, 15 centimètres cubes d'acide sulfurique concentré et pur, qu'on introduit ensuite dans le nitromètre. Pendant cette manipulation, il faut éviter soigneusement de laisser pénétrer de l'air dans l'appareil. On enlève alors le tube mesureur de son support, puis, en l'inclinant et le redressant vivement un certain nombre de fois, on assure la décomposition complète de l'acide nitrique par le mercure.

Lorsque le volume du gaz n'augmente plus, on remet le tube

mesureur en place et, après une demi-heure de repos, on fait la lecture. Pour cela, on égalise le niveau du mercure dans les deux tubes ; dans ces conditions, étant donné la colonne d'acide sulfurique contenue dans le tube mesureur, l'oxyde nitrique est à une pression un peu trop faible. On verse 2 centimètres cubes d'acide sulfurique concentré dans le godet et, ouvrant le robinet, on fait passer dans le tube mesureur une partie de cet acide.

On abaisse ensuite lentement le tube de niveau jusqu'à ce que, à une ou deux gouttes près, le reste de l'acide soit entré dans le tube; on fixe le tube de niveau dans cette position ; on ferme le robinet; on attend que l'acide qui mouille les parois soit descendu, puis on lit le volume occupé par l'oxyde nitrique et on note en même temps la température et la pression barométrique (*d'après L.-L de Koninck*).

Le poids P de l'oxyde nitrique est donné par la relation :

$$P = \frac{V \times B}{(1 + 0{,}003665t)760} \times 0{,}0013426.$$

dans laquelle V est le volume du gaz; B, la pression barométrique; $t$, la température; 0,0013426, le poids de 1 centimètre cube d'oxyde nitrique.

Du poids P de NO on déduit le poids correspondant d'acide nitrique $HNO^3$ ou d'anhydride nitrique $N^2O^5$.

On peut aussi, si l'on dispose d'un volumètre à gaz de Lunge, faire passer le gaz contenu dans le tube mesureur, dans l'appareil de mesurage du volumètre.

L'emploi de cet instrument dispense de l'observation de la température et de la pression et permet d'obtenir d'emblée le volume du gaz réduit aux conditions normales.

Ce volumètre (fig. 36) se compose de trois tubes de verre A, B, C, réunis par leur partie inférieure au moyen de tubes en caoutchouc raccordés aux trois branches d'un tube en T. Les trois tubes sont fixés par des pinces à la tige d'un support. B et C sont soutenus par une double pince qui permet de les manœuvrer séparément ou simultanément. A est un tube mesureur ou burette élargi en forme de boule à sa partie supérieure. Cette boule a une capacité un peu inférieure à 100 centimètres cubes. Le tube est gradué en dessous de la boule de 100 à 150 centimètres cubes. Il est muni d'un robinet à double voie, qui se continue en deux petits tubes dont l'un est vertical, et l'autre recourbé à angle droit.

B est le tube de réduction ; sa partie large en forme de pipette contient à peu près 100 centimètres cubes ; le prolongement de cette partie a une capacité de 25 centimètres cubes et porte une graduation en 1/10 de centimètre cube.

C est un tube de niveau.

Le tube B contient un volume d'air saturé de vapeur d'eau tel que s'il était sec et ramené à 0° et 760 millimètres de pression, il occuperait exactement 100 centimètres cubes. Pour réaliser cette condition, on observe une fois pour toutes la température $t$ et la pression barométrique $b$ ; on retranche de cette dernière 1 millimètre de mercure si $t$ ne dépasse pas 12° ; 2 millimètres si $t$ est compris entre 13 et 19°, 3 millimètres si $t$ va de 20 à 25°. Le volume V de 100 centimètres cubes d'air sec à 0° et 760 millimètres de pression est alors donné par la relation :

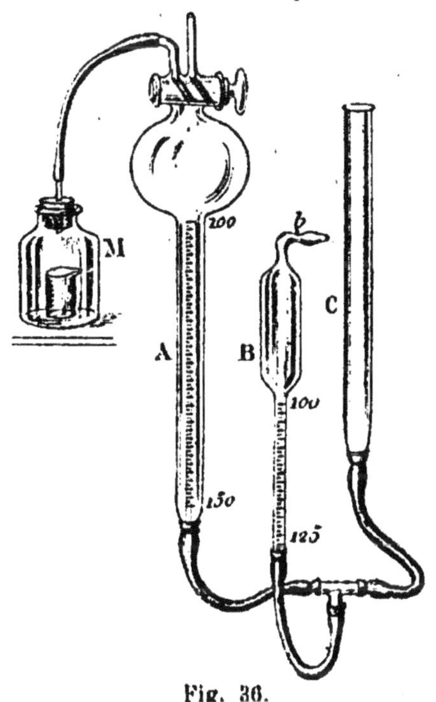

Fig. 36.

$$V = \frac{100\,(273 + t)\,760}{273\,(b - f)},$$

dans laquelle $f$ représente la tension de la vapeur d'eau à $t$°.

Si, par exemple :

$t = 18°$
$b = 755$ mm. (753 corrigé)
$f = 16$.

On a pour valeur de V

$$V = \frac{100\,(273 + 18)\,760}{273\,(753 - 16)} = 109{,}9 \text{ cm}^3.$$

Après avoir introduit une goutte d'eau en B, on verse du mercure en C jusqu'à ce que le niveau arrive au trait de la graduation de B correspondant au volume V calculé par la relation donnée ci-dessus. On recouvre alors d'un carton le tube capillaire $b$ afin que le tube B ne s'échauffe pas et on scelle $b$ à la lampe. L'instrument est alors réglé une fois pour toutes.

Pour amener à l'aide de cet appareil un volume d'un gaz à ce qu'il serait à 0° et 760 millimètres de pression, on opère de la manière suivante.

Le gaz à mesurer (provenant d'une réaction quelconque ou transvasé d'un autre appareil), un nitromètre, par exemple, est introduit dans le tube gradué A. Après avoir éventuellement laissé au gaz le temps de prendre la température du milieu ambiant, on relève le tube C, jusqu'à ce que le mercure arrive exactement au niveau du trait 100 de la graduation de B, puis on fait mouvoir simultanément B et C jusqu'à ce que le mercure soit au même niveau dans les tubes A et B, le niveau du mercure en B étant toujours en regard de la division 100. Le gaz étant emprisonné en B de telle façon qu'il occupe le volume qu'il aurait à 0° et 760 millimètres de pression s'il était sec, et le gaz de A étant dans les mêmes conditions de pression, etc., la lecture faite en A donne directement le volume du gaz réduit aux conditions normales. Il faut naturellement que les gaz soient à la même température en A et en B, ce qui a lieu si on a eu soin de prendre la précaution indiquée plus haut.

## NITRITES

### CARACTÈRES

RÉACTIONS SPÉCIALES AUX NITRITES PERMETTANT DE DISTINGUER CES SELS DES NITRATES. — 1. Les nitrites sont décomposés par l'acide acétique ; l'acide nitreux formé peut être caractérisé par le fait qu'il décompose les iodures avec mise en liberté d'iode ; en présence d'empois d'amidon, on obtiendra donc la coloration bleue de l'iodure d'amidon.

$$HNO^2 + HI = I + NO + H^2O.$$

2. Si l'on ajoute à de l'empois d'amidon ioduré, de l'acide sulfurique, puis une solution de nitrite, l'iodure est décomposé avec mise en liberté d'iode qui produit avec l'amidon une coloration bleue.

$$KNO^2 + H^2SO^4 + KI = K^2SO^4 + I + NO + H^2O.$$

3. Les nitrites réduisent le permanganate potassique en solution acide à l'état de sel manganeux et, par conséquent, le décolorent.

$$K^2Mn^2O^8 + 5KNO^2 + 9H^2SO^4 = 2MnSO^4 + 7KHSO^4 + 5HNO^3 + 3H^2O.$$

4. En ajoutant à une solution de nitrite acidulée par l'acide sulfurique, une solution de chlorure de metadiamidobenzol $C^6H^4(NH^2)^2$, on produit une coloration jaune, si la quantité de nitrite est très faible, brun rouge si la quantité de nitrite est plus importante (Réaction de Griess).

Cette coloration est due à la formation de triamidoazobenzol $H^2NC^6H^4N^2C^6H^3(NH^2)^2$.

Cette réaction est utilisée pour la recherche et le dosage colorimétrique des nitrites dans les eaux.

5. Les nitrites en solution acétique transforment le ferrocyanure potassique en ferricyanure. Si l'on opère dans une solution très diluée et, par conséquent, à peu près incolore de ferrocyanure, la formation du ferricyanure se marque par l'apparition d'une coloration jaune foncé.

$$2K^4Fe(CN)^6 + 2NaNO^2 + 4CH^3(CO^2H) = K^6Fe^2(CN)^{12} + 2CH^3(CO^2K) + 2CH^3(CO^2Na) + 2NO + 2H^2O.$$

6. *Réaction spéciale au nitrite potassique.* — Le nitrite potassique précipite les sels de cobalt en solution acétique à l'état de nitrite cobaltico-potassique jaune, $6KNO^2Co^2(NO^2)^6$.

Nous avons vu précédemment (p. 150) l'utilisation de cette réaction pour la recherche et le dosage du cobalt.

Réactions communes aux nitrites et aux nitrates. — 7. Les nitrites sont, comme les nitrates, réductibles à l'état d'ammoniaque, notamment par l'hydrogène naissant en solution alcaline.

8. Les sels ferreux sont oxydés par les nitrites ; à froid, l'oxyde nitrique formé reste dissous dans l'excès de sel ferreux et le colore en brun.

9. Les nitrites décolorent la solution de sulfate d'indigo.

10. Ils colorent en bleu la solution de sulfate de diphénylamine.

11. Ils colorent en rouge la solution sulfurique de sulfate de brucine.

12. Les nitrites traités à l'abri de l'air par l'acide sulfurique concentré en présence de mercure, sont réduits. Tout l'azote passe à l'état d'oxyde nitrique NO (Comp. caractères des nitrates, p. 338, n° 3).

## DOSAGE

Comme nous venons de le voir, les nitrites ont certains caractères communs avec les nitrates ; ils sont notamment réductibles avec formation d'oxyde nitrique sous l'action des sels ferreux ou sous l'influence du mercure en présence d'acide sulfurique ; ils sont aussi transformés en ammoniaque par l'hydrogène naissant.

On peut, par conséquent, appliquer aux nitrites les procédés de dosage basés sur ces réactions, qui ont été décrits à propos des nitrates.

Comme méthodes spéciales on peut citer le dosage basé sur l'action réductrice des nitrites à l'égard du permanganate et les procédés colorimétriques applicables au dosage de très faibles quantités de nitrites dans les eaux.

Dosage titrimétrique par le permanganate potassique. — *Principe.* — Si l'on traite par le permanganate potassique une solution *diluée* de nitrite acidulée par l'acide sulfurique, l'acide nitreux est transformé en acide nitrique (voy. caractères, n° 3, p. 348).

En pratique, comme l'acide nitreux se réduit aisément à l'état d'oxyde nitrique, il est préférable d'opérer par titrage en retour, plutôt que par titrage direct ; on ajoute donc à la solution neutre ou même alcaline du nitrite un excès de solution titrée de permanganate puis on rend acide par l'acide sulfurique et on titre l'excès de permanganate par le sulfate ferroso-ammonique (sel de Mohr). Voy. au sujet de l'action des sels ferreux sur le permanganate, p. 99, II).

Dosage colorimétrique. — Cette méthode est applicable au dosage de petites quantités de nitrites dans les eaux.

On peut utiliser la réaction de Griess, basée sur la coloration jaune ou rougeâtre que produisent de petites quantités d'acide nitreux au contact du chlorure de metadiamidobenzol (voy. p. 349, n° 4).

Comme termes de comparaison, on se sert de solutions de nitrite alcalin à teneurs croissantes en acide nitreux.

On peut encore faire usage de la coloration bleue (due à la formation d'iodure d'amidon) qu'on obtient lorsqu'on traite par de l'iodure de zinc ou de cadmium en présence d'empois d'amidon une solution de nitrite acidulée d'acide sulfurique.

Comme dans le cas précédent, on opère par comparaison avec une solution titrée de nitrite sodique.

On place dans des vases de dimensions identiques un volume déterminé de l'eau analysée et d'eau distillée ; on ajoute de part et d'autre, mêmes quantités d'acide sulfurique, d'empois d'amidon et de solution d'iodure de zinc ou de cadmium (exempt d'iodate, voy. p. 348, n° 2). On produit ainsi dans l'eau analysée une coloration bleue dont l'intensité est en rapport avec la quantité de nitrite en présence. On ajoute ensuite dans le vase témoin de la solution titrée de nitrite jusqu'à ce qu'on obtienne l'égalité de teinte dans les deux vases.

SÉPARATION DE L'ACIDE NITRIQUE ET DE L'ACIDE NITREUX. — On a parfois à résoudre ce problème, par exemple dans l'analyse des acides nitreux du Gay-Lussac (nitroses) obtenus au cours de la fabrication de l'acide sulfurique.

Nous décrirons à titre d'exemple, ce cas particulier, dans lequel on dose l'acide nitreux par le permanganate, et l'ensemble des composés de l'azote (y compris l'acide nitreux) amenés à l'état d'acide nitrique, par le sulfate ferreux [1].

DOSAGE DE L'ACIDE NITREUX. — On prépare une solution demi-normale de permanganate potassique en dissolvant dans l'eau 15,698 gr. de ce sel et diluant au volume d'un litre.

L'acide à analyser est introduit dans une burette graduée munie d'un robinet de verre. D'autre part, on place dans un gobelet 50 centimètres cubes de la solution de permanganate ; on ajoute 250 centimètres cubes d'eau à la température d'environ 40°, puis on laisse couler l'acide dans la solution, jusqu'à décoloration complète.

L'acide nitreux réagit avec le permanganate d'après l'équation :

$$5N^2O^3 + 2K^2Mn^2O^8 + 6H^2SO^4 = 5N^2O^5 + 2K^2SO^4 + 4MnSO^4 + 6H^2O.$$

On peut donc, d'après cette équation, et connaissant le nombre de centimètres cubes d'acides nécessaires pour décolorer les 50 centimètres cubes de permanganate, calculer la teneur de l'acide en acide nitreux, d'après le volume de solution de permanganate consommé.

DOSAGE DE L'ENSEMBLE DES COMPOSÉS NITREUX ($N^2O^3$ ET $N^2O^5$) EXPRIMÉS EN ACIDE NITRIQUE. — Le dosage repose sur l'oxydation du sulfate ferreux par les composés nitreux et nitriques. On prépare une solution acide de sulfate ferreux en dissolvant 100 grammes de ce sel dans l'eau, ajoutant 50 grammes environ d'acide sulfurique concentré pur et diluant le tout au volume

[1] Quel que soit le cas à résoudre, on dose toujours le nitrite dans un essai spécial. Au lieu d'amener les composés de l'azote à l'état de nitrates et de les doser en bloc sous cette forme, on peut aussi, en vue du dosage du nitrate, doser l'azote total à l'état d'ammoniaque ou d'oxyde nitrique et calculer ensuite la quantité d'azote existant respectivement à l'état de $N^2O^3$ (d'après le résultat du dosage du nitrite) et à l'état de $N^2O^5$.

de 1 litre. On établit ensuite le rapport existant entre cette solution et une solution demi-normale de permanganate potassique. On titre, pour cela, au moyen de cette dernière, 25 centimètres cubes de la solution ferreuse jusqu'à coloration rose persistante (voy. dosage des sels ferreux, p. 105).

Le rapport étant connu, on introduit dans un matras qu'on peut fermer au moyen d'un bouchon muni d'une soupape de Mohr, le liquide ayant servi à l'essai pour acide nitreux et dans lequel tous les composés de l'azote sont à l'état d'acide nitrique à la suite de l'oxydation de l'acide nitreux par le permanganate. Ce liquide contient un nombre connu $n$ de centimètres cubes de l'acide analysé. On ajoute ensuite 25 centimètres cubes de la solution ferreuse et 2 à 3 grammes de bicarbonate sodique (afin d'expulser l'air du matras). On fait alors bouillir jusqu'à ce que le liquide devienne jaune clair par suite de l'oxydation d'une certaine quantité de fer par l'acide nitrique. Après avoir laissé refroidir, on titre au moyen de la solution de permanganate le sel ferreux en excès ; on s'arrête lorsque la coloration rose du permanganate persiste.

1 centimètre cube de la solution demi-normale de permanganate correspond à 0,008938 gr. $N^2O^5$ [1].

Soit $x$ le nombre de centimètres cubes de permangante correspondant à 25 centimètres cubes de la solution ferreuse.

Soit $y$ le nombre de centimètres cubes de permanganate employés au titrage du sel ferreux en excès.

La relation $(x - y)$ 0,008938 gr. donne, en grammes, la quantité D de $N^2O^5$ contenue dans les $n$ centimètres cubes d'acide du Gay-Lussac soumis à l'essai après oxydation de l'acide nitreux par le permanganate.

On arrive à connaître ainsi la teneur de l'acide analysé en produits nitreux exprimés en acide nitrique.

La teneur en acide nitrique s'établit de la manière suivante : les 50 centimètres cubes de permanganate employés pour le dosage de l'acide nitreux correspondent à $50 \times 0{,}00943 = 0{,}4715$ gr. $N^2O^3$ contenus dans $n$ centimètres cubes de l'acide analysé. Ce nombre est augmenté dans le rapport de 75,50 (p. moléculaire de $N^2O^3$) à 107,26 (p. moléculaire de $N^2O^5$) puis déduit de D. Le nouveau nombre ainsi obtenu exprime le poids de $N^2O^5$ existant dans les $n$ centimètres cubes d'acides du Gay-Lussac mis en œuvre.

[1] En effet, 1 centimètre cube de la solution de permanganate renferme 0,015698 gr. $K^2Mn^2O^8$ correspondant à 0,02775 gr. Fer (d'après le rapport $1K^2Mn^2O^8 : 10Fe$, voy. caractères des sels ferreux). Ces 0,02775 correspondent à leur tour à 0,008938 gr. $N^2O^5$ (d'après le rapport $6Fe : N^2O^5$).

# PHOSPHORE

Dans la pratique de l'analyse minérale, on rencontre surtout le phosphore sous forme de phosphure et d'orthophosphate. Il existe à l'état de phosphure dans les fontes, fers et aciers, et dans quelques autres métaux et alliages (cuivre, bronze phosphoreux, etc.).

Les phosphates les plus importants au point de vue industriel sont les phosphates de calcium, utilisés en quantités considérables comme engrais.

La valeur fertilisante n'étant pas la même pour les divers phosphates de chaux, il y a lieu de tenir compte des caractères des phosphates primaire, secondaire, tertiaire ; il est même établi depuis un certain temps que les scories de déphosphoration qui se produisent pendant la fabrication de l'acier à l'aide des fontes phosphoreuses, renferment du phosphate tetra-calcique $Ca^3(PO^4)^2CaO$ dont l'action fertilisante est très marquée.

Dans l'étude qualitative et quantitative que nous allons faire, nous envisagerons surtout l'application de l'analyse à l'examen des produits dont il vient d'être question.

## PHOSPHURES

### CARACTÈRES

1. Les phosphures décomposables par l'acide chlorhydrique ou sulfurique dilué, donnent, par l'action de ces acides, de la phosphamine $PH^3$, caractérisée par son odeur alliacée très marquée, même pour de faibles quantités.

$$Mg^3P^2 + 6HCl = 3MgCl^2 + 2PH^3.$$

2. *L'acide nitrique concentré ou fumant* oxyde les phosphures à l'état d'orthophosphates ; parfois, (dosage du phosphore dans les produits sidérurgiques) pour obtenir l'oxydation complète, il faut chauffer finalement à une température assez élevée, à laquelle les nitrates métalliques formés interviennent à leur tour comme oxydants.

Si le phosphore contient de l'étain (bronze phosphoreux) l'acide phosphorique produit par oxydation se précipite à l'état de phosphate stannique.

### DOSAGE

En général, les phosphures sont amenés à l'état de phosphates par oxydation ; on précipite ensuite ces derniers par un réactif approprié, spécialement par la liqueur molybdique (voy. pour les détails le dosage des phosphates).

## ORTHOPHOSPHATES

### CARACTÈRES

*Solubilité des phosphates.* — Parmi les phosphates neutres, les alcalins sont seuls solubles dans l'eau.

Le phosphate monocalcique $CaH^4(PO^4)^2$, l'élément essentiel du *superphosphate de chaux,* est aussi soluble dans l'eau.

Le phosphate bicalcique $Ca^2H^2(PO^4)^2$ est insoluble dans l'eau, mais il se dissout dans une solution de citrate ammonique.

Le phosphate tétracalcique (des scories de déphosphoration) $Ca^3(PO^4)^2CaO$, est insoluble dans l'eau ; il est soluble dans l'acide citrique et dans le citrate ammonique.

Les phosphates neutres des métaux alcalino-terreux et les phosphates des métaux proprement dits sont solubles dans les acides minéraux [1].

Les phosphates des métaux lourds étant insolubles dans l'eau, l'addition d'un sel métallique à une solution de phosphate alcalin produira donc un précipité par double décomposition.

Parmi les précipités que l'on peut obtenir ainsi, un certain nombre trouvent une application en analyse, soit pour caractériser l'acide phosphorique, soit pour le séparer des métaux au cours d'une analyse quantitative, soit enfin pour le doser.

RÉACTIONS UTILISÉES POUR LA RECHERCHE OU LE DOSAGE DES PHOSPHATES. — 1. *La liqueur magnésique* [2] forme dans les solutions ammoniacales de phosphates un précipité blanc, cristallin, de phosphate ammoniaco-magnésique, adhérent facilement au verre.

$$MgCl^2 + NH^3 + Na^2HPO^4 + 6aq = MgNH^4PO^4\,6aq + 2NaCl.$$

[1] Le phosphate métastannique est insoluble dans l'acide nitrique (voy. caractères des phosphures, n° 2).

[2] Solution de chlorure magnésique additionnée de chlorure ammonique et d'ammoniaque.

Le précipité est très légèrement soluble dans l'eau; il est à peu près insoluble dans l'eau ammoniacale; la précipitation se fera donc en présence d'un grand excès d'ammoniaque.

La précipitation complète du phosphate demande plusieurs heures à moins qu'on en accélère la formation en remuant le liquide au moyen d'un agitateur mécanique.

Calciné au rouge, le phosphate ammoniaco-magnésique est décomposé avec formation de pyrophosphate.

$$2NH^4MgPO^4 = Mg^2P^2O^7 + 2NH^3 + H^2O.$$

Cette calcination se fait régulièrement lorsqu'on veut utiliser le précipité pour le dosage du phosphate.

2. *La liqueur molybdique* [1] produit, le mieux dans les solutions nitriques de phosphates additionnées de nitrate ammonique, un précipité jaune de phosphomolybdate ammonique, sel dans lequel l'ammonium est associé à la fois à de l'acide phosphorique et à de l'acide molybdique dans le rapport de $(NH^4)^3$, $PO^4$, $(MoO^3)^{12}$.

Le précipité renferme aussi de l'acide nitrique et de l'eau. Il a pour formule

$$(NH^4)^3PO^4\ 12MoO^3\ 2HNO^3\ H^2O.$$

Il se forme déjà à froid, et ce fait permet de distinguer les phosphates des arséniates (voy. p. 209, n° 8). A chaud, la précipitation est notablement activée.

Le phosphomolybdate ne se précipite pas complètement en présence d'acide chlorhydrique; on évitera donc qu'il y ait des chlorures dans la solution, tout au moins s'il s'agit de précipiter quantitativement le phosphate.

L'ammoniaque dissout très aisément le phospho-molybdate avec formation de molybdate ammonique et d'un sel d'un autre acide phosphomolybdique $2\ (NH^4)^3PO^4 .\ 5MoO^3,\ 7H^2O$.

De cette solution ammoniacale, la liqueur magnésique précipite le phosphate à l'état de phosphate ammoniaco-magnésique $NH^4MgPO^4$.

3. *L'acétate d'uranyle* produit dans les solutions acétiques un

[1] Solution de molybdate ammonique dans l'acide nitrique. Plusieurs formules ont été proposées pour la préparation de ce réactif. On peut dissoudre dans l'eau 150 grammes de molybdate ammonique, ajouter 400 grammes de nitrate ammonique et diluer au volume de 1 litre. Cette solution est ensuite versée dans 1 litre d'acide nitrique, densité 1,2. On laisse en repos pendant vingt-quatre heures, puis on filtre pour éliminer le léger précipité qui a pu se former.

précipité jaune de phosphate d'uranyle, soluble dans les acides minéraux.

$$Na^2HPO^4 + UrO^2(C^2H^3O^2)^2 = UrO^2HPO^4 + 2NaC^2H^3O^2.$$

Si la solution contient un sel ammonique on obtient un précipité jaune de phosphate ammoniaco-uranylique ($UrO^2NH^4PO^4$).

$$Na^2HPO^4 + UrO^2(C^2H^3O^2)^2 + NH^4Cl = UrO^2NH^4PO^4 + NaCl + NaC^2H^3O^2 + C^2H^4O^2.$$

(Réaction utilisée pour le dosage titrimétrique des phosphates.)

4. *Le nitrate argentique* produit dans les solutions neutres, un précipité jaune de phosphate argentique $Ag^3PO^4$, soluble dans l'acide nitrique et dans l'ammoniaque.

$$Na^2HPO^4 + 3AgNO^3 = Ag^3PO^4 + 2NaNO^3 + HNO^3.$$

Cette réaction permet de distinguer les phosphates des arséniates qui, dans les mêmes conditions, donnent un précipité brun d'arséniate argentique $Ag^3AsO^4$ (voy. p. 208, n° 3).

Réactions applicables a l'élimination de l'acide phosphorique dans l'analyse qualitative (voy. *Recherche des métaux*).

5. *Le chlorure ferrique* produit un précipité blanchâtre de phosphate ferrique soluble dans les acides minéraux, insoluble dans l'acide acétique.

$$2Na^2HPO^4 + Fe^2Cl^6 = 2FePO^4 + 4NaCl + 2HCl.$$

6. *Le nitrate plombique* précipite des solutions neutres ou acétiques du phosphate plombique blanc $Pb^3(PO^4)^2$.

7. *L'addition d'étain* à une solution de phosphate contenant de *l'acide nitrique libre* produit un précipité de phosphate métastannique dans lequel passe tout le phosphore contenu dans la solution.

La présence d'acide chlorhydrique peut empêcher totalement ou partiellement la formation du précipité.

## DOSAGE

I. Dosage par pesée. — 1. *Le phosphate est précipité par la liqueur magnésique* (voy. caractères, p. 354, n° 1).

Le procédé est applicable *a*. lorsque la solution du phosphate ne contient pas d'éléments précipitables par l'ammoniaque ou *b*. lorsqu'elle renferme des éléments dont la précipitation par l'ammoniaque peut être évitée par l'addition d'un citrate alcalin. Ce dernier cas se présente dans l'analyse des phosphates de chaux.

a. La solution moyennement concentrée [1] est rendue légèrement ammoniacale et additionnée d'un peu de chlorure ammonique, si elle n'en renferme déjà. On verse ensuite goutte à goutte en même temps qu'on agite le liquide, de la liqueur magnésique en quantité suffisante pour précipiter tout le phosphate; finalement, on additionne le liquide d'ammoniaque concentrée dans la proportion du tiers de son volume et on laisse en repos pendant quelques heures. Le précipité de phosphate ammoniaco-magnésique formé est recueilli sur un filtre et lavé avec un mélange de 3 volumes d'eau et 1 volume d'ammoniaque, jusqu'à ce que le liquide qui passe à la filtration soit exempt de toute trace de chlorure; ensuite on le sèche et on le calcine pour le transformer en pyrophosphate $Mg^2P^2O^7$ qu'on pèse (voy. au sujet de cette calcination : Dosage du magnésium, p. 46).

*Remarque.* — Si l'on fait usage d'un agitateur mécanique (voy. *b.*), le temps nécessaire à la formation du précipité est notablement abrégé.

b. *L'application directe* du procédé précédent peut encore se faire dans certaines conditions au dosage du phosphate dans les phosphates de chaux, malgré la présence de chaux, de fer, etc.

*Principe du procédé.* — Si, dans une solution de phosphate dans un acide minéral, contenant ou pouvant contenir en même temps CaO, MgO, $Fe^2O^3$, $Al^2O^3$, MnO, $SiO^2$, on ajoute de l'acide citrique et de l'ammoniaque pour neutraliser, puis qu'on additionne de liqueur magnésique en même temps qu'on agite le liquide d'un mouvement régulier et rapide, tout l'acide phosphorique se précipite à l'état de phosphate ammoniaco-magnésique, $NH^4MgPO^4$ tandis que les autres corps restent en solution.

*Mode opératoire.* — La solution analysée est à peu près neutralisée par l'ammoniaque; on y verse ensuite 30 centimètres cubes de solution de citrate ammonique [2] et 10 centi-

[1] Il ne faut pas perdre de vue que le phosphate ammoniaco-magnésique est légèrement soluble même dans l'eau ammoniacale.

[2] On prépare ce réactif, d'après A. Petermann, en traitant une solution aqueuse de 50 grammes d'acide citrique par de l'ammoniaque à 20 p. 100 (densité (0,92) jusqu'à neutralisation. On amène ensuite le liquide refroidi à la densité de 1,09 à 15° et on ajoute de l'ammoniaque, densité 0,92, dans la proportion de 5 centimètres cubes par 100 centimètres cubes de solution.

mètres cubes d'ammoniaque à 20 p. 100 (densité 0,92). On soumet ensuite le liquide à l'action d'un agitateur mécanique, en même temps qu'on y fait arriver goutte à goutte de la liqueur magnésique en quantité suffisante. Après avoir agité encore pendant une demi-heure, on laisse déposer le précipité de phosphate ammoniaco-magnésique pendant une couple d'heures, puis on filtre et on achève le dosage d'après *a*.

2. *Le phosphate est précipité par la liqueur molybdique* (voy. caratères, p. 355, n° 2).

Le procédé permet, à quelques rares exceptions près, de précipiter l'acide phosphorique en présence des divers métaux.

La solution nitrique modérément acide et exempte d'acide chlorhydrique, est additionnée de nitrate ammonique [1] (si la neutralisation partielle de l'acide libre par l'ammoniaque n'en a déjà produit) ; ensuite on traite, à la température de 70° environ, par la liqueur molybdique ajoutée en assez grand excès. On admet généralement qu'il faut employer 100 centimètres cubes de liqueur molybdique par décigramme d'acide phosphorique. On maintient ensuite à la température du bain-marie pendant environ une demi-heure, puis, après avoir laissé refoidir on recueille le précipité et on le lave avec une solution froide de nitrate ammonique à 10 p. 100, à laquelle on peut ajouter 1 p. 100 de son volume d'acide nitrique, si la présence d'acide dans le précipité lavé ne gêne pas pour le traitement ultérieur de ce dernier.

Le traitement auquel on soumet le précipité est assez variable ; nous passerons en revue les principaux cas.

a. *Le précipité est pesé après dessiccation à 100°.* — Cette façon d'opérer est couramment appliquée lorsque le précipité est faible, ce qui est souvent le cas dans l'analyse des fontes pauvres en phosphore, des aciers, etc. Le précipité est recueilli sur un filtre, lavé à l'eau acidulée d'acide nitrique, et finalement une couple de fois à l'eau pure pour déplacer l'acide nitrique. On sèche ensuite à 100-110° ; le précipité répond alors à la formule $(NH^4)^3PO^4(MoO^3)^{12}$ ; il contient 1,67 p. 100 de phosphore, soit 3,78 p. 100 d'anhydride phosphorique $P^2O^5$.

Le filtrat et les liquides de lavage sont passés à travers un filtre de même poids que celui sur lequel on a recueilli le précipité ; on lave finalement à l'eau pure, puis on dessèche ce filtre à la même température que le précipité. Pour la pesée, ce second

[1] Souvent, on rend la solution alcaline par l'ammoniaque, puis on acidifie par l'acide nitrique. Ce système permet de régler plus aisément le degré d'acidité du liquide ; en même temps on forme du nitrate ammonique dont la présence favorise la précipitation du phosphate.

filtre sert de contrepoids au premier, la balance étant, bien entendu, en équilibre à vide.

Finkener recueille le précipité sur asbeste dans un creuset de Gooch taré; après lavage à l'aide d'une solution de nitrate ammonique, on dessèche entre 160 et 180° jusqu'à ce qu'il ne se produise plus de vapeurs dues à la décomposition du nitrate ammonique. Le précipité séché a pour formule $(NH^4)^3PO^4,12MoO^3$; il contient 1,67 p. 100 de phosphore.

Fig. 37.

b. *Par évaluation du volume du précipité de phosphomolybdate.* — Cette méthode a été proposée pour les cas où on a affaire à peu de phosphomolybdate (aciers). Elle consiste essentiellement en ceci : le précipité molybdique est amené dans un récipient (fig. 37) dont la partie inférieure est formée par un tube de faible diamètre portant une graduation. L'appareil avec son contenu est turbiné afin de tasser le précipité. On lit ensuite le volume occupé par ce dernier.

On a, d'autre part, établi par des essais spéciaux, le poids de phosphomolybdate auquel correspond un volume de précipité tassé.

On conçoit que ce procédé, qui est employé dans d'assez nombreuses aciéries, n'a de valeur que pour autant qu'on opère dans des conditions bien déterminées et invariables.

c. Lorsque le précipité est assez abondant, on le redissout après lavage dans l'ammoniaque et on précipite le phosphate de sa solution ammoniacale par la liqueur magnésique.

En pratique, on emploie pour la redissolution du précipité, le moins possible d'ammoniaque; on neutralise à peu près complètement par l'acide chlorhydrique dilué (lorsque la neutralisation est à peu près complète, le précipité de phosphomolybdate tend à réapparaître) puis on traite par la liqueur magnésique et l'ammoniaque (voy. p. 356, 1).

d. *Par titrimétrie.* — On peu doser par titrimétrie dans le précipité molybdique, soit l'ammoniaque, soit l'acidité, soit le molybdène. Le précipité ayant une composition bien définie $(NH^4)^3PO^4 12MoO^3 2HNO^3,H^2O$, le dosage de l'un ou l'autre de ses éléments permettra de conclure au poids de l'ensemble.

Si l'on veut doser l'ammoniaque on achèvera le lavage du précipité avec de l'eau additionnée de 1 p. 100 d'acide nitrique, puis on dosera l'ammoniaque au moyen du procédé par distillation, décrit p. 41.

Si l'on désire doser l'acidité, on dissout, après lavage, le précipité dans un volume mesuré d'ammoniaque ou d'hydrate alcalin titré. On détermine ensuite l'excès d'alcali à l'aide d'un acide titré (voy. alcalimétrie, p. 64 et suiv.). On connaît ainsi la quantité d'alcali correspondant à l'acidité du précipité molybdique et, par suite, le poids du précipité lui-même.

II. Dosage par titrimétrie. — *Procédé basé sur la précipitation de l'acide phosphorique à l'état de phosphate d'uranyle.*

*Principe.* — Si l'on traite une solution acétique de phosphate alcalin ou alcalino-terreux par un sel d'urane, tout le phosphate est précipité à l'état de phosphate d'uranyle (voy. caractères, p. 355, n° 3).

Le terme de l'essai est atteint lorsqu'une goutte du liquide mise en contact avec du ferrocyanure potassique produit un précipité brun rouge dû à la formation de ferrocyanure d'urane.

Il est à remarquer que la quantité de solution d'urane à employer pour précipiter un poids donné d'acide phosphorique, varie avec la concentration du liquide, la nature du métal entrant dans la composition du phosphate, la proportion de sels étrangers, etc. Il importe donc que le titrage de la solution d'urane et le dosage proprement dit soient faits dans des conditions tout à fait comparables. Si, pour prendre le cas le plus intéressant, on veut appliquer le procédé au dosage du phosphate de chaux, on devra titrer la solution à l'aide d'une solution de phosphate de chaux pur.

*Solutions nécessaires.* — *a.* Solution d'acétate d'urane préparée en dissolvant dans l'eau environ 35 grammes d'acétate d'urane cristallisé et diluant la solution au volume d'un litre.

*b.* Solution acétique d'acétate sodique à 10 p. 100.

*c.* Solution de ferrocyanure potassique servant d'indicateur.

*d.* Solution titrée de phosphate calcique préparée en dissolvant dans un minimum d'acide nitrique 5,5 gr. de phosphate tricalcique pur (dont on a déterminé la teneur en acide phosphorique par un dosage par pesée) et diluant la solution au volume de 1 litre.

*Titrage de la solution.* — On prélève un volume déterminé de la solution titrée de phosphate, 50 centimètres cubes par exemple; on ajoute 10 centimètres cubes de solution d'acétate sodique et on laisse couler, d'une burette graduée, la solution d'urane jusqu'à ce que la plus grande partie de l'acide phosphorique soit précipitée. On chauffe ensuite à la température du bain-marie et on continue à ajouter petit à petit la solution d'urane, jusqu'à ce qu'un essai à la touche permette de constater l'existence d'un excès de réactif.

La solution de la matière analysée est préparée autant que possible dans les mêmes conditions que la solution titrée de phosphate calcique ; le dosage proprement dit se fait exactement comme le titrage de la solution calcique.

## PRINCIPAUX CAS DE SÉPARATION

### ACIDE PHOSPHORIQUE ET MÉTAUX

I. — *L'on n'a en vue que le dosage de l'acide phosphorique.* Dans la plupart des cas que l'on rencontre dans la pratique, c'est-à-dire en présence des métaux des groupes du potassium, du baryum, du fer et même du cuivre, l'acide phosphorique peut être précipité directement par la liqueur molybdique à l'état de phospho-molybdate ammonique (voy. p. 358, n°2). Les métaux restent en solution.

Parfois, et spécialement dans l'analyse des phosphates de chaux, on peut séparer l'acide phosphorique de la chaux, de la magnésie, de l'alumine, du fer, etc., directement par la liqueur magnésique en opérant en présence de citrate ammonique (Le cas a été exposé p. 357, *b*).

En présence de métaux du groupe de l'arsenic, on éliminera ces derniers par l'acide sulfhydrique ; l'acide phosphorique reste dissous. S'il y a de l'étain, il est prudent d'opérer par double précipitation, le premier précipité de sulfures pouvant retenir un peu d'acide phosphorique.

II. *L'on a en vue la recherche ou le dosage des métaux.* — 1. *Acide phosphorique et métaux des groupes de l'arsenic et du cuivre.* — On précipite ces métaux en solution acide par l'acide sulfhydrique, comme il vient d'être dit ; l'acide phosphorique reste dissous.

2. *Acide phosphorique et métaux des groupes du fer, du baryum et du potassium.* — On élimine l'acide phosphorique en ajoutant à la solution nitrique de l'étain *aussi pur que possible* qui détermine la formation d'un précipité de phosphate métastannique. Il est prudent, après avoir éliminé ce dernier, de traiter la solution par l'acide sulfhydrique afin de précipiter les traces des métaux des groupes de l'arsenic et du cuivre qui pourraient exister dans l'étain.

3. *Acide phosphorique et métaux des groupes du baryum et du potassium.* — *a.* On ajoute à la solution du chlorure ferrique, puis on basifie le liquide par le carbonate ammonique, on ajoute

de l'acétate ammonique et on chauffe quelques instants à l'ébullition. Il se forme un précipité de phosphate ferrique; en même temps, l'excès de sel ferrique est précipité à l'état d'acétate basique (voy. p. 101).

Les métaux des groupes du baryum et du potassium restent en solution.

*b*. On traite la solution acide par de l'acétate de plomb, puis on ajoute du carbonate de plomb précipité ; tout le phosphore est précipité à l'état de phosphate de plomb. En filtrant, on obtient une solution qui contient les métaux des groupes du baryum et du potassium, avec l'excès d'acétate plombique; on élimine le plomb par l'acide sulfhydrique et l'on a finalement une solution ne renfermant que les métaux des premier et deuxième groupes.

Cas particuliers. — *Séparation du fer, de l'aluminium et de l'acide phosphorique.* — Cette séparation se présente à l'occasion du dosage du fer et de l'alumine dans les phosphates de chaux. Elle a été exposée déjà antérieurement (voy. p. 114, n° 6).

*Séparation du fer, de l'aluminium, du manganèse et de l'acide phosphorique.* — Ce cas se rencontre dans l'analyse des minerais de fer. Il a été traité p. 81.

## BORE

Le bore est un élément qui ne se rencontre dans la nature que dans quelques composés dont les gisements sont assez rares. On le trouve à l'état d'acide borique ($H^3BO^3$), de borax ($Na^2B^4O^7$, $10H^2O$), de boronatrocalcite ($Na^2O,2CaO,6B^2O^3,18H^2O$), de borocalcite ($CaO,2B^2O^3,H^2O$) de boracite ($6MgO,8B^2O^3,MgCl^2$).

C'est de ces diverses substances que l'on extrait l'acide borique et le borax du commerce qui servent à leur tour à la fabrication de verres aisément fusibles, d'émaux, de glaçures, de couleurs pour la décoration des produits céramiques, etc.

Le bore ne se rencontre pas dans les minerais métalliques; on ne le trouve donc pas dans les multiples produits et sous-produits de la métallurgie ni dans la plupart des sels à usages industriels.

En somme, à part quelques cas spéciaux, en dehors de la pratique courante de l'analyse, le chimiste n'est guère exposé à avoir affaire à cet élément.

## CARACTÈRES DE L'ACIDE BORIQUE ET DES BORATES

Acide borique. — L'acide borique normal, $H^3BO^3$, se présente en paillettes nacrées ; il est soluble dans l'eau froide dans la proportion de 4 p. 100 ; il est beaucoup plus soluble à chaud.

Si l'on fait bouillir une solution d'acide borique, une partie de ce composé se volatilise avec la vapeur d'eau.

L'acide borique est sans action sur le méthylorange. Si l'on neutralise une solution d'acide borique par un hydrate alcalin en présence de phénolphtaléine et qu'on ajoute ensuite de la glycérine ou de la mannite, le liquide reprend le caractère acide.

Cette propriété et la précédente sont appliquées pour le dosage du bore.

L'alcool dissout aisément l'acide borique; en faisant bouillir la solution, on provoque le départ d'une partie de l'acide borique à l'état d'éther borique $(C^2H^5)^3BO^3$. Si l'on enflamme l'alcool, celui-ci brûle avec une flamme verte [1].

En présence d'acide phosphorique et de certains acides organiques, l'acide tartrique, par exemple, la coloration verte ne se produit pas.

On obtient la même coloration en chauffant dans la flamme de la lampe de Bunsen un mélange d'acide borique (ou de borates) de sulfate acide de potassium et de fluorine. La coloration est due dans ce cas à la formation de fluorure de bore $BFl^3$ [1].

Si l'on humecte du papier de curcuma avec une solution d'acide borique ou, mieux encore, avec une solution d'acide borique additionnée d'acide chlorhydrique, le papier prend, après dessiccation, une teinte rougeâtre ; l'addition d'une goutte de solution de carbonate alcalin fait virer la teinte au bleu.

Fondu avec les oxydes métalliques, l'acide borique forme des borates qui, souvent, présentent des colorations particulières d'après la nature des métaux (voy. au sujet de l'utilisation de cette propriété pour la recherche de divers métaux, les *Essais par voie sèche*).

Caractères des borates. — 1. Les borates dérivent de l'acide tétraborique $H^2B^4O^7$ et de l'acide métaborique $HBO^2$. Le plus important est le borate sodique $Na^2B^4O^7$, plus connu sous le nom de borax.

[1] Il est évident que la recherche du bore basée sur la coloration verte de la flamme n'est applicable qu'en l'absence de substances telles que les chlorures, les sels barytiques, etc., pouvant aussi colorer la flamme en vert.

Les borates alcalins sont solubles dans l'eau.

Les borates des autres métaux sont *légèrement* solubles. Il est donc difficile de précipiter entièrement le bore par double décomposition entre un borate alcalin et un sel métallique.

Qualitativement, on peut obtenir des précipités par les réactifs suivants.

a. *Le chlorure calcique* produit dans les solutions neutres et concentrées des borates, un précipité floconneux de métaborate calcique $Ca(BO^2)^2$.

$$Na^2b^4O^7 + CaCl^2 + 3H^2O = Ba(BO^2)^2 + 2H^3BO^3 + 2NaCl.$$

b. *Le chlorure barytique* forme, dans le mêmes conditions, un précipité blanc de métaborate barytique $Ba(BO^2)^2$. Ces précipités sont solubles dans un excès de réactif et dans le chlorure ammonique.

c. *L'acétate de plomb* précipite du métaborate de plomb $Pb(BO^2)^2$, soluble dans un excès de réactif.

d. *Le nitrate d'argent* forme du métaborate argentique $AgBO^2$, blanc, caséeux, soluble dans l'acide nitrique et dans l'ammoniaque.

Dans cette dernière réaction, on peut avoir, si l'on opère sur une solution très diluée de borate, un précipité brun d'oxyde d'argent. Le fait est dû à ce que, dans ces conditions, le borate alcalin est dissocié en acide borique et en hydrate alcalin qui agit sur le sel argentique pour donner de l'oxyde (voy. caractères des sels argentiques).

2. Les borates alcalins (et l'acide borique) traités par de l'hydrate potassique et de l'acide fluorhydrique en excès (c'est-à-dire par une solution fluorhydrique de fluorure potassique), donnent un précipité de fluoborate potassique, $KFl,BFl^3$, soluble dans l'eau, insoluble dans l'alcool *absolu* et dans une solution concentrée d'acétate potassique.

Cette réaction forme la base du seul procédé de dosage direct du bore actuellement employé.

3. Les borates alcalins sont décomposés par l'acide chlorhydrique avec mise en liberté d'acide borique.

$$Na^2B^4O^7 + 2HCl + 5H^2O = 4H^3BO^3 + 2NaCl.$$

Si l'on opère en solution concentrée, on peut donc obtenir une précipitation d'acide borique, cet acide n'étant soluble à froid que dans une faible proportion.

Cette réaction montre que l'on peut, en opérant en présence d'acide, obtenir avec les borates les mêmes colorations de flamme qu'avec l'acide borique.

4. De même que l'acide borique, les borates forment avec divers oxydes métalliques des masses vitreuses différemment colorées d'après la nature du métal. En pratique, on se sert du borax ($Na^2B^4O^7$) pour caractériser les métaux par ce moyen (voy. *Essais par voie sèche*).

## DOSAGE

Le dosage du bore est une opération difficile. L'acide borique et les borates ne présentent guère de réactions pouvant servir de base à une détermination quantitative.

Parmi les diverses méthodes proposées, plusieurs ont été reconnues peu exactes ; d'autres sont de simples procédés par différence; une seule, est basée sur la précipitation directe du bore à l'état de fluoborate potassique, et encore, n'est-elle applicable que dans certains cas.

Dosage par pesée a l'état de fluoborate potassique $KFl\,BFl^3$ (voy. caractères, n° 2). — Le procédé n'est applicable que pour autant que le bore existe à l'état d'acide borique ou de borate alcalin. La solution, placée dans une capsule de platine, est traitée par de l'hydrate potassique et par de l'acide fluorhydrique.

La quantité d'hydrate alcalin doit être suffisante pour que tout le bore puisse être transformé en $KFl,BFl^3$. On évapore à siccité au bain-marie.

Le résidu de l'évaporation est repris par une solution d'acétate potassique à 25 p. 100, réactif dans lequel le fluoborate est insoluble. Après avoir laissé digérer pendant quelques heures, on recueille le précipité sur un filtre taré et on le lave avec la solution d'acétate jusqu'à élimination de tout le fluorure alcalin, c'est-à-dire jusqu'à ce que le liquide de lavage ne se trouble plus (fluorure calcique) par addition de chlorure calcique. On déplace ensuite l'acétate en lavant plusieurs fois à l'alcool, puis on sèche à 100° et on pèse.

Dosage par titrimétrie. — 1. *Par alcalimétrie.* — L'acide borique ne modifie pas la teinte du méthylorange. Par conséquent, si l'on ajoute à une solution de borate quelques gouttes de cet indicateur, puis qu'on laisse couler dans la solution un acide titré, de l'acide chlorhydrique par exemple, le virage au rouge du méthylorange ne se produira que lorsque l'acide chlorhydrique aura décomposé entièrement le borate et formé un chlorure avec la base qui entre dans sa composition. On pourra donc conclure de la quantité d'acide employée à la quantité de base et, par suite, à celle de l'acide borique.

On voit que cette méthode n'a guère de valeur que si l'on a affaire à un borate de nature déterminée. Elle peut être appliquée aussi aux borates insolubles. Dans ce cas, l'acide doit être employé en excès afin d'assurer la décomposition complète de la substance. L'excès d'acide est ensuite déterminé par un titrage en retour à l'aide d'une liqueur acidimétrique.

2. *Par acidimétrie sous l'influence de la glycérine ou de la mannite* (d'après L. de Koninck, Lehrbuch der qual. und. quant. ch. analyse).

*Principe.* — L'acide borique est un acide très faible; il est sans action sur le méthylorange. Mais si l'on ajoute de la glycérine ou de la mannite, son caractère acide augmente; il agit alors nettement sur la phénolphtaléine comme les autres acides minéraux.

Il résulte de là que si l'on traite un borate par un acide minéral, puis qu'on titre à l'aide d'une solution d'hydrate alcalin, avec le méthylorange comme indicateur, le virage de teinte de l'indicateur se produira lorsque l'acide minéral sera neutralisé; l'acide borique n'interviendra pas. Si, d'autre part, on fait la même opération en présence de glycérine ou de mannite, et avec la phénolphtaléine comme indicateur, le point de neutralisation ne se marquera que lorsque l'acide minéral *et l'acide borique provenant de la décomposition du borate seront neutralisés*. Il sera donc possible en combinant les résultats des deux opérations de calculer, par différence, l'acidité due à l'acide borique et, par conséquent, la quantité de cet acide.

En pratique, on ajoute à la solution de borate à analyser, qui ne peut contenir que des métaux alcalins ou alcalino-terreux, de l'acide chlorhydrique ou sulfurique, en quantité suffisante pour que tout l'acide borique soit mis en liberté.

S'il y a des carbonates, on fera bouillir afin d'éliminer entièrement l'anhydride carbonique. Afin d'éviter des pertes d'acide borique par volatilisation, cette opération se fera dans un ballon muni d'un réfrigérant ascendant.

Le liquide acide, débarrassé éventuellement d'anhydride carbonique, est dilué à un volume déterminé et divisé ensuite en deux parties égales. Dans l'une, on dose à l'aide d'une solution titrée d'hydrate sodique et avec le méthylorange comme indicateur, l'acidité due à l'acide chlorhydrique ou sulfurique ajouté pour décomposer le borate.

La seconde partie est d'abord additionnée d'autant de solution titrée d'hydrate sodique qu'il en a fallu pour neutraliser la première ; on ajoute ensuite de la phénolphtaléine, puis de la glycérine ou de la mannite en quantité d'autant plus forte que la dilution de la solution d'acide borique est plus grande. Ainsi, par exemple, pour 1,5 gr. de borax, dissous dans 60 à 80 centimètres cubes d'eau, on ajoutera 50 centimètres cubes de glycérine ; si l'on emploie la mannite, on en prendra 10 à 15 grammes par 50 centimètres cubes de solution de borate.

Dans la solution ainsi préparée, on laisse couler la solution titrée d'hydrate sodique jusqu'à ce que la teinte rouge de la phénolphtaléine apparaisse sous l'action d'une goutte d'hydrate alcalin en excès.

La quantité d'hydrate consommée dans cette seconde phase de l'opération correspond à l'acide borique.

*Observation.* — On doit s'assurer que la quantité de glycérine ou de mannite est suffisante. Pour cela, lorsque le point de neutralisation est atteint, on ajoute à la solution 10 centimètres cubes de glycérine ou 2 grammes de mannite, et on observe si le caractère alcalin du liquide persiste; s'il n'en est pas ainsi, on continue à titrer avec l'hydrate sodique jusqu'à ce que la teinte rouge réapparaisse.

## SÉPARATIONS

On peut avoir à séparer l'acide borique d'assez nombreux métaux et métalloïdes. Si les borates naturels ne renferment guère que des métaux alcalins ou alcalino-terreux, par contre les glaçures, émaux, couleurs, etc., dans la composition desquels l'acide borique intervient sont souvent des composés très complexes, dans lesquels cet acide est associé à des métaux divers existant sous des formes de combinaison variées. Dans ces produits se trouvent fréquemment des silicates et des fluorures, dont la présence occasionne des manipulations assez délicates.

*Séparation de l'acide borique et des métaux.* — L'acide borique n'est précipité ni par l'acide sulfhydrique, ni par le sulfure ammonique, ni par les carbonates alcalins. On peut donc, par l'emploi de ces réactifs, le séparer des divers métaux des groupes de l'arsenic, du cadmium, du fer et du baryum.

Ajoutons que le calcium peut, en présence d'acide borique, être précipité en solution ammoniacale par l'oxalate ammonique.

Le dosage du magnésium à l'état de phosphate ammoniaco-magnésique (voy. p. 46) n'est pas entravé par la présence de l'acide borique.

On peut aussi séparer ce métal en le précipitant par un carbonate alcalin fixe, à la condition que la solution soit exempte de sels ammoniques.

Le dosage des métaux alcalins peut se faire par voie indirecte. On ajoute à la solution de borate alcalin, de l'acide chlorhydrique, afin de transformer le métal en chlorure; on évapore à siccité pour éliminer l'excès d'acide chlorhydrique, et dans le résidu de l'évaporation on dose le chlore; du poids de cet élément, on conclut au poids de métal alcalin auquel il est combiné.

*Remarque.* — Lorsque le dosage du bore n'est pas en cause, on peut éliminer complètement cet élément d'une solution métallique en opérant de la manière suivante.

La substance, placée dans une capsule en platine, est additionnée d'acide fluorhydrique, puis d'acide sulfurique concentré. En chauffant, on provoque la formation de fluorure de bore $BFl^3$, corps gazeux qui s'élimine en même temps que l'acide fluorhydrique en excès.

Le résidu de l'opération est formé des sulfates des métaux qui accompagnaient l'acide borique dans la matière analysée.

*Acide borique et silice.* — Dans ce cas, qui se présente assez fréquemment, on doit opérer sur deux prises d'essai. Dans l'une on dose la silice à la manière habituelle, après désagrégation du silicate par l'acide chlorhydrique ou par fusion avec du carbonate sodico-potassique si le silicate est inattaquable par les acides [1].

La seconde prise d'essai sert au dosage du bore à l'état de fluoborate potassique. Elle est fondue avec huit à dix fois son poids de carbonate potassique. Dans cette opération, l'acide borique et la silice passent respectivement à l'état de borate et de silicate potassique.

La masse fondue, reprise par l'eau, donne une solution qui contient à côté de l'excès de carbonate potassique, le bore à l'état de borate et du silicate alcalin.

On ajoute du carbonate ammonique et on chauffe; il se forme dans ces conditions un précipité d'acide silicique (voy. plus loin, propriétés des silicates); toutefois, la précipitation n'est pas complète. Après avoir filtré, on ajoute au liquide une solution ammoniacale d'oxyde de zinc qui forme avec le restant de la silice, du silicate de zinc. On évapore jusqu'à élimination de la majeure partie de l'ammoniaque, sans aller cependant jusqu'à neutralité, ce qui pourrait déterminer la dissociation du borate

[1] Voy. au chapitre « Silicium » les détails du dosage de la silice dans ces deux cas.

ammonique existant dans la solution, avec, comme conséquence, une perte d'acide borique par volatilisation.

Le précipité de silicate et d'hydrate de zinc qui s'est formé pendant l'évaporation est éliminé par filtration. Le filtrat qui ne renferme à côté de l'acide borique que des sels potassiques, est traité dans une capsule en platine par de l'acide fluorhydrique, afin de transformer le bore en fluoborate potassique. Le dosage s'achève d'après les indications données, p. 365).

*Acide borique et fluorure.* — Dans la pratique, cette séparation est souvent combinée avec la précédente. La solution, qui ne peut renfermer que des sels alcalins et calciques est traitée par le carbonate sodique, afin de précipiter le fluor à l'état de fluorure calcique. Afin d'éviter la précipitation de borate calcique, on ajoute au liquide de l'acétate calcique, sel dans lequel le borate de calcium est soluble.

Le précipité mixte de fluorure et de carbonate calcique est traité par l'acide acétique afin d'éliminer le carbonate calcique, et en même temps le borate calcique qui, malgré les précautions prises, aurait pu être entraîné.

Le fluorure calcique purifié sert au dosage du fluor (voy. dosage du fluor).

Le bore est dosé dans une prise d'essai spéciale.

*Acide borique et acide phosphorique.*

1. L'acide phosphorique est précipité par la liqueur molybdique à l'état de phospho-molybdate ammonique (voy. p. 358, n° 2) le bore reste en solution.

2. On précipite le phosphore à l'état de phosphate ammoniaco-magnésique (voy. p. 356) dans la solution qui ne peut contenir que des métaux alcalins.

On opérera par double précipitation, une petite quantité de bore étant facilement retenue par le premier précipité.

*Acide borique et acide sulfurique ou chlorhydrique.* — La présence du bore n'entrave pas le dosage des sulfates par le chlorure barytique en présence d'acide chlorhydrique libre, ni celle des chlorures par le nitrate d'argent en solution nitrique.

Dans le filtrat du précipité barytique ou argentique, on peut doser le bore, après avoir éliminé le baryum ou l'argent en excès, respectivement par un carbonate alcalin ou par l'acide chlorhydrique.

# MÉTALLOÏDES TÉTRAVALENTS

---

## CARBONE

Chauffé dans un courant d'oxygène ou d'air, le carbone se transforme en anhydride carbonique $CO^2$.

A haute température, le carbone peut enlever l'oxygène nécessaire à son oxydation à des matières facilement réductibles telles que l'oxyde cuivrique et le chromate plombique.

$$2CuO + C = 2Cu + CO^2.$$

$$\underbrace{4PbCrO^4}_{4(PbOCrO^3)} + 3C = 3CO^2 + 4PbO + 2Cr^2O^3 \ (^1).$$

Cette action réductrice du carbone est utilisée pour le dosage de cet élément dans les matières organiques (Analyse organique élémentaire). L'anhydride carbonique produit est recueilli dans une solution alcaline, généralement une solution d'hydrate potassique, dont l'augmentation de poids permet de calculer la quantité de carbone correspondant à l'anhydride carbonique absorbé.

On peut aussi transformer le carbone en anhydride carbonique par voie humide, par l'action d'un mélange oxydant d'acide sulfurique et de chromate potassique. Comme dans le cas précédent, l'anhydride carbonique est recueilli dans une solution absorbante.

$$\begin{cases} K^2Cr^2O^7 + 5H^2SO^4 = Cr^2(SO^4)^3 + 2KHSO^4 + 3O + 4H^2O. \\ 3C + 3O^2 = 3CO^2. \end{cases}$$

Ce mode d'oxydation par voie humide est parfois employé en analyse, par exemple pour le dosage du carbone dans les fontes.

(1) Voy. Réduction des chromates, p. 85.

## CARBURES

Le carbone se rencontre en combinaison avec certains métaux; il existe notamment des carbures de fer de façon régulière dans les fontes, fers et aciers. Uni au calcium, le carbone forme un carbure de formule bien déterminée, $CaC^2$; comme on le sait, ce carbure a pris aujourd'hui une importance assez grande comme matière première de la fabrication de l'acétylène.

CARBURES DE FER. — 1. Ces carbures sont décomposés par un certain nombre de solutions salines, parmi lesquelles le chlorure cuprico-ammonique est à citer particulièrement.

Sous l'action de ce réactif, le fer est dissous à l'état de chlorure ferreux et le carbone est libéré; le cuivre, précipité en quantité équivalente au fer dissous, se transforme en chlorure cuivreux et ce dernier reste en solution grâce à la présence du chlorure ammonique.

$$Fe^xC^y + CuCl^2 = FeCl^2 + Cu + C^y.$$
$$Cu + CuCl^2 = 2CuCl.$$

Cette décomposition est mise à profit pour enlever la majeure partie du fer des fontes avant de doser le carbone dans ces produits.

2. L'acide nitrique dissout les carbures de fer; le carbone de ces carbures est transformé en composés organiques qui colorent le liquide en jaune ou en brun suivant leur quantité.

Cette propriété sert de base au dosage colorimétrique du carbone dans les fers et aciers.

3. Chauffés dans un courant d'air ou d'oxygène, les carbures sont oxydés; le fer passe à l'état d'oxyde $Fe^2O^3$ et le carbone à l'état d'anhydride carbonique.

CARBURE DE CALCIUM. — Ce produit au contact de l'eau se décompose avec formation d'acétylène.

$$CaC^2 + 2H^2O = C^2H^2 + Ca(OH)^2.$$

Cette réaction qui transforme tout le carbone du carbure en acétylène est utilisée pour fixer la valeur commerciale du produit.

### COMPOSÉS OXYGÉNÉS DU CARBONE

Le carbone forme avec l'oxygène deux composés gazeux, l'oxyde de carbone CO et l'anhydride carbonique $CO^2$.

## OXYDE DE CARBONE

L'oxyde de carbone a aujourd'hui une importance considérable à cause de son application au chauffage industriel (gaz à l'air, gaz à l'eau). On a fréquemment à le rechercher et à le doser dans les mélanges gazeux.

1. On peut caractériser l'oxyde de carbone par l'action réductrice qu'il exerce sur une solution de chlorure palladeux.

$$PdCl^2 + CO + H^2O = Pd + 2HCl + CO^2.$$

Le palladium métallique apparaît sous forme d'un précipité noir.

2. *Le chlorure cuivreux* en solution chlorhydrique ou ammoniacale absorbe l'oxyde de carbone, formant un composé de la formule $2CuCl, CO, 2H^2O$.

Cette propriété est très employée pour doser l'oxyde de carbone par absorption dans les mélanges gazeux.

3. L'oxyde de carbone est un réducteur; à haute température il brûle (avec une flamme bleue) dans l'oxygène ou dans l'air en se transformant en anhydride carbonique; il agit aussi, comme le carbone, sur les oxydes et sels réductibles ($CuO$, $PbCrO^4$, etc.), leur enlevant l'oxygène nécessaire pour passer à l'état de $CO^2$.

## ANHYDRIDE CARBONIQUE

1. L'anhydride carbonique est un peu soluble dans l'eau. A 14°, l'eau en dissout son volume (voy. dosage gazométrique, p. 377).

2. Au contact de l'eau de chaux ou d'une solution d'hydrate barytique en excès, il forme des précipités blancs de carbonates.

$$Ca(OH)^2 + CO^2 = CaCO^3 + H^2O.$$
$$Ba(OH)^2 + CO^2 = BaCO^3 + H^2O.$$

Cette réaction permet de déceler rapidement la présence de l'anhydride carbonique; elle permet aussi de le distinguer de l'oxyde de carbone, qui ne la produit pas. On l'utilise encore pour doser l'anhydride carbonique dans l'air atmosphérique. On fait, pour cela, passer un volume d'air déterminé dans un volume mesuré d'hydrate barytique titré. On dose ensuite par alcalimétrie (voy. p. 64 et suiv.) l'excès d'hydrate barytique non transformé en carbonate.

Elle trouve enfin une application dans la détermination de l'anhydride carbonique contenu dans les eaux.

L'anhydride carbonique est aussi absorbé par les solutions des hydrates alcalins, mais, évidemment, sans formation de précipité, les carbonates alcalins étant solubles.

On utilise cette propriété pour doser le carbone dans les matières organiques, les fontes, etc. (voy. p. 375 et suiv.) et beaucoup aussi pour doser l'anhydride carbonique dans les gaz industriels, dans lesquels l'anhydride carbonique est le plus souvent associé à de l'oxygène, de l'oxyde de carbone, du méthane, de l'hydrogène et de l'azote, c'est-à-dire à des gaz qui ne sont pas absorbables par les alcalis.

## CARBONATES

1. Tous les carbonates sont décomposés par les acides, même dilués, avec dégagement d'anhydride carbonique.

$$K^2CO^3 + 2HCl = 2KCl + CO^2 + H^2O.$$
$$PbCO^3 + 2HCl = PbCl^2 + CO^2 + H^2O.$$
$$FeCO^3 + H^2SO^4 = FeSO^4 + CO^2 + H^2O, \text{etc.}$$

Si la quantité de carbonate est notable, le dégagement d'anhydride carbonique se fait violemment, s'accompagnant d'un bruissement particulier (*effervescence des carbonates*).

Ce dégagement brusque d'un gaz inodore sous l'action des acides est caractéristique des carbonates.

Si la proportion de carbonate est faible, le dégagement s'atténue et peut même devenir insensible. Aussi, en cas de doute, doit-on opérer la décomposition dans un tube ou un petit matras muni d'un tube de dégagement, chauffer après l'addition de l'acide et diriger les gaz dans une solution d'hydrate barytique ou calcique, au contact de laquelle de faibles traces d'anhydride carbonique produisent encore un louche appréciable (voy. caractères de l'anhydride carbonique, n° 2).

2. Les carbonates alcalins (et quelques carbonates acides) étant les seuls carbonates solubles dans l'eau, il s'ensuit que l'addition d'une solution métallique à la solution d'un carbonate alcalin produira un précipité plus ou moins caractéristique suivant la nature du métal. Les divers précipités de ce genre, intéressants au point de vue analytique, ont été signalés à l'occasion de l'étude des caractères et du dosage des différents métaux.

Rappelons encore que les seuls carbonates pratiquement indécomposables par la chaleur, sont les carbonates potassique, sodique et barytique et, jusqu'à un certain point, le carbonate strontique.

## DOSAGE

Le dosage des carbonates est une opération des plus fréquentes. En effet, nombre d'espèces minérales intéressantes au point de vue industriel sont des carbonates. Citons, entre autres, certaines variétés de carbonate de calcium (pierre à chaux, castine pour hauts-fourneaux, etc.), la dolomie ($CaCO^3$, $MgCO^3$), la withérite ($BaCO^3$), la magnésite ($MgCO^3$), la calamine des métallurgistes ($ZnCO^3$), la sidérose ($FeCO^3$), les carbonates de cuivre, de plomb, etc.

En outre, certains carbonates et spécialement le calcaire, se trouvent associés comme gangue à de nombreux minerais métalliques oxydés, sulfurés, etc.

Mentionnons enfin la grande importance des carbonates alcalins et particulièrement du carbonate sodique (soude) dont les applications sont extrêmement variées.

Les carbonates alcalins étant solubles dans l'eau et leur solution présentant une réaction alcaline, leur dosage peut se faire commodément par alcalimétrie.

En pratique, les genres de sels qui accompagnent ces carbonates dans les produits commerciaux (soudes et potasses) ne sont pas de nature à entraver le dosage alcalimétrique. Ce sont, en effet, généralement des chlorures, sulfates et autres sels sur lesquels un acide n'a pas d'action.

Le dosage alcalimétrique a été exposé en détail précédemment (voy. p. 64 et suiv.). Il n'y a donc pas lieu d'y revenir ici.

En dehors du procédé particulier dont il vient d'être question, le dosage des carbonates consiste, dans tous les cas, à décomposer le sel par un acide ou par la chaleur et à doser l'anhydride carbonique dégagé.

La façon de doser l'anhydride carbonique est assez variable ; elle dépend surtout de la question de savoir si la matière analysée décomposée par la chaleur ou par un acide, peut ou non laisser dégager d'autres gaz que l'anhydride carbonique.

*La matière analysée ne dégage que de l'anhydride carbonique lorsqu'on la chauffe ou lorsqu'on la traite par un acide.* — En pareil cas, on peut doser l'anhydride carbonique par perte de poids, soit par voie sèche, soit par voie humide.

a. *Par voie sèche.* — On calcine purement et simplement la matière jusqu'à ce que le poids ne se modifie plus. La perte de poids correspond à l'anhydride carbonique dégagé.

Les carbonates alcalins et le carbonate barytique sont, avant d'être chauffés, mélangés à un poids déterminé de borax anhydre. On les décompose ensuite par fusion du mélange, la perte de poids correspondant à l'anhydride carbonique.

Les procédés par voie sèche ne sont pas, dans la pratique, applicables dans un cas sur cent, si l'on excepte, bien entendu, le dosage des précipités des carbonates calcique, barytique et autres obtenus par voie humide. Les carbonates naturels renferment presque toujours des matières organiques ou autres substances qui rendent impossible l'application des méthodes par voie sèche.

b. *Par voie humide. Principe.* — Décomposer, dans un appareil approprié, la matière analysée par un acide. L'anhydride carbonique produit se dégage après s'être desséché par son passage à travers de l'acide sulfurique concentré. En pesant l'appareil avant et après l'opération, on connaît le poids de l'anhydride carbonique et, par suite, celui du carbonate

Comme dispositif, on peut faire usage de l'appareil de Will et Fresenius décrit p. 128 à propos du dosage de l'oxygène disponible dans le peroxyde de manganèse. Tout ce qui a été dit à cette place est applicable ici ; la prise d'essai additionnée d'eau est placée dans le matras A.

*Remarque.* — La méthode exige l'emploi de l'acide sulfurique, l'anhydride carbonique devant être desséché avant de sortir de l'appareil. Si donc, on a affaire à des carbonates dont les métaux forment des sulfates insolubles (calcium, baryum, etc.), ces sulfates pourront, en se précipitant, englober des particules de carbonate et empêcher leur décomposition par l'acide. En pareil cas, on peut tourner la difficulté en décomposant la matière par l'acide chlorhydrique et n'utilisant l'acide sulfurique que pour dessécher l'anhydride carbonique dégagé.

L'appareil décrit p. 128 peut, moyennant une légère modification être employé ici. Il suffit de substituer au tube *t* plongeant dans le matras A, un petit entonnoir à robinet que l'on charge d'acide chlorhydrique dilué. L'appareil étant taré en prenant les précautions voulues pour que l'acide ne puisse venir en contact avec le carbonate, on enfonce l'entonnoir à robinet dans le bouchon jusqu'à ce que l'extrémité inférieure de la douille plonge dans le liquide de A, de façon que l'anhydride carbonique ne puisse se dégager par l'entonnoir, lorsque le contenu de celui-ci sera passé en A. Le reste de l'opération s'achève comme dans le cas précédent.

*Lorsqu'on a affaire à des substances qui, sous l'action d'un acide*, laissent dégager d'autres gaz que l'anhydride carbonique, on ne peut, évidemment, doser celui-ci *par perte de poids*. On recueille alors l'anhydride carbonique dans un appareil taré chargé d'une substance pouvant absorber aisément ce gaz, soit une solution concentrée d'hydrate alcalin, soit de la chaux sodée.

Le réactif employé doit, en tout cas, être sans action sur les gaz qui peuvent se dégager en même temps que l'anhydride carbonique.

L'anhydride carbonique doit être préalablement desséché par son passage à travers de l'acide sulfurique ou du chlorure calcique; il doit aussi n'être accompagné d'aucun gaz (tel que l'acide sulfhydrique) pouvant être absorbé par le réactif employé.

On peut recourir pour ce dosage à un dispositif analogue à celui qui a été décrit pour le dosage du soufre dans les sulfures décomposables par les acides (voy. p. 316). La matière analysée est introduite avec un peu d'eau dans le ballon et décomposée au moyen d'acide chlorhydrique dilué dont l'entonnoir à robinet est chargé. L'acide doit être ajouté goutte à goutte de manière que l'anhydride carbonique se dégage lentement et régulièrement.

Le réfrigérant qui surmonte le ballon est destiné à condenser les vapeurs d'eau produites lorsqu'on chauffe le ballon *à la fin de l'opération*. Dans le cas qui nous occupe, le réfrigérant, au lieu d'être réuni à un tube à perles (fig. 31) est mis en communication avec un système de tubes destinés à assurer l'absorption de l'anhydride carbonique.

Les deux figures 38 et 39 donnent une idée des dispositifs qui peuvent être adoptés.

*a*. (Fig. 38). Tube en U chargé de chlorure calcique et destiné à dessécher l'anhydride carbonique.

*b*. *c*. Tubes d'absorption tarés chargés d'une solution concentrée d'hydrate potassique (1 p. KOH, 1 1/2 p. d'eau) destinés à retenir l'anhydride carbonique.

*d*. Tube non taré destiné à éviter les rentrées d'anhydride carbonique et d'humidité dans les appareils d'absorption. Une branche de *d* est, dans ce but, chargée de chlorure calcique; l'autre branche est remplie de chaux sodée.

*a*. (Fig. 39). Tube chargé de perles de verre imprégnées d'acide sulfurique concentré destiné à dessécher le gaz. L'acide doit être en quantité suffisante pour permettre d'apprécier la marche du gaz.

*b*. *c*. Tubes d'absorption tarés chargés de chaux sodée.

*d*. Ce tube a le même rôle que dans la figure 38.

Quel que soit le dispositif adopté, la décomposition doit se faire petit à petit, de façon que l'anhydride carbonique dégagé traverse lentement les tubes d'absorption et puisse être entièrement retenu.

L'observation du passage du gaz dans les tubes *b* et *c* (fig. 38), ou dans le tube *a* (fig. 39), permet de régler la marche de l'opération.

Le balayage final de l'appareil se fait au moyen d'un courant

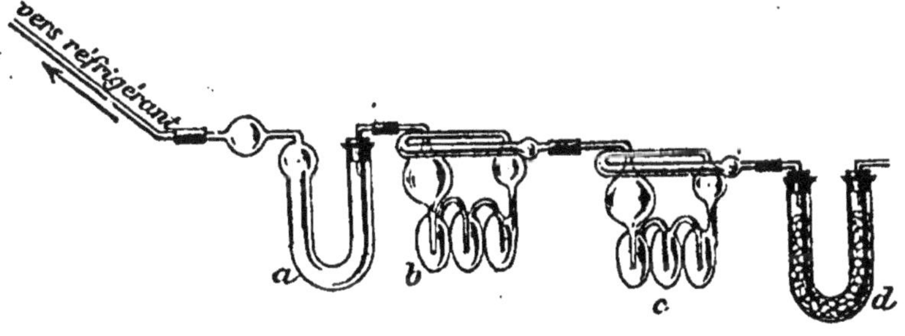


Fig. 38.

d'air *auquel on a fait traverser un flacon laveur chargé d'hydrate potassique*, afin de le débarrasser de l'anhydride carbonique qu'il renferme ([1]).

*Dosage par gazométrie.* — Comme son nom l'indique, le pro-

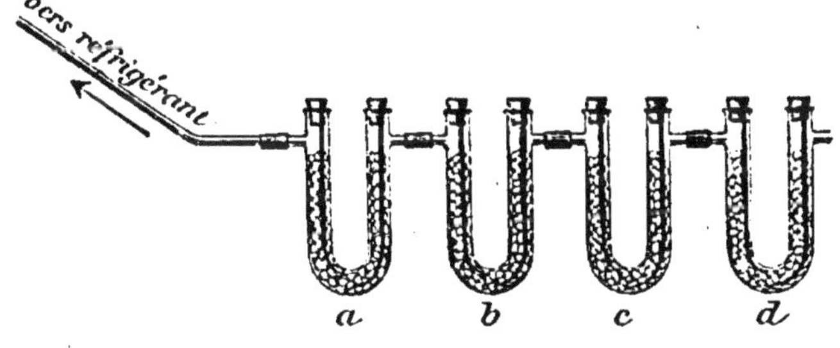


Fig. 39.

cédé consiste à mesurer l'anhydride carbonique produit par la décomposition d'un carbonate.

L'anhydride carbonique ne peut être recueilli directement sur l'eau, à cause de sa solubilité dans ce liquide. Cependant, certains appareils ont été construits de telle façon que tout en chargeant les appareils mesureurs avec de l'eau au lieu de mercure, ce qui facilite beaucoup la manipulation, on réussit à

[1] Au lieu de décomposer la matière par un acide, on pourrait le faire par la chaleur, la substance étant placée dans un tube en verre dur, disposé lui-même sur la grille d'un fourneau à combustion (Voy. dosage du soufre par grillage, p. 320). Dans la pratique, les cas où cette façon d'opérer est applicable sont rares et d'un intérêt fort relatif.

éviter toute dissolution d'anhydride carbonique. C'est le cas pour l'appareil Scheibler-Dieterich (modifié par R. Muencke) dont nous allons donner la description.

L'appareil se compose d'une burette graduée B, de 200 centimètres cubes, communiquant à la partie inférieure avec un tube de niveau N, et se terminant à la partie supérieure par un robinet R. Celui-ci est raccordé à une sorte de pipette allongée et au flacon à décomposition F à bouchon rodé qui lui fait suite. Le tube de niveau est fixé à un support S, le long duquel il peut être aisément déplacé verticalement et latéralement ; le robinet permet d'établir à volonté la communication entre la burette et l'atmosphère, entre le flacon F et l'atmosphère, ou entre la burette et le flacon.

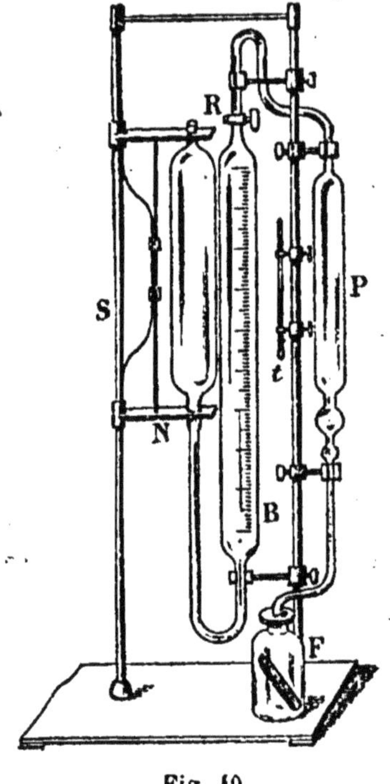

Fig. 40.

L'appareil est complété par un thermomètre *t* fixé au support.

Le tube de niveau étant soulevé, on y verse de l'eau jusqu'à ce que la burette (mise en communication avec l'atmosphère) et une petite partie du tube soient remplies de liquide. On amène ensuite le niveau de l'eau au zéro de la graduation, en veillant à ce qu'il soit à la même hauteur en N que dans la burette ; on tourne ensuite le robinet de façon à établir la communication entre l'atmosphère et le flacon F dans lequel on a placé 0,5 gr. [1] de la matière à analyser finement pulvérisée et séchée à 100° et un petit godet chargé de 5 centimètres cubes d'acide chlorhydrique dilué (1 : 1) destinés à décomposer le carbonate. A ce moment, on fait communiquer, en tournant le robinet d'un quart de tour, la burette et le flacon ; puis, inclinant ce dernier, on fait arriver l'acide en contact avec la substance et l'anhydride carbonique se dégage. Pendant l'opération, on abaisse graduel-

[1] 0,5 gr. de calcaire pur (spath d'Islande) dégagent, sous l'action des acides, 0,2200 gr. de $CO^2$ occupant, à la température ordinaire, un volume d'environ 120 centimètres cubes.

lement le tube N, de façon à produire une légère dépression à l'intérieur de l'appareil. L'anhydride carbonique déplace un volume d'air égal au sien et vient s'accumuler dans la pipette P ; l'air déplacé passe dans la burette. De cette façon, l'anhydride carbonique n'arrive pas en contact avec le liquide, et l'erreur résultant de sa solubilité dans l'eau est évitée.

Lorsque la décomposition de la matière est complète, c'est-à-dire lorsque le volume gazeux n'augmente plus, on laisse l'équilibre de température s'établir pendant quelques minutes, puis on égalise les niveaux de l'eau en B et N, et on lit le volume occupé par le gaz. On note en même temps la température et la pression barométrique et on calcule le volume ramené aux conditions normales, à l'aide de la relation :

$$V_0 = \frac{Vt(B - f)}{(1 + 0,00366 5t)760.}$$

Dans laquelle $t$ est la température observée ;

V le volume observé à $t°$ ;

B la pression barométrique ;

$f$ la tension de la vapeur d'eau à $t°$,

On passe du volume au poids, en multipliant le nombre trouvé par 0,00196519, poids de 1 centimètre cube de $CO^2$ à 0° et 760 millimètres de pression.

*Remarque.* — Afin d'éviter les calculs, on peut opérer par comparaison en faisant, à la suite de l'analyse proprement dite, un essai sur une quantité de calcaire pur (spath d'Islande), calculée de telle façon qu'elle dégage à peu près autant d'anhydride carbonique que la prise d'essai analysée. On emploiera pour la décomposition le même volume d'acide que pour l'essai proprement dit. En admettant, ce qui, en pratique est le cas, que la température et la pression n'aient pas sensiblement varié pendant cette opération comparative, le poids de $CO^2$ contenu dans la matière analysée est donné par la relation :

$$V : V' = P : P',$$

V et V', étant les volumes observés, et P le poids de $CO^2$ contenu dans le spath employé.

*Observation.* — 1. Il faut avoir soin d'évacuer de la pipette P, après chaque opération, l'anhydride carbonique qui s'y est accumulé (voy. plus haut).

2. Il est clair que la pipette P n'a plus sa raison d'être si l'on fait usage d'un appareil chargé de mercure au lieu d'eau.

*Le dosage gazométrique des carbonates* est surtout applicable à l'examen des calcaires et dolomies, c'est-à-dire à des substances exemptes de matières pouvant donner lieu, sous l'action des acides, au dégagement d'autres gaz que l'acide carbonique.

*Dosage des carbonates en présence de sulfures ou de fluorures.* — Parmi les genres de sels qu'on trouve associés aux carbonates et qui s'opposent à l'application directe, pour le dosage de ces derniers, des procédés qui viennent d'être exposés, les plus intéressants sont les sulfures et les fluorures.

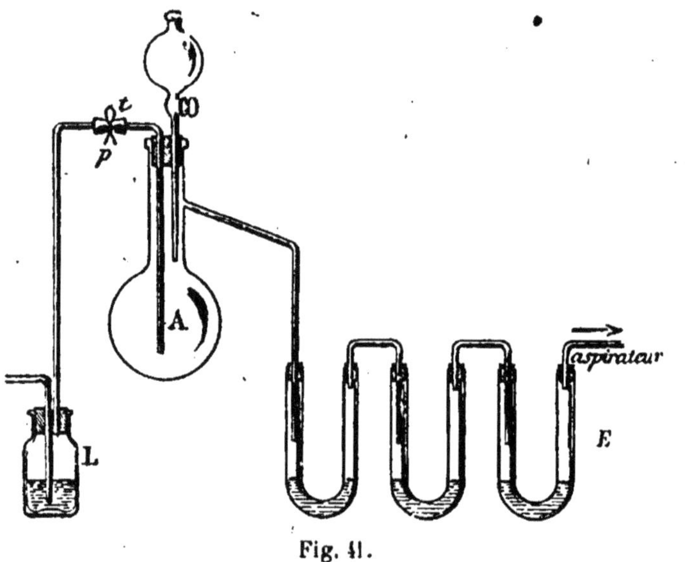


Fig. 41.

Le calcaire et la dolomie font souvent partie, comme nous l'avons dit déjà, de la gangue de minerais sulfurés (blende, galène, etc.).

La fluorine se rencontre aussi, quoique plus rarement, associée à des carbonates dans divers produits naturels.

*Dosage de carbonate en présence de sulfure.* — 1. On peut traiter la substance par un acide minéral qui décompose totalement les carbonates et réagit aussi plus ou moins complètement avec les sulfures en présence (voy. au sujet de l'appareil à employer, fig. p. 316).

Le mélange d'acide sulfhydrique et d'anhydride carbonique est desséché par son passage à travers un tube contenant du chlorure calcique; il traverse ensuite un premier appareil d'absorption renfermant du sulfate de cuivre qui retient l'acide sulfhydrique sous forme de sulfure, puis un second chargé d'hydrate alcalin dans lequel l'anhydride carbonique est transformé en carbonate.

2. On peut aussi diriger le mélange des deux gaz obtenus comme dans le cas précédent, dans une solution d'hydrate barytique, dans laquelle l'acide sulfhydrique est absorbé *sans donner lieu à la formation de précipité*, tandis que l'anhydride carbonique passe à l'état de carbonate $BaCO^3$, insoluble, qui peut être recueilli et dosé.

Cette méthode, convenable lorsqu'on a affaire à des matières telles que les blendes et les galènes *ne contenant que peu de carbonate*, est d'exécution assez délicate à cause de la facilité avec laquelle l'hydrate barytique se carbonate au contact de l'anhydride carbonique de l'air.

On peut faire usage de l'appareil suivant (fig. 41).

Un ballon distillatoire A de 200 centimètres cubes de capacité environ est fermé par un bouchon à deux trous dans l'un desquels est engagé un entonnoir à robinet ; dans l'autre passe un tube *t* descendant jusqu'au fond du ballon et relié avec un flacon laveur L contenant une solution de potasse caustique à 10 p. 100. La communication entre le ballon et le laveur peut être établie ou rompue à volonté par le jeu de la pince *p*. Le tube latéral du ballon communique avec une série de trois éprouvettes de verre de 15 centimètres environ de hauteur et de 2 à 3 centimètres de diamètre. Ces éprouvettes sont chargées d'une solution saturée d'hydrate barytique. La dernière E est reliée à un aspirateur.

La prise d'essai étant introduite avec un peu d'eau dans le ballon, on verse petit à petit, par l'entonnoir à robinet, 25 centimètres cubes d'acide chlorhydrique au 1/5. L'anhydride carbonique produit par la décomposition des carbonates se dégage et vient former, au contact de l'hydrate barytique, un précipité de carbonate barytique. Lorsque le dégagement se ralentit, on chauffe progressivement à l'ébullition le contenu du ballon, en même temps qu'on balaye l'appareil au moyen d'un courant d'air débarrassé d'anhydride carbonique par son passage dans le laveur à potasse.

Lorsque l'opération est terminée, on filtre *rapidement* le contenu des tubes à travers un petit filtre plissé ; on rince les tubes plongeant dans la baryte et on lave à l'eau chaude le carbonate barytique restant sur le filtre.

Si l'on a soin de choisir convenablement le papier à filtrer, la filtration et le lavage sont terminés sans que l'anhydride carbonique de l'air ait pu occasionner d'erreur en transformant de la baryte en carbonate.

Le carbonate barytique lavé est redissous dans le moins possible d'acide chlorhydrique et le baryum est dosé à l'état de sulfate au moyen de l'acide sulfurique. Chaque molécule de $BaSO^4$ correspond à une molécule de $CO^2$.

*Dosage de carbonate en présence de fluorure.* — En fait, le fluorure auquel on peut avoir affaire est la fluorine $CaFl^2$, substance qui n'est pas attaquée par l'acide acétique. Cet acide décomposant au contraire aisément les carbonates, on traitera la matière par de l'acide acétique dilué et on dosera l'anhydride carbonique par un des procédés décrits précédemment.

En combinant cette méthode avec celle qui a été exposée sous le n° 1 (p. 380), on peut doser les carbonates à la fois en présence de sulfure et de fluorure.

## SILICIUM

### ANHYDRIDE SILICIQUE OU SILICE

Au point de vue analytique, il y a lieu de distinguer deux variétés de silice : la silice cristallisée ou quartz et la silice amorphe qui provient de la déshydratation des acides siliciques obtenus par la décomposition des silicates.

$$\begin{cases} K^2SiO^3 + 2HCl = H^2SiO^3 + 2KCl. \\ H^2SiO^3 - H^2O = SiO^2 + H^2O. \end{cases}$$

*Par voie humide*, la silice cristallisée (quartz) n'est attaquée que par l'acide fluorhydrique qui la transforme en fluorure de silicium gazeux.

$$SiO^2 + 4HFl = SiFl^4 + 2H^2O.$$

La silice amorphe est aussi transformée par l'acide fluorhydrique ; de plus, elle se dissout dans une solution bouillante de carbonate sodique, à moins qu'elle ait été trop fortement calcinée. On peut donc, par l'emploi de ce réactif, séparer les deux variétés de silice.

*Fondue avec un carbonate alcalin*, la silice (cristallisée ou amorphe) se transforme en silicate alcalin. Le silicate formé est décomposable par les acides avec mise en liberté d'acide silicique (voy. caractères des silicates).

## SILICATES

Le nombre des silicates simples ou composés, naturels ou artificiels, que le chimiste peut rencontrer est très important.

Au point de vue analytique, ces multiples silicates se répartissent en deux groupes : les silicates décomposables par les acides et les silicates indécomposables par les acides.

Les silicates alcalins sont seuls solubles dans l'eau.

### SILICATES DÉCOMPOSABLES PAR LES ACIDES

Ces silicates, qui comprennent notamment les silicates alcalins donnent, sous l'action des acides, de l'acide silicique (*silice gélatineuse*) et un sel du métal entrant dans la composition du silicate.

$$K^4SiO^4 + 4HCl = H^4SiO^4 + 4KCl.$$
$$CaSiO^3 + 2HCl = H^2SiO^3 + CaCl^2.$$
$$ZnSiO^3 + H^2SO^4 = H^2SiO^3 + ZnSO^4.$$
$$PbSiO^3 + 2HNO^3 = H^2SiO^3 + Pb(NO^3)^2, \text{etc.}$$

L'acide silicique produit se présente sous forme d'une masse gélatineuse, *légèrement soluble dans l'eau*. En raison de cette solubilité, on peut ne pas obtenir de précipité d'acide silicique, *si l'on ajoute un acide à une solution très diluée de silicate*.

Souvent cependant, même en solution diluée, la silice finit par apparaître au bout d'un temps plus ou moins long.

Si l'on évapore en présence d'acide chlorhydrique le liquide acide tenant l'acide silicique en suspension, l'acide chlorhydrique agit comme déshydratant à l'égard de ce dernier ; en répétant une couple de fois cette opération et en desséchant à fond le résidu de la dernière évaporation, on peut arriver à une déshydratation suffisante pour transformer complètement l'acide silicique en silice insoluble.

En reprenant le résidu final par quelques centimètres cubes d'acide chlorhydrique et de l'eau, les sels métalliques passent en solution ; la silice reste précipitée et peut être séparée par filtration.

En la calcinant à haute température on arrive à la déshydrater entièrement ; c'est alors de l'anhydride silicique pur, répondant à la formule $SiO^2$.

Ce procédé est d'application générale pour la séparation de la silice et des métaux [1].

*Propriétés spéciales aux silicates solubles (silicates alcalins).*

[1] L'acide chlorhydrique additionné d'un oxydant (acide nitrique, chlorate potassique) permet aussi d'isoler à l'état de silice le silicium existant à l'état de siliciure dans les fontes, fers et aciers, et dans certains métaux, notamment l'aluminium et ses alliages. L'attaque étant faite par un acide ou un mélange d'acides et de sels oxydants suivant les cas, le reste de l'opération s'achève comme s'il s'agissait d'un silicate décomposable.

1. Les silicates alcalins sont décomposés par les acides, même par l'anhydride carbonique.

$$Na^4SiO^4 + 4CO^2 + 4H^2O = H^4SiO^4 + 4NaHCO^3.$$

2. *Le chlorure ammonique* ajouté à une solution de silicate alcalin met en liberté l'acide silicique, le silicate ammonique n'existant pas.

$$K^4SiO^4 + 4NH^4Cl = 4KCl + H^4SiO^4 + 4NH^3.$$

3. *Le carbonate ammonique* agit comme le chlorure; toutefois, la précipitation de l'acide silicique n'est pas complète; pour obtenir la silice restée en solution, on ajoute au filtrat une solution ammoniacale d'hydrate zincique et on fait bouillir jusqu'à élimination de l'ammoniaque; le précipité obtenu contient, outre la silice à l'état de silicate de zinc (décomposable par un acide) de l'hydrate de zinc qui ne peut rester dissous en l'absence d'ammoniaque.

Cette propriété des silicates alcalins est utilisée pour la séparation de la silice et des acides fluorhydrique et borique.

## SILICATES INDÉCOMPOSABLES PAR LES ACIDES

Les représentants de ce groupe sont nombreux. Je citerai, entre autres, les argiles dont l'analyse est des plus fréquentes et qui se rencontrent très souvent aussi comme élément de la gangue des minerais métalliques.

Dans le choix d'une méthode de désagrégation d'un silicate indécomposable par les acides, deux cas sont à considérer : *a*, le silicate ne renferme pas de métaux alcalins que l'on doive doser; *b*, le silicate contient des métaux alcalins à doser.

*Premier cas. On n'a pas à doser les métaux alcalins.* — En pareil cas, on désagrège la matière, le mieux en la fondant avec un carbonate alcalin.

Soit, par exemple, une argile dans laquelle on ne désire pas doser les alcalis.

En fait, les argiles sont des silicates d'aluminium associés à un reste des feldspaths qui leur ont donné naissance et à des quantités variables de sable et de composés ferriques, calciques et magnésiques, le tout formant une masse partiellement attaquable par les acides, et contenant le plus souvent : $SiO^2$, $Al^2O^3$, $Fe^2O^3$, $CaO$, $MgO$, $Na^2O$, $K^2O$.

Si l'on fond cette substance en mélange avec un carbonate alcalin, $SiO^2$ se transforme en silicate alcalin :

$$Na^2CO^3 + SiO^2 = Na^2SiO^3 + CO^2.$$

En même temps, les oxydes métalliques sont dégagés de leur combinaison avec la silice et restent dans la masse à l'état libre, ou peuvent, dans certains cas, réagir à leur tour avec le carbonate alcalin pour former des composés solubles dans les acides ; c'est le cas, par exemple, pour $Al^2O^3$ qui pourra de la sorte se transformer en aluminate alcalin $xNa^2O,yAl^2O^3$.

En somme, par l'action du fondant, la substance est devenue soluble dans les acides. Si, dans l'exemple choisi, on traite la masse, après refroidissement, par l'acide chlorhydrique dilué, on aura :

$$Na^2SiO^3 + 2HCl = 2NaCl + H^2SiO^3.$$
$$Na^2OAl^2O^3 + 8HCl = 2NaCl + Al^2Cl^6 + 4H^2O$$
$$Fe^2O^3 + 6HCl = Fe^2Cl^6 + 3H^2O.$$
$$CaO + 2HCl = CaCl^2 + H^2O.$$
$$MgO + 2HCl = MgCl^2 + H^2O, \text{etc.}$$

En évaporant à siccité en présence d'acide chlorhydrique, on déshydratera suffisamment l'acide silicique pour le rendre insoluble ; on pourra donc éliminer par filtration la silice après reprise par l'eau acidulée, du résidu d'évaporation.

La désagrégation par les carbonates alcalins se fait dans un creuset de platine ; on mélange *intimement* la matière à analyser avec environ 10 fois son poids de carbonate [1], et on opère la fusion graduellement, afin d'éviter le boursouflement qui résulte du départ de l'anhydride carbonique.

La température de la flamme de la lampe de Bunsen est généralement suffisante ; dans la plupart des cas, l'opération est terminée au bout d'une demi-heure. Il est bon d'agiter une ou deux fois le creuset pendant la fusion afin de bien répartir la matière dans le fondant et d'accélérer la désagrégation. Avant de laisser la masse se solidifier, on l'étend sur les parois du creuset (en maniant celui-ci avec une pince), de façon à offrir le plus de surface possible à l'action ultérieure de l'eau. Après refroidissement, on remplit le creuset d'eau bouillante ; au bout d'un quart d'heure de contact, le tout peut être détaché aisément et transvasé dans une capsule de porcelaine où l'on opère la dissolution par l'acide chlorhydrique. En procédant ainsi, on

[1] On ajoute souvent au mélange quelques décigrammes de nitrate potassique, afin d'assurer éventuellement l'oxydation du fer se trouvant au minimum d'oxydation ou d'autres matières oxydables.

n'emploie que très peu d'eau, et, par suite, l'évaporation nécessaire pour rendre la silice insoluble est fortement abrégée.

Par évaporation en présence d'acide chlorhydrique, on arrive à insolubiliser complètement la silice (voy. p. 383).

Dans l'opération qui vient d'être décrite, un peu de platine passe en solution à l'état de platinate alcalin. Le cas échéant, on peut éliminer ce métal en traitant la solution chlorhydrique chaude par un courant d'acide sulfhydrique.

La présence de métaux facilement réductibles et fusibles, tels que le plomb, ne permet pas l'emploi du creuset de platine. On s'expose, en effet, en pareil cas, à ce que le métal réduit s'allie au platine et troue le creuset. Il convient d'ajouter qu'en pratique, les substances à désagréger par fusion avec des alcalis contiennent rarement de pareils métaux.

*Deuxième cas. On a à doser les métaux alcalins.* — L'emploi des fondants alcalins est évidemment impossible lorsqu'on doit doser les alcalis dans une substance inattaquable par les acides. Parmi les méthodes proposées dans ce cas, je citerai celles qui reposent sur l'emploi de l'acide fluorhydrique et du nitrate bismuthique.

1. *Désagrégation par l'acide fluorhydrique.* — Prenons encore, pour établir la théorie du procédé, l'analyse d'une argile dans laquelle on a à doser les alcalis. Si l'on fait agir sur une pareille substance de l'acide fluorhydrique, la silice est transformée en fluorure de silicium (gaz) ; les bases passent à l'état de fluorures qui peuvent s'unir à du fluorure de silicium pour donner des fluosilicates.

Si l'attaque se fait en présence d'acide sulfurique, les fluosilicates seront décomposés ; le fluorure de silicium se dégagera et les bases seront finalement transformées en sulfates.

$$CaSiO^3 + 6HFl = \underbrace{CaSiFl^6}_{CaFl^2SiFl^4} + 3H^2O.$$

$$CaSiFl^6 + H^2SO^4 = CaSO^4 + SiFl^4 + 2HFl.$$

L'application du procédé se fait différemment suivant que la substance est aisément ou difficilement attaquable.

*Dans le premier cas,* la matière réduite en poudre fine est placée dans une capsule en platine et additionnée d'acide fluorhydrique liquide [1]; on chauffe pendant quelque temps au bain-marie, puis on ajoute de l'acide sulfurique dilué et on évapore à siccité; on élimine finalement l'excès d'acide sulfurique

[1] Au lieu d'acide fluorhydrique, on peut mélanger à la matière du fluorure ammonique qu'on décompose par addition d'acide sulfurique.

en chauffant à la lampe, puis on reprend par l'acide chlorhydrique et l'eau. Le résidu doit, dans ces conditions, se dissoudre en entier à moins que la matière contienne un métal (plomb, strontium, etc.) dont le sulfate est insoluble ou très difficilement soluble. Dans la solution, on recherche et dose les différents métaux, y compris les alcalis.

*Si la substance (une argile, par exemple), nécessite, pour être désagrégée* un contact prolongé avec l'acide fluorhydrique, on doit recourir à un appareil qui permette de réaliser cette condition.

En pratique, on peut faire usage d'un vase cylindrique en plomb d'environ 15 centimètres de hauteur et 11 centimètres de diamètre, et muni d'un couvercle en plomb également (fig. 42). A mi-hauteur, se trouve une cloison en plomb percée de trous sur laquelle on peut installer une capsule de platine contenant la matière à désagréger. L'acide fluorhydrique est produit dans le récipient lui-même, au moyen de fluorine en poudre et d'acide sulfurique concentré. La substance introduite dans la capsule de platine est humectée d'acide sulfurique dilué au 1/5 environ. Le couvercle étant mis en place, le vase de plomb est chauffé au bain-marie afin de favoriser la formation de l'acide fluorhydrique dont les vapeurs viennent agir sur la substance analysée.

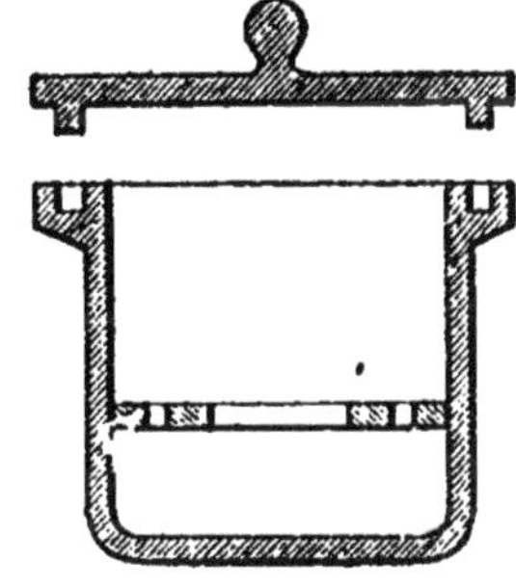

Fig. 42.

La durée de la désagrégation varie avec la nature des matières traitées ; il est difficile de donner des indications précises à cet égard. La capsule étant retirée de l'appareil, on chauffe au bain-marie pour éliminer l'excès d'acide fluorhydrique ; le résidu repris par de l'eau acidulée d'acide chlorhydrique doit se dissoudre entièrement ; s'il en est autrement, c'est que l'attaque est incomplète ; la partie non désagrégée doit, dans ce cas, être soumise de nouveau à l'action de l'acide fluorhydrique.

On voit par ce qui précède, que pour faire l'analyse complète d'un silicate contenant des alcalis, on doit opérer sur deux prises d'essai. Dans l'une, qu'on désagrège par les carbonates alcalins, on dose la silice et les bases à l'exception des alcalis ; l'autre, mise en solution par l'acide fluorhydrique, sert au dosage des alcalis.

2. *Désagrégation par le nitrate basique de bismuth.* — Ce procédé, assez peu commode dans l'application, permet de doser la silice et les alcalis dans une même prise d'essai.

Le silicate finement pulvérisé est mélangé avec 15 à 20 fois son poids de nitrate basique de bismuth et le tout est chauffé progressivement jusqu'à fusion dans un creuset de platine. La masse est maintenue en fusion pendant un quart d'heure environ, puis on la coule dans une capsule de platine parfaitement sèche flottant sur un bain d'eau. En opérant ainsi, on la refroidit brusquement et elle se divise en morceaux. On dissout cette masse dans l'acide chlorhydrique ; on enlève à l'aide du même acide ce qui est resté adhérent au creuset et on réunit la solution obtenue à la solution principale ; on évapore ensuite en présence d'acide chlorhydrique afin d'insolubiliser la silice (voy. p. 383). Dans la solution séparée de la silice on précipite par l'eau la majeure partie du bismuth à l'état d'oxychlorure BiOCl (voy. p. 180); on fait ensuite passer dans le liquide, après filtration, un courant d'acide sulfhydrique pour précipiter le restant du bismuth à l'état de sulfure et, dans le nouveau filtrat, on dose les divers métaux.

## DOSAGE DE LA SILICE

Quel que soit le procédé suivi pour la mise en solution d'un silicate : attaque par les acides, désagrégation par les carbonates alcalins ou le nitrate basique de bismuth, la silice est insolubilisée par évaporation de la solution provenant du traitement final par l'acide chlorhydrique; le précipité est recueilli sur un filtre, lavé à l'eau, séché et calciné à haute température ; on obtient ainsi de la silice pure $SiO^2$ qu'on pèse.

Cette façon d'opérer est générale sauf dans les quelques cas détaillés ci-après.

*Séparation de la silice dans les silicates contenant du plomb et des sulfures ou sulfates.* — 1. *Le silicate est décomposable par les acides.* La mise en solution de matières de ce genre nécessitant généralement l'emploi de réactifs oxydants (acide nitrique, eau régale, etc.), le plomb est transformé en sulfate et, à moins que la quantité en soit très faible, il reste mélangé sous cette forme à la silice lorsque, après avoir évaporé à siccité pour insolubiliser cette dernière, on reprend le résidu d'évaporation par l'eau acidulée d'acide chlorhydrique.

En pareil cas, on recueille l'ensemble du résidu sur un filtre, on le lave et on le sèche, puis on l'introduit dans 50 à 100 centimètres cubes de tartrate ammonique ammoniacal [1] chauffés

[1] Pour préparer ce réactif, on dissout 100 grammes d'acide tartrique dans l'eau, on sursature par l'ammoniaque et on dilue au volume de 1 litre.

presque à l'ébullition. En laissant en contact pendant quelques minutes, on arrive à dissoudre tout le sulfate de plomb (voy. p. 160). On filtre en se servant du filtre qui contenait le précipité; on lave, dessèche et calcine le résidu qui, cette fois, se compose uniquement de silice.

On peut aussi traiter le précipité humide par le tartrate. On l'amène pour cela dans un gobelet en s'aidant du jet d'une pissette chargée de tartrate ammonique; ensuite on chauffe jusqu'à dissolution du sulfate de plomb.

2. *Le silicate est désagrégé par les carbonates alcalins.* — Si le silicate a dû être désagrégé, le plomb se trouve dans la masse fondue sous une forme insoluble; la silice au contraire, est transformée en silicate alcalin soluble. On reprendra donc par l'eau chaude, pour dissoudre ce dernier; puis, après avoir filtré, on sursature le liquide clair par l'acide chlorhydrique pour décomposer le silicate alcalin et l'excès de carbonate employé comme fondant. On évapore ensuite à siccité en présence d'acide chlorhydrique pour insolubiliser la silice qui est ensuite recueillie sur un filtre et dosée à la manière habituelle.

Le résidu insoluble, exempt de sulfate, est décomposé par l'acide chlorhydrique; la solution est évaporée à siccité, afin d'insolubiliser la silice qui peut rester dans le résidu. En reprenant par l'acide chlorhydrique et l'eau, on isole cette silice qui est recueillie et réunie au précipité principal.

*Séparation de la silice dans les silicates associés à du sulfate barytique (barytine).* — La barytine fait assez souvent partie de la gangue de certains minerais, blendes, galènes et autres. Quelquefois, la proportion de ce composé dépasse 20 p. 100. Le dosage de la silice est alors assez compliqué, le sulfate barytique étant insoluble dans les acides.

a. *Le silicate est décomposable par les acides.* — On attaque la substance par l'eau régale ou tout autre dissolvant acide approprié. On évapore à siccité pour insolubiliser la silice, puis on reprend par quelques centimètres cubes d'acide chlorhydrique et de l'eau. Le résidu insoluble est formé de silice et de sulfate barytique. On le recueille sur un filtre, on le lave, on le dessèche, puis on le fond dans un creuset de platine avec environ 10 fois son poids de carbonate sodico-potassique. Par cette opération, la silice passe à l'état de silicate alcalin soluble dans l'eau, tandis que le sulfate barytique est transformé en carbonate (insoluble) d'après l'équation :

$$BaSO^4 + Na^2CO^3 = BaCO^3 + Na^2SO^4.$$

En reprenant la masse fondue par l'eau et filtrant, on sépare le carbonate barytique. Le liquide clair, exempt de baryum et contenant le silicate alcalin est sursaturé par l'acide chlorhydrique, qui décompose le silicate. Ensuite, on évapore pour insolubiliser la silice qui est dosée à la matière ordinaire.

D'autre part, on redissout le précipité de carbonate barytique lavé (qui a pu retenir un peu de silice) dans l'acide chlorhydrique dilué. La solution est évaporée à siccité en présence d'acide chlorhydrique en excès, afin d'insolubiliser la silice qui est recueillie et réunie à celle qu'on a séparée de la solution principale.

b. *Le silicate est désagrégé par les carbonates alcalins.* — Si le silicate est inattaquable par les acides, on doit le désagréger par fusion avec le carbonate sodico-potassique. Cette opération nous ramène en partie au cas précédent; le baryum passe à l'état de carbonate insoluble, tandis que la silice est transformée en silicate alcalin (soluble). En filtrant, après reprise de la masse fondue par l'eau chaude, on obtient donc une solution exempte de baryum dans laquelle on dose la silice comme en *a*.

Le résidu insoluble (exempt de sulfate) retient souvent une certaine quantité de silice; on le dissout dans l'acide chlorhydrique, on évapore à siccité pour insolubiliser la silice qu'on sépare ensuite par filtration après reprise par l'eau et l'acide chlorhydrique, et qu'on réunit au précipité principal.

*Séparation de la silice et de l'acide fluorhydrique.* — Ce cas se rencontre notamment dans l'analyse des blendes, calamines, phosphates de chaux, etc., contenant de la fluorine. On ne peut se contenter ici d'attaquer la matière par les acides et d'évaporer à siccité. En effet, la fluorine étant décomposée pendant l'opération, l'acide fluorhydrique mis en liberté peut réagir avec une partie au moins de la silice et la transformer en fluorure $SiFl^4$ gazeux.

On fond la matière avec environ 10 fois son poids de carbonate sodico-potassique. Dans cette opération, la silice passe à l'état de silicate alcalin et le fluor à l'état de fluorure alcalin.

La masse fondue est traitée par l'eau chaude. La solution obtenue après filtration contient le fluorure alcalin et une partie du silicate alcalin. En ajoutant à cette solution du carbonate ammonique on détermine la formation d'un précipité formé de la majeure partie de la silice (voy. p. 384, n° 3) [1]. On filtre, on lave avec une solution de carbonate ammonique et on traite le

[1] Si, ce qui en pratique est fréquemment le cas, la matière analysée contient de l'alumine, celle-ci passe à l'état d'aluminate alcalin (soluble) lors de la fusion avec le carbonate sodico-potassique. Dans la suite de l'opération, l'alumine est reprécipitée en même temps que la silice lors du traitement par le carbonate ammonique (voy. p. 76).

filtrat par une solution ammoniacale d'hydrate zincique ; en évaporant jusqu'à élimination de toute l'ammoniaque, on provoque la formation d'un précipité contenant à côté d'hydrate zincique, le restant de la silice sous forme de silicate zincique. En filtrant, on obtient une solution qui renferme tout le fluorure alcalin et de laquelle on peut précipiter le fluor à l'état de fluorure calcique.

Pour doser la silice, on réunit le résidu insoluble restant après la fusion avec le carbonate alcalin, le précipité obtenu par le carbonate ammonique et le précipité zincique formé en dernier lieu. L'ensemble est traité par l'acide chlorhydrique, puis on évapore à siccité pour insolubiliser la silice. On sépare celle-ci après reprise du résidu par l'acide chlorhydrique et l'eau et on la dose à la manière ordinaire.

*Séparation du quartz et de la silice combinée.* — Cette séparation trouve sa principale application dans l'analyse des argiles, la proportion plus ou moins grande de quartz associée au silicate d'aluminium exerçant une influence marquée sur les propriétés et, par conséquent, sur les usages des argiles.

Pour effectuer la séparation, on se base sur l'insolubilité du quartz dans le carbonate sodique et sur la solubilité dans le même réactif, de la silice amorphe résultant de la décomposition des silicates.

Dans le cas des argiles, on opère de la manière suivante. On mélange dans une capsule en platine 2 grammes d'argile finement pulvérisée avec 15 centimètres cubes d'acide sulfurique concentré et l'on chauffe pendant plusieurs heures dans le but de désagréger l'argile. La chauffe doit être conduite de telle façon qu'il reste encore de l'acide sulfurique en excès à la fin de l'opération. Après avoir laissé refroidir, on étend d'eau, on filtre, on lave le résidu qui est ensuite soumis une seconde fois à l'action de l'acide sulfurique. Le nouveau résidu est, après dilution par l'eau, recueilli sur filtre taré et pesé après dessiccation à 100°. Il se compose de la silice (provenant de la désagrégation de l'argile) et du sable. Le précipité est détaché aussi complètement que possible du filtre et traité pendant un quart d'heure, dans une capsule de platine, par une solution bouillante de carbonate sodique à 5 p. 100 additionnée de quelques gouttes de solution d'hydrate sodique, qui dissout la silice amorphe ; on décante et on renouvelle le traitement par le carbonate sodique. Finalement, on filtre, on lave à l'eau bouillante, on dessèche et on calcine le résidu insoluble, qui, si l'opération a été bien conduite, ne doit être formé que par le sable contenu dans l'argile analysée.

*Ce qu'on entend souvent par silice dans l'analyse industrielle.* — Un très grand nombre de minerais attaquables par les acides laissent, comme résidu de cette attaque, un mélange de silice quartzeuse et d'argile. L'ensemble de ce résidu insoluble est très fréquemment désigné *dans les analyses courantes* sous le nom de « *silice* ». A la vérité, la silice y est généralement très prédominante et représente souvent plus de 90 p. 100 du poids total.

Lorsqu'on désire, pour une raison quelconque, connaître la teneur réelle en $SiO^2$, le résidu brut doit être fondu au creuset de platine avec un carbonate alcalin, ce qui transforme la silice en silicate alcalin. En reprenant la masse fondue par l'eau chaude, on obtient une solution de laquelle on précipite la silice par l'acide chlorhydrique. On évapore à siccité pour insolubiliser complètement le précipité qui est ensuite recueilli et dosé à la manière habituelle. Les bases (alumine, chaux, etc.), associées à la silice dans le précipité brut, sont transformées en chlorures solubles et se dissolvent lors de la reprise du résidu d'évaporation par l'acide chlorhydrique et l'eau.

*Remarque.* — Le résidu insoluble dans les acides que laissent certains minerais contient, outre de la silice et de l'argile, du sulfate barytique (voy. p. 389).

## FLUOSILICATES

En analyse, on n'a guère affaire à l'acide fluosilicique et aux fluosilicates qu'à l'occasion du dosage du fluor et de la désagrégation des silicates par l'acide fluorhydrique.

1. Lorsqu'on traite un fluorure par de l'acide sulfurique et du quartz en poudre, le fluor est transformé en fluorure de silicium $SiFl^4$ (voy. p. 288). En dirigeant ce fluorure dans l'eau, on détermine sa décomposition en acide silicique (silice gélatineuse) et acide fluosilicique (soluble) (voy. p. 289). Par filtration, on isole la solution de ce dernier qu'on traite par du chlorure potassique; on forme ainsi du fluosilicate potassique $K^2SiFl^6$.

$$2KCl + H^2SiFl^6 = K^2SiFl^6 + 2HCl.$$

Le fluosilicate potassique apparaît sous forme d'un précipité opalescent; par addition d'alcool, on provoque le dépôt du précipité qui est recueilli sur filtre taré et pesé après dessiccation à 100° (voy. p. 292).

2. Les silicates traités par l'acide fluorhydrique donnent lieu

à la formation de fluosilicates des diverses bases entrant dans la composition du silicate. Si la désagrégation se fait en présence d'acide sulfurique, ces fluosilicates sont décomposés avec dégagement d'acide fluorhydrique et de fluorure de silicium; en même temps, les bases passent à l'état de sulfates (voy. pour les détails, p. 386, n° 1).

---

# ESSAIS PAR VOIE SÈCHE

---

Les essais par voie sèche auxquels on peut recourir pour caractériser les divers éléments sont assez nombreux.

Nous en avons déjà signalé quelques-uns à l'occasion de l'étude des caractères des sels des divers métaux, notamment les colorations que communiquent à la flamme de la lampe de Bunsen les composés des métaux alcalins et alcalino-terreux, la formation de chromate (jaune) et de manganate (vert) par fusion d'un composé de chrome ou de manganèse avec un mélange oxydant de carbonate et de nitrate alcalin, etc.

Nous donnerons ici quelques indications sur trois genres d'essais dont les uns s'appliquent surtout à la recherche de certains métaux proprement dits, les autres servant plus spécialement à la recherche des métaux alcalins et alcalino-terreux et de quelques éléments rares d'autres groupes.

Nous étudierons successivement :

*a*. Les essais à l'aide du borax et du sel de phosphore.

*b*. Les essais sur le charbon.

*c*. L'analyse spectrale.

### ESSAIS A LA PERLE DE BORAX OU DE SEL DE PHOSPHORE

Le borax fondu forme une masse vitreuse, transparente, dont la composition répond à la formule $Na^2B^4O^7$; dans les mêmes conditions, *le sel de phosphore* (ancienne dénomination sous laquelle on désigne le phosphate ammoniaco-sodique $Na(NH^4)HPO^4 4H^2O$), se transforme en métaphosphate $NaPO^3$ et forme, comme le borax, une masse vitreuse incolore.

Si, après avoir produit à l'extrémité d'un fil de platine recourbé en œillet une petite perle de l'une ou l'autre de ces substances, on fait adhérer à cette perle quelques parcelles de certains composés métalliques, puis qu'on chauffe jusqu'à fusion dans la zone oxydante de la flamme de la lampe de Bunsen, on observe après refroidissement, suivant la nature du métal, des colorations particulières dues à la formation de borates doubles ou de phosphates doubles de sodium et du métal essayé. Avec certains métaux, on peut obtenir une seconde coloration caractéristique en chauffant la perle dans la zone de réduction de la flamme.

Voici quels sont les principaux métaux auxquels ce genre d'essai peut être appliqué, et les colorations que leurs composés communiquent à la perle.

| ÉLÉMENTS RECHERCHÉS | COLORATION DE LA PERLE CHAUFFÉE | |
|---|---|---|
| | dans la zone d'oxydation. | dans la zone de réduction. |
| Fer. | Jaune. | Vert bouteille. |
| Manganèse. | Violette. | Pas de coloration (formation de sel manganeux). |
| Cobalt. | Bleue. | Bleue. |
| Nickel. | Brun rouge. | Grise (métal réduit) avec le borax ; rougeâtre avec le sel de phosphore. |
| Chrome. | Verte. | Verte. |
| Cuivre. | Vert bleuâtre. | |
| Titane (acide titanique.) | Incolore. | Violette à froid; jaune à chaud. |
| Molybdène. | Jaunâtre. | Avec le borax : brune ; avec le sel de phosphore : verte. |
| Tungstène. | Incolore. | Avec le borax : jaune ; avec le sel de phosphore : bleue. |
| Vanadium. | Jaunâtre. | Verte à froid ; brunâtre à chaud. |

Les essais à la perle de borax ou de sel de phosphore peuvent rendre certains services pour la recherche des quelques métaux qui viennent d'être indiqués, lorsque la matière analysée ne renferme que le métal cherché. En cas de présence de plusieurs éléments, on est exposé à obtenir des perles dont la coloration est le résultat de diverses réactions et n'offre par conséquent plus rien de caractéristique. Il arrive aussi que la coloration due à un métal masque complètement celle que produisent les métaux qui l'accompagnent. Si l'on examine, par exemple, une substance contenant à la fois du nickel et du cobalt, la coloration bleue due au cobalt masque absolument la teinte propre au nickel.

### ESSAIS SUR LE CHARBON

Ces essais consistent à réduire à l'état métallique les oxydes de certains métaux en les chauffant à haute température au contact d'un morceau de charbon. Si l'on a affaire à des sulfures ou autres composés non directement réductibles par le charbon, on ajoute à la prise d'essai, dont le poids ne dépasse pas quelques centigrammes, une petite quantité de carbonate sodique sec, qui par fusion transforme le composé en oxyde.

Pour faire un essai, on introduit la matière à essayer en mélange avec le carbonate, dans une petite cavité creusée dans un morceau de charbon taillé en forme de parallélipipède. On chauffe ensuite à l'aide du chalumeau dont on dirige le dard sur la matière, de telle façon que celle-ci soit entourée par la zone réductrice de la flamme. Après avoir chauffé quelque temps dans ces conditions on laisse refroidir.

Suivant que l'on a affaire à un métal fusible ou non à la température de l'essai on obtiendra des globules ou des paillettes; si le métal est plus ou moins volatil et donne lieu à la formation d'un oxyde non volatil (tel l'oxyde de zinc), cet oxyde se déposera sous forme d'un enduit (aréole) plus ou moins caractéristique sur les parties froides du charbon.

Voici, au surplus, les résultats que donne la recherche des quelques métaux usuels auxquels l'essai sur le charbon s'applique(1).

| MÉTAUX | RÉSULTAT DE L'ESSAI | OBSERVATIONS |
|---|---|---|
| Fer. | Paillettes ; pas d'aréole. | Ces métaux sont infusibles à la température de l'essai. |
| Nickel. | Id. Id. | |
| Cobalt. | Id. Id. | |
| Cuivre. | Globules. | Fond vers 1080°. |
| Argent. | Id. | Fond à 954°. |
| Étain. | Id. | Fond à 231°. |
| Plomb. | Globules malléables et aréole jaune. | Ces métaux sont légèrement volatils à la température de l'essai. |
| Bismuth. | Globules malléables et aréole jaune. | |
| Antimoine. | Globules malléables et aréole jaune. | |
| Zinc. | Le métal est volatilisé ; aréole d'oxyde, jaune à chaud, blanche à froid. | |
| Cadmium. | Le métal est volatilisé ; aréole d'oxyde brune. | |
| Arsenic. | Ni métal, ni aréole, l'oxyde étant volatil. | Odeur d'ail. |

(1) Il est clair que les métaux qui ne sont pas réductibles dans les conditions de l'essai, c'est-à-dire les métaux alcalins et alcalino-terreux, le chrome, l'aluminium et le manganèse, ne peuvent être décelés par ce procédé.

Les essais sur le charbon peuvent rendre des services lorsqu'on cherche à identifier un minerai par un essai rapide.

## ANALYSE SPECTRALE

Les spectres des lumières émises par les corps solides portés à l'incandescence sont continus. Ainsi, par exemple, si l'on examine le spectre de la flamme d'un fil de platine chauffé au rouge, ou celui de la flamme d'une lampe, d'une bougie, etc., dont le pouvoir éclairant est produit par des particules de carbone libres incandescentes, on constate que ce spectre est formé par la succession des couleurs que l'on observe dans le spectre solaire, sans interposition de raies noires.

Au contraire, si le spectre est dû à la lumière émise *par un gaz ou une vapeur portée à l'incandescence,* il se réduit à quelques raies brillantes, dont la couleur et l'intensité dépendent de la nature du gaz ou de la vapeur. Entre ces raies, dont la position est invariable pour un corps déterminé, s'étendent des bandes obscures.

Il résulte de ceci, que si l'on volatilise dans la flamme de la lampe de Bunsen des sels de différents métaux, les spectres fournis par les lumières émises par les vapeurs ainsi produites seront caractérisés pour chaque métal par des raies spéciales. En admettant même que deux éléments donnent des raies de même couleur, la position de ces raies dans le spectre permettra encore de déterminer auquel de ces éléments on a affaire [1].

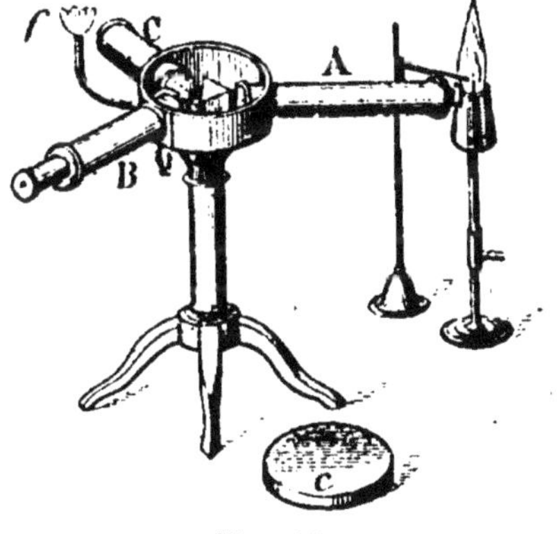

Fig. 43.

On peut donc, par l'examen des *spectres d'émission* fournis par la lumière des vapeurs des différents sels métalliques, identifier les métaux [2].

L'analyse spectrale dont la science est redevable à Bunsen et Kirchhoff exige l'emploi d'un appareil spécial, le *spectroscope.*

Le spectroscope de Bunsen et Kirchhoff qui est encore le plus employé actuellement (fig. 43), consiste essentiellement en un

[1] En général, le spectre produit par un métal est le même quel que soit le genre de sel dans lequel le métal est engagé.

[2] Voir à la fin du volume : *Tableau pour l'analyse spectrale.*

prisme de flint disposé verticalement sur une tablette, portée elle-même par un support. Autour du prisme et faisant corps avec la tablette sont disposés horizontalement trois tubes A, B, C. Un couvercle *c* permet de fermer l'enveloppe métallique à l'intérieur de laquelle se trouve le prisme.

A est un tube à allongement télescopique appelé *collimateur;* c'est par lui que la lumière à analyser pénètre dans l'appareil. Il porte à son extrémité libre une fente verticale qu'une vis de rappel permet d'élargir ou de rétrécir à volonté (fig. 44). La fente se trouve au foyer d'une lentille fixée à l'autre extrémité du tube et dont le rôle est de rendre parallèles les rayons admis dans le collimateur. Ces rayons viennent ensuite tomber sur la face DE du prisme (fig. 45). La lumière est décomposée par le prisme en plusieurs faisceaux correspondant aux différents rayons simples dont la lumière est formée.

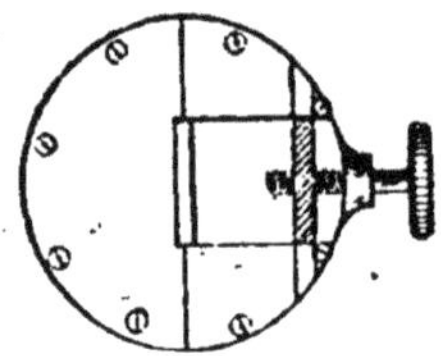

Fig. 44.

Le tube B (fig. 43) est une lunette dans laquelle pénètrent les rayons à leur sortie du prisme. Les rayons de chaque faisceau

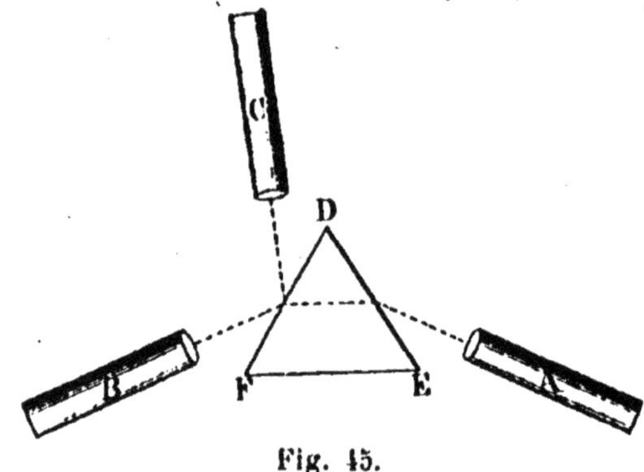


Fig. 45.

se réunissent, par l'effet d'une lentille, en un foyer distinct; il se produit ainsi une série d'images de la fente du collimateur en nombre correspondant à celui des rayons simples.

L'ensemble de ces images ou raies colorées forme le spectre de la lumière analysée.

Le tube B se termine par une partie à allongement télescopique pourvue d'une lentille servant d'oculaire.

Le tube C est destiné à la détermination de la position des raies dans le spectre. Il est muni, à l'extrémité opposée au prisme, d'une plaque de verre dépoli portant une graduation formée d'une série de traits verticaux. Cette graduation se trouve au foyer d'une lentille fixée à l'autre extrémité du tube.

Si l'on éclaire l'échelle graduée au moyen d'une flamme quelconque *f* placée derrière le tube C, les rayons lumineux qui passent entre les traits de cette échelle sont rendus parallèles par la lentille.

A leur sortie de la lunette, ils tombent sur la face DF du prisme sur laquelle ils se réfléchissent pour pénétrer ensuite dans le tube B.

L'observateur, dont l'œil est placé devant l'oculaire qui termine la lunette B, voit donc à la fois l'échelle graduée et les diverses raies du spectre et peut, par conséquent, déterminer la position de ces dernières.

Par suite de cette disposition, il est donc possible d'identifier des éléments dont le spectre est formé des mêmes raies caractéristiques, ces raies occupant pour chacun d'eux, des positions différentes sur la graduation.

*Mode opératoire.* — L'échelle du tube C étant éclairée par une flamme de gaz ou autre *f*, on place devant le tube collimateur la flamme non éclairante d'une lampe de Bunsen, puis on introduit dans celle-ci la matière à examiner fixée à l'extrémité contournée en œillet d'un mince fil de platine.

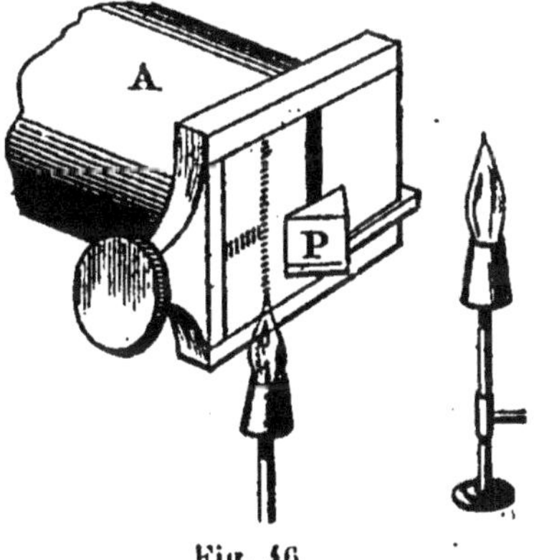

Fig. 46.

En même temps, on observe par l'oculaire de la lunette B. D'après la description donnée précédemment, on voit, dans ces conditions, le spectre produit et l'échelle qui permet de déterminer la position des raies qui le forment.

*Examen simultané de deux matières différentes.* — Il arrive parfois que l'on désire comparer le spectre que donne une matière que l'on analyse avec celui d'un sel pur du métal que l'on croit exister dans la substance examinée. Le spectroscope doit, dans ce cas, être complété par un petit prisme P à réflexion totale (fig. 46) fixé à une pièce mobile qui permet de l'appliquer à volonté contre la moitié inférieure de la fente du tube collimateur A.

Si, le prisme étant dans cette position (fig. 46), on place dans la flamme non éclairante une matière quelconque, la lumière émise n'entrera dans le spectroscope que par la moitié supérieure de la fente. Si, d'autre part, on dispose une seconde flamme non éclairante latéralement par rapport au prisme, et si l'on introduit une substance dans cette flamme, la lumière émise viendra tomber sur le prisme et sera réfléchie à l'intérieur du spectroscope, donnant un spectre qui n'occupera que la moitié inférieure de la graduation, puisque, par suite de la position latérale occupée par la seconde flamme, la lumière ne pénétrera pas dans l'appareil par la moitié supérieure de la fente.

L'observateur verra donc une image formée de la superposition des spectres des deux substances examinées et pourra, par conséquent, déterminer avec certitude si ces substances contiennent le même élément ou des éléments différents.

*Spectres d'absorption.* — Ce que nous avons dit jusqu'ici s'applique aux *spectres d'émission;* c'est à leur observation que le spectroscope est le plus souvent employé dans l'analyse chimique.

On produit parfois aussi des spectres d'une autre nature auxquels on a donné le nom de *spectres d'absorption* et dont la formation repose sur les faits suivants. Lorsqu'une lumière blanche (donnant, par conséquent, un spectre continu), traverse une solution ou un verre coloré, certains rayons, dont la nature dépend de la teinte du milieu coloré, sont absorbés. Le spectre est donc interrompu par une série de raies ou de bandes obscures correspondant aux rayons absorbés.

En pratique, on peut produire des spectres d'absorption caractéristiques avec des solutions des divers sels colorés de la chimie minérale, avec des solutions de matières colorantes, etc. La solution à examiner est introduite dans un récipient en verre à faces parallèles qu'on interpose entre une flamme éclairante (produisant un spectre continu) et la fente du tube collimateur.

*Application de l'analyse spectrale à l'analyse quantitative.* — Lorsqu'on produit un spectre d'absorption, la quantité de lumière absorbée est proportionnelle à la quantité de matière absorbante. On a basé sur ce principe une méthode d'analyse quantitative des substances colorées contenues dans une solution.

# LA RECHERCHE DES MÉTAUX

## DANS LES SUBSTANCES MINÉRALES

---

### MISE EN SOLUTION DES MATIÈRES A ANALYSER

Il est assez rare qu'un produit naturel ou fabriqué puisse être dissous pas la seule action de l'eau.

Le cas se présente pour certains sels alcalins : soudes, potasses, chlorure et sulfate de soude, salpêtre, etc.; mais, en général, des dissolvants plus énergiques sont nécessaires.

On placera dans un tube à réaction quelques centigrammes de la substance et on fera agir successivement l'acide chlorhydrique dilué de deux fois environ son volume d'eau, l'acide chlorhydrique concentré, l'eau régale.

Dans les essais de dissolution faits avec des acides concentrés, il faut se borner à chauffer modérément afin de ne pas expulser le réactif avant qu'il ait eu le temps d'agir. Faire bouillir de l'acide chlorhydrique concentré ou de l'eau régale, c'est éliminer en pure perte l'élément actif, acide chlorhydrique ou chlore, et, par conséquent, dans de nombreux cas, retarder, au lieu d'accélérer, l'attaque de la matière.

A titre d'exemple, je prendrai le cas des résidus de pyrites. Ces substances sont formées presque en entier d'oxyde ferrique résultant du grillage de la pyrite; cet oxyde ayant été fortement chauffé, s'est modifié physiquement, est devenu difficilement attaquable par l'acide chlorhydrique et sa mise en solution nécessite un contact prolongé avec le réactif. L'ébullition donnera ici un mauvais résultat; le traitement à une température modérée (50 à 60°) laissant en grande partie à l'acide sa concentration initiale, conduira beaucoup plus sûrement au but.

Dans l'attaque par les acides, nombre de substances (minerais et minéraux, sous-produits d'industries métallurgiques et autres, etc.), laissent, en se dissolvant, un résidu très souvent de nature siliceuse ou argileuse. Ce résidu est parfois plus ou moins coloré, alors que cependant la dissolution de la matière proprement dite est complète.

Ce n'est que par la pratique qu'on arrive à juger si ces colorations jaunes, brunes, rougeâtres ou noirâtres, sont le fait du résidu lui même ou proviennent d'une attaque incomplète. Ces résidus qui, parfois, renferment du sulfate de baryum, peuvent être désagrégés à leur tour au moyen des carbonate alcalins (voy. p. 384 : *Désagrégation par les carbonates alcalins.*)

*Les alliages sont généralement mis en solution par l'acide nitrique.* — L'acide chlorhydrique, en effet, ne dissout que peu ou pas plusieurs des métaux qui font ordinairement partie des alliages industriels, c'est-à-dire, le cuivre, le plomb, le mercure, le bismuth, l'antimoine, le nickel, etc. L'argent, l'or, le platine ne sont pas non plus attaqués par cet acide.

Au contraire, l'acide nitrique dissout presque tous les métaux, à l'exception de l'or et du platine sur lesquels il n'a pas d'action.

L'étain et l'antimoine sont transformés par l'acide nitrique respectivement en acide métastannique et en composés oxygénés d'antimoine insolubles.

Si un alliage renferme de l'étain à côté d'autres métaux que l'acide nitrique transforme en nitrates (solubles) on peut donc, à l'aide de ce réactif, dissoudre l'alliage et séparer d'emblée l'étain.

S'il y a à la fois en présence de l'étain et de l'antimoine, il est préférable de dissoudre entièrement l'alliage dans l'eau régale, l'acide antimonique n'étant pas toujours entièrement précipité par l'acide nitrique et pouvant, d'autre part, entraîner avec lui une partie des autres métaux, le plomb, par exemple.

Si l'on a dissous un alliage par l'acide nitrique, il est prudent, avant de traiter par l'acide sulfhydrique (opération qui est généralement le début de l'analyse) d'éliminer presque entièrement l'excès d'acide nitrique par évaporation et de reprendre ensuite par l'acide chlorhydrique.

Si on laisse dans le liquide des quantités notables d'acide nitrique, on s'expose, lors du traitement par l'acide sulfhydrique, à obtenir par suite de l'oxydation de ce dernier un précipité de soufre dont la présence complique les manipulations ultérieures.

Nombre de substances sont insolubles ou partiellement solubles seulement dans les acides d'emploi courant ; c'est le cas pour beaucoup de silicates, les argiles par exemple, et pour divers oxydes d'aluminium, de chrome, etc.

Dans les cas de ce genre, la matière doit être désagrégée par voie sèche, c'est-à-dire en recourant à l'emploi d'un fondant. Pour les matières silicatées, ce fondant sera de préférence le carbonate sodico-potassique [1] NaKCO³ seul ou additionné d'un peu de nitrate potassique s'il y a des éléments susceptibles d'être oxydés (oxyde ferreux, manganèse, chrome, etc.).

On emploie parfois aussi pour la désagrégation des silicates, le nitrate basique de bismuth. Ce réactif peut notamment être utilisé lorsqu'on veut doser dans le silicate les métaux alcalins ; dans ce cas, l'emploi des carbonates alcalins n'est évidemment pas possible.

Dans le cas d'oxydes réfractaires à l'action des acides, on peut faire usage du sulfate acide de potassium $KHSO^4$.

Signalons aussi l'emploi très répandu du peroxyde de sodium $Na^2O^2$ pour certaines désagrégations s'accompagnant de l'oxydation de l'un ou l'autre élément.

Quelques exemples feront aisément comprendre la façon d'agir de ces divers réactifs.

a. *Désagrégation d'une argile par les carbonates alcalins.* — Ce cas a été traité en détail à l'occasion de l'étude des silicates (voy. p. 384).

b. *Désagrégation par le nitrate basique de bismuth.* — Cette opération a été détaillée à l'occasion de l'étude des silicates (voy. p. 387, n° 2).

c. *Désagrégation de la chromite* ($Cr^2O^3FeO$) *par le sulfate acide de potassium.* — Si l'on chauffe du sulfate acide de potassium, il se décompose en pyrosulfate qui, sous l'action d'une température plus élevée, se transforme à son tour en sulfate neutre et anhydride sulfurique.

$$\begin{cases} 2KHSO^4 = K^2S^2O^7 + H^2O. \\ K^2S^2O^7 = K^2SO^4 + SO^3 \end{cases}$$

L'anhydride sulfurique ainsi produit agit très énergiquement sur les oxydes métalliques qu'il transforme en sulfates.

Dans l'exemple choisi, les oxydes de fer et de chrome passent donc à l'état de $Fe^2(SO^4)^3$ et $Cr^2(SO^4)^3$.

En pratique, la matière à désagréger est mélangée dans un creuset de platine avec 12 à 15 fois son poids de sulfate acide. En chauffant modérément, on provoque la fusion de la masse et les réactions indiquées précédemment se produisent. Il faut avoir soin de ne pas laisser la température s'élever trop forte-

[1] Le carbonate sodico-potassique n'agit pas autrement au point de vue chimique que ne le fait le carbonate sodique et le carbonate sodique pris isolément. Il a sur ces derniers l'avantage d'être plus facilement fusible.

ment, sinon l'anhydride sulfurique se dégage sans avoir eu le temps d'agir sur la substance à désagréger et l'attaque est souvent incomplète.

Après avoir entretenu la chauffe pendant un certain temps, on laisse refroidir et on dissout la masse par l'eau acidulée d'acide chlorhydrique. S'il reste un résidu non désagrégé, on le sépare par filtration et on le soumet à une nouvelle fusion.

d. *Désagrégation d'une blende par le peroxyde de sodium en vue du dosage du soufre.* — Si l'on fond une blende, c'est-à-dire un sulfure pouvant passer à l'état de sulfate, avec du peroxyde de sodium, celui-ci cède avec grande facilité au soufre la moitié de son oxygène. Cet oxygène, à l'état naissant est très actif et le peroxyde est, par conséquent, un agent d'oxydation très énergique.

En pratique, on ajoute au peroxyde une certaine quantité de carbonate sodique afin de mitiger l'énergie de la réaction.

Le peroxyde sodique attaque la platine ; les fusions avec ce réactif se font très commodément dans des creusets de fer à minces parois de forme analogue à celle des creusets de porcelaine couramment employés dans les laboratoires. On se sert aussi dans certains cas de capsules ou creusets en argent.

Dans la désagrégation par le peroxyde sodique, la température doit être élevée *très progressivement* de façon à ne pas décomposer brusquement le réactif dont l'oxygène se dégagerait, au moins en grande partie, sans avoir eu le temps d'agir sur la substance à désagréger.

e. *Désagrégation par l'acide fluorhydrique.* — La théorie et la pratique de cette opération ont été exposées à l'occasion de l'étude des silicates (voy. p. 386, n° 1).

f. *Désagrégation par le carbonate sodique et le soufre.* — Certaines substances contenant de l'arsenic, de l'antimoine et, en général, des métaux dont les sulfures sont solubles dans les sulfures alcalins, peuvent être avantageusement désagrégées par l'emploi d'un fondant formé de poids égaux de soufre en fleur et de carbonate sodique sec intimement mélangés. (Foie de soufre).

Soit, par exemple, à mettre en solution un mispickel, contenant souvent, outre le fer et l'arsenic, un peu d'antimoine, de plomb, etc.

Si l'on fond cette substance avec du carbonate sodique et du soufre, tous les métaux passent à l'état de sulfures. Si l'on reprend ensuite par l'eau, les sulfures des métaux des groupes du fer et du cuivre (1) restent non dissous; les sulfures des mé-

(1) Dans cette opération, une certaine quantité de cuivre reste dissoute dans le polysulfure alcalin (voy. p. 183).

taux du groupe de l'arsenic, au contraire, se dissolvent à l'état de sulfosels dans le polysulfure de sodium produit par la fusion.

Exemple :

$$As^2S^3 + 3Na^2S = 2Na^3AsS^3 \text{ (sulfo-arsénite de sodium).}$$
$$Sb^2S^5 + 3Na^2S = 2Na^3SbS^4 \text{ (sulfo-antimoniate de sodium).}$$
$$SnS^2 + Na^2S = Na^2SnS^3 \text{ (sulfo-stannate de sodium).}$$

On a donc là, un moyen de séparer d'emblée les métaux du groupe de l'arsenic d'avec tous les autres.

En pratique, on additionne la prise d'essai de 8 à 10 fois son poids du mélange de carbonate et de soufre. La fusion se fait dans un creuset de porcelaine *couvert*. La température doit être élevée très progressivement, sinon il se produit un boursouflement de la masse et des projections au détriment de la bonne marche de l'opération. On chauffe finalement au rouge ; la température de la flamme de la lampe de Bunsen est suffisante ; l'opération dure de vingt à trente minutes. Après refroidissement, on reprend par l'eau chaude, on laisse déposer les sulfures insolubles, puis on filtre.

### GÉNÉRALITÉS SUR L'ANALYSE QUALITATIVE

Bien qu'il existe pour les divers éléments des réactions caractéristiques parfois même assez nombreuses, l'analyse qualitative est souvent, dans la réalité, une opération très délicate par suite des différences qui s'observent dans la proportion pour laquelle les constituants d'une matière donnée interviennent dans sa composition.

Ainsi, par exemple, dans un minerai de fer, à côté de 50 ou 60 p. 100 de fer, de plusieurs pour cent de silice, de manganèse, d'alumine, de chaux, de magnésie, il peut exister de très faibles quantités de chrome, d'arsenic, etc., qu'il importe de découvrir, parce que ces éléments, même en faible proportion, peuvent exercer une grande influence sur les propriétés du métal qui sera extrait du minerai. Un minerai de fer, contenant seulement quelques centièmes pour cent de chrome, donnera des fontes au moyen desquelles il sera impossible de faire des aciers doux, le chrome, même en proportion apparemment insignifiante, ayant pour effet d'augmenter considérablement la dureté du fer.

Autre exemple : dans un minerai de zinc, il suffit de la présence de moins de 0,01 p. 100 d'étain pour rendre le zinc fabriqué avec ce minerai impropre au laminage.

Supposons que dans les cas qui viennent d'être cités, le chrome et l'étain aient échappé au chimiste et qu'un industriel contracte sur la foi de ses renseignements avec un propriétaire de mines, pour la fourniture de milliers ou de dizaines de milliers de tonnes; on se figure aisément les ennuis et les pertes d'argent que peuvent entraîner ces erreurs analytiques. Et, d'autre part, il y a lieu de remarquer que pour rechercher 0,01 p. 100 de chrome ou d'étain à côté de 50 ou 60 p. 100 de fer ou de zinc, il faut opérer sur des prises d'essai considérables et par des procédés spéciaux et d'application souvent très délicate, les méthodes classiques qui considèrent les divers métaux comme existant en proportion égale, et qui permettent de travailler sur 0,5 à 1 gramme de matière n'étant évidemment plus en situation ici.

A côté de faits du genre de ceux que je viens de signaler, il convient, dans un ordre d'idées opposé, de faire remarquer que, très souvent on peut, *a priori*, exclure certains éléments du cadre d'une recherche qualitative.

Le strontium, par exemple, dont la recherche est une source de complications, ne se rencontre que très rarement en dehors des quelques espèces minérales (strontianite, coelestine) qui peuvent être considérées comme les minerais de cet élément.

En dehors de la chromite, de quelques minerais de fer et des fontes et aciers chromés, le chrome ne se trouve guère dans les minerais métalliques et, par conséquent, ni dans les produits, ni dans les sous-produits de leur traitement.

Le mercure, le bismuth, sont aussi des métaux dont la présence, en dehors de leurs minerais et de quelques alliages, est plutôt rare.

L'or et l'argent sont deux métaux avec lesquels le chimiste a souvent à compter ; ils existent, en effet, dans une quantité de minerais et de sous-produits métallurgiques; mais, dans tous ces cas, la proportion dans laquelle ils se rencontrent est trop faible pour qu'il puisse être question de les rechercher par les procédés de la voie humide. En dehors de l'analyse des alliages d'or et d'argent, opération déjà très spéciale, ces métaux sont recherchés par les méthodes particulières de la voie sèche qui permettent de traiter commodément de fortes prises d'essai, ce qui est indispensable étant donné que l'on a souvent affaire à des matières contenant moins de 10 grammes d'or et à peine quelques centaines de grammes d'argent *par tonne*.

Ces quelques considérations suffisent à montrer que l'analyse qualitative d'une matière n'est pas une opération à conduire d'une manière invariable en opérant sur 0,5 ou 1 gramme de matière.

Dans ce qui suit, nous exposerons d'abord une méthode de

recherche permettant de déceler, lorsqu'ils existent en proportion plus ou moins notable, les divers métaux étudiés précédemment. Nous traiterons ensuite quelques cas de recherches spéciales.

## RECHERCHE DES MÉTAUX DANS UNE SUBSTANCE EXEMPTE DE PHOSPHATE

Nous avons vu les divers moyens à employer pour mettre une matière quelconque en solution.

Rappelons que tout en laissant un résidu, une substance peut être considérée comme attaquable par les acides, lorsque ce résidu est formé de silice (ou de silice et d'argile), à laquelle peuvent rester associés parfois du sulfate de plomb ou de la barytine. Ce n'est évidemment que par la pratique qu'on peut arriver à juger si, malgré l'existence d'un résidu, une matière est attaquée par les acides, c'est-à-dire, si les métaux sont passés en solution.

De toute façon, le résidu siliceux sera examiné d'après les indications qui ont été détaillées lors de l'étude des silicates (voy. p. 388 et suiv.), et l'on tiendra compte de la présence possible des sulfates de plomb et de baryum.

En règle générale, la solution à analyser, résultant de la dissolution ou de la désagrégation de la matière, renferme les métaux à l'état de chlorures ou de sulfates.

Si l'on a affaire à des chlorures, on peut exclure *a priori* la présence de l'argent et des sels mercureux.

Nous venons du reste, de dire, que sauf le cas des alliages d'argent, on ne trouve guère ce métal en quantité telle qu'il puisse être recherché par voie humide. Quant aux sels mercureux, on peut dire que dans la pratique on ne les rencontre pas. Quoiqu'il en soit, si l'on veut rechercher l'argent et le mercure (mercureux) on traite la solution (qui ne peut évidemment être chlorhydrique) par de l'acide chlorhydrique qui produit un précipité de $AgCl + HgCl$ [1].

Ce précipité est recueilli, lavé et traité sur le filtre même par de l'ammoniaque qui transforme le chlorure mercureux en composé amidé noir $(NH^2)Hg^2Cl$ ; le chlorure argentique est dissous par l'ammoniaque ; on peut le déceler, soit en le reprécipitant par addition d'acide nitrique, soit en ajoutant de l'iodure potassique qui précipite de l'iodure argentique (jaune) ou de l'iodure argentique ammoniacal (blanc) insolubles dans l'ammoniaque.

[1] Il ne peut être question d'exposer de nouveau en détail ici les diverses réactions utilisées en analyse qualitative. On se reportera, le cas échéant, pour les détails, aux caractères des sels des divers métaux.

*Revenons maintenant au cas d'une solution chlorhydrique. Nous indi étain, arsenic, antimoine, mercure, plomb, cuivre, cadmium, bismuth potassium, sodium, ammonium. Nous indiquerons en «observations», le du baryum et du strontium.*

La solution chlorhydrique, légèrement acidulée d'acide chlorhydrique, est chauffée vers 70° et traitée par l'acide sulfhydrique afin de précipiter à l'état de sulfures les métaux des groupes de l'arsenic et du cuivre (voy. observation 1).

Le précipité est recueilli, lavé, puis, à l'aide du jet de la pissette, on le fait passer avec le moins d'eau possible dans un gobelet de verre et on le traite par un sulfure alcalin dans le but de dissoudre les sulfures du groupe de l'arsenic à l'état de sulfosels.

En règle générale, on emploiera le sulfure sodique. Ce réactif a l'avantage de ne pas dissoudre le sulfure de cuivre, lequel est légèrement soluble dans le sulfure ammonique (voy. observation 2).

Si l'on a eu soin d'employer peu d'eau pour faire passer le précipité dans le vase, il suffit généralement de 20 centimètres cubes de sulfure sodique à 10 p. 100 pour dissoudre les sulfures du groupe de l'arsenic.

Le précipité doit rester en digestion dans le sulfure à la température de 70-80° jusqu'à ce que le liquide qui surnage le précipité des sulfures du groupe du cuivre soit bien limpide. Lorsque ce résultat est atteint, on filtre et l'on a, d'une part, un précipité P, pouvant contenir les sulfures de mercure (voy. observation 2), cuivre, cadmium, plomb et bismuth, et une solution S, pouvant renfermer les sulfosels d'arsenic, d'étain et d'antimoine (voy. observation 3).

*Traitement du précipité P.* — Le précipité *bien lavé* est amené dans un gobelet avec le moins d'eau possible et en s'aidant du jet de la pissette ; on ajoute de l'acide nitrique et on chauffe un

*rons la marche à suivre en cas de présence des métaux suivants : zinc, manganèse, nickel, cobalt, aluminium, calcium, magnésium, nipulations complémentaires nécessitées par la présence du chrome,*

OBSERVATIONS

1. S'il y a beaucoup de fer à l'état ferrique, il y a lieu, avant de traiter par l'acide sulfhydrique, de réduire par l'acide sulfureux afin de ne pas avoir trop de soufre mélangé aux sulfures (voy. p. 103, n° 1).

En présence de beaucoup d'arsenic à l'état d'oxydation maximum, la réduction est aussi nécessaire, l'acide sulfhydrique ne précipitant que lentement et souvent, incomplètement, les composés arséniques (voy. p. 207).

En ce qui concerne le degré d'acidité à donner à la solution, il faut se rappeler que le sulfure de plomb, et plus encore, le sulfure de cadmium ne se précipitent pas lorsque le liquide est trop acide ; d'autre part, en présence de beaucoup de cuivre, du zinc peut être entraîné dans le précipité de sulfures.

De toute façon, on s'assurera que le filtrat séparé du précipité de sulfures ne donne plus de précipité par l'acide sulfhydrique.

2. En présence de mercure, on doit employer le sulfure ammonique, parce que le sulfure mercurique est soluble dans les sulfures alcalins fixes. Mais, en fait, le cas se rencontre assez rarement.

3. L'emploi d'un polysulfure n'est nécessaire que s'il y a du sulfure stanneux (voy. p. 226), ce qui, dans les conditions dans lesquelles on se trouve en pratique, est assez rare. Il est, du reste, toujours facile d'amener l'étain à l'état stannique lors de l'attaque de la substance; on évite ainsi l'emploi de polysulfures dont le soufre se précipite et vient compliquer l'analyse lorsqu'on décompose par un acide la solution des sulfosels des métaux du groupe de l'arsenic.

certain temps à peu près à l'ébullition (voy. observation 4). Tous les sulfures se dissolvent à l'exception du sulfure de mercure (noir). Ce sulfure est recueilli, lavé à fond et dissous dans le moins possible d'eau régale. Dans la solution renfermant le mercure à l'état de chlorure mercurique, on peut déceler ce métal par le chlorure stanneux ou par toute autre réaction du mercure (voy. p. 195).

La solution nitrique est évaporée après addition de quelques centimètres cubes d'acide sulfurique destinés à transformer le plomb en sulfate. L'évaporation doit être poussée jusqu'à ce que l'on obtienne des vapeurs blanches d'acide sulfurique, ceci afin d'être certain de l'élimination complète de l'acide nitrique, cet acide dissolvant aisément un peu de sulfate de plomb.

En reprenant par l'eau après refroidissement, on obtient un précipité de sulfate de plomb qu'on peut caractériser en le dissolvant, après filtration et lavage, dans le tartrate ammonique ammoniacal.

Le filtrat séparé du sulfate est additionné d'ammoniaque jusqu'à réaction nettement alcaline. Des trois hydrates d'abord formés, l'hydrate bismuthique reste seul précipité en présence d'un excès d'ammoniaque. Les hydrates de cuivre et de cadmium se redissolvent.

L'hydrate bismuthique est recueilli sur un filtre, lavé et caractérisé à l'aide d'une solution alcaline de chlorure stanneux qui le noircit en le réduisant (voy. p. 180, n° 3).

La solution ammoniacale est plus ou moins bleue suivant la proportion de cuivre qu'elle contient. On y ajoute du cyanure potassique jusqu'à décoloration, puis on traite par l'acide sulfhydrique; le sulfure de cadmium (jaune) se précipite seul; la présence du cyanure potassique empêche la précipitation du sulfure de cuivre (voy. p. 183).

*Traitement de la solution S.* — Cette solution contient à l'état de sulfosels, l'étain, l'arsenic et l'antimoine. On la traite par un excès d'acide sulfurique dilué qui décompose les sulfosels avec régénération des sulfures (voy. caractères des sels des métaux du groupe de l'arsenic, et observation 5). Ces sulfures sont recueillis sur un filtre, lavés et traités de la manière suivante.

*On se base sur l'insolubilité du sulfure d'arsenic dans l'acide chlorhydrique concentré.* — Le précipité est mis en digestion dans de l'acide chlorhydrique concentré qui dissout les sulfures d'étain et d'antimoine et n'attaque pas le sulfure d'arsenic. Celui-ci est séparé par filtration après légère dilution (voy. observation 6) du liquide et caractérisé par une réaction quelconque (voy. p. 204 et suivantes).

a. *Traitement de la solution acide.* — Dans la solution acide,

OBSERVATIONS

4. Dans cette opération, il reste souvent un résidu noir formé d'un peu de sulfure de cuivre ou de plomb englobé dans du soufre ; on ne peut donc conclure à la présence du mercure qu'après avoir soumis un résidu noir éventuel à des essais spéciaux.

5. Si l'on a soin d'ajouter l'acide petit à petit et d'agiter en même temps le liquide, le précipité, formé de sulfures et de soufre, est floconneux et se dépose bien. La décomposition doit se faire à froid, sinon le soufre peut s'agglomérer, englobant une partie des sulfures dont la redissolution ultérieure devient alors très difficile.

6. Il est prudent de n'ajouter que peu d'eau, sinon du sulfure d'antimoine (peu soluble dans l'acide chlorhydrique au delà d'une certaine dilution) peut se reprécipiter par suite de la présence d'acide sulfhydrique dans le liquide.

partiellement neutralisée par du carbonate sodique, on ajoute du fer sous forme de petits clous ou de fil de fer. On précipite ainsi l'antimoine à l'état de flocons noirs (voy. p. 217, n° 4), tandis que l'étain est simplement ramené à l'état de chlorure stanneux.

Le précipité d'antimoine est recueilli, lavé et redissous dans un peu d'acide chlorhydrique et de chlorate potassique. Après élimination du chlore, on traite par l'acide sulfhydrique qui précipite du sulfure d'antimoine, rouge, caractéristique (voy. observation 7). La solution contenant l'étain à l'état stanneux, donne par l'acide sulfhydrique un précipité brun de sulfure stanneux (voy. observation 8).

*b.* Au lieu de précipiter l'antimoine par le fer, on peut le précipiter par le zinc ou le cadmium en présence d'une lame de platine. Dans ces conditions, l'étain est aussi précipité.

On introduit dans la solution modérément acide des deux chlorures, une lame de platine sur laquelle on dépose un morceau de zinc pur ou de cadmium.

L'antimoine se précipite d'abord sous forme d'un enduit noir adhérent au platine; quant à l'étain, il apparaît (plus lentement que l'antimoine) sous forme de petits cristaux.

Lorsque les deux métaux sont précipités, ce qui demande un certain temps, on décante le liquide acide, on enlève le zinc ou le cadmium en excès et on traite les métaux précipités par un peu d'acide chlorhydrique qui dissout l'étain à l'état de chlorure stanneux.

Dans la solution obtenue, l'étain peut être caractérisé par le chlorure mercurique (voy. p. 225, *b.*).

L'antimoine détaché du platine est traité comme dans le cas précédent.

*Recherche des métaux des groupes du fer, du baryum et du potassium dans le filtrat séparé du précipité des sulfures des groupes de l'arsenic et du cuivre.* — Le filtrat acide séparé des sulfures des métaux des groupes de l'arsenic et du cuivre et chargé d'acide sulfhydrique est neutralisé par l'ammoniaque; on forme ainsi du sulfure ammonique et les métaux du groupe du fer se précipitent au moins en partie; on ajoute éventuellement autant de sulfure ammonique qu'il est nécessaire pour que la précipitation soit complète, puis on laisse déposer à une douce chaleur le précipité qui peut renfermer : FeS, MnS, ZnS, NiS, CoS, $Al^2(OH)^6$ (voy. observation 9).

Après dépôt (voy. observation 10), le précipité est recueilli sur un filtre et lavé; on le fait ensuite passer dans un gobelet, avec le moins d'eau possible, en s'aidant du jet de la pissette, et on le traite *à froid* par de l'acide chlorhydrique *très dilué* chargé

OBSERVATIONS

7. Il n'est pas prudent, surtout lorsque le précipité est peu abondant, de conclure à la présence de l'antimoine d'après le seul aspect du précipité ; le fer laisse souvent, en effet, à la dissolution dans l'acide chlorhydrique, un résidu noirâtre.

8. On conçoit que pour être faite dans de bonnes conditions, la recherche de l'étain ne doit être entreprise que lorsque tout l'antimoine a été précipité par le fer.

9. Il faut éviter d'employer plus de sulfure ammonique qu'il n'est nécessaire ; en agissant autrement, on ne fait que compliquer la recherche des métaux du groupe du baryum dans le filtrat séparé du précipité de sulfures. S'il y a présomption de présence de nickel, il est préférable, au lieu de traiter par le sulfure ammonique, de soumettre la solution neutralisée par l'ammoniaque à l'action d'un courant d'acide sulfhydrique. On forme ainsi du sulfure ammonique (non polysulfuré) et l'on évite le passage en solution d'une partie du sulfure de nickel.

d'acide sulfhydrique (voy. observation 11). Le but est de dissoudre les sulfures de fer, de manganèse et de zinc et l'hydrate aluminique et de séparer ainsi le fer, le manganèse et l'aluminium du nickel et du cobalt dont les sulfures sont insolubles dans l'acide chlorhydrique dilué et froid.

Après filtration, on a, d'une part, une solution *s* contenant le fer, le manganèse, le zinc et l'aluminium, et un précipité *p* formé des sulfures de nickel et de cobalt.

*Traitement du précipité* p. — On essaie à la perle de borax une petite partie du précipité : si l'on obtient une coloration bleue, on peut conclure à la présence du cobalt (voy. p. 148, n° 5).

Pour rechercher le nickel, on dissout le précipité dans un minimum d'eau régale, on évapore à siccité et on reprend le résidu d'évaporation par l'eau. La solution, qui contient les chlorures de nickel et de cobalt est additionnée de cyanure potassique jusqu'à redissolution des précipités de cyanures d'abord formés; on ajoute ensuite une solution de brome dans le bromure potassique, puis un excès d'hydrate potassique; on obtient ainsi un précipité noir d'hydrate nickelique (voy. p. 145, n° 5).

On peut encore, ayant la solution des chlorures de nickel et de cobalt, rendre cette solution acétique par l'hydrate potassique et l'acide acétique et précipiter le cobalt à l'état de nitrite cobaltico-potassique (jaune) par le nitrite potassique (voy. p. 148, n° 7 et observation 12).

Dans le filtrat, on recherche le nickel par l'hydrate potassique ou sodique (voy. p. 145, n° 3).

*Traitement de la solution* s. — Cette solution peut contenir les chlorures de fer, manganèse, zinc, aluminium; on la fait bouillir pour en éliminer l'acide sulfhydrique, on réoxyde le fer par quelques gouttes d'acide nitrique concentré, puis on verse le liquide dans une solution d'hydrate potassique ou sodique chauffée à l'ébullition (voy. observation 13). Il se forme un précipité permanent d'hydrates de fer et de manganèse (voy. observation 14); les hydrates de zinc et d'aluminium d'abord formés sont redissous par un excès de réactif (voy. observation 14).

*Recherche du fer et du manganèse.* — On dissout une petite partie du précipité dans l'acide chlorhydrique, et on recherche le fer, soit par le ferrocyanure potassique (précipité bleu) soit par le sulfocyanate potassique (coloration rouge) (voy. p. 102 et 103).

Une autre partie du précipité est fondue sur une lame de platine en mélange avec un peu de carbonate sodique sec et quelques grains de nitrate potassique.

OBSERVATIONS

10. On ne doit entreprendre la filtration que lorsque le précipité est complètement déposé. En l'absence de nickel, le liquide surnageant doit être limpide et de teinte jaunâtre (sulfure ammonique). En présence de nickel, il peut être coloré en brun, par suite de la dissolution de sulfure de nickel dans l'excès de sulfure ammonique.

11. Dans la plupart des cas, si l'on a soin de n'employer que très peu d'eau pour faire passer le précipité du filtre dans le gobelet, il suffit de très peu d'acide pour opérer la dissolution.

12. Cette manière d'opérer est plus longue, parce la précipitation complète du nitrite cobaltico-potassique demande plusieurs heures. Par contre, elle a l'avantage de permettre de constater la présence du cobalt par la formation d'un précipité caractéristique.

13. Si l'on a eu soin de n'employer que peu d'acide pour la dissolution des sulfures, quelques grammes d'hydrate alcalin suffisent. On a tout intérêt à employer le moins possible de ce réactif, parce que les hydrates alcalins renferment souvent de l'alumine. On peut avantageusement, si le liquide est assez acide, le neutraliser *en partie* par du carbonate sodique avant de le verser dans la solution d'hydrate alcalin. De toute façon, il y a lieu, lors de la recherche ultérieure de l'aluminium, de s'assurer de la quantité d'alumine qui peut exister dans un poids d'hydrate alcalin à peu près égal à celui qu'on a employé pour l'analyse. On dissout pour cela la quantité voulue d'hydrate dans l'eau, on neutralise par l'acide chlorhydrique et on traite par l'ammoniaque (voy. p. 75, n° 2).

En cas de présence de manganèse, même en quantité très faible, on obtient une coloration verte due à la formation de manganate alcalin (voy. p. 119, n° 8).

Pour la recherche du zinc et de l'aluminium dans le liquide alcalin séparé des hydrates de fer et de manganèse, on divise la solution en deux parties. Dans l'une, on ajoute du sulfure sodique qui précipite le zinc seul, à l'état de sulfure (blanc). La présence d'hydrate alcalin empêche la précipitation de l'hydrate d'aluminium (voy. p. 75, n° 3).

L'autre partie est neutralisée par l'acide chlorhydrique afin de détruire l'hydrate alcalin; on traite ensuite par l'ammoniaque qui précipite l'aluminium à l'état d'hydrate (voy. observation 13).

OBSERVATIONS

14. S'il y a du chrome dans la matière analysée, ce métal se précipite avec le fer et le manganèse à l'état d'hydrate. Pour le rechercher, on fond une partie du précipité avec du carbonate et du nitrate alcalin. Le manganèse passe, dans ces conditions, à l'état de manganate alcalin (vert) (voy. p. 119, n° 8) et le chrome à l'état de chromate (jaune) (voy. p. 83, n° 3). Toutefois, la couleur jaune du chromate est masquée par la couleur verte du manganate. Pour déceler le chrome, on dissout la masse fondue dans l'eau et, après avoir séparé, éventuellement, par filtration l'oxyde de fer, on a une solution verte contenant le chromate et le manganate. On réduit ce dernier par l'alcool qui transforme le manganèse en peroxyde (voy. p. 119) et fait, par conséquent, disparaître la couleur verte. La coloration jaune du chromate peut alors apparaître. Pour précipiter le chrome, on acidule par l'acide acétique et on traite par du nitrate de plomb. Il se forme un précipité jaune de chromate plombique (voy. p. 85, n° 4).

*En cas de présence simultanée de chrome en forte proportion et de zinc*, ce dernier métal peut être retenu entièrement dans le précipité formé lors du traitement par l'hydrate alcalin. Par conséquent, si l'on a constaté la présence du chrome et si l'on n'a pas trouvé de zinc dans le filtrat alcalin, il y a lieu de rechercher ce dernier métal dans le précipité d'hydrates. Pour cela, on redissout une partie de celui-ci dans l'acide chlorhydrique, on ajoute à la solution obtenue quelques grammes d'acide tartrique, puis on neutralise par l'ammoniaque ; on forme ainsi du tartrate ammonique qui empêche les hydrates des métaux de se précipiter ; en ajoutant du sulfure ammonique, on produit un précipité pouvant contenir les sulfures de fer, de manganèse et de zinc ; le chrome reste en solution. On recueille le précipité de sulfures, on le dissout dans l'acide chlorhydrique, puis on traite par un hydrate alcalin qui précipite les hydrates de fer et de manganèse ; le zinc passe en solution et peut être caractérisé par le sulfure sodique.

*Recherche des métaux des groupes du baryum* (voy. observation 20) *et du potassium.* — Le filtrat séparé du précipité des sulfures du groupe du fer est coloré en jaune par suite de la présence d'un excès de sulfure-ammonique; en présence de nickel, il peut être coloré en brun à cause de la dissolution d'une partie du sulfure de nickel dans le sulfure ammonique. De toute façon, on le fait bouillir après l'avoir acidulé légèrement par l'acide chlorhydrique afin de décomposer l'excès de sulfure ammonique (et éventuellement reprécipiter le sulfure de nickel dissous). Lorsque la décomposition s'est produite et qu'il s'est formé un précipité de soufre, on continue à chauffer jusqu'à ce que le volume du liquide soit réduit à 150 centimètres cubes environ (voy. observation 15). Le soufre, qui s'est agrégé, peut, en général, être aisément séparé par filtration. Après avoir filtré, on neutralise par l'ammoniaque (voy. observation 16), puis on précipite à l'ébullition, le calcium à l'état d'oxalate, par l'oxalate ammonique (voy. p. 51, n° 1).

On filtre après dépôt, et dans le filtrat on précipite le magnésium par le phosphate ammonique et l'ammoniaque à l'état de phosphate ammoniaco-magnésique (voy. p. 45, n° 5 et observation 17), en employant un excès de phosphate aussi faible que possible attendu que tout excès de réactif doit être éliminé avant la recherche des métaux alcalins (voy. observation 19).

Après avoir laissé déposer le phosphate ammoniaco-magnésique pendant quelques heures (voy. observation 18), on filtre, on élimine du filtrat la majeure partie de l'ammoniaque en chauffant à l'ébullition, puis on neutralise par l'acide acétique; on ajoute au liquide chaud une solution de chlorure ferrique basifiée par le carbonate ammonique jusqu'à ce que le précipité qui se forme devienne brun. Dans ces conditions, l'excès de phosphate est précipité à l'état de phosphate ferrique (voy. p. 103, n° 7) et l'excès de chlorure ferrique est précipité en même temps à l'état d'acétate ferrique basique (voy. p. 101, n° 3); on filtre; le filtrat, contenant les métaux alcalins et des sels ammoniques est évaporé à siccité et le résidu d'évaporation est calciné pour éliminer les sels ammoniques (voy. au sujet de cette calcination, p. 47, note 1). Le nouveau résidu est repris par un peu d'eau; dans une partie de la solution, on recherche le potassium par le chlorure platinique ou tout autre réactif (voy. p. 35); dans une autre partie, on précipite le sodium par le pyroantimoniate bi-potassique (voy. p. 38).

*Recherche de l'ammonium.* — La recherche des sels ammoniques se fait toujours dans une prise d'essai spéciale. On traite à chaud une prise d'essai par une solution d'hydrate sodique ou

OBSERVATIONS

15. Le volume du liquide doit être réduit à 150 centimètres cubes environ, afin d'assurer dans la suite la précipitation complète du magnésium par le phosphate ammonique (voy. p. 45, n° 5).

16. Grâce à la présence dans le liquide de chlorure ammonique, introduit par les manipulations antérieures, l'ammoniaque ne produit pas de précipité d'hydrate magnésique.

17. Avant de précipiter le magnésium dans la totalité du liquide, on s'assurera de la présence de ce métal dans une partie de la solution. En effet, en cas d'absence du magnésium, il est inutile d'ajouter du phosphate dont l'élimination ultérieure, en vue de la recherche des métaux alcalins, entraîne d'assez grandes complications.

18. On peut accélérer la précipitation du magnésium par le phosphate ammonique en faisant usage d'un agitateur mécanique.

19. On conçoit que plus on aura employé de phosphate ammonique en excès lors de la précipitation du magnésium et plus le précipité de phosphate ferrique sera abondant : d'où, complication inutile des manipulations.

20. *La matière analysée renferme du baryum et du strontium.* — Lorsque ce cas, assez rare dans la pratique se présente, l'analyse du groupe du baryum devient assez compliquée.

*a.* La solution contenant les métaux des groupes du baryum et du potassium et débarrassée de l'excès de sulfure ammonique employé pour la précipitation des métaux du groupe du fer, est neutralisée par l'ammoniaque, puis additionnée de carbonate ammonique et chauffée à l'ébullition. Le calcium, le baryum et le strontium sont ainsi précipités à l'état de carbonates ; grâce à la présence de sels ammoniques, le magnésium reste en solution. On redissout les carbonates dans un peu d'acide chlorhy-

potassique afin de dégager l'ammoniaque qui est caractérisée soit par son odeur, soit par son action sur le réactif de Nessler (voy. p. 39).

OBSERVATIONS

drique, puis, après avoir neutralisé par l'ammoniaque, on précipite le baryum par un chromate alcalin à l'état de chromate barytique (jaune) (voy. p. 58, n° 5).

Après avoir enlevé par filtration le précipité de chromate barytique, on traite le filtrat par le carbonate ammonique pour précipiter les carbonates de calcium et de strontium. Après filtration et lavage, on redissout le précipité dans le moins possible d'acide chlorhydrique; on neutralise par l'ammoniaque puis on ajoute du sulfate ammonique en solution concentrée et l'on observe si, après un certain temps, il s'est formé un précipité de sulfate strontique. Le cas échéant, on s'assure que ce précipité communique à la flamme la coloration rouge vif caractéristique du strontium. Le filtrat séparé du sulfate strontique est alcalinisé par l'ammoniaque et traité à chaud par l'oxalate ammonique qui précipite le calcium à l'état d'oxalate calcique (voy. p. 51).

*b*. On peut aussi séparer les trois métaux en se basant sur la solubilité ou l'insolubilité de leurs chlorures et de leurs nitrates dans l'alcool (voy. caractères des sels calciques, barytiques et strontiques).

Après avoir précipité les métaux à l'état de carbonates par le carbonate ammonique, on redissout, après lavage, le précipité dans l'acide chlorhydrique et on évapore à siccité la solution obtenue.

Le résidu formé par les trois chlorures est traité à chaud dans un petit matras à long col par de l'alcool aussi concentré que possible qui dissout les chlorures calcique et strontique et laisse le chlorure barytique non dissous. Par filtration, on enlève ce dernier, on le lave à l'alcool, puis on le redissout dans l'eau et on caractérise le baryum par l'une ou l'autre de ses réactions (voy. p. 57).

La solution alcoolique renfermant le calcium et le strontium est évaporée à siccité; on transforme les chlorures en nitrates en reprenant le résidu par l'acide nitrique et évaporant à siccité; on répète une seconde fois cette opération afin d'assurer la destruction complète des chlorures. Le résidu de la dernière évaporation est traité à chaud par l'alcool qui dissout le nitrate calcique et est sans action sur le nitrate strontique. La solution alcoolique de chlorure calcique est évaporée pour éliminer l'alcool; le résidu est redissous dans l'eau et, dans la solution obtenue, on recherche le calcium par l'oxalate ammonique.

Le résidu de nitrate strontique séparé par filtration et lavé à l'alcool est redissous dans l'eau. On recherche ensuite le strontium par l'une ou l'autre réaction de ce métal (voy. p. 55).

*Modification à la méthode d'analyse générale qui vient d'être décrite, applicable en présence de baryum et de strontium* (d'après L. de Koninck). — La solution des métaux, préalablement débarrassée s'il y a lieu de l'argent et du mercure (à l'état mercureux) par quelques gouttes d'acide chlorhydrique, est traitée par de l'acide sulfurique dilué qui précipite le baryum, le strontium et la majeure partie du plomb à l'état de sulfates, et peut aussi, suivant la concentration, précipiter une partie du calcium. Le précipité séparé par filtration est mis en digestion avec un mélange de sulfate et de carbonate potassiques qui transforme en carbonates les sulfates de plomb et de strontium, et ne modifie pas le sulfate barytique.

On recueille le précipité sur un filtre et on le traite par l'acide acétique qui dissout les carbonates de plomb et de strontium. Le sulfate barytique restant en résidu peut être caractérisé à la flamme (coloration verte).

Dans la solution des sels plombique et strontique, on fait passer un courant d'acide sulfhydrique qui précipite le plomb à l'état de sulfure (noir).

Dans le filtrat séparé du sulfure de plomb, on recherche le strontium.

Cette façon d'opérer a, entre autres avantages, celui d'éliminer le baryum et le strontium dès le début de l'analyse.

## CAS PARTICULIERS

1. *La matière analysée contient des phosphates.* — Lorsque la substance analysée contient des phosphates, l'on doit, avant de précipiter les métaux du groupe du fer par le sulfure ammonique, éliminer l'acide phosphorique. En effet, les phosphates alcalino-terreux et le phosphate magnésique sont insolubles en solution neutre ou alcaline; par conséquent, si l'on neutralise par l'ammoniaque une solution contenant à la fois de l'acide phosphorique et du calcium, du baryum, du strontium ou du magnésium, ces métaux seront précipités en totalité ou en partie, suivant la proportion de phosphate en présence. En un mot, en suivant la marche ordinaire de l'analyse générale, on s'expose à précipiter les métaux alcalino-terreux en même temps que les métaux du groupe du fer.

La présence d'acide phosphorique n'entrave pas la recherche des métaux des groupes de l'arsenic et du cuivre, ces métaux étant séparés par l'acide sulfhydrique en solution acide, c'est-à-dire dans des conditions dans lesquelles l'acide phosphorique n'est pas précipité.

On peut, entre autres procédés, éliminer l'acide phosphorique en le transformant en phosphate métastannique, insoluble dans l'acide nitrique.

On opérera de la manière suivante. Le liquide acide séparé du précipité de sulfures obtenu par l'action de l'acide sulfhydrique (voy. p. 412) est évaporé à siccité après addition d'acide nitrique.

Le résidu est repris par quelques centimètres cubes d'acide nitrique, puis on évapore de nouveau. Le but de cette manipulation est de transformer les chlorures dont la solution est généralement composée, en nitrates, afin d'assurer ultérieurement l'insolubilité complète du phosphate stannique.

Le résidu de la seconde évaporation est remis en solution à l'aide de quelques centimètres cubes d'acide nitrique ; on ajoute ensuite de l'eau, puis on introduit dans le liquide en plusieurs fois de l'étain pur [1] assez divisé en quantité suffisante pour précipiter l'étain à l'état de phosphate métastannique mélangé d'acide métastannique (voy. p. 224 et 235).

Après avoir chauffé pour hâter la formation et l'agrégation du précipité, on le laisse déposer complètement, puis on filtre [2].

Le liquide filtré contient les métaux des groupes du fer, du baryum et du potassium.

L'étain du commerce, même lorsqu'il est qualifié pur, contient souvent de petites quantités de métaux étrangers des groupes de l'arsenic et du cuivre (cuivre, antimoine, arsenic, plomb, bismuth).

Il importe, avant de continuer l'analyse, d'éliminer éventuellement ces métaux à l'aide de l'acide sulfhydrique. La solution étant nitrique et se prêtant mal, par conséquent, au traitement par l'acide sulfhydrique qui produirait un précipité de soufre, il y a lieu, avant de faire usage de ce réactif, d'éliminer l'acide nitrique. Pour cela, on évapore la solution à siccité après y avoir ajouté de l'acide chlorhydrique. On reprend le résidu par 3 ou 4 centimètres cubes d'acide chlorhydrique et de l'eau et, dans la

[1] 1 gramme à 1,5 gr. d'étain est une quantité en général plus que suffisante. Il ne faut pas introduire plus d'étain qu'il n'est nécessaire, afin de ne pas augmenter inutilement le volume d'un précipité dont on doit se débarrasser ultérieurement par filtration.

[2] La filtration du précipité étant assez incommode, à cause de la facilité avec laquelle l'acide métastannique traverse les pores du filtre, il est souvent plus avantageux de se borner à décanter le liquide clair à travers un filtre et à continuer l'analyse sur cette partie de la solution.

solution obtenue, on fait passer un courant d'acide sulfhydrique. Le précipité qui se forme, contient, le cas échéant, les impuretés de l'étain. On le sépare par filtration; le liquide filtré sert à la recherche des métaux des groupes du fer, du baryum et du potassium (voy. p. 412).

En pratique, la présence de l'acide phosphorique est assez rare en dehors de l'analyse des phosphates de chaux naturels et artificiels (cendres d'os, scories de déphosphoration, etc.), des minerais de fer et des produits sidérurgiques.

La recherche de l'acide phosphorique peut se faire par la liqueur molybdique (voy. p. 285, n° 2) dans une partie du liquide séparé du précipité des métaux des groupes de l'arsenic et du cuivre obtenu par l'acide sulfhydrique. S'il y a beaucoup de phosphate, la recherche peut se faire directement après élimination de l'acide sulfhydrique dont le liquide est chargé.

S'il y a peu d'acide phosphorique, il est prudent de transformer d'abord les chlorures en nitrates, en évaporant, après addition d'acide nitrique, la partie du liquide qu'on destine à la recherche des phosphates.

2. *Recherche de petites quantités des métaux du groupe du fer et spécialement du chrome, du zinc, du nickel et du cobalt, en présence de beaucoup de fer.* — Ce cas se présente dans l'analyse des minerais de fer, des pyrites, des fontes, des aciers, etc.

On peut avantageusement se débarrasser à peu près complètement du fer au moyen de l'éther, en se basant sur la solubilité du chlorure ferrique dans l'éther (voy. p. 100).

On dissout dans l'eau régale une ou plusieurs prises d'essai de 5 grammes et on évapore à siccité.

Le résidu est repris par 15 à 20 centimètres cubes d'acide chlorhydrique, puis on évapore de nouveau; cette seconde évaporation a pour but d'éliminer entièrement l'acide nitrique, les métaux devant être amenés complètement à l'état de chlorures.

Le résidu de la seconde évaporation est repris par 20 centimètres cubes d'acide chlorhydrique (densité 1,105); on filtre s'il y a lieu, pour séparer les matières siliceuses et on lave avec de l'acide chlorhydrique (densité 1,105). Le filtrat, dont le volume ne doit guère dépasser 60 à 65 centimètres cubes est recueilli dans un entonnoir à robinet; on ajoute 50 centimètres cubes d'éther pur et on agite avec précaution, tandis qu'on fait tomber sur l'entonnoir un courant d'eau froide afin de combattre toute élévation de température.

On laisse ensuite en repos, jusqu'à ce que le liquide se sépare en deux couches. La couche supérieure, colorée en vert foncé, contient presque tout le fer; la couche inférieure renferme, à côté d'un restant de fer, la totalité des autres métaux; on la recueille et on l'évapore à siccité. Le résidu est repris par l'eau et l'acide chlorhydrique et la solution obtenue, qui ne contient plus qu'une quantité insignifiante de fer, est analysée par les méthodes ordinaires.

3. *Recherche de petites quantités des métaux du groupe du fer en présence de beaucoup d'aluminium.* — Cette séparation se rencontre dans l'analyse de l'aluminium et des alliages riches en aluminium.

On peut isoler les métaux du groupe du fer précipitables par le sulfure ammoniaque à l'état de sulfures, en ajoutant à la solution quelques grammes d'acide tartrique, neutralisant par l'ammoniaque et traitant ensuite par le sulfure ammonique. Dans ces conditions, le fer, le zinc, etc., se précipitent à l'état de sulfures, tandis que l'aluminium reste dissous, à cause de la présence du tartrate alcalin (voy. p. 75).

4. *Recherche de petites quantités de zinc dans les matières riches en cuivre.* — Dans la marche ordinaire de l'analyse qualitative, le cuivre est précipité par l'acide sulfhydrique à l'état de sulfure, avec les autres éléments de son groupe.

Le sulfure de cuivre entraîne facilement avec lui du sulfure de zinc. S'il y a très peu de zinc, on est donc exposé à ne pas retrouver ce métal au groupe du fer. On peut éviter cet entraînement en opérant la précipitation par l'acide sulfhydrique en solution rendue assez fortement acide par l'acide chlorhydrique (par exemple 7 centimètres cubes HCl concentré par 100 centimètres cubes de solution) et chauffée vers 80°.

On peut aussi amener les deux métaux à l'état de nitrates et séparer le cuivre par électrolyse, en présence d'acide nitrique libre (voy. p. 186, *a*) ; le zinc reste en solution.

5. *Recherche de petites quantités de plomb dans des substances contenant des sulfates, ou des sulfures que les dissolvants oxydants (acide nitrique fumant, eau régale, etc.), transforment en sulfates.* — De nombreux produits naturels, et particulièrement les pyrites et les minerais sulfurés de zinc, de cuivre, d'arsenic, etc., renferment souvent du plomb en faible proportion. Lors de la mise en solution par l'acide nitrique ou l'eau régale, le soufre de la matière est transformé en acide sulfurique ; le plomb peut, par conséquent, passer à l'état de sulfate et rester, au moins en partie, associé à la gangue siliceuse insoluble. Si, dans l'analyse de pareilles substances, on ne trouve pas le plomb au groupe du cadmium, il y a lieu, avant de conclure à l'absence de ce métal, de le rechercher dans le résidu siliceux, en traitant ce dernier par

du tartrate ammonique ammoniacal préalablement chauffé. Ce réactif dissout aisément le sulfate de plomb (voy. p. 160). Le plomb peut être précipité de sa solution tartro-alcaline par l'acide sulfurique en excès.

6. *Recherche de petites quantités de cadmium en présence de zinc en forte proportion.* — Lorsque ce cas se présente (par exemple dans l'analyse du zinc métallique), il est prudent d'opérer la précipitation du cadmium par l'acide sulfhydrique en solution chlorhydrique très faiblement acide, et de prolonger assez longtemps l'action du réactif. Il arrive souvent que, dans ces conditions, du zinc se précipite avec le cadmium. Le cas échéant, on laissera déposer complètement le précipité puis, après avoir décanté le liquide surnageant, on le traitera par de l'acide chlorhydrique très dilué de façon à dissoudre le sulfure de zinc. Après avoir dilué, on traitera par l'acide sulfhydrique, afin de reprécipiter le cadmium qui aurait pu se dissoudre en même temps que le sulfure de zinc.

7. *Recherche de petites quantités de mercure.* — Si l'on excepte les minerais de mercure proprement dits, peu de minerais renferment suffisamment de mercure pour que ce métal puisse être décelé dans des prises d'essai de 1 à 2 grammes, telles qu'on en emploie le plus souvent dans l'analyse qualitative.

Le mercure existe, par exemple, assez fréquemment dans les minerais de zinc, mais toujours en très faible proportion. En pareil cas, on peut effectuer la recherche par voie humide ou par voie sèche, en opérant sur de fortes prises d'essai.

a. *Par voie humide.* — On traite à la température du bain-marie plusieurs prises d'essai de 10 grammes de matière finement pulvérisée par l'acide chlorhydrique concentré, qu'on ajoute par portions successives. On additionne ensuite à plusieurs reprises de chlorate potassique en poudre et l'on continue à chauffer (au bain-marie) jusqu'à ce que le chlore en excès soit, au moins en grande partie, éliminé.

Si l'on chauffait trop fortement, les petites quantités de chlorure mercurique formées pourraient se volatiliser.

Après avoir dilué fortement le liquide, on filtre, on réunit les filtrats (provenant des diverses prises d'essai) et on traite l'ensemble par l'acide sulfhydrique qui précipite les métaux des groupes de l'arsenic et du cadmium, y compris le mercure.

La recherche du mercure dans le précipité se fait par la méthode ordinaire de l'analyse qualitative (voy. p. 408).

b. *Par voie sèche.* — On procède exactement d'après les indications données p. 197, n° 3, *a*, pour le dosage du mercure par voie sèche. La prise d'essai sera au minimum de 50 grammes.

8. *Recherche de petites quantités d'étain existant à l'état d'anhydride stannique $SnO^2$.* — Certains minerais, et particulièrement des minerais de zinc, peuvent contenir, en très faible proportion, de l'étain à l'état de $SnO^2$. Il arrive souvent, en pareil cas, qu'une partie au moins de l'oxyde stannique résiste à l'action des acides employés pour dissoudre la matière et reste mélangée au résidu siliceux. On doit donc, éventuellement, rechercher l'étain dans ce résidu. Pour cela, on fond la silice (provenant de l'attaque d'une assez forte prise d'essai) avec un mélange de carbonate sodique et de soufre (voy. mise en solution des matières minérales, p. 404, *f*). L'étain est transformé dans ces conditions en sulfosel soluble dans l'eau. On peut donc l'enlever en traitant par l'eau chaude la masse fondue.

L'étain est ensuite reprécipité par l'acide chlorhydrique ou sulfurique dilué, à l'état de sulfure. On procède finalement à la recherche du métal dans ce dernier précipité par les procédés décrits au chapitre consacré à l'étain.

*Observation.* — Les matières dans lesquelles on peut avoir à rechercher de petites quantités d'étain étant souvent riches en silice, et la prise d'essai devant être assez forte (parfois 30 grammes ou davantage) il est recommandable d'éliminer la silice, au moins en partie, par l'acide fluorhydrique (voy. p. 387), avant de rechercher l'étain. On arrive ainsi à concentrer l'étain dans un faible poids de matière, ce qui facilite les manipulations ultérieures.

9. *Recherche de l'argent et de l'or.* — La recherche de l'argent et de l'or par les réactions de la voie humide n'est guère possible que lorsqu'on a affaire à des alliages, c'est-à-dire à des substances dans lesquelles ces métaux existent en proportion notable, se chiffrant par plusieurs pour cent.

L'emploi de la voie humide n'est plus possible ou, tout au moins, n'est plus pratique, lorsqu'il s'agit de minerais ou de produits ou sous-produits métallurgiques dans lesquels la teneur en argent n'est le plus souvent que de quelques centaines de grammes, et celle de l'or, de quelques grammes seulement par tonne. On doit alors recourir aux procédés de la voie sèche, qui permettent d'opérer commodément sur de fortes prises d'essai.

Si la matière est exempte de cuivre, d'antimoine, de nickel, de cobalt, etc., ou ne contient que de faibles quantités de ces métaux, on en fond au creuset de fer une ou plusieurs prises d'essai de 20 ou 25 grammes avec un fondant alcalin formé de carbonate sodique, de borax et de tartre, auquel on ajoute

20 grammes de litharge[1], à moins que la matière ne contienne déjà une forte proportion de plomb.

Le ou les culots de plomb obtenus sont ensuite coupellés. On recherche l'or dans le bouton d'argent restant après coupellation, en traitant celui-ci par l'acide nitrique qui dissout l'argent et laisse l'or comme résidu (voy. pour les détails de ces diverses opérations p. 170 et suiv.).

Si la matière contient du cuivre, de l'antimoine, du nickel, du cobalt, etc., en quantité telle que la fonte plombeuse ne soit plus applicable, on procédera par scorification (voy. pour les détails, p. 172).

La recherche de l'argent et de l'or dans les matières arsénicales peut se faire par scorification ou par fonte plombeuse. Dans ce dernier cas, on doit éliminer préalablement l'arsenic en grillant la substance au four à moufle.

10. *Recherche du sulfate barytique (barytine) dans les gangues siliceuses restant après attaque de divers minerais par les acides.* — Le sulfate barytique se rencontre assez souvent dans la gangue de différents minerais. Ce composé étant à peu près insoluble dans les acides et même dans l'eau régale, reste mélangé à la silice, lors de la mise en solution de la substance. Le cas échéant, on recherchera le sulfate barytique en fondant le résidu de l'attaque avec du carbonate sodique dans un creuset de platine[2] (voy. p. 389). Le baryum est, dans ces conditions, transformé en carbonate $BaCO^3$; il y a en même temps formation de sulfate alcalin.

$$BaSO^4 + Na^2CO^3 = BaCO^3 + Na^2SO^4.$$

En reprenant la masse fondue par l'eau, on isole le carbonate barytique. Après filtration et lavage, on redissout ce carbonate dans l'acide chlorhydrique dilué et on caractérise le baryum par l'une ou l'autre de ses réactions (voy. p. 57).

[1] La litharge du commerce contient souvent un peu d'argent. Le cas échéant, on recherchera l'argent dans ce produit en en fondant 25 grammes avec du carbonate sodique, du borax et du tartre et coupellant ensuite le culot de plomb obtenu.

[2] On enlèvera éventuellement au préalable, au moyen du tartrate ammonique, le sulfate de plomb qui pourrait se trouver dans le résidu siliceux (voy. p. 160).

# ANNEXES

## POIDS SPÉCIFIQUES DES SOLUTIONS D'ACIDE SULFURIQUE, D'ACIDE CHLORHYDRIQUE, D'ACIDE NITRIQUE ET D'AMMONIAQUE

### A) ACIDE SULFURIQUE (d'après Lunge et Isler).

| POIDS SPÉCIFIQUE à 15°. | UN LITRE D'ACIDE renferme gr. $H^2SO^4$. | POIDS SPÉCIFIQUE à 15°. | UN LITRE D'ACIDE renferme gr. $H^2SO^4$. |
|---|---|---|---|
| 1,010 | 16 | 1,540 | 977 |
| 1,030 | 46 | 1,560 | 1015 |
| 1,050 | 77 | 1,580 | 1054 |
| 1,070 | 109 | 1,600 | 1096 |
| 1,090 | 142 | 1,620 | 1139 |
| 1,100 | 158 | 1,640 | 1181 |
| 1,120 | 191 | 1,660 | 1222 |
| 1,140 | 223 | 1,680 | 1267 |
| 1,160 | 257 | 1,700 | 1312 |
| 1,180 | 292 | 1,720 | 1357 |
| 1,200 | 328 | 1,740 | 1404 |
| 1,220 | 364 | 1,760 | 1451 |
| 1,240 | 400 | 1,780 | 1504 |
| 1,260 | 435 | 1,800 | 1564 |
| 1,280 | 472 | 1,820 | 1639 |
| 1,300 | 510 | 1,830 | 1685 |
| 1,320 | 548 | 1,835 | 1713 |
| 1,340 | 586 | 1,840 | 1759 |
| 1,360 | 624 | 1,8410 | 1786 |
| 1,380 | 662 | 1,8415 | 1799 |
| 1,400 | 702 | 1,8410 | 1808 |
| 1,420 | 740 | 1,8405 | 1816 |
| 1,440 | 779 | 1,8400 | 1825 |
| 1,460 | 817 | 1,8395 | 1830 |
| 1,480 | 856 | 1,8390 | 1834 |
| 1,500 | 896 | 1,8385 | 1838 |
| 1,520 | 936 | | |

*B*) Acide chlorhydrique (d'après Lunge et Marchlowski).

| POIDS SPÉCIFIQUE à 15°. | UN LITRE D'ACIDE renferme gr. HCl. | POIDS SPÉCIFIQUE à 15°. | UN LITRE D'ACIDE renferme gr. HCl. |
|---|---|---|---|
| 1,010 | 22 | 1,110 | 243 |
| 1,020 | 42 | 1,120 | 267 |
| 1,030 | 64 | 1,130 | 291 |
| 1,040 | 85 | 1,140 | 315 |
| 1,050 | 107 | 1,150 | 340 |
| 1,060 | 129 | 1,160 | 366 |
| 1,070 | 152 | 1,170 | 392 |
| 1,080 | 174 | 1,180 | 418 |
| 1,090 | 197 | 1,190 | 443 |
| 1,100 | 220 | 1,200 | 469 |

*C*) Acide nitrique (d'après Lunge et Rey).

| POIDS SPÉCIFIQUE à 15°. | UN LITRE D'ACIDE renferme gr. $HNO^3$. | POIDS SPÉCIFIQUE à 15°. | UN LITRE D'ACIDE renferme gr. $HNO^3$. |
|---|---|---|---|
| 1,010 | 19 | 1,270 | 544 |
| 1,020 | 38 | 1,280 | 568 |
| 1,030 | 57 | 1,290 | 593 |
| 1,040 | 75 | 1,300 | 617 |
| 1,050 | 94 | 1,310 | 643 |
| 1,060 | 113 | 1,320 | 669 |
| 1,070 | 132 | 1,330 | 697 |
| 1,080 | 151 | 1,340 | 725 |
| 1,090 | 169 | 1,350 | 753 |
| 1,100 | 188 | 1,360 | 783 |
| 1,110 | 207 | 1,370 | 814 |
| 1,120 | 227 | 1,380 | 846 |
| 1,130 | 246 | 1,390 | 879 |
| 1,140 | 266 | 1,400 | 914 |
| 1,150 | 286 | 1,410 | 952 |
| 1,160 | 306 | 1,420 | 991 |
| 1,170 | 326 | 1,430 | 1032 |
| 1,180 | 347 | 1,440 | 1075 |
| 1,190 | 367 | 1,450 | 1121 |
| 1,200 | 388 | 1,460 | 1168 |
| 1,210 | 409 | 1,470 | 1219 |
| 1,220 | 430 | 1,480 | 1274 |
| 1,230 | 452 | 1,490 | 1335 |
| 1,240 | 475 | 1,500 | 1411 |
| 1,250 | 498 | 1,510 | 1431 |
| 1,260 | 521 | 1,520 | 1515 |

D) Ammoniaque (d'après Lunge et Wiernik).

| POIDS SPÉCIFIQUE à 15°. | UN LITRE contient gr. $NH^3$. | POIDS SPÉCIFIQUE à 15°. | UN LITRE contient gr. $NH^3$. |
|---|---|---|---|
| 0,998 | 4,5 | 0,934 | 162,7 |
| 0,994 | 13,6 | 0,930 | 173,4 |
| 0,990 | 22,9 | 0,926 | 184,2 |
| 0,986 | 32,5 | 0,922 | 194,7 |
| 0,982 | 42,2 | 0,920 | 200,1 |
| 0,978 | 51,8 | 0,918 | 205,6 |
| 0,974 | 61,4 | 0,914 | 216,3 |
| 0,970 | 70,9 | 0,910 | 227,4 |
| 0,966 | 80,5 | 0,906 | 238,3 |
| 0,962 | 89,9 | 0,902 | 249,4 |
| 0,960 | 95,1 | 0,900 | 255,0 |
| 0,958 | 100,3 | 0,896 | 266,0 |
| 0,954 | 110,7 | 0,892 | 277,0 |
| 0,950 | 121,0 | 0,890 | 282,6 |
| 0,946 | 131,3 | 0,886 | 294,6 |
| 0,942 | 141,7 | 0,882 | 308,3 |
| 0,938 | 152,1 | | |

# TABLE DES MATIÈRES



## MÉTAUX

## MÉTALLOÏDES

Pages.

ÉVREUX, IMPRIMERIE DE CHARLES HÉRISSEY

www.ingramcontent.com/pod-product-compliance
Ingram Content Group UK Ltd.
Pitfield, Milton Keynes, MK11 3LW, UK
UKHW020608230726
13926UKWH00005B/2275

9 782016 152645